Linux
操作系统原理与安全
微课视频版

刘辉　刘民崇　徐曼　编著

清华大学出版社
北京

内容简介

本书首先介绍如何在虚拟机 VirtualBox 上安装 Ubuntu 18 操作系统，以及第一次安装成功后需要设置的系统配置；然后介绍 Linux 系统常用的命令和 Shell 编程基础，通过大量翔实的例子讲解命令和各个选项参数的具体应用；接着介绍与系统安全有关的知识，包含如何从用户管理、进程管理、文件系统安全、网络系统安全和对操作系统的监控等方面来实现安全管理，并用 C 语言和 Python 语言编程来实现保障系统安全的功能；最后介绍 Linux 系统对磁盘的管理和内核管理。

实现系统安全功能时，既充分利用 Linux 系统自身的系统函数库，又充分利用 C 语言和 Python 语言丰富的资源库，并用 C 语言和 Python 语言分别编程实现不同的功能需求；既有操作系统功能的讲解，又有编程工具的安装使用，可拓宽读者的视野。

本书可作为高等学校计算机、网络、信息类相关专业的本科生教材，也可作为计算机类工程技术人员的参考用书，也适合对 Linux 操作系统感兴趣的人员自学参考。

图书在版编目(CIP)数据

Linux 操作系统原理与安全：微课视频版/刘辉，刘民崇，徐曼编著. —北京：清华大学出版社，2021. 3
ISBN 978-7-302-56750-9

Ⅰ. ①L… Ⅱ. ①刘… ②刘… ③徐… Ⅲ. ①Linux 操作系统 Ⅳ. ①TP316. 85

中国版本图书馆 CIP 数据核字(2020)第 212147 号

责任编辑：刘向威
封面设计：文　静
责任校对：焦丽丽
责任印制：丛怀宇

出版发行：清华大学出版社
网　　址：http://www.tup.com.cn，http://www.wqbook.com
地　　址：北京清华大学学研大厦 A 座　　**邮　　编**：100084
社 总 机：010-62770175　　**邮　　购**：010-83470235
投稿与读者服务：010-62776969，c-service@tup.tsinghua.edu.cn
质量反馈：010-62772015，zhiliang@tup.tsinghua.edu.cn
课件下载：http://www.tup.com.cn，010-83470236
印 装 者：三河市铭诚印务有限公司
经　　销：全国新华书店
开　　本：185mm×260mm　　**印　　张**：22.5　　**字　　数**：576 千字
版　　次：2021 年 3 月第 1 版　　**印　　次**：2021 年 3 月第 1 次印刷
印　　数：1～1500
定　　价：69.00 元

产品编号：086422-01

前言

Linux 操作系统因其开源、安全、稳定而得以迅猛发展，它的多用户、多任务、多平台的特点使其在各行各业的应用日益广泛。目前在中国，Linux 的应用已经深入各个领域，如各大高校、政府部门、涉及机密的安全部门、银行系统的管理部门等，不仅是操作系统，更延伸到了编程开发、系统安全和系统监控、服务器的构建等各个方面。

Linux 操作系统的应用日益广泛，为我们学习提供了强大的动力，也为我们施展才华提供了广阔的天地。本书的编写者刘辉和徐曼都是从事操作系统原理和 Linux 操作系统教学十多年的教师，他们结合计算机企业工作者刘民崇的实际需求和实际应用编写了本书，希望依托企业应用的实际场景向读者传达实战经验。在内容的安排上，本书除了介绍一般技术文档中可以查看的各种命令，更有大量翔实生动的例子解释各个命令选项的具体应用；同时本书结合往年学生上机操作中遇到的各种问题及对一些命令执行结果的思考，配套制作了微课视频，对相关内容做了详细的讲解，读者可以对照学习并得到解答。

本书共 12 章，主要介绍 Linux 操作系统的基本指令、Shell 编程、与操作系统有关的各种安全管理（如用户管理、文件管理、网络管理、进程控制、内核管理和磁盘管理等）。其中，第 1～3 章和第 9 章由刘辉编写；第 4～8 章由刘民崇编写；第 10～12 章由徐曼编写。同时，本书提供了与内容相关的配套资料，包括演示文档 PPT、上机实验题目、重点难点讲解的微课视频及所有例题的源程序等。与本书配套的在线课程“Linux 操作系统与系统安全”在智慧树平台同步上线运行，在线课程不仅讲解了基本知识点，而且把具体例子的运行过程及各种可能的运行结果做了详细的演示。作者开立的微信公众号“Linux 与 Python 的小窝”给读者提供了一个实时交流沟通的渠道，热烈欢迎各位加入讨论。

由于编者水平有限，对书中不当之处敬请广大同行和读者批评指正。

编　者

2020 年 1 月

目 录

第1章 Linux系统使用

1.1 Linux 系统简介

1.1.1 Linux 系统版本

1. Red Hat Linux

Red Hat 是比较成熟的 Linux 版本，该版本从 4.0 开始同时支持 Intel、Alpha 及 Sparc 硬件平台，用户可以轻松地进行软件升级、彻底卸载应用软件和系统部件。Red Hat Linux 最早由 Bob Young 和 Marc Ewing 在 1995 年创建，目前分为两个系列，即由 Red Hat 公司提供收费技术支持和更新的 Red Hat Enterprise Linux 以及由社区开发的免费系列 Fedora Core。Red Hat Enterprise Linux 是适用于服务器的版本，由于其是收费的操作系统，所以出现了 CentOS(CentOS 可以算是 Red Hat Enterprise Linux 的克隆版，是免费的)。

2. Debian Linux

Debian Linux 最早由 Ian Murdock 于 1993 年创建，是迄今为止最遵循 GNU 规范的 Linux 系统。Debian Linux 分为 3 个版本分支，即 Stable、Testing 和 Unstable。其中，Unstable 为最新的测试版本，包括最新的软件包；Testing 版本都经过 Unstable 中的测试，相对较为稳定，也支持不少新技术(如 SMP 等)；Stable 一般只用于服务器，其中的软件包大部分都比较旧，但是稳定性能和安全性能都非常高。Dpkg 是 Debian 系列特有的软件包管理工具，它被誉为所有 Linux 软件包管理工具(如 RPM)中最强大的，配合应用 apt-get，在 Debian 上安装、升级、删除和管理软件变得异常容易。例如，只要输入"apt-get upgrade &&"，计算机上的所有软件就会自动更新。

3. Ubuntu Linux

简单而言，Ubuntu Linux 就是一个拥有 Debian Linux 的所有优点以及加强优点的近乎完美的 Linux 操作系统，是一个相对较新的发行版本，它的出现可能改变了许多潜在用户对 Linux 的看法。Ubuntu Linux 基于 Debian Sid，所以拥有 Debian Linux 的所有优点，包括 apt-get。Ubuntu Linux 的安装非常人性化，只要按照提示一步一步进行操作即可，与 Windows 操作系统一样简单。Ubuntu Linux 采用自行加强的内核(Kernel)，安全性方面更加完善，默认不能直接 root 登录，必须由第 1 个创建的用户通过 su 或 sudo 来获取 root 权限（这也许不太方便，但增强了安全性，避免由于用户粗心而损坏系统）。

4. Slackware Linux

Slackware Linux 由 Patrick Volkerding 创建于 1992 年，是历史最悠久的 Linux 发行版本。在其他主流发行版强调易用性时，Slackware Linux 依然固执地追求最原始的效率——所有的配置均要通过配置文件来进行。它稳定且安全，所以仍然有大批的忠实用户。由于 Slackware Linux 尽量采用原版的软件包而不进行任何修改，因此制造新 Bug 的概率便低了很多。

5. Suse Linux

Suse Linux 是起源于德国的最著名的 Linux 发行版本，在全世界范围中也享有较高的声誉，其自主开发的软件包管理系统 YaST 也大受好评。Suse Linux 于 2003 年年末被 Novell 收购，Suse 8.0 之后的发布显得比较混乱。例如，9.0 版本是收费的，而 10.0 版本（也许由于各种压力）却免费发布。

6. Gentoo Linux

Gentoo Linux 最初由 Daniel Robbins（前 Stampede Linux 和 FreeBSD 的开发者之一）创建，由于开发者对 FreeBSD 很熟识，因此 Gentoo 拥有媲美 FreeBSD 的广受美誉的 ports 系统——portage（ports 和 portage 都是用于在线更新软件的系统，类似于 apt-get，但还是有很大不同）。Gentoo Linux 的首个稳定版本发布于 2002 年，其出名是因为具有高度的自定制性，它是一个基于源代码的发行版。尽管安装时可以选择预先编译好的软件包，但是大部分用户都选择自己手动编译，这也是 Gentoo 比较适合有 Linux 使用经验的老手使用的原因。

7. 其他

Linux 领域最不缺乏的可能就是发行版本了，目前全球至少有 386 个不同的发行版本，了解 Linux 发行版本的最佳方法是查看 Linux 流行风向标的网站（www.distrowatch.com）。在发行版本排行中，目前 Ubuntu 的发行版本受欢迎程度高居榜首。

1.1.2 版本选择

如果只是需要一个桌面系统，而且既不想使用盗版，又不想花大量的钱购买商业软件，那么选择一款适合桌面使用的 Linux 发行版本就可以了。

如果不想自己定制任何东西，也不想在系统上浪费太多时间，就可以根据自己的爱好在 Ubuntu、Kubuntu 以及 Xubuntu 中任选一款，三者的区别仅是桌面程序不一样。

如果需要一个桌面系统，而且还想非常灵活地定制自己的 Linux 系统，想让自己的机器运行得更快，不介意在 Linux 系统安装方面浪费一点时间，那么唯一的选择就是 Gentoo Linux，用户可以尽情享受 Gentoo 带来的自由快感。

如果需要的只是一个比较稳定的服务器系统，而且已经非常厌烦各种对 Linux 的配置，那么最好的选择就是 CentOS 了，安装完成后，经过简单的配置就能获得非常稳定的服务了。

如果需要的是一个坚如磐石、非常稳定的服务器系统，那么唯一的选择就是 FreeBSD。

如果需要一个稳定的服务器系统，而且想深入探索 Linux 各个方面的知识，也想自己定制许多内容，那么建议使用 Gentoo 版本。

1.2 系统安装

1.2.1 安装虚拟机 Oracle VM VirtualBox 6.1

1. 安装虚拟机 Oracle VM VirtualBox 6.1

下载安装文件“VirtualBox-6.0.10-132072-Win”，双击文件，按照提示逐步操作，在选择安装位置时，本书选择安装在“D:\VirtualBox”，其他步骤都直接单击“下一步”按钮即可。本书安装的 VirtualBox 是 64 位系统的英文版本。

2. 创建虚拟机

(1) 安装完成后运行 VirtualBox，在打开的窗口中选择“新建”命令，并在打开的对话框中设置虚拟电脑的名称，这里设置为 ubuntu64；选择 Linux 操作系统安装的位置，这里选择在 D 盘根目录下直接安装 Linux 操作系统，如图 1.1 所示。

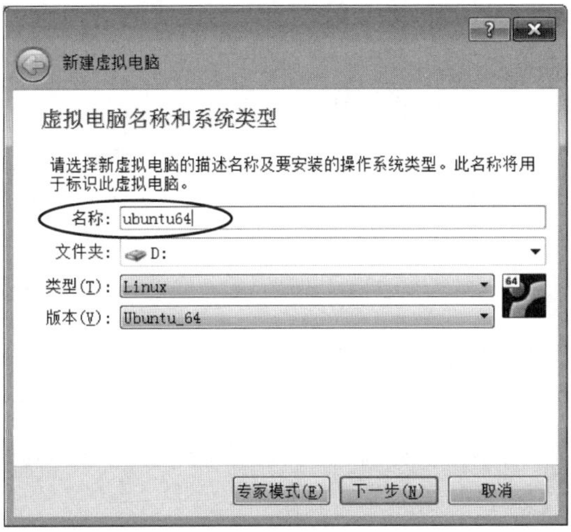

图 1.1　设置虚拟电脑的名称

(2) 设置虚拟内存的大小，这里的计算机内存为 4GB，设置虚拟内存的大小为 2048MB (一般把虚拟内存设置为本机内存的一半大小)，如图 1.2 所示。

安装完成后，虚拟内存的大小也可以在虚拟机的设置中进行修改，如图 1.3 所示。

(3) 创建虚拟硬盘，如图 1.4 所示，选中“现在创建虚拟硬盘”单选按钮。

(4) 设置虚拟磁盘的文件类型，这里选择第一项“VDI(VirtualBox 磁盘映像)”，如图 1.5 所示。

(5) 设置物理硬盘，选中“固定大小”单选按钮，以后运行时速度会比较快。其实，这两个选项都可以，对系统的影响不大，如图 1.6 所示。

(6) 设置文件位置和大小，选择在 D 盘安装，硬盘空间大小设置为 40GB，如图 1.7 所示。

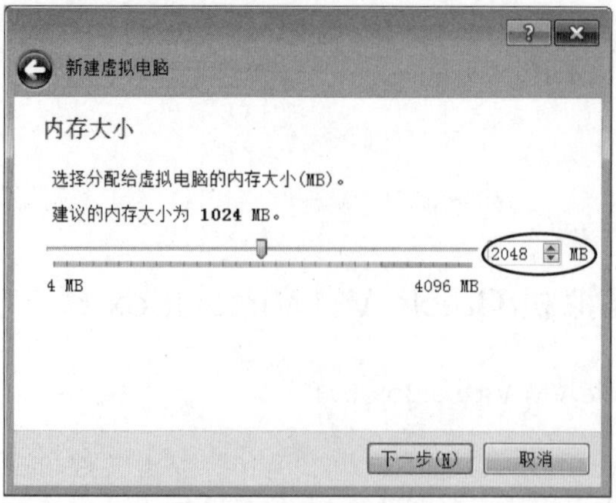

图 1.2　设置虚拟内存

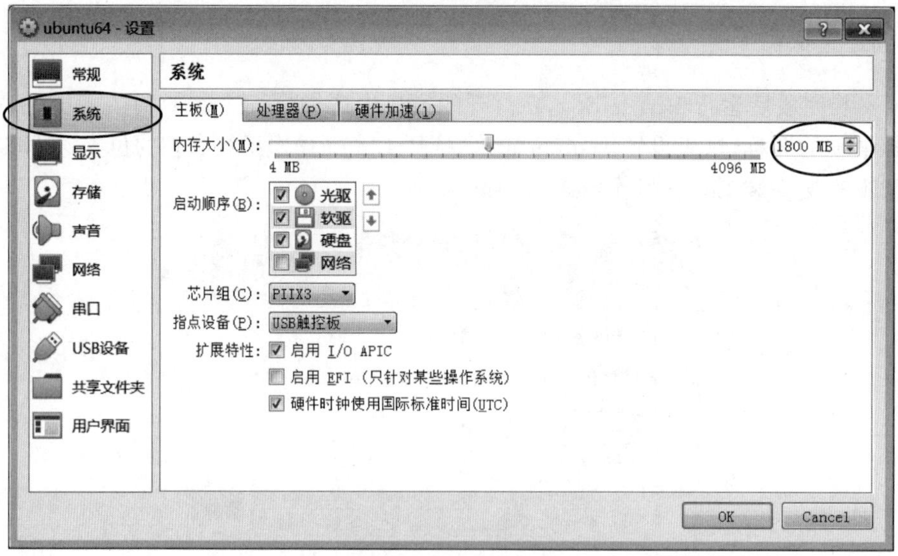

图 1.3　修改虚拟内存的大小

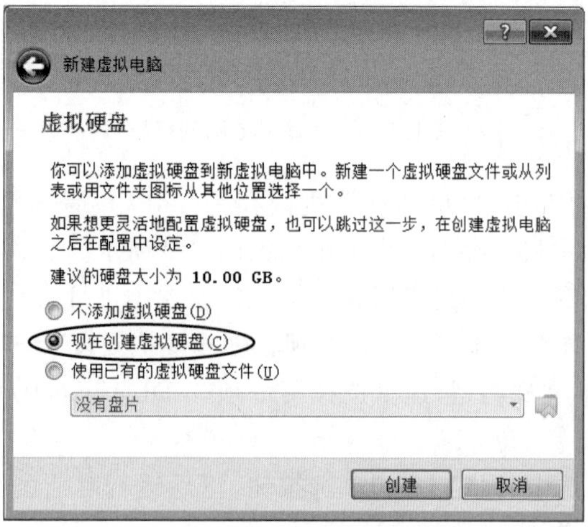

图 1.4　创建虚拟硬盘

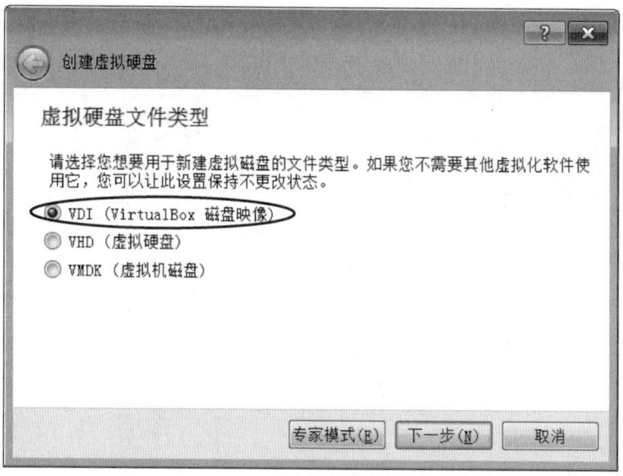

图 1.5　选择虚拟硬盘文件类型

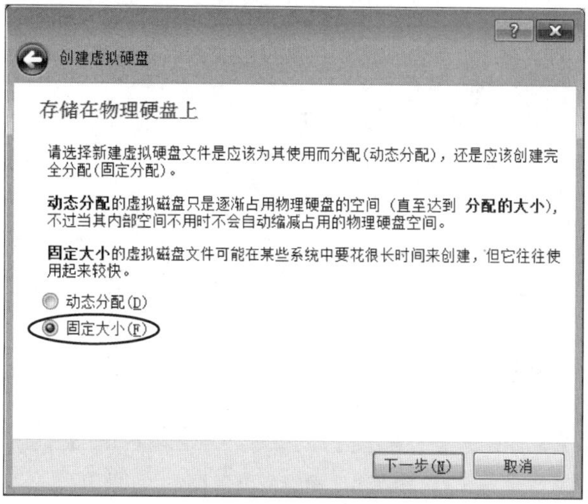

图 1.6　设置物理硬盘

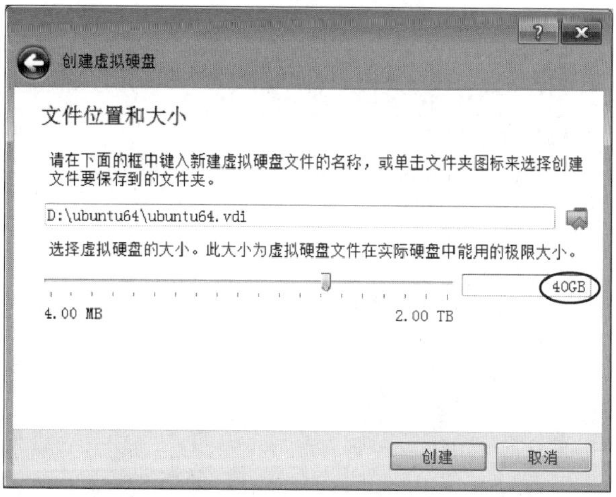

图 1.7　设置文件位置和大小

(7) 单击"创建"按钮,开始创建虚拟的硬盘空间,如图 1.8 所示。

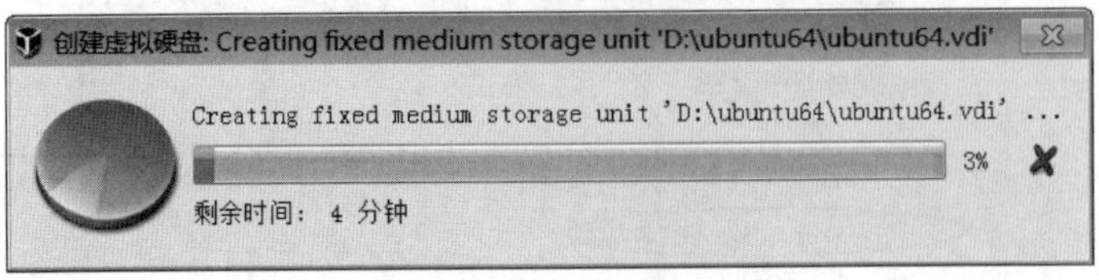

图 1.8 开始创建虚拟硬盘

安装成功以后,就可以在 VirtualBox 中看到已经创建的虚拟 Linux 操作系统。

3. 设置虚拟机

虚拟机创建成功后,可以对虚拟机进行进一步设置。

(1) 按 Ctrl+G 快捷键,打开 VirtualBox 的全局设置界面,如图 1.9 所示。

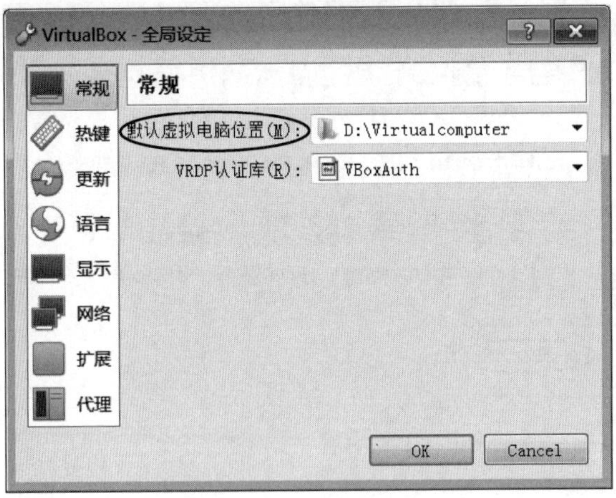

图 1.9 虚拟机全局设定

(2) 经常需要修改的是虚拟机的位置、语言、网络等,其他选项保持默认即可,语言设定界面如图 1.10 所示。

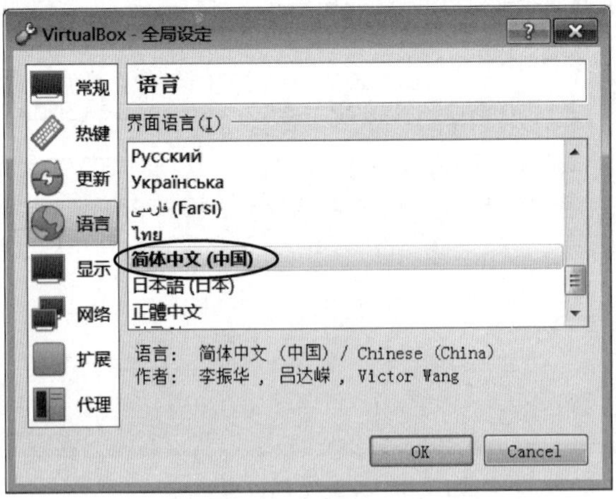

图 1.10 全局设定

(3) 在网络设定界面中添加一个新的网络连接,如图 1.11 所示。

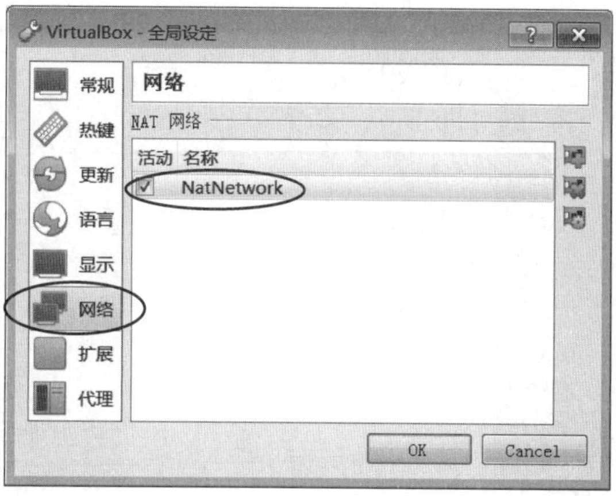

图 1.11 添加新的网络连接

(4) 单击 OK 按钮完成配置。

1.2.2 安装 Ubuntu 版本的 Linux 系统

1. 安装 Ubuntu 版本的 Linux 系统

按上述操作完成 Ubuntu Linux 系统的准备工作,虚拟机的主界面如图 1.12 所示。

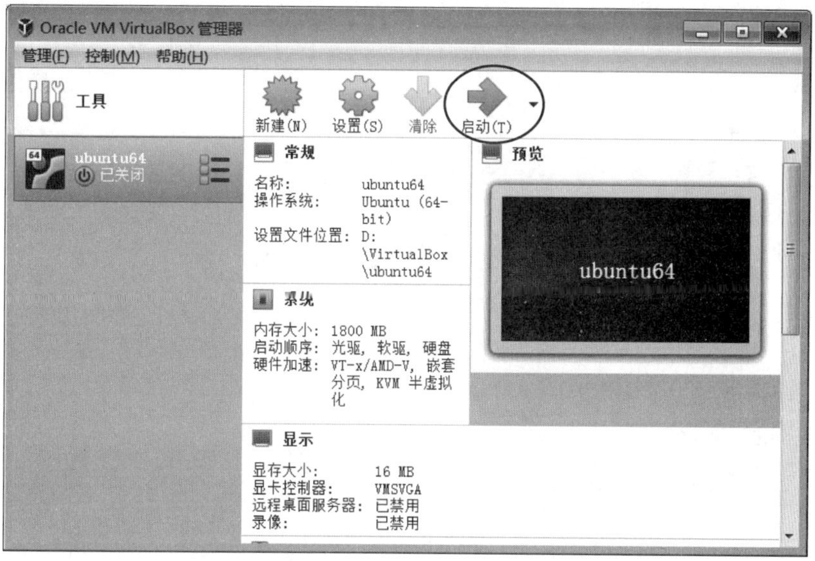

图 1.12 虚拟机主界面

(1) 单击"启动"按钮,开始正式安装操作系统。

(2) 弹出"选择启动盘"对话框,如图 1.13 所示。

(3) 选择 Ubuntu 安装文件的位置,这里使用 iso 镜像文件直接安装,如果在这一步不能找到镜像安装文件 ubuntu-14.10-desktop-amd64.iso,则需要先在虚拟光驱软件 UltraISO 中把安装文件 ubuntu-14.10-desktop-amd64.iso 虚拟到光驱中,如图 1.14 所示。

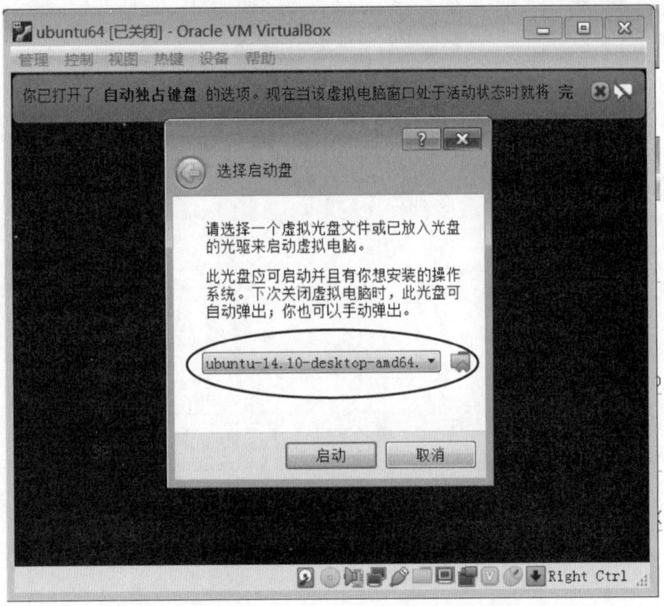

图 1.13　选择 Ubuntu 的安装文件

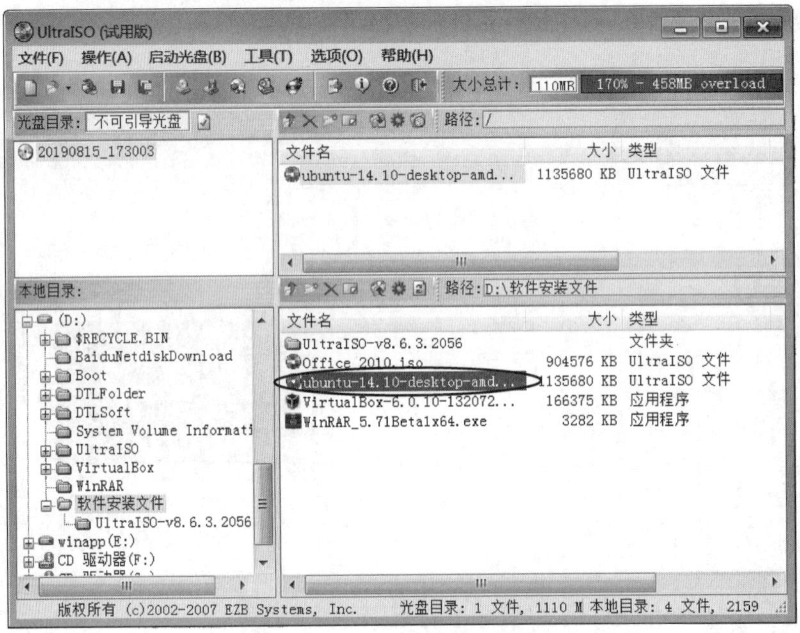

图 1.14　把镜像文件虚拟到光驱中

(4) 在左下角的“本地目录”窗格中选择 Ubuntu 镜像文件的存放位置，在右下角的“文件名”窗格中选中 Ubuntu 的安装镜像文件 ubuntu-14.10-desktop-amd64.iso，然后单击右下角的“添加”按钮即可将镜像文件 ubuntu-14.10-desktop-amd64.iso 添加到虚拟光盘上，在 UltraISO 窗口的右上窗格可以看到这个文件。

(5) 接下来继续 Ubuntu 的安装，单击“启动”按钮开始安装。

这里在“启动”安装时遇到了一个问题，系统提示如下消息：

```
This kernel requires an x86 - 64 CPU, but only detected an i686 CPU.
Unable to boot - please use a kernel appropriate for your CPU.
```

意思是本机的 CPU 不是 64 位。

解决办法：首先确保计算机的 CPU 是 64 位，确保 Windows 操作系统是 64 位，这两个条件现在的计算机基本都满足，第三个可能的原因是 BIOS 中关闭了 CPU 的虚拟化功能，需要打开计算机的 BIOS，选择 CPU Virtualization 并更改为 Enabled，使 CPU 具有虚拟化的功能，然后继续单击“启动”按钮开始安装过程。

(6) 在弹出窗口的左边窗格中选择语言类型，默认的是 English，可以更改为“中文(简体)”。这里使用默认的英文安装。单击 Install Ubuntu 按钮，如图 1.15 所示。

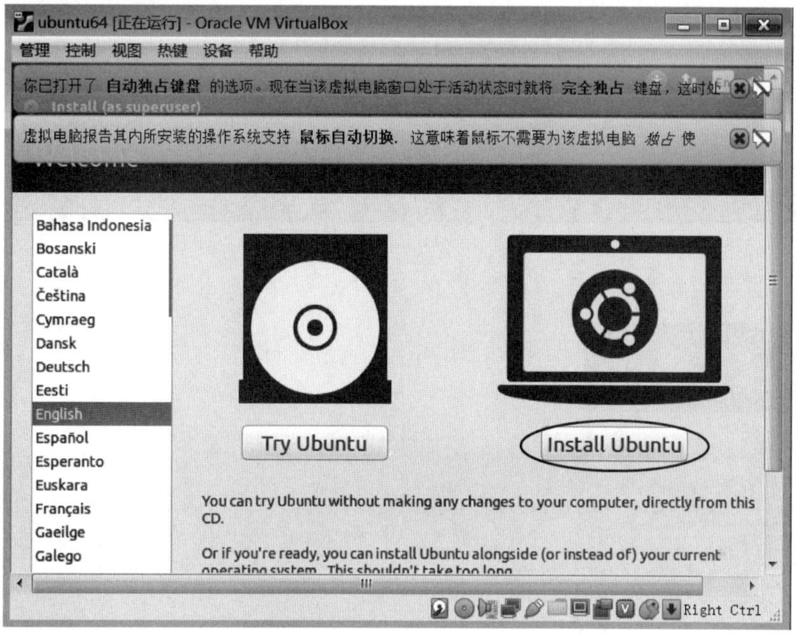

图 1.15 安装开始

(7) 弹出 Install(as superuser)窗口的 Preparing to install Ubuntu 界面，选择下载更新并安装第三方软件，如图 1.16 所示。

(8) 单击 Continue 按钮，切换到 Installation type 界面，其中有两个选项，第一个选项是 Erase disk and install Ubuntu，下面还有两个复选框，一个是加密安装，另一个是使用逻辑虚拟卷管理技术，这两项可以任选。这里的清除磁盘并不是把整个磁盘格式化，而是把设置的虚拟硬盘，即安装 Ubuntu 操作系统的空间清空。因为 Ubuntu 和 Windows 的磁盘管理是不一样的，文件格式也不一样，这里使用的物理主机是 Windows 系统，所以安装 Ubuntu 操作系统时需要先把磁盘格式化成 Ubuntu 的格式。格式化时只要保证安装 Ubuntu 系统的磁盘有足够的空间即可，该操作只清空虚拟盘内的内容，不影响剩余的物理盘空间。第二个选项是手动格式化安装空间。一般选择第一个选项，如图 1.17 所示。

(9) 单击 Install Now 按钮，出现如图 1.18 所示的提示信息。

(10) 单击 Continue 按钮继续安装，打开的界面中要求填写一些基本信息，如地理位置选择“中国”，键盘类型选择 English(US)，这些比较简单，据实选择即可；在用户名的配置中，用户可以根据自己的喜好进行设置，如图 1.19 所示。

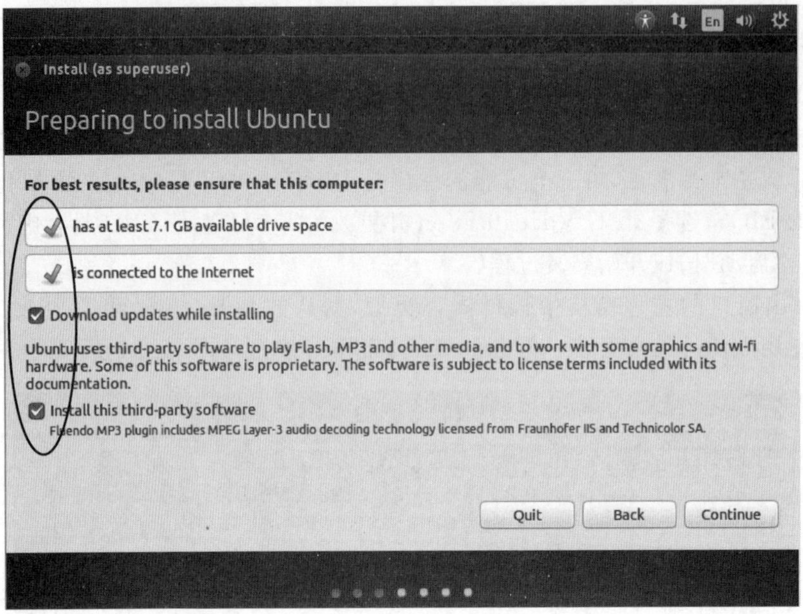

图 1.16　选择下载更新并安装第三方软件

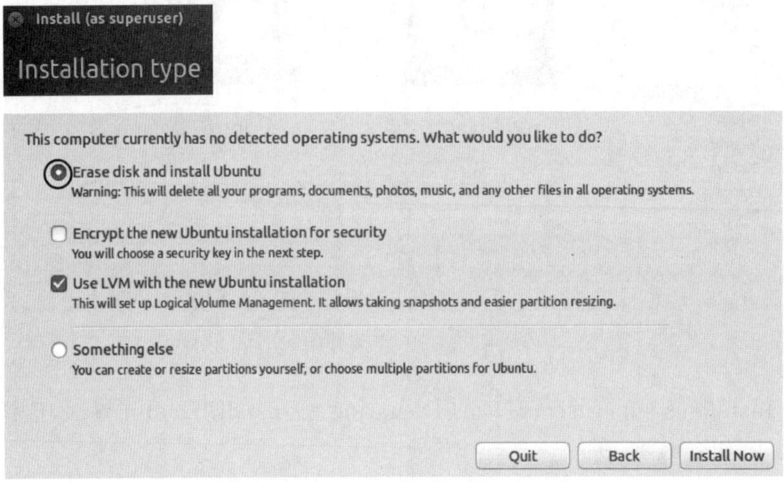

图 1.17　选择安装类型

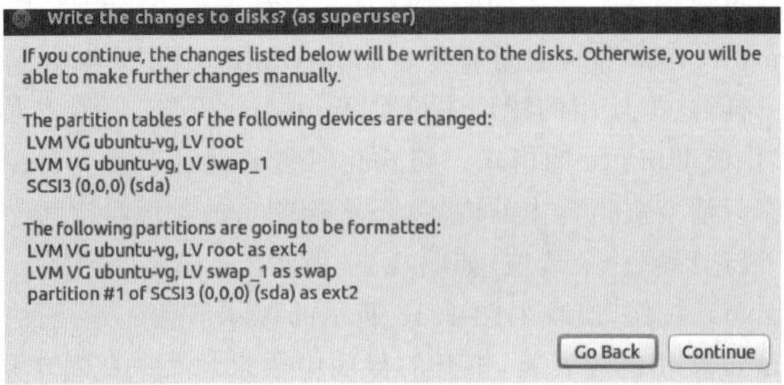

图 1.18　确认磁盘分区

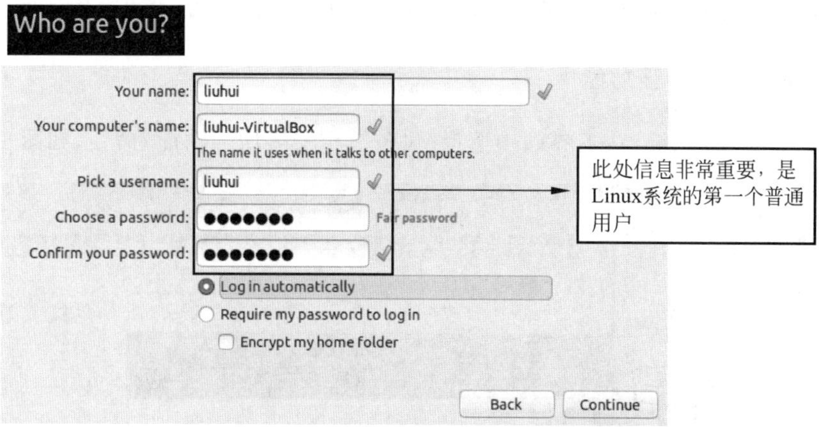

图 1.19　设置第一次登录系统的用户信息

这里设置的用户名和主机名，在以后运行 Ubuntu 的终端时，会出现在命令行中，如这里设置用户名为 liuhui，默认主机名为 liuhui-VirtualBox，密码就是该用户的登录密码。在运行终端时，命令的格式就是 liuhui@liuhui-VirtualBox：～＄。安装时设置了自动登录，所以以后以 liuhui 这个用户启动系统时，无须输入密码，打开终端时也是以这个默认用户登录。建议选中 Require my password to log in 单选按钮，这样每次登录时都需要密码，比较安全。

(11) 设置完毕，单击 Continue 按钮，真正开始进入安装过程，这个过程需要几分钟时间，耐心等待，用户可以顺便浏览 Ubuntu 的特点介绍。安装完成后重启机器，打开 VirtualBox，启动 Ubuntu 系统，就可以正常使用了。

第一次启动 Ubuntu 后，系统会弹出信息提示已安装系统的新特性，用户可以简单了解，如图 1.20 所示。

图 1.20　系统安装成功

如果以后想新安装需要的软件包，可以通过收藏夹中的软件图标来添加新的组件。

2. 安装 Ubuntu 的增强功能

(1) 启动 Ubuntu 系统，在主界面中选择“设备”→“安装增强功能”命令，如图 1.21 所示。

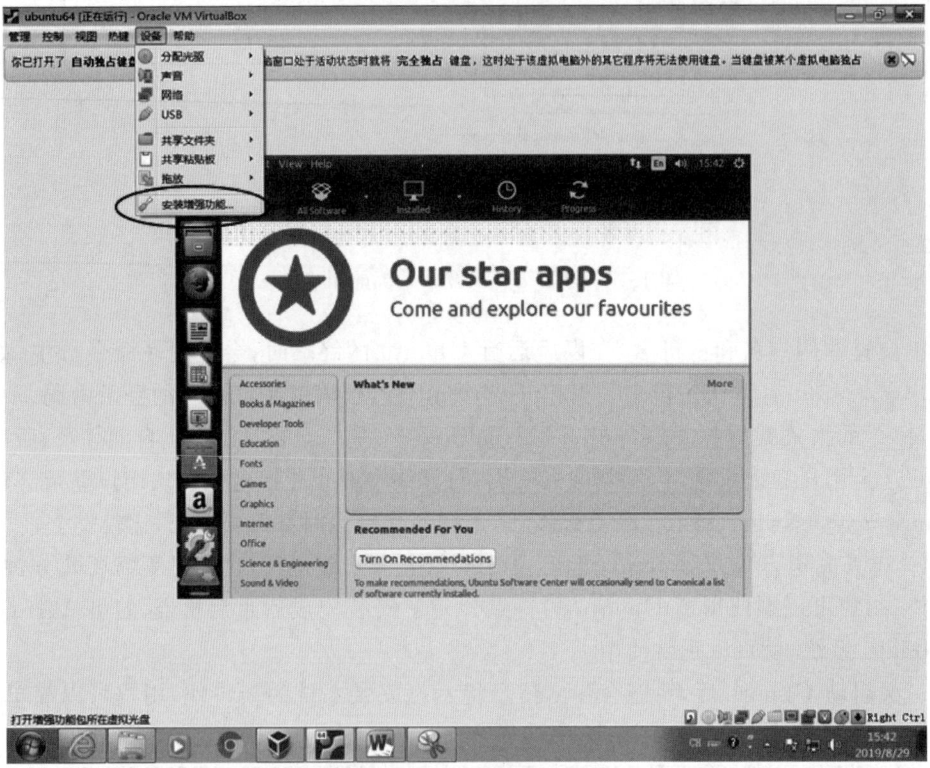

图 1.21 安装增强功能

(2) 出现如图 1.22 所示的提示信息，单击 Run 按钮。

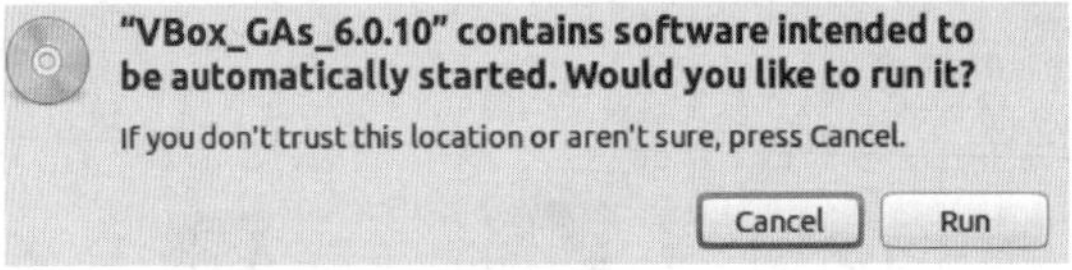

图 1.22 确认信息

(3) 在出现的对话框中输入密码，这个密码是在安装过程中设置的当前用户的密码，如图 1.23 所示。

(4) 授权安装，在出现的对话框中单击 Run this action now 按钮，立即运行更新，如图 1.24 所示。

(5) 运行更新完毕后，在虚拟机的运行界面左侧便会新添加一个光盘形状的图标，它是 VBox-GAs 的程序图标，就是增强功能的图标。

目前的 Ubuntu 系统完善了很多常用功能，增强功能安装成功后，可以把 Ubuntu 系统窗口最大化，打开的终端窗口、文件系统窗口等都可以最大化/最小化处理。如果不安装增强功能，整个 Ubuntu 窗口不能最大化操作。同时，安装了增强功能，不同系统间的粘贴板共享和

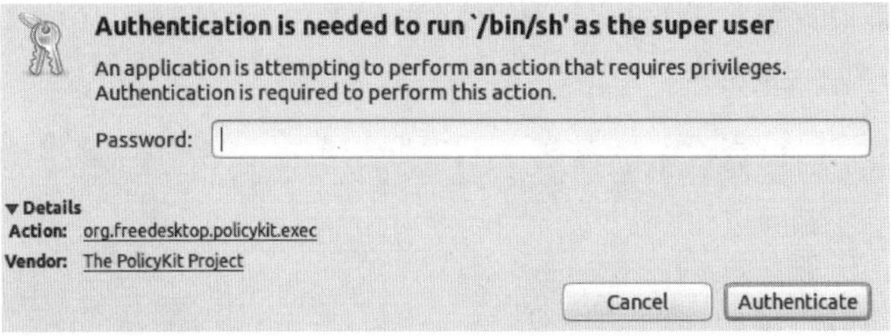

图 1.23 输入初始用户的登录密码

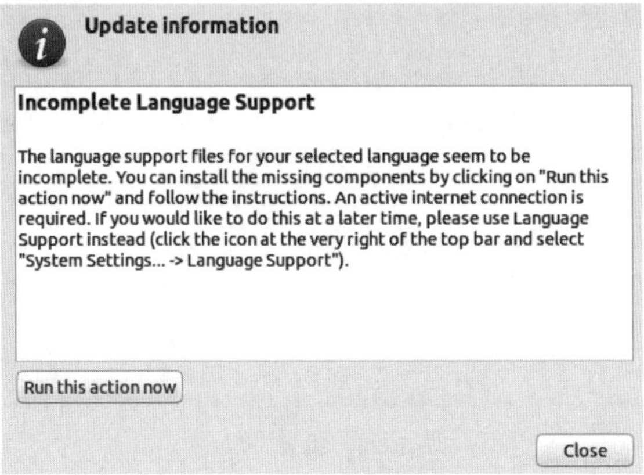

图 1.24 安装增强功能

文件夹共享的设置也就变得非常简单。

3. 设置 Ubuntu

打开 VirtualBox，在主界面选择“设置”命令，或者启动 Ubuntu，选择“控制”→“设置”命令，打开对话框如图 1.25 所示。

图 1.25 Ubuntu 系统的常用设置

“常规”界面中可以设置粘贴板、鼠标拖曳功能；“USB设备”界面中可以设置自动挂载U盘或可移动硬盘，如图1.26所示。

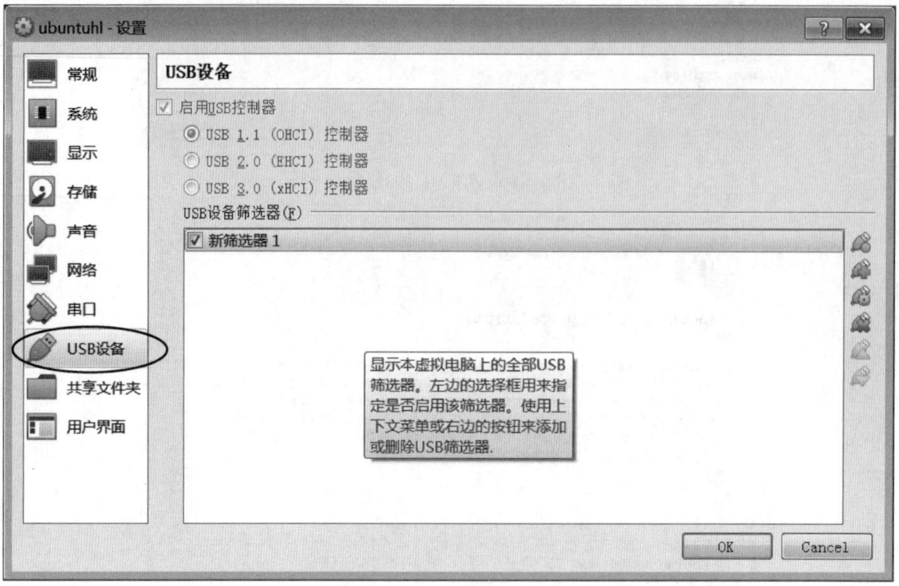

图1.26　设置USB

在“共享文件夹”界面中可以设置与Windows系统共享的文件夹，达到两个系统共享文件的目的。单击右侧的“添加共享文件夹”图标，在弹出的对话框中选择要与Windows系统共享的文件夹，单击OK按钮即可实现共享功能，如图1.27所示。

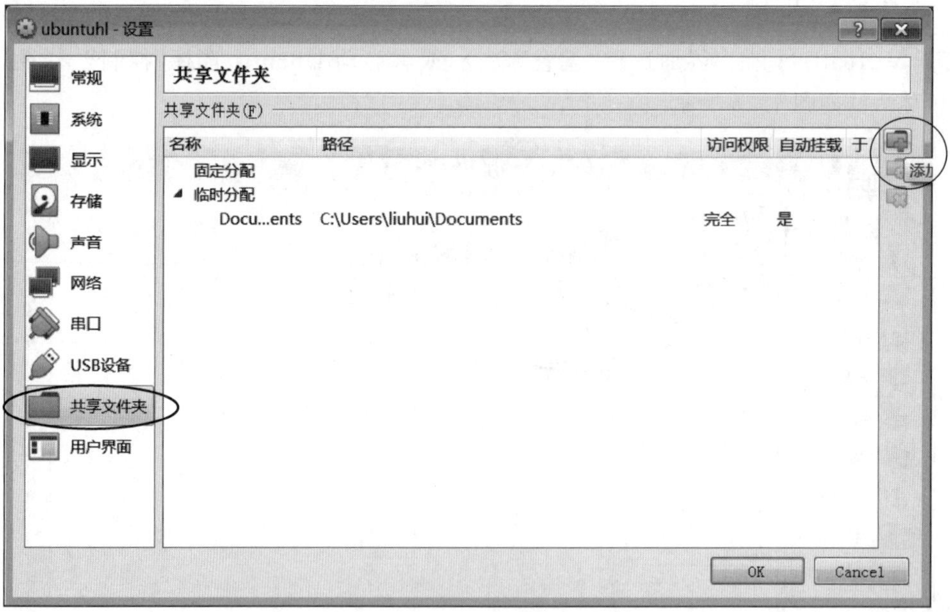

图1.27　设置共享文件夹

共享文件夹设置后，要到终端把这个共享文件夹挂载到设置的挂载点，挂载方法如例1.1所示，在终端输入命令，挂载成功后就可以看到共享文件夹中的内容了。

例 1.1 挂载共享文件夹的挂载点。

```
liuhui@liuhui-VirtualBox:~$ sudo mount -t vboxsf share /home/liuhui
[sudo] password for liuhui:
liuhui@liuhui-VirtualBox:~$ ls -l /home/liuhui
total 48
-rwxrwxrwx 1 root root 30285  9月 29 22:35 教学大纲刘辉english.docx
-rwxrwxrwx 1 root root 14528 11月 12 10:25 金课的基本概念.docx
```

例 1.1 中的运行结果表明，Windows 系统下的文件已经共享到 Linux 中了，但是，原来保存在这个挂载点目录下的文件都看不到了，而 total 总量显示有 48 个文件。原来的文件被覆盖了吗？显示文件总量是 48 个，是不是表示原有文件被隐藏了？退出当前终端，重启 Ubuntu，可以发现原来的文件安然无恙。因此，建议不要把共享文件夹挂载到用户的家目录下，最好在家目录下新建一个空目录作为共享文件夹的挂载点。

至此，在虚拟机 VirtualBox 中安装 Linux 系统及相应的配置工作完成，用户可以正常使用 Linux 系统了。

1.2.3 运行 Linux 系统

1. 打开图形化界面

选择“开始”→“程序”→Oracle VM VirtualBox 命令打开虚拟机，在虚拟机窗口中选择“Ubuntu 虚拟机”，单击“启动”按钮，即可把 Ubuntu 系统打开，如图 1.28 所示。

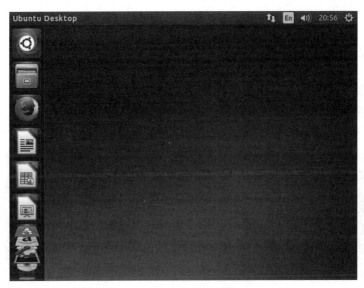

图 1.28 Ubuntu 的桌面系统

2. 打开终端

1）直接运行终端的可执行文件 gnome-terminal

单击 Ubuntu 桌面左侧启动器内部的主文件夹(file)，然后单击文件系统(computer)，进入文件系统内部 usr 目录下的 bin 子目录。单击“搜索”标识(直接在页面按任意键即可打开搜索)，在搜索框内输入 gnome-terminal 后按 Enter 键，搜索结果中会出现 gnome-terminal 的可执行文件,双击该可执行文件即可打开终端。操作过程如图 1.29 所示。

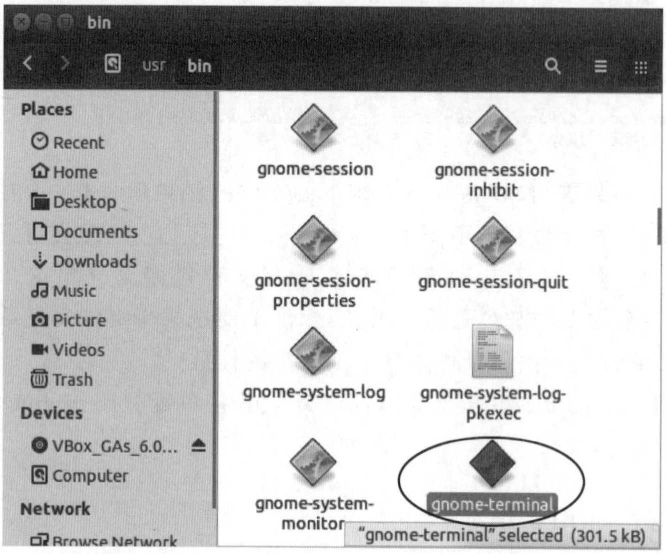

图 1.29　通过可执行文件打开终端

2) 通过命令行打开终端

在 Ubuntu 系统中按 Alt+F2 快捷键打开命令输入框,输入 gnome-terminal 命令,然后按 Enter 键即可打开终端。

3) 按 Ctrl+Alt+T 快捷键打开终端

启动 Ubuntu 系统,按 Ctrl+Alt+T 快捷键即可打开终端,此方法是几种方法中最简便快捷的。

4) 搜索终端

在 Ubuntu 桌面左下方或左上方有个"搜索应用程序"图标,单击此图标,即出现搜索界面,在搜索框中输入 ter,即会出现终端的图标,单击此图标即可打开终端,如图 1.30 所示。

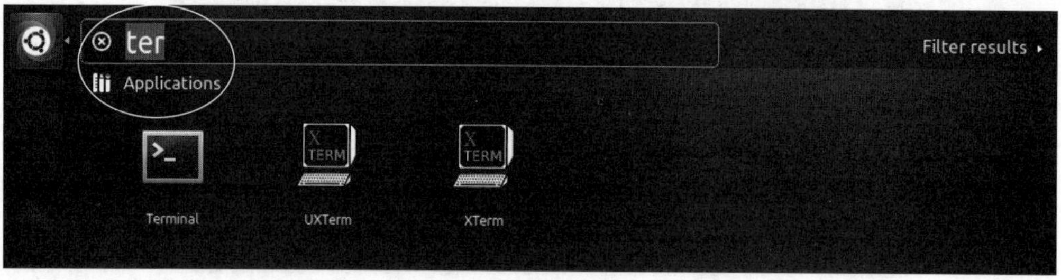

图 1.30　搜索终端

5) 通过快捷方式,将终端图标锁定在左侧启动器

如果在左侧的启动器上没有终端的图标,可以先通过以上 4 种方法中的任一种打开终端,这时在左侧的启动器上会出现终端的图标,右击该图标,在弹出的快捷菜单中选择"添加到收藏夹"命令(英文版系统中为 lock to launcher),就可以在启动器上添加快捷方式的图标,单击图标即可打开终端。

1.3 使用中的常见问题

1.3.1 在启动器上固定图标

用任意方法打开终端后，会在左侧启动器上出现终端的图标，此图标只在运行时才会显示在启动器上；右击终端图标，在弹出的快捷菜单中选择 lock to launcher 命令，即可将终端快捷方式的图标固定在启动器上。退出终端时，输入 exit 命令即可。

第一次使用终端时，终端默认颜色是黑底白字，不管是截图还是使用，效果都不怎么生动，可以更改终端显示风格。按快捷键 Ctrl+Alt+T 打开终端，在终端窗口空白处右击，在弹出的快捷菜单中选择“配置文件首选项”命令，如图 1.31 所示

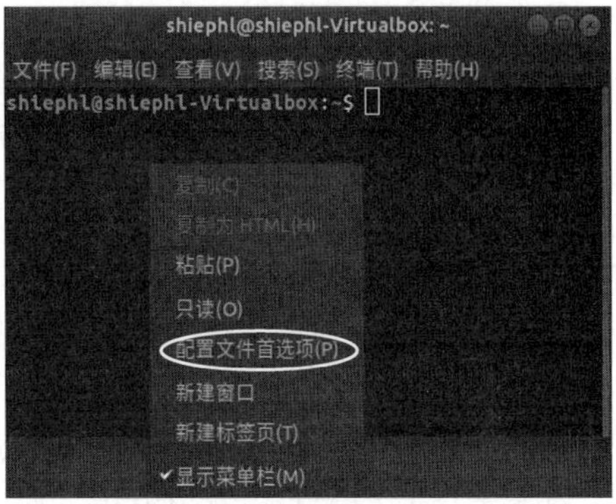

图 1.31 打开设置窗口

打开“首选项”对话框，选中左侧窗格中的“未命名”选项，在右侧窗格中选择“颜色”选项卡，原来系统默认使用的是“使用系统主题颜色”，取消选中该复选框，“内置方案”选择“白底黑字”，如图 1.32 所示。单击“关闭”按钮，可以发现终端的窗口变为了白底黑字的风格，这个是比较大众化的显示风格。

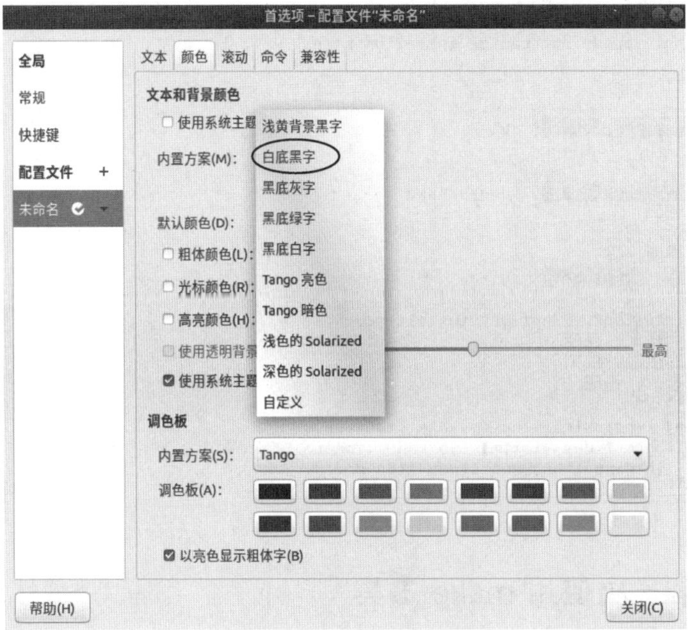

图 1.32 设置窗口显示模式

1.3.2 激活 root 用户

刚安装好的 Ubuntu 系统默认没有激活 root 用户，不能切换为 root 用户来执行命令，需

要用户手动操作来激活 root 用户。在终端中输入 sudo passwd 或者 sudo passwd root 命令，系统提示先输入当前用户的密码，当用户输入时显示器上没有任何提示，输入完毕按 Enter 键；下一条命令就是设置 root 用户的密码，输入时显示器上也没有任何提示，并且对于 root 用户而言，权力太强大，设置的密码可以非常简单，而且系统也会同意这个设置。

例 1.2 激活 root 用户，设置 root 用户的密码为 1234。

```
shiephl@shiephl-Virtualbox:~$ su -
密码:
su: 认证失败
shiephl@shiephl-Virtualbox:~$ sudo passwd
输入新的 UNIX 密码:
重新输入新的 UNIX 密码:
passwd: 已成功更新密码
shiephl@shiephl-Virtualbox:~$ su -
密码:
```

1.3.3 第一次使用 gcc 工具

如果想在 Linux 系统中使用 C 或者 C++ 语言编程，需要借助 gcc(GNU Compiler Collection，GNU 编辑器套件)。gcc 是 GNU 项目中符合 ANSI C 标准的编译系统，能够编译用 C、C++ 和 Object C 等语言编写的程序。gcc 命令可以启动 C 编译系统，当执行 gcc 命令时，它将完成预处理、编译、汇编和链接 4 个步骤，并最终生成可执行代码。产生的可执行程序默认保存为 a.out 文件。这个编译器不是默认安装的，第一次使用时需要手动安装，方法如例 1.3 所示。

例 1.3 安装 gcc。

```
shiephl@shiephl-Virtualbox:~$ gcc 101.c -o 101

Command 'gcc' not found, but can be installed with:

sudo apt install gcc

shiephl@shiephl-Virtualbox:~$ su -
密码:
su: 认证失败
shiephl@shiephl-Virtualbox:~$ sudo passwd
输入新的 UNIX 密码:
重新输入新的 UNIX 密码:
passwd: 已成功更新密码
shiephl@shiephl-Virtualbox:~$ su -
密码:
root@shiephl-Virtualbox:~# apt-get install gcc
正在读取软件包列表... 完成
正在分析软件包的依赖关系树
正在读取状态信息... 完成
将会同时安装下列软件:
  gcc-7 libasan4 libatomic1 libc-dev-bin libc6-dev
  libcilkrts5 libgcc-7-dev libitm1 liblsan0 libmpx2
  libquadmath0 libtsan0 libubsan0 linux-libc-dev
  manpages-dev
建议安装:
```

1.3.4 第一次使用 make 工具

Linux 有个很强大的 make 工具，可以管理多个模块，并提供了灵活的机制来建立大型的软件项目。make 工具依赖于一个特殊的、名字为 makefile 或 Makefile 的文件，这个文件描述了系统中各个模块之间的依赖关系，系统中部分文件改变时，make 工具会根据这些关系决定一个需要重新编译的文件的最小集合。如果软件包括几十个源文件和多个可执行文件，那么 make 工具会特别有用。第一次使用 make 工具时需要先安装该工具的可执行文件，如例 1.4 所示。

例 1.4 安装 make 工具。

```
shiephl@shiephl-Virtualbox:~$ make

Command 'make' not found, but can be installed with:

sudo apt install make
sudo apt install make-guile

shiephl@shiephl-Virtualbox:~$ sudo apt install make
正在读取软件包列表... 完成
正在分析软件包的依赖关系树
正在读取状态信息... 完成
建议安装:
  make-doc
下列【新】软件包将被安装:
  make
升级了 0 个软件包，新安装了 1 个软件包，要卸载 0 个软件包，
有 195 个软件包未被升级。
需要下载 154 KB 的归档。
解压缩后会消耗 381 KB 的额外空间。
获取:1 http://cn.archive.ubuntu.com/ubuntu bionic/main amd6
4 make amd64 4.1-9.1ubuntu1 [154 KB]
已下载 154 KB，耗时 14秒 (11.2 KB/s)
正在选中未选择的软件包 make。
(正在读取数据库 ... 系统当前共安装有 164242 个文件和目录。)
正准备解包 .../make_4.1-9.1ubuntu1_amd64.deb  ...
正在解包 make (4.1-9.1ubuntu1) ...
正在设置 make (4.1-9.1ubuntu1) ...
正在处理用于 man-db (2.8.3-2ubuntu0.1) 的触发器 ...
shiephl@shiephl-Virtualbox:~$ make
```

1.3.5 软件与更新设置

如果在使用 apt-get install 命令时提示 unable to locate package XXX，首先应该检查网络连接情况。如果连接完好，那么很可能是系统的软件更新选项没有设置好，可以按照以下步骤打开 software & update 进行设置。

(1) 在收藏夹中选择 System Setting(系统设置)选项，在 System Settings 窗口中的 System 选项栏中选择 Software & Updates 选项，如图 1.33 所示。

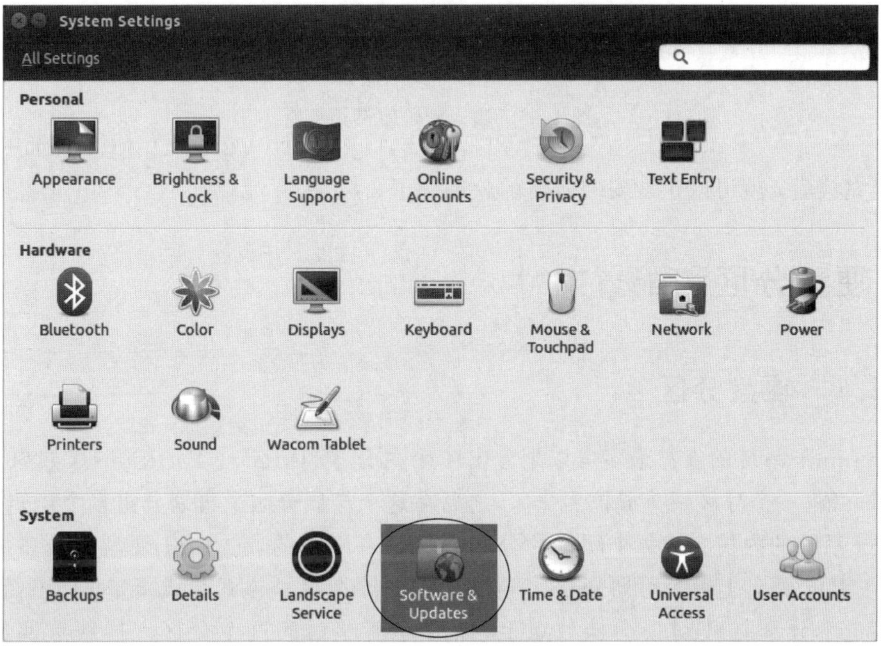

图 1.33 打开系统设置

(2) 打开 Software & Updates 对话框,选中所有复选框,如图 1.34 所示。

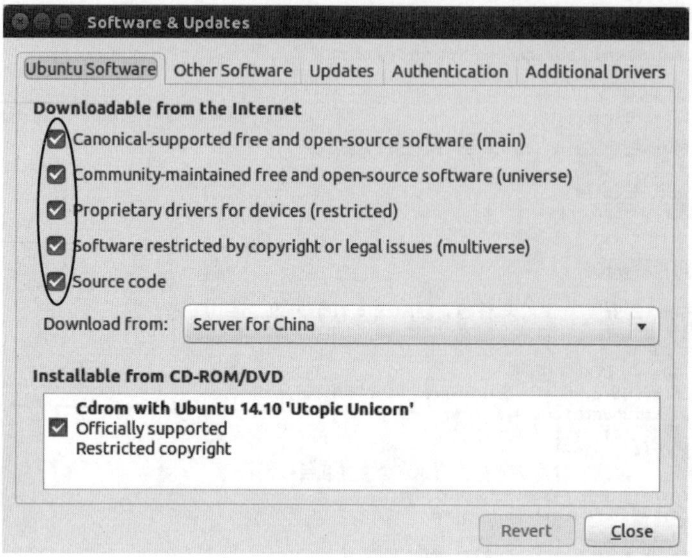

图 1.34　设置更新选项

(3) 单击 Close 按钮,打开 Authenticate 对话框,在 Password 文本框中输入系统用户的密码,单击 Authenticate 按钮可完成配置,如图 1.35 所示。

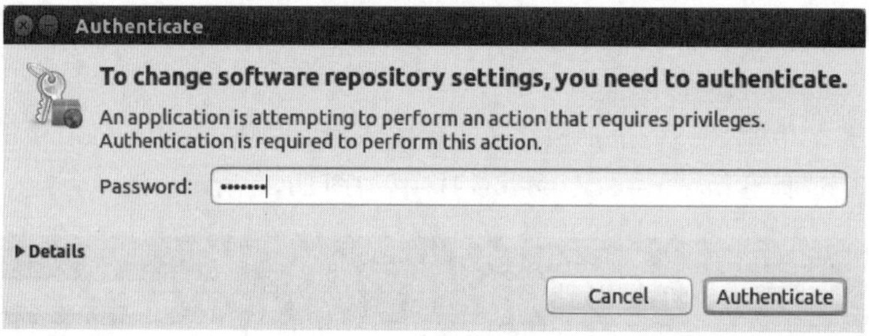

图 1.35　输入密码使设置生效

设置完成后，就可以正常安装所需的软件包了。

1.4 硬盘分区和配置文件

1.4.1 硬盘分区

一个 Linux 系统的硬盘最多可以划分出 4 个主分区(Primary Partitions),如果 4 个主分区不够用,可将一个分区划分成扩展分区,之后在这个扩展分区中再划分出多个逻辑分区。

Linux 系统的内核支持每个硬盘的分区数量是有限制的,在 SCSI 硬盘上最多可划分 15 个分区,在 IDE 硬盘上最多可划分 63 个分区。当一个分区被格式化成指定的文件系统之后,还必须将这个分区挂载到一个挂载点上,然后才能够访问这个分区。挂载点实际上就是 Linux 文件系统的层次结构中的一个目录,通过这个目录可访问这个分区,以对这个分区进行数据的读写操作。

例 1.5 对一个 IDE 硬盘分区，在 IDE 硬盘/dev/hda 上划分出 3 个主分区和 1 个扩展分区，在这个扩展分区中再划分出 4 个逻辑分区（本例中分为 4 个，实际中可根据需要划分），并且还剩下一些没使用的磁盘空间，如图 1.36 所示。

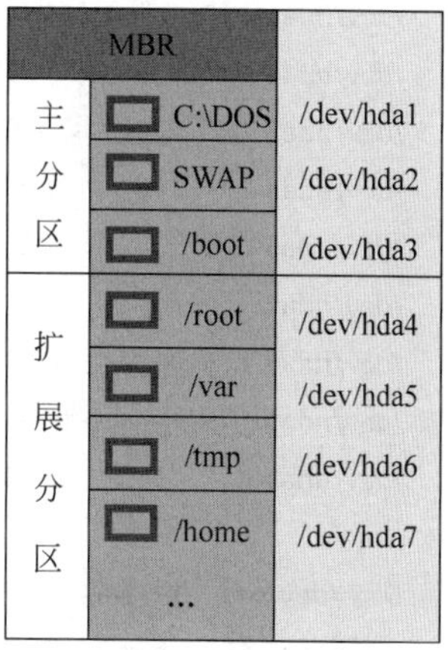

图 1.36 IDE 硬盘分区

所有的分区包括主分区、扩展分区和逻辑分区，都对应于/dev 目录中的一个文件名以 hda 开头后面紧跟着一个数字的文件，而整个硬盘又对应着/dev/hda 这个设备文件。

1. MBR 分区

在图 1.36 中，MBR(Master Boot Record)是一个主引导记录区。MBR 并不属于任何分区，因为 MBR 不对应于 Linux 系统中的任何设备文件。MBR 不属于任何一个操作系统，也不能用操作系统提供的磁盘操作命令来读取它。MBR 存储在第 1 个硬盘的第 0 号磁道上，并且它的大小固定为 512 字节，由如下 3 个部分组成。

(1) boot loader，大小固定为 446 字节。boot loader 中存放了开机所必需的信息，这些信息的最主要作用是确定从哪个分区装入操作系统。如果安装了 GRUB 程序，GRUB 第一阶段的程序代码就会被存储在这里。

(2) partition table(分区表)，大小固定为 64 字节。分区表中存放了每一个分区的起始磁柱和结束磁柱，而记录每一个分区的起始磁柱和结束磁柱所需的空间固定为 16 字节，所以在一个硬盘上最多只能划分出 4 个主分区(64/16=4)，因为此时分区表的空间已经用完。

(3) magic number(幻数)，大小固定为 2 字节。magic 中存放了每一个 BIOS 的 magic number。

2. 扩展分区与逻辑分区

如果 4 个主分区不够用，可以将其中一个主分区划分成扩展分区，也就是所谓的 3P+1E 技术(3 Primary Partitions and 1 Extended Partition)。扩展分区不能单独使用，必须在扩展分区中划分出逻辑分区，而信息只能存放在逻辑分区中。在扩展分区中会使用链接，也就是 link list 的方式来记录每一个逻辑分区所对应的磁柱。所谓的链接方式就是在 MBR 中要记录扩展分区的起始磁柱和结束磁柱，在扩展分区中每一个逻辑分区第 1 个块中记录自己逻辑分区的起始磁柱和结束磁柱，同时记录下一个逻辑分区的起始磁柱和结束磁柱。这样每一个逻辑分区的起始磁柱和结束磁柱以及下一个逻辑分区的起始磁柱和结束磁柱都链在了一起。

例 1.6 查看硬盘分区信息。

```
root@liuhui-VirtualBox:~# fdisk -l
Disk /dev/hda: 80.0 GB, 80026361856 bytes
255 heads, 63 sectors/track, 9729 cylinders
Units = cylinders of 16065 * 512 = 8225280 bytes
```

Device Boot		Start	End	Blocks	Id	System
/dev/hda1	*	1	765	6144831	7	HPFS/NTFS
/dev/hda2		766	2805	16386300	c	W95 FAT32 （LBA）
/dev/hda3		2806	9729	55617030	5	Extended
/dev/hda5		2806	3825	8193118+	83	Linux
/dev/hda6		3826	5100	10241406	83	Linux
/dev/hda7		5101	5198	787153+	82	Linux swap / Solaris
/dev/hda8		5199	6657	11719386	83	Linux
/dev/hda9		6658	7751	8787523+	83	Linux
/dev/hda10		7752	9729	15888253+	83	Linux

Disk /dev/sda: 1035 MB, 1035730944 bytes

256 heads, 63 sectors/track, 125 cylinders

Units = cylinders of 16128 * 512 = 8257536 bytes

Device Boot	Start	End	Blocks	Id	System
/dev/sda1	1	25	201568+	c	W95 FAT32 （LBA）
/dev/sda2	26	125	806400	5	Extended
/dev/sda5	26	50	201568+	83	Linux
/dev/sda6	51	76	200781	83	Linux

例 1.6 的运行结果表明，此机器中挂载了两个硬盘（或移动硬盘），其中一个是 hda，是计算机自带的硬盘，也是并口的 IDE 接口的硬盘；另一个是 sda，是串口的 SATA 接口的 U 盘。如果想查看单个硬盘的情况，可以通过 fdisk -l/dev/hda1 或者 fdisk -l/dev/sda1 命令来操作，以 fdisk -l 输出的硬盘标识为准。其中，hda 有 3 个主分区（包括扩展分区），分别是主分区 hda1、hda2 和 hda3（扩展分区），逻辑分区 hda5～hda10；sda 有两个主分区（包括扩展分区），分别是 sda1 和 sda2（扩展分区），sda2 是逻辑分区，包括 sda5～sda8。

硬盘总容量＝主分区（包括扩展分区）总容量，扩展分区容量＝逻辑分区总容量。例 1.6 中，hda＝hda1＋hda2＋hda3，其中 hda3＝hda5＋hda6＋hda7＋hda8＋hda9＋hda10。

例 1.6 的运行结果还清楚地表明每一个分区的起始磁柱都与相邻的上一个分区的结束磁柱相连，构成了一个分区链接。

1.4.2 文件系统的配置

安装程序时，必须先划分硬盘分区；划分硬盘分区时，必须要为每一个分区指定挂载点、分区的大小和文件系统的类型。划分硬盘分区，参考如下设定原则。

（1）/etc、/bin、/lib、/sbin 和/dev 文件系统（目录）必须包含在/（根）文件系统中。

（2）交换区（Swap Space）一般为物理内存的两倍。对于 64 位的 Linux 系统，如果内存大小为 2.5～32GB，交换区的大小可以等于物理内存的大小；如果内存超过了 32GB，交换区的大小可以设为 32GB。

（3）当作挂载点的目录最好是/boot、/home、/usr、/usr/local、/var、/tmp 和/opt。所有开机要用到的文件都要保存在/boot 目录中，使用/boot 作为挂载点，会使系统启动的速度加快，同时也可使得它的备份和恢复更容易、更快捷。为了加快系统启动及系统检测的速度，通常

/boot 分区都设置得很小。大小可以通过查看/boot 分区的使用率决定，如例 1.7 所示。

例 1.7 查看分区的使用情况。

```
liuhui@liuhui-VirtualBox:~$ df -h /boot
Filesystem      Size  Used Avail Use% Mounted on
/dev/sda1       236M   39M  186M  18% /boot
liuhui@liuhui-VirtualBox:~$ _
```

例 1.7 运行结果表明，本系统的 boot 分区使用率是 18%，说明开始安装系统时分配的 boot 分区空间太大，使用率太低，一般使用率在 40%左右是合适的。

- /家目录是用来存放所有用户个人文件的目录，使用/home 当作挂载点，可以使用户信息的备份与恢复以及管理和维护变得更简单一些。
- /usr 目录中存放的是系统的应用程序和与命令相关的系统数据，其中包括系统的一些函数库及图形界面所需的文件，将/usr 划分成一个单独的分区，可以使该目录中信息的备份与恢复更加方便。
- /var 目录用来存放系统运行过程中经常变化的文件，如 log 文件；/tmp 目录用来存放用户和程序运行时所需要的临时文件，将/var 和/tmp 目录分别划分成单独的分区，可以减少备份和恢复的数据量，因为这两个分区中的数据不需要进行备份。

每一个分区的大小到底应该设置为多少？很多书上都会说分区的设置和大小要根据具体的业务而定，那么具体的业务是什么？到底应该分多少？没有人能说清楚。也可以使用一个简单易行的方法，就是找到一个已经安装好并稳定运行过一段时间的系统，当然最好与要安装的系统类似，然后使用 Linux 命令获取现有系统中这些分区的大小信息，根据其运行效率适当调整要设置的分区大小。

例 1.8 查看各分区的大小。

```
liuhui@liuhui-VirtualBox:~$ su -
Password:
root@liuhui-VirtualBox:~# du -hs /home  /usr  /usr/local  /var  /tmp
108M    /home
2.8G    /usr
162M    /var
16K     /tmp
root@liuhui-VirtualBox:~#
```

例 1.8 中的命令最好使用 root 用户操作，因为一般用户无权访问/var 下的部分子目录。运行结果显示的分区大小只是在配置新系统时的参考值，要求一定是系统运行了一段时间，而且是在正常的业务时间内来获取这些信息。

Linux 系统是一门实践性很强的课程，有很多知识点，不论查看多少参考书都无法找到正确的答案。只有自己去机器上输入命令，运行命令后仔细分析运行结果，然后根据运行结果再去查找参考书，才可能真正地领会这个命令的实质。

上机实验：Linux 操作系统的安装使用

1. 实验目的

(1) 通过对 Ubuntu 系统的安装，掌握在 Linux 环境下文件分区的基本概念。

(2) 通过对终端显示风格的设置，理解不同的设置在不同场景下的应用。

(3) 通过对运行结果的处理，理解显示终端和文件的管理。

2. 实验任务

(1) 在虚拟机上安装 Ubuntu 系统。
(2) 对虚拟机进行设置，实现 Linux 和 Windows 系统间的文件共享和粘贴板共享。
(3) 打开终端并固定图标。
(4) 激活 root 用户，使用 gcc 和 make 工具。
(5) 运行结果的保存方法，包括 prtscreen、截图工具、直接复制、重定向到文件。

3. 实验环境

装有 Windows 系统的计算机；虚拟机安装 VirtualBox+ Linux Ubuntu 系统。

4. 实验题目

任务 1：下载虚拟机 VirtualBox+ Linux Ubuntu 系统的安装文件。

分别安装虚拟机和 Ubuntu 系统，Ubuntu 安装成功后，安装增强功能，便于文件共享和 U 盘的使用。

任务 2：在虚拟机的系统设置中设置共享文件夹和共享粘贴板，设置鼠标的双向拖曳。

任务 3：第一次使用终端时，打开终端图标，将图标固定在收藏夹中。

任务 4：激活 root 用户，修改普通用户的密码。

任务 5：在 Linux 系统中安装常用软件，以及 gcc 编译器。

任务 6：书写实验报告，保存运行结果，尝试 prtscreen、截图工具、直接复制、重定向到文件等保存方法。

5. 实验心得

总结上机中遇到的问题及解决问题过程中的收获、心得体会等。

第2章 Linux系统基本命令

2.1 Linux 命令的格式

Linux 操作系统有图形化的操作界面和命令行方式的终端操作，因为命令行方式的终端界面运行更稳定，网络传输速度更快，所以大部分 Linux 系统用户选择使用命令行方式的终端操作，在系统提示符右边输入正确的 Linux 命令，按 Enter 键后命令就可以运行。

Linux 系统的命令格式如下。

```
命令 [选项] [参数]
```

即

```
command [options] [arguments]
```

命令：告诉 Linux(UNIX)做什么。

选项：说明命令运行的方式，以“-”或“--”字符开始。

参数：说明命令影响的是什么。

例如，mkdir hl，其中，mkdir 是命令名，表示创建一个目录；hl 是参数，表示创建一个名为 hl 的目录。再如，ls -a，其中，ls 是命令名；-a 是选项，表示列出当前目录下的所有文件信息。在终端运行命令的结果如图 2.1 所示。

图 2.1 Linux 命令格式

2.2 获取信息

2.2.1 查看用户身份

Linux 系统是多用户操作系统，一个人可以有多个用户名，同时，一个人可以用多个用户名登录系统。当进入 Linux 系统后，如果想知道自己当前的用户名，可以使用 whoami 或 who am i 命令来查看，如例 2.1 和例 2.2 所示。

例 2.1 用 whoami 命令显示当前登录的用户名。

```
liuhui@liuhui-VirtualBox:~$ whoami
liuhui
```

例 2.2 用 who am i 命令显示当前登录的用户名。

```
liuhui@liuhui-VirtualBox:~$  who am i
liuhui   pts/4        2019-09-12 21:06 (:0)
```

例 2.2 运行结果显示的用户名和系统提示符中隐含的用户名一致，如图 2.2 所示。

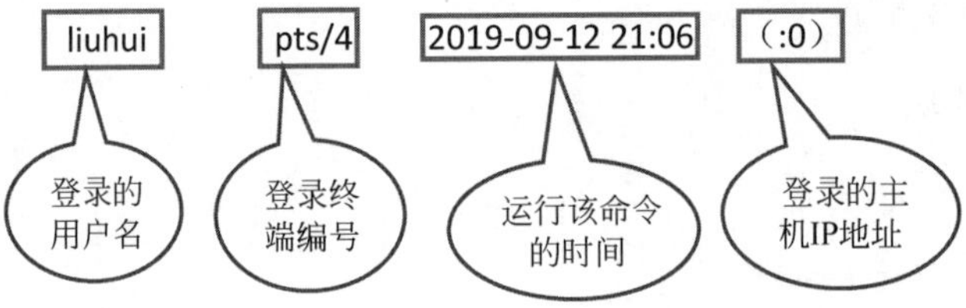

图 2.2 例 2.2 运行结果说明

多数 Linux 命令在单词之间加入空格或标点符号后仍会照常执行，但有时加入空格后，命令的运行结果又稍有不同。例如，whoami 命令，如果不加空格分隔，只显示用户名；添加空格来分隔这 3 个单词后，运行结果不仅显示用户名，还显示登录的终端、当前的日期和时间以及正在使用的计算机的 IP 地址（这里运行该命令的主机是本地登录的，所以此处没有显示 IP 地址）。

2.2.2 查看用户信息

1. who 命令

如果想查看本机上目前有哪些用户登录，可以使用 who 命令，如例 2.3 所示。

例 2.3 who 命令的使用。

```
liuhui@liuhui-VirtualBox:~$ who
liuhui   :0       2019-09-15 19:51 (:0)
liuhui   pts/7    2019-09-15 19:52 (:0)
```

例 2.3 运行结果显示，目前登录到本机的用户有两个，一个是启动 Linux 系统时登录的用户 liuhui，另一个是登录到终端的用户 liuhui，它们其实是同一个用户，运行结果中各个字段的含义和 who am i 命令运行结果的含义一样。who 命令运行的结果是把本机上所有登录用户的名字信息都显示出来，与 who am i 命令的不同之处是还包括了系统上工作的其他用户。

2. w 命令

与 who 命令类似的还有 w 命令，只是 w 命令显示的信息比 who 更多。

例 2.4 w 命令的使用。

```
liuhui@liuhui-VirtualBox:~$ w
 10:45:51 up  2:02,  2 users,  load average: 0.58, 0.56, 0.59
USER     TTY      FROM             LOGIN@   IDLE   JCPU   PCPU WHAT
liuhui   :0       :0               08:44   ?xdm?  39:44   0.14s upstart --user
liuhui   pts/5    :0               10:30    7.00s  0.02s  0.00s w
liuhui@liuhui-VirtualBox:~$
```

例 2.4 运行结果每个字段的含义如图 2.3 所示。

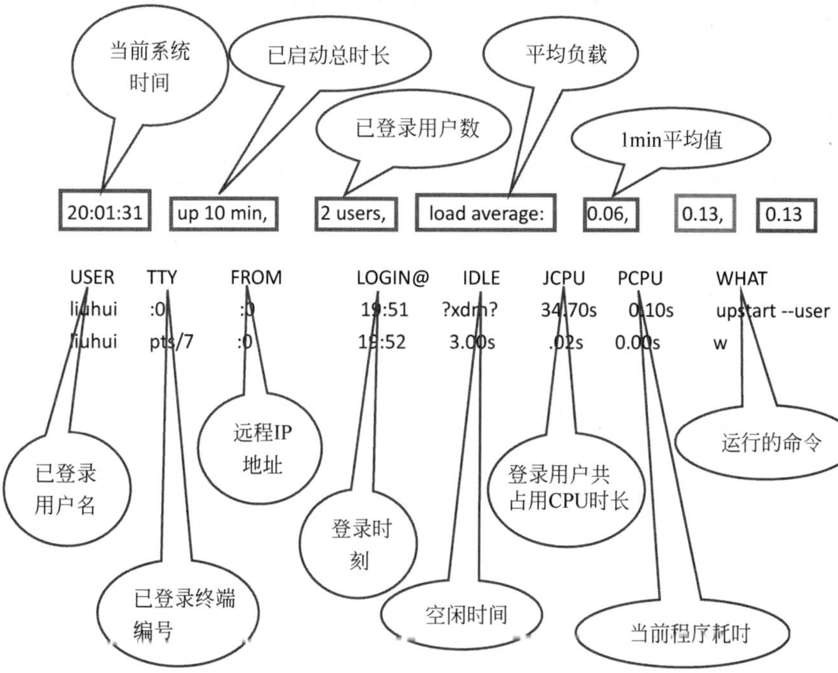

图 2.3 w 命令的运行结果

例 2.4 运行结果第 1 行从左到右依次为当前的系统时间、系统已启动(Up)的总时长、目前已经登录的用户数目、系统在过去 1min 内平均提交的任务数、在过去 10min 内平均提交的任务数、过去 15min 内平均提交的任务数。load average 是平均负载，冒号后面的数字分别表示过去 1min、10min、15min 内的平均负载数。第 2 行是下面显示信息的总标题，从左到右依次为已登录用户名、已登录终端编号、远程 IP 地址、登录时刻、空闲时间及登录用户共占用 CPU 的时长、登录用户正在运行的程序占用 CPU 的时长及当前用户运行的命令名。

3. users 命令

w 命令显示的信息非常全面，如果只想知道当前登录的用户名，而不关心其他信息，则可以用 users 命令，如例 2.5 所示。

例 2.5 users 命令的使用。

```
liuhui@liuhui-VirtualBox:~$ users
liuhui  liuhui
```

例 2.5 运行结果和前面几个命令的结果一致，只是使用了更加简洁的表示形式。

4. tty 命令

如果只想知道目前登录 Linux 系统的用户所使用的终端，可以用 tty 命令。

例 2.6 tty 命令的使用。

```
liuhui@liuhui-VirtualBox:~$ tty
/dev/pts/7
```

例 2.6 运行结果表明，现在在本机的第 7 个终端上工作。liuhui 用户执行了很多命令，打开了多个终端，当前是第 7 个终端。

2.2.3 查看操作系统信息

知道了 Linux 系统上的用户信息，如果还想知道登录的系统信息，可以使用 uname 命令来显示当前登录操作系统信息。

uname 命令的语法格式如下。

```
uname [option]
```

uname 命令常用选项如下。

-n：nodename，显示登录系统的主机名。

-i：information，显示登录系统的硬件平台信息。

例 2.7 uname 命令的使用。

```
liuhui@liuhui-VirtualBox:~$ uname
Linux
```

例 2.7 运行结果表明当前的系统是 Linux。

例 2.8 unmae -n 选项的使用。

```
liuhui@liuhui-VirtualBox:~$ uname -n
liuhui-VirtualBox
```

例 2.9 uname -i 选项的使用。

```
liuhui@liuhui-VirtualBox:~$ uname -i
x86_64
```

注意

> Linux 操作系统对传统的 UNIX 系统的命令进行了简化，其中一个简化就是用单词的首字母代替完整的英语单词，当然也可以使用完整的英语单词。但是，使用完整的单词时，选项的标识需要用双画线 --开始。

例 2.10 uname -all 选项的使用。

```
liuhui@liuhui-VirtualBox:~$ uname --all
Linux liuhui-VirtualBox 3.16.0-23-generic #31-Ubuntu SMP Tue Oct 21
17:56:17 UTC 2014 x86_64 x86_64 x86_64 GNU/Linux
liuhui@liuhui-VirtualBox:~$
```

例 2.11 uname -help 选项的使用。

```
liuhui@liuhui-VirtualBox:~$ uname --help
Usage: uname [OPTION]...
Print certain system information.  With no OPTION, same as -s.

  -a, --all                print all information, in the following order,
                             except omit -p and -i if unknown:
  -s, --kernel-name        print the kernel name
  -n, --nodename           print the network node hostname
  -r, --kernel-release     print the kernel release
  -v, --kernel-version     print the kernel version
  -m, --machine            print the machine hardware name
  -p, --processor          print the processor type or "unknown"
  -i, --hardware-platform  print the hardware platform or "unknown"
  -o, --operating-system   print the operating system
      --help     display this help and exit
      --version  output version information and exit

GNU coreutils online help: <http://www.gnu.org/software/coreutils/>
For complete documentation, run: info coreutils 'uname invocation'
liuhui@liuhui-VirtualBox:~$
```

例 2.11 运行结果可知，help 选项可以把 uname 命令的使用信息列举出来。

2.2.4 查看时间信息

1. date 命令

date 命令用于显示及设置日期和时间。

例 2.12 显示当前系统时间。

```
liuhui@liuhui-VirtualBox:~$ date
2020年 07月 29日 星期三 10:52:02 CST
liuhui@liuhui-VirtualBox:~$
```

例 2.12 运行结果显示的是默认的日期显示格式。

例 2.13 设置系统时间为 9 月 4 日下午 14:20:15，不改变年份。

```
liuhui@liuhui-VirtualBox:~$ date  09041420.15
date: cannot set date: Operation not permitted
2020年 09月 04日 星期五 14:20:15 CST
liuhui@liuhui-VirtualBox:~$ _
```

例 2.13 运行结果先提示不能设置时间，然后会把希望设置的时间显示在显示器上。再用 date 命令查看当前时间，显示为 2020 年 09 月 04 日 星期五 14:20:15 CST，即设置成功了。如果换成 root 用户来更改时间，就不会提示 Operation not permitted 了。

2. cal 命令

cal(calendar)命令用来显示某个月份的日历。

例 2.14 cal 命令的使用，显示当前系统年月的日历。

```
liuhui@liuhui-VirtualBox:~$ cal
      七月 2020
日 一 二 三 四 五 六
          1  2  3  4
 5  6  7  8  9 10 11
12 13 14 15 16 17 18
19 20 21 22 23 24 25
26 27 28 29 30 31
```

例 2.15 指定想显示的年月的日历。

```
liuhui@liuhui-VirtualBox:~$ cal  6  2019
      六月 2019
日 一 二 三 四 五 六
                   1
 2  3  4  5  6  7  8
 9 10 11 12 13 14 15
16 17 18 19 20 21 22
23 24 25 26 27 28 29
30
liuhui@liuhui-VirtualBox:~$ _
```

例 2.16 显示一年的日历。

```
liuhui@ liuhui - VirtualBox:～ $ cal 2019
```

例 2.16 运行结果篇幅较大，这里不做列举。

经过上面多个指令的执行，Linux 终端上显示了很多的信息，看起来比较凌乱，可以用 clear 命令清理屏幕上显示的信息。

例 2.17 clear 命令的使用。

```
liuhui@ liuhui - VirtualBox:～ $ clear
```

2.2.5 切换用户和更改密码

1. 切换用户的 su 命令

登录 Linux 系统的方式有两种，一种是在 Windows 系统上通过 Telnet 远程登录，一种是直接在 Linux 系统上登录。如果是以 Telnet 远程登录的方式登录，只能以普通用户身份登录，无法使用 root 用户；或者直接登录时以普通用户登录，但某些操作会因要求必须是 root 用户而无法实现。为了从普通用户切换为 root 用户，可以使用切换用户命令 su(switch user)，普通用户之间的切换也可以使用 su 命令。

例 2.18 普通用户之间的切换，需要输入密码。假定当前登录的用户名为 tomcat，是一个普通用户，想切换到另一个普通用户 liuhui，使用 su 命令如下。

```
tomcat@liuhui-VirtualBox:~$ su liuhui
Password:
liuhui@liuhui-VirtualBox:/home/tomcat$
```

例 2.18 运行结果可见，根据系统提示符，用户名已经更换为 liuhui，但是工作目录还是 tomcat 的工作目录，并没有进入 liuhui 用户的家目录。

例 2.19 从普通用户 liuhui 切换到超级用户 root，需要输入 root 用户的登录密码。

```
liuhui@liuhui-VirtualBox:/home/tomcat$ su
Password:
root@liuhui-VirtualBox:/home/tomcat# _
```

由普通用户切换到 root 超级用户，需要输入 root 用户的密码，输入正确后才可以切换成功，由例 2.19 运行结果可以看到用户名切换成功，工作目录并没有随着切换，同时命令提示符由 $ 换成了 #。怎么使工作目录随着用户的切换自动切换到该用户的家目录呢？答案就是使用 - 选项，即使用命令 su - 切换用户和家目录。

例 2.20 由 root 切换为 liuhui 用户，同时进入 liuhui 的家目录/home/liuhui。

```
root@liuhui-VirtualBox:~# su - liuhui
liuhui@liuhui-VirtualBox:~$
```

例 2.20 运行结果表明，由 root 用户切换到普通用户时无须输入密码，命令提示符会自动变更为 $。使用了 - 选项后，工作目录也同时更换为了当前用户的家目录。

由上述案例可见，su 命令不仅可以从一个普通用户切换到另一个普通用户，也可以从普通用户切换到 root 用户，还可以从 root 用户切换到普通用户；使用一个选项，可以同时切换到该用户的家目录。

2. 更改密码

更改密码的命令格式如下：

```
passwd[选项][登录]
```

选项说明如下。

-a，--all：报告所有账户的密码状态。

-d，--delete：删除指定账户的密码。

-e，--expire：强制使指定账户的密码过期。

-h，--help：显示帮助信息。

-k，--keep-tokens：仅在过期后修改密码。

-i，--inactive INACTIVE：密码过期后设置密码不活动为 INACTIVE。

-l，--lock：锁定指定的账户。

-n，--mindays MIN_DAYS：设置到下次修改密码所须等待的最短天数为 MIN_DAYS。

-q，--quiet：设为安静模式。

-r，--repository REPOSITORY：在 REPOSITORY 库中改变密码。

-R，--root CHROOT_DIR：chroot 到的目录。

-S，--status：报告指定账户密码的状态。

-u，--unlock：解锁指定账户。

-w，--warndays WARN_DAYS：设置过期警告天数为 WARN_DAYS。

-x，--maxdays MAX_DAYS：设置到下次修改密码所须等待的最多天数为 MAX_DAYS。

1）以 root 用户身份更改密码

出于安全考虑，很多系统都要求用户经常更改密码，Linux 系统中可以用 passwd 命令更改密码。

例 2.21 从例 2.20 的 liuhui 用户切换到 root 用户，以 root 用户身份修改 root 用户的登录密码。

```
root@liuhui-VirtualBox:~# passwd
Enter new UNIX password:
Retype new UNIX password:
passwd: password updated successfully
root@liuhui-VirtualBox:~#
```

运行例 2.21 命令可以看到,在修改 root 用户密码时,直接输入新的 root 用户的密码 1234,即使输入的新密码过于短小,系统也会成功修改密码,这是 root 用户的权利,什么事情都可以做,包括不合乎规则的事。

注意

> 输入 Linux 系统的密码时没有提示符号,所以用户要小心记忆;同时出于安全考虑,密码字符要大小写混合,最好含有特殊字符,如#、@、$等。

因为 root 用户是超级用户,拥有至高无上的权限,所以 root 用户还可以更改普通用户的密码。

例 2.22 root 用户更改用户 liuhui 的密码为 1234。

```
root@liuhui-VirtualBox:~# passwd liuhui
Enter new UNIX password:
Retype new UNIX password:
passwd: password updated successfully
root@liuhui-VirtualBox:~#
```

2) 查看密码状态

为了验证是否更改成功,可以用-S 选项查看用户的密码状态。

例 2.23 passwd -S 选项的使用。

```
root@liuhui-VirtualBox:~# passwd  -S  liuhui
liuhui P 07/29/2020 0 99999 7 -1
root@liuhui-VirtualBox:~#
```

例 2.23 运行结果表明系统已经为用户 liuhui 设置了密码,P 表示已经设置密码,登录时必须使用该密码,而且这个密码是用 SHA512 算法加密的。

--status 选项的功能与-S 一样,只是因为--status 用的是完整单词,所以要冠以双画线--。例如,可以用例 2.24 和例 2.45 分别查看用户 shiephl 和 liuhui 的密码状态。

例 2.24 使用 passwd --status 选项查看用户 shiephl 的密码状态。

```
root@liuhui-VirtualBox:~# passwd  --status  shiephl
shiephl P 07/29/2020 0 99999 7 -1
root@liuhui-VirtualBox:~#
```

例 2.25 使用 passwd --status 选项查看 liuhui 的密码状态。

```
root@liuhui-VirtualBox:~# passwd  --status  liuhui
liuhui P 07/29/2020 0 99999 7 -1
```

3) 以普通用户身份更改和查看密码

root 用户可以更改和查看普通用户的密码,普通用户是否可以查看其他人的密码状态呢? 先退出当前 root 用户,使用 exit 命令退出到最近一次登录的普通用户 liuhui。

例 2.26 exit 退出 root 用户到原来的用户 liuhui。

```
root@liuhui-VirtualBox:~# exit
logout
liuhui@liuhui-VirtualBox:~$
```

例 2.27 使用 whoami 验证退出到哪个普通用户。

```
liuhui@liuhui-VirtualBox:~$ whoami
liuhui
liuhui@liuhui-VirtualBox:~$
```

例 2.27 运行结果显示最近一次登录的是普通用户 liuhui。

验证在普通用户登录的状态下是否可以查看其他普通用户的密码状态。

例 2.28 普通用户查看普通用户的密码状态。

```
liuhui@liuhui-VirtualBox:~$ passwd -S tomcat
passwd: You may not view or modify password information for tomcat.
liuhui@liuhui-VirtualBox:~$ _
```

例 2.28 运行结果显示普通用户 liuhui 无权查看普通用户 tomcat 的密码状态。所以,只有 root 用户才可以查看其他人的密码状态。

验证普通用户是否可以修改自己的密码,甚至修改其他人的密码。

例 2.29 普通用户修改自己的密码。

```
liuhui@liuhui-VirtualBox:~$ passwd
Changing password for liuhui.
(current) UNIX password:
Enter new UNIX password:
Retype new UNIX password:
You must choose a longer password
Enter new UNIX password:
Retype new UNIX password:
Password unchanged
Enter new UNIX password:
Retype new UNIX password:
passwd: password updated successfully
liuhui@liuhui-VirtualBox:~$
```

例 2.29 运行结果表明普通用户可以修改自己的密码。如果普通用户输入的密码过于简单,系统会提示输入的密码太短,拒绝修改密码;继续输入密码;如果输入的新密码和原来的一样,会提示没有修改密码;只有输入的密码由数字、字母和特殊字母组成,修改密码才成功。

例 2.30 普通用户修改别人的密码。

```
liuhui@liuhui-VirtualBox:~$ passwd shiephl
passwd: You may not view or modify password information for shiephl.
liuhui@liuhui-VirtualBox:~$
```

例 2.30 运行结果表明普通用户不可以修改别人的密码。

2.2.6 获取帮助信息

由于 Linux 或 UNIX 操作系统的命令、选项及参数非常多,记住每一个指令的详细使用方法实在太困难,借助 Linux 系统提供的帮助命令可以查询命令的详细使用方法。

1. 命令功能查询

whatis 命令用来查询命令的功能,其运行结果简明扼要地列出命令的常用功能,要查询的命令放在 whatis 的右边。

例 2.31 显示命令功能。

```
tomcat@liuhui-VirtualBox:~$ whatis uname
uname (1)            - print system information
uname (2)            - get name and information about current kernel
tomcat@liuhui-VirtualBox:~$ _
```

2. 命令使用说明

如果想知道命令的语法格式和常用选项,可以用--help 命令。

例 2.32 查找命令选项。

```
tomcat@liuhui-VirtualBox:~$  passwd  --help
Usage: passwd [options] [LOGIN]

Options:
  -a, --all                    report password status on all accounts
  -d, --delete                 delete the password for the named account
```

例 2.32 运行结果的第 1 行是 passwd 命令的使用摘要，后面是各个选项的说明。为了节省篇幅，本例的选项说明只摘取两个，其他说明都省略了。使用摘要就是一个命令的使用说明，它定义了一个命令的使用格式。在命令格式中，[ ]表示该选项是可有可无的，在使用时可以根据需要选取；|表示“或”的关系，也就是用|分隔开的各个选项只能选其一；＜ ＞括起来的内容是可变的值，随着每次使用赋值的不同而不同；-abc 表示这 3 个选项可以任意组合，既可以使用一个选项，也可以使用多个选项的组合。

3. 详细使用说明

如果想查看一个命令的描述和使用方法，可以使用 man 命令(manual 的缩写)。在 Linux 中，每个命令的详细说明文件叫 man pages，所有命令的 man pages 的集合就是联机手册。每个命令的 man pages 有 8 章，经常使用的是第 1、5、8 章。第 1 章是用户命令，是一般用户可以使用的命令的说明；第 5 章是文件的说明，用来查询命令的说明文件；第 8 章是管理命令，即显示只有 root 用户才可以使用的命令。

man 命令的格式如下。

```
man [<option | number>] <command | filename>
```

其中，option 是要显示的关键字；number 是要显示的章节号；command 是要查询的命令名；filename 是文件名。

例 2.33 查看命令的详细描述和使用方法。

```
tomcat@liuhui-VirtualBox:~$ man passwd
 NAME
        passwd - change user password

 SYNOPSIS
        passwd [options] [LOGIN]

 DESCRIPTION
        The passwd command changes passwords for user account

 OPTIONS
        The options which apply to the passwd command are:

        -a, --all
            This option can be used only with -S and causes s
 how status for all users.

        -d, --delete
            Delete a user's password (make it empty). This is
  a quick way to disable a password for an account. It will s
 et the named account passwordless.
```

使用 man 命令可以查看命令的详细使用说明，为了节省篇幅，本例的选项说明只选取了其中一部分，其他说明都省略了。

在使用命令时，如果只记住了几个字符，而且这几个字符足以区分一个命令时，按 Tab 键就可以自动补齐命令。如果记住的几个字符不足以补齐命令，可以用 man 命令带-k 选项进行查找，然后可以在运行结果中选择要找的命令名。

例 2.34 使用 man 命令的-k 选项选择命令。

```
tomcat@liuhui-VirtualBox:~$ man -k who
at.allow (5)          - determine who can submit jobs via at or batch
at.deny (5)           - determine who can submit jobs via at or batch
bsd-from (1)          - print names of those who have sent mail
from (1)              - print names of those who have sent mail
w (1)                 - Show who is logged on and what they are doing.
w.procps (1)          - Show who is logged on and what they are doing.
who (1)               - show who is logged on
whoami (1)            - print effective userid
tomcat@liuhui-VirtualBox:~$ _
```

可以看到,例 2.34 运行结果中把所有含有 who 的命令全部列出,并简要说明命令的功能,用户可以根据说明找到自己想要的命令。

如果只知道 Linux 命令的名字,不知道具体功能,可以使用带有-f 选项的 man 命令进行查看。

例 2.35 用带有-f 选项的 man 命令查询命令的功能。

```
tomcat@liuhui-VirtualBox:~$ man -f who
who (1)               - show who is logged on
tomcat@liuhui-VirtualBox:~$
```

由例 2.35 的运行结果可以看到,这个带有-f 选项的 man 命令和 whatis 命令一样,都会显示命令的功能。

4. 在线帮助

man 命令可以提供命令的联机帮助手册,显示的内容非常详细,但是看懂所有信息有点困难,可以使用稍微简单的 info 命令来显示帮助信息。

例 2.36 info 命令的使用。

```
tomcat@ liuhui - VirtualBox:~ $ info who
```

info 命令的运行结果内容较多,省略不写。

可以看出,info 命令显示的信息简单易懂,还显示与查询相关的其他命令信息。按键盘上的上、下、左、右键可移动页面,按 PgUp 或 PgDn 键可上移一页或下移一页。按 q 键可以退出 info 命令的结果页面。

2.3 目录的操作

2.3.1 目录的基本概念

1. 常用目录

Linux 系统中,所有文件和目录都存储在一个树形结构中,都从根目录开始往下挂载到不同的子目录上,如图 2.4 所示,形成一棵倒立的树。

(1) /:根目录,位于分层文件系统的最顶层,它包含所有的目录和文件。

(2) /bin:存放系统管理员和普通用户使用的重要的 Linux 命令的可执行文件。

(3) /boot:存放用于启动 Linux 系统的所有文件。

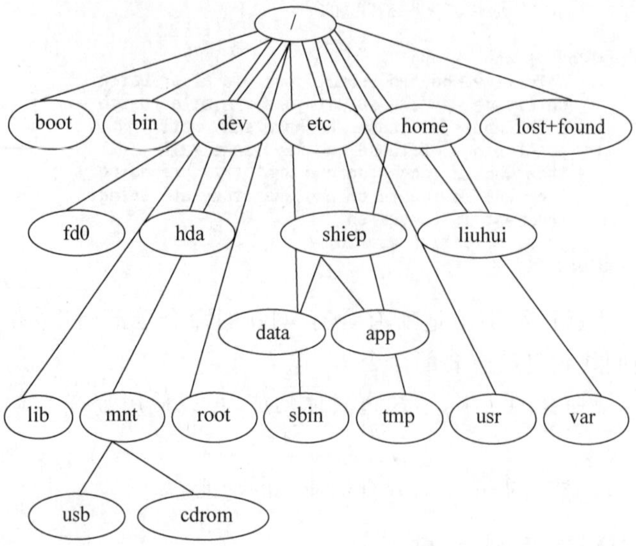

图 2.4　Linux 中的目录结构

(4) /dev：存放连接到计算机上的设备的对应文件。

(5) /home：存放一般用户的家目录。

(6) /root：root 用户的家目录，其他用户的家目录位于/家目录下。

(7) /usr：存放用户使用的系统命令以及应用程序信息，包括系统函数和图形界面所需的文件。usr 是 UNIX system resources 的缩写。

(8) /lost＋found：当系统异常关机、崩溃或出现错误时，系统会将一些遗失的片段存放在该目录中，这个目录会在系统需要时自动产生。

(9) /var：存放系统运行时经常变化的文件，如 log 等。

2. 当前目录和父目录

当登录到 Linux 系统时，用户会登录到指定的目录下(/home/用户名)，任意时刻用户当时所在的目录称为当前目录或工作目录，在终端上可用“.”表示；当前目录的上一级目录称为父目录，在终端上可以用“..”表示。例如，以普通用户 shiephl 登录时，实际上是登录到/home/shiephl 目录下，工作目录就是/home /shiephl，父目录是/home；root 用户登录时，工作目录是/root。这也是这两类用户的默认登录目录，称为它们的家目录。

3. 绝对路径和相对路径

用户可以通过文件名和目录名(路径)在文件系统中查找所需的文件或目录。通常路径有绝对路径和相对路径两种表示方法。

绝对路径从文件系统的根目录开始书写，详细地写出每一级的子目录，书写时以“/”开始。它是文件位置的完整描述，在任何情况下都可以通过绝对路径找到文件。

相对路径是从工作目录开始，逐级记录下面的子目录直到文件所在的位置。相对路径一般比绝对路径要短小，记录的路径不全面，如果程序移植到其他地方，工作目录就会改变，就可能找不到文件了。

4. 目录名的命名规则

Linux 系统对文件名和目录名的命名有一定的限制，具体如下。

(1) 长度不能超过 255 个字符。

(2) 除字符/以外，所有字符都可以用，但建议不要使用某些特殊字符，如空格、?、* 等。

(3) 区分大小写字母，大写和小写代表不同的名字。

(4) 文件的扩展名没有实际意义。

2.3.2 目录的查询、切换和创建

1. 查询工作目录

Linux 文件系统有很多目录，不同的用户登录时进入的工作目录也不一样，而用户在执行命令之前常常需要确定目前所在的工作目录。使用 Linux 系统的 pwd 命令可以查看工作目录的绝对路径，pwd 是英语单词 print working directory 的缩写。

(1) 确定当前用户的登录名。

例 2.37 确定当前用户的登录名。

```
tomcat@liuhui-VirtualBox:~$ whoami
tomcat
```

(2) 用 pwd 确定用户 tomcat 现在所在的工作目录。

例 2.38 确定工作目录 pwd。

```
tomcat@liuhui-VirtualBox:~$ pwd
/home/tomcat
```

例 2.38 运行结果显示普通用户 tomcat 的工作目录是/home/tomcat，这个目录是普通用户的默认工作目录，也就是用户的家目录。

(3) 切换到 root 用户使用这个命令。

例 2.39 切换到 root 用户。

```
tomcat@liuhui-VirtualBox:~$ su - root
Password:
root@liuhui-VirtualBox:~#
```

例 2.39 中，在需要输入密码的地方输入 root 用户的密码，按 Enter 键，运行结果表明进入了 root 用户的家目录/root，用～表示，同时提示符也由普通用户的 $ 变为了 root 用户的 #。然后再用 pwd 命令来查看当前用户的工作目录，如例 2.40 所示。

例 2.40 查看 root 用户的工作目录。

```
root@liuhui-VirtualBox:~# pwd
/root
```

由例 2.40 运行结果显示 root 用户的工作目录是/root。

2. 更改目录

用户知道了自己所在的目录，如果想进入其他目录，可以使用切换目录的命令 cd(change directories)，格式如下。

cd 路径

在 cd 命令中常用的路径格式有如下 5 种。

(1) 绝对路径。这个方式最容易理解，就是明确告诉系统要到哪里去。

例 2.41 root 用户把工作目录切换到普通用户的家目录/home。

```
root@liuhui-VirtualBox:~# cd /home
root@liuhui-VirtualBox:/home#
```

这条命令执行后没有任何运行结果，因为这是 Linux 的工作方式，Linux 把所有用户都当专家，专家应该知道自己在做什么，做事的后果是什么。而 Windows 系统把用户当“傻瓜”，操作的每一步都会不厌其烦地告诉用户结果。

这种工作方式在绝大多数 Linux 命令里都是这样，虽然系统不告诉用户结果，但用户却可以自己想办法查看结果，cd 命令运行后的系统提示符中第 3 项/home 已经明确工作目录是/home 了；而且利用 pwd 命令可以查看是否正确地进入了/家目录。

例 2.42 查看例 2.41 是否正确切换到了目的地。

```
root@liuhui-VirtualBox:/home# pwd
/home
```

例 2.42 运行结果表明现在的工作目录是/home，所以提示符中第 3 项由 root 用户的默认家目录变为了绝对路径表示的/家目录，切换为 root 用户后，系统提示符是“root@liuhui-VirtualBox：~ #”，执行 cd /home 命令后，命令提示符是“root@liuhui-VirtualBox：/home #”。

(2) 相对路径。默认命令提供的路径是工作目录的子目录，也就是把工作目录中链接到命令提供的子目录，一起组成完整的目录路径。

例 2.43 切换到相对路径。

```
root@liuhui-VirtualBox:/home# cd shiephl
root@liuhui-VirtualBox:/home/shiephl#
```

这里 shiephl 是个相对于工作目录的子目录名，创建用户 shiephl 时系统会自动在家目录/home 中添加子目录/shiephl。cd 命令表示进入工作目录的子目录/shiephl，但是命令执行后没有显示结果，可以使用 pwd 命令查看结果。

例 2.44 查看结果。

```
root@liuhui-VirtualBox:/home/shiephl# pwd
/home/shiephl
```

例 2.44 运行结果表明确实进入了工作目录的子目录/shiephl。也可以通过命令提示符证实这个结果，系统提示符在执行 cd shiephl 之前是 root@liuhui-VirtualBox：/home #，执行以后变为 root@liuhui-VirtualBox：/home /shiephl #，提示符中的第 3 项已经指明了工作目录是/home/shiephl。

(3) 使用～或者空白参数切换到用户的家目录。仔细观察上述几个例子会发现，如果工作目录在当前用户的家目录，那么命令提示符中的第 3 项就用～代替家目录。所以，如果想进入用户的家目录，也可以用～表示。

例 2.45 root 用户从工作目录 shiephl 回到家目录/root。

```
root@liuhui-VirtualBox:/home/shiephl# cd ~
root@liuhui-VirtualBox:~# _
```

例 2.45 没有运行结果,但命令提示符已由/home/shiephl 变为了~,~表明是当前用户的家目录。

使用空白参数也可以切换到当前用户的家目录,前提是先回到其他工作目录。

例 2.46 从 root 的家目录切换到/home/shiephl。

```
root@liuhui-VirtualBox:~# cd /home/shiephl
root@liuhui-VirtualBox:/home/shiephl#
```

例 2.46 命令提示符已由~变为了/home/shiephl,再用 cd 空白参数切换到 root 的家目录,如例 2.47 所示。

例 2.47 空白参数。

```
root@liuhui-VirtualBox:/home/shiephl# cd
root@liuhui-VirtualBox:~#
```

没有运行结果,但命令提示符已由/home/shiephl 变为了~,表明确实回到了家目录。

(4) 使用..返回当前目录的上一级目录。假定当前 root 用户在/home/shiephl 目录中,使用 cd .. 可以返回到上一级目录/home。

例 2.48 使用..。

```
root@liuhui-VirtualBox:/home/shiephl# cd ..
root@liuhui-VirtualBox:/home# _
```

例 2.48 运行后提示符变为 root@liuhui-VirtualBox:/home #,表明进入了上一级目录/home。

(5) 使用-切换到上述例题中两条命令的工作目录。

例 2.49 -的使用。

```
root@liuhui-VirtualBox:/home# cd -
/home/shiephl
```

例 2.49 运行结果显示为/home/shiephl。

例 2.50 第 2 次使用-。

```
root@liuhui-VirtualBox:/home/shiephl# cd -
/home
```

例 2.50 运行结果显示为/home。

3. 创建新的目录

用户可以用 mkdir(make directory)命令创建自己的子目录,在创建时可以使用相对路径在工作目录下创建子目录,也可以使用绝对路径在指定路径下创建子目录。

1) 查看工作目录下的文件

假定当前用户为 liuhui,工作目录为家目录/home/liuhui,需要先检查工作目录下有哪些子目录和文件。用 ls 命令,如例 2.51 所示。

例 2.51 使用 ls 命令查看工作目录下有哪些文件。

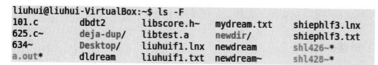

```
liuhui@liuhui-VirtualBox:~$ ls -F
101.c      dbdt2      libscore.h~    mydream.txt   shiephlf3.lnx
625.c~     deja-dup/  libtest.a      newdir/       shiephlf3.txt
634~       Desktop/   liuhuif1.lnx   newdream      shl426~*
a.out*     dldream    liuhuif1.txt   newdream~     shl428~*
```

例 2.51 运行结果中带有/的表示是目录，在显示器上以蓝色标注且只有名字的是文件。

2）用相对路径创建子目录

例 2.52 用相对路径在工作目录下创建子目录。

```
liuhui@liuhui-VirtualBox:~$ mkdir deeplearning
```

为了检测创建目录是否成功，用 ls 命令列出工作目录下的所有文件。

例 2.53 检测新创建的目录。

```
liuhui@liuhui-VirtualBox:~$ mkdir deeplearning
liuhui@liuhui-VirtualBox:~$ ls de*
deeplearning:

deja-dup:
duplicity-full.20191101T011702Z.manifest
duplicity-full.20191101T011702Z.vol1.difftar.gz
duplicity-full-signatures.20191101T011702Z.sigtar.gz
liuhui@liuhui-VirtualBox:~$
```

与例 2.52 的运行结果比较，发现在工作目录/home 下确定新增加了子目录 deeplearning，并以蓝色字体标注。

3）用绝对路径创建子目录

指定在系统目录/tmp 下新建子目录/liuhui，创建之前，首先要查看/tmp 目录下有哪些文件，再用绝对路径创建新目录。

例 2.54 查看/tmp 目录下的内容。

```
liuhui@liuhui-VirtualBox:~$ ls -a /tmp
.  ..  .ICE-unix  unity_support_test.1  .X0-lock  .X11-unix
liuhui@liuhui-VirtualBox:~$
```

例 2.54 运行结果表明，/tmp 目录下共有 6 个文件，其中以. 开头的文件是隐藏文件，在显示器上以绿色背景标注。

例 2.55 用绝对路径在指定路径下创建子目录。

```
liuhui@liuhui-VirtualBox:~$  mkdir /tmp/liuhui
```

为了检测创建目录是否成功，可以用 ls 命令列出工作目录下的所有文件。

例 2.56 检测新创建的目录。

```
liuhui@liuhui-VirtualBox:~$ mkdir /tmp/liuhui
liuhui@liuhui-VirtualBox:~$ ls -a /tmp
.  ..  .ICE-unix  liuhui  unity_support_test.1  .X0-lock  .X11-unix
liuhui@liuhui-VirtualBox:~$
```

与例 2.54 的运行结果比较，可以发现工作目录/tmp 下确实新增加了子目录 liuhui。

2.3.3 目录内容的显示

2.2.2 节中已经使用了 ls 命令，它的功能就是列出工作目录（默认为当前目录）或者指定目录（用绝对路径）中的内容，语法格式如下。

```
ls  [options]  [files]
```

ls 命令常用的选项如下所述。

(1) -a：列出所有文件，包括隐藏的文件、当前目录.、父目录..等。

(2) -d：只列出目录的信息。

(3) -F：用不同的符号表示不同文件的类型，/表示目录；*表示可执行文件；空白表示纯文本文件或ASCII文件；@表示符号链接文件；|表示管道文件；=表示socket文件。

(4) -l：列出每个文件的详细信息。

(5) -i：显示inode号。

(6) -c：以最后修改的时间来排序文件，同-l选项一起使用。

(7) -r：递归显示子目录。

假设当前登录用户是liuhui，工作目录是默认的家目录/home/liuhui，请理解如下例题。

例2.57 列出工作目录下的内容。

```
liuhui@liuhui-VirtualBox:~$ ls
101.c      dbdt2      libscore.h~    mydream.txt    shiephlf3.lnx
625.c~     deja-dup   libtest.a      newdir         shiephlf3.txt
634~       Desktop    liuhuif1.lnx   newdream       shl426~
a.out      dldream    liuhuif1.txt   newdream~      shl428~
```

在例2.57这种显示方式中，文件和目录都没有明显的标识，但在显示器上，目录会以蓝色字体标注。

例2.58 显示内容的类型。

```
liuhui@liuhui-VirtualBox:~$ ls -F
101.c      dbdt2      libscore.h~    mydream.txt    shiephlf3.lnx
625.c~     deja-dup/  libtest.a      newdir/        shiephlf3.txt
634~       Desktop/   liuhuif1.lnx   newdream       shl426~*
a.out*     dldream    liuhuif1.txt   newdream~      shl428~*
backup/    dlt3       liuhuif2.lnx   out.std        study/
```

例2.57和例2.58都显示了默认目录下的内容，-F参数表示要列出不同内容的类型，目录名字的右边加有/，普通文件正常显示。例2.57和例2.58使用的都是相对路径，如果想显示指定目录，可以使用绝对路径。

例2.59 用绝对路径显示当前目录和上一级目录中的内容。

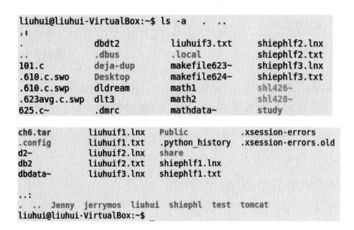

```
liuhui@liuhui-VirtualBox:~$ ls -a  .  ..
.:
.              dbdt2       liuhuif3.txt    shiephlf2.lnx
..             .dbus       .local          shiephlf2.txt
101.c          deja-dup    makefile623~    shiephlf3.lnx
.610.c.swo     Desktop     makefile624~    shiephlf3.txt
.610.c.swp     dldream     math1           shl426~
.623avg.c.swp  dlt3        math2           shl428~
625.c~         .dmrc       mathdata~       study

ch6.tar     liuhuif1.lnx   Public            .xsession-errors
.config     liuhuif1.txt   .python_history   .xsession-errors.old
d2~         liuhuif2.lnx   share
db2         liuhuif2.txt   shiephlf1.lnx
dbdata~     liuhuif3.lnx   shiephlf1.txt

..:
.  ..  Jenny  jerrymos  liuhui  shiephl  test  tomcat
liuhui@liuhui-VirtualBox:~$ _
```

.代表的是当前目录，..代表的是上一级目录。-a选项表示显示所有文件，包括隐藏文件。

例 2.60 显示/bin 目录下的所有内容并显示类型。

```
liuhui@liuhui-VirtualBox:~$ ls -a -F /bin
./                   netstat*
../                  nisdomainname@
bash*                ntfs-3g*
bunzip2*             ntfs-3g.probe*
busybox*             ntfs-3g.secaudit*
bzcat*               ntfs-3g.usermap*
bzcmp@               ntfscat*
bzdiff*              ntfsck*
```

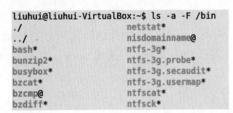

这里只截取了部分显示结果,运行结果中有很多符号链接文件,以@符号标注;还有很多可执行文件,以 * 标注,如 ls * 、mkdir * 等都是可执行命令,在显示器上以红色背景标注;目录文件以/标注;没有任何标注的是普通文件。

例 2.61 显示指定路径中内容的详细信息。

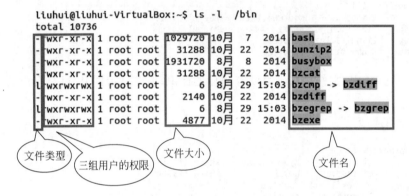

```
liuhui@liuhui-VirtualBox:~$ ls -l  /bin
total 10736
-rwxr-xr-x 1 root root 1029720 10月  7  2014 bash
-rwxr-xr-x 1 root root   31288 10月 22  2014 bunzip2
-rwxr-xr-x 1 root root 1931720  8月  8  2014 busybox
-rwxr-xr-x 1 root root   31288 10月 22  2014 bzcat
lrwxrwxrwx 1 root root       6  8月 29 15:03 bzcmp -> bzdiff
-rwxr-xr-x 1 root root    2140 10月 22  2014 bzdiff
lrwxrwxrwx 1 root root       6  8月 29 15:03 bzegrep -> bzgrep
-rwxr-xr-x 1 root root    4877 10月 22  2014 bzexe
```

文件类型　三组用户的权限　文件大小　文件名

这里只截取了部分显示结果。使用-F 选项,可以用符号标识文件的不同类型;使用-l 选项,可以详细显示内容的所有信息,第 1 行显示文件总的大小(单位是字节),从第 2 行开始依次详细列举每个文件的类型、3 组用户的读写权限、文件个数、所有者、所有者所在的组、文件的大小、修改日期及具体的文件名称。其中,文件类型以字符标识,- 表示是普通文件,d 表示是目录,l 表示是链接文件。

2.3.4 目录的删除

1. rmdir 命令

删除目录的方法有两种,一种是用 rmdir(remove directories)删除空目录;另一种是用 rm -r 删除包含文件和子目录的目录。要删除正在工作的目录,必须切换到该目录的父目录。rmdir 命令的格式如下。

```
rmdir 目录名
```

要删除目录,首先需要查看当前的工作目录。

例 2.62 列出工作目录中的内容。

```
liuhui@liuhui-VirtualBox:~$ ls -F
1.txt          Desktop/     Downloads/        irisdata     mydream~     Videos/
2.txt          dladress     examples.desktop  irisdata~    newdream
3.txt          dlreadme     hldata1           mathdata     Pictures/
backup/        dlreadtext   hlnew             mathdata~    Public/
dbdata         dlsvm        hlprivacy1 /      Music/       t1.txt
deeplearning/  Documents/   huibian2          mydream      Templates/
liuhui@liuhui-VirtualBox:~$ _
```

例 2.62 运行结果表明当前工作目录是 deeplearning，要删除 deeplearning 目录，需要先查看该目录下有无内容。

例 2.63　查看目录 deeplearning 下是否有内容。

```
liuhui@liuhui-VirtualBox:~$ ls -a  deeplearning
.  ..
liuhui@liuhui-VirtualBox:~$ _
```

例 2.63 运行结果显示只有两个目录，一个是工作目录.，一个是父目录..，也就表明目录中没有内容，可以用 rmdir 命令删除。

例 2.64　删除空白目录。

```
liuhui@liuhui-VirtualBox:~$ rmdir  deeplearning
```

例 2.64 运行结果没有任何提示，可以用 ls 命令验证是否完成了删除。

例 2.65　用 ls 命令列出 liuhui 目录中的内容。

```
liuhui@liuhui-VirtualBox:~$ rmdir deeplearning
liuhui@liuhui-VirtualBox:~$ ls -a
.                dladress            irisdata     Templates
..               dlreadme            irisdata~    .vboxclient-clipboard.pid
1.txt            dlreadtext          .local       .vboxclient-display.pid
2.txt            dlsvm               mathdata     .vboxclient-display-svga-x11.pid
3.txt            .dmrc               mathdata~    .vboxclient-draganddrop.pid
backup           Documents           .mozilla     .vboxclient-seamless.pid
.bash_history    Downloads           Music        Videos
.bash_logout     examples.desktop    mydream      .watershed
.bashrc          .gconf              mydream~     .Xauthority
.cache           hldata1             newdream     .xinputrc
.config          hlnew               Pictures     .xsession-errors
dbdata           hlprivacy1          .profile     .xsession-errors.old
.dbus            huibian2            Public
Desktop          .ICEauthority       t1.txt
liuhui@liuhui-VirtualBox:~$ _
```

对比例 2.65 运行结果与例 2.62 可以发现少了 deeplearning 子目录，证明确实删除了。

下面尝试删除 liuhui 目录下的另一个子目录 hlprivacy1，这个子目录中有很多个人文件。

例 2.66　检查要删除的目录 hlprivacy1。

```
liuhui@liuhui-VirtualBox:~$ cd hlprivacy1
liuhui@liuhui-VirtualBox:~/hlprivacy1$ ls -l
total 28
-rw-rw-r-- 1 liuhui liuhui  121  9月 17 11:15 d1.txt
-rw-rw-r-- 1 liuhui liuhui  116  9月 17 10:31 d1.txt~
-rw-rw-r-- 1 liuhui liuhui    0  9月 17 10:40 jerrymos1
drwxrwxr-x 2 liuhui liuhui 4096  9月 17 10:29 linuxdata
-rw-rw-r-- 1 liuhui liuhui  116  9月 17 11:18 play.txt
-rw-rw-r-- 1 liuhui liuhui  142  9月 17 11:29 tcat2
-rw-rw-r-- 1 liuhui liuhui   78  9月 17 10:34 tomcat1~
-rw-rw-r-- 1 liuhui liuhui  116  9月 17 11:29 tomcat1.txt
liuhui@liuhui-VirtualBox:~/hlprivacy1$
```

例 2.66 运行结果显示，在目录 hlprivacy1 下有很多文件，其中有一个子目录 linuxdata 内有文件 fool。下面尝试删除目录 linuxdata。

例 2.67　删除含有文件的目录 linuxdata。

```
liuhui@liuhui-VirtualBox:~/hlprivacy1$ rmdir linuxdata
rmdir: failed to remove 'linuxdata': Directory not empty
liuhui@liuhui-VirtualBox:~/hlprivacy1$ _
```

例 2.67 运行结果显示 linuxdata 不是空目录，删除失败。如果尝试删除含有子目录和文件的目录 hlprivacy1 会怎么样呢？需要先进入要删除目录的上一级目录。

例 2.68 删除含有子目录和文件的目录 hlprivacy1。

```
liuhui@liuhui-VirtualBox:~/hlprivacy1$ cd ..
liuhui@liuhui-VirtualBox:~$ rmdir hlprivacy1
rmdir: failed to remove 'hlprivacy1': Directory not empty
liuhui@liuhui-VirtualBox:~$
```

例 2.69 运行结果显示 hlprivacy1 不是空目录，不能删除。例 2.66 和例 2.67 证明了 rmdir 命令只能删除空白的目录，即在要删除的目录中既不能含有子目录，也不能有文件。

2. rm 命令

要想删除含有子目录和文件的目录，可以先一个一个删除里面的内容，然后再删除空目录。但是这样操作太麻烦，是否有简单的方法可以一次性删除一个含有子目录和文件的目录？答案就是使用 rm(remove)命令，rm 命令是一个可以永久删除文件或目录的命令，在使用该命令时，系统不显示运行结果，用户可以通过 ls 命令查看删除后的结果。rm 命令的语法格式如下。

```
rm [option] [file]
```

file 表示一个或多个文件，options 是选项，常用的选项如下。

(1) -i：interactive，防止不小心删除有用的文件，在删除之前会给出提示。

(2) -r：recursive，递归删除目录，当删除一个目录时，该目录中的所有文件和子目录都将被删除。

(3) -f：forc，强制删除，不询问。

例 2.69 删除 liuhui 目录中的 1.txt 文件。

```
liuhui@liuhui-VirtualBox:~$ rm 1.txt
```

例 2.69 没有可显示的运行结果，使用 ls 命令查看删除结果。

例 2.70 验证是否删除 1.txt 文件。

```
liuhui@liuhui-VirtualBox:~$ ls -a
```

例 2.70 运行结果省略。从运行结果可以看到，liuhui 目录下没有 1.txt 这个文件了。命令运行时没有提示，直接彻底将文件删除，如果希望系统在执行删除之前给出提示信息，可以使用-i 选项。

例 2.71 删除 hlprivacy1 目录中所有以 t 开头的文件，执行中有些回答按 Y 键，有些按 N 键。

```
liuhui@liuhui-VirtualBox:~$ rm -i hlprivacy1/t*
rm: remove regular file 'hlprivacy1/tmc'? y
rm: remove regular file 'hlprivacy1/tomcat'? n
rm: remove regular file 'hlprivacy1/tomcat1.txt'? y
liuhui@liuhui-VirtualBox:~$ ls -l hlprivacy1
total 32
-rw-rw-r-- 1 liuhui liuhui  116  9月 17 10:31 d1.txt~
-rw-rw-r-- 1 liuhui liuhui  122  9月 17 11:15 d1.txt.bz2
-rw-rw-r-- 1 liuhui liuhui    0  9月 17 10:40 jerrymos1
-rw-rw-r-- 1 liuhui liuhui   14  9月 17 10:40 jerrymos1.bz2
drwxrwxr-x 2 liuhui liuhui 4096  9月 25 19:20 linuxdata
-rw-rw-r-- 1 liuhui liuhui  266  9月 22 13:23 play.txt
-rw-rw-r-- 1 liuhui liuhui  116  9月 17 11:18 play.txt~
-rw-rw-r-- 1 liuhui liuhui  210  9月 22 13:39 play.txt.gz
-rw-rw-r-- 1 liuhui liuhui  116  9月 22 13:40 tomcat
liuhui@liuhui-VirtualBox:~$ _
```

例 2.72 查看删除的结果。

```
liuhui@liuhui-VirtualBox:~$ ls -l hlprivacy1
```

回答为按 Y 键的文件确实被删除了，而回答为按 N 键的文件没有删除，还存在于 hlprivacy1 目录中。

如果想一次性删除 hlprivacy1 目录中的所有内容，包括子目录和文件，可以使用-r 选项。与 rmdir 命令相似，只能删除工作目录的子目录，所以需要先进入 hlprivacy1 目录的父目录 liuhui，才能删除目录 liuhui 的子目录 hlprivacy1。

例 2.73 删除子目录。

```
liuhui@liuhui-VirtualBox:~$ rm -r hlprivacy1
```

例 2.73 运行结果没有显示，可以用 ls 查看工作目录中的子目录是否真正被删除了。

例 2.74 查看删除子目录的结果。

```
liuhui@liuhui-VirtualBox:~$
liuhui@liuhui-VirtualBox:~$ rm -r hlprivacy1
liuhui@liuhui-VirtualBox:~$ ls -l hl*
-rw-rw-r-- 1 liuhui liuhui 237  9月 23 19:39 hldata1
-rw-rw-r-- 1 liuhui liuhui 108  9月 23 19:59 hlnew
liuhui@liuhui-VirtualBox:~$ _
```

例 2.74 运行结果显示工作目录中没有了子目录 hlprivacy1，说明已正确删除了子目录 hlprivacy1。所以，要删除含有内容的目录，需要先进入它的父目录，然后使用 rm -r 命令将其删除。

2.4 字符串显示命令

2.4.1 echo 命令

echo 命令用于在显示器上显示字符串，也可以把变量的值和命令的执行结果显示在显示器上，命令语法如下。

```
echo [options][string]
```

常用选项如下所述。

(1) -n：不输出行尾的换行符。

(2) -E：不解析转义字符。

(3) -e：解析转义字符。常用的转义字符如下。

\c：回车不换行。

\t：插入制表符。

\\：插入反斜线。

\b：删除前一个字符。

\f：换行但光标不移动。

\n：换行且光标移至行首。

例 2.75 显示字符串。

```
liuhui@liuhui-VirtualBox:~$ echo "Today is my motherland's birthday!"
Today is my motherland's birthday!
liuhui@liuhui-VirtualBox:~$ echo I love you
I love you
liuhui@liuhui-VirtualBox:~$
liuhui@liuhui-VirtualBox:~$ echo 'I love you'
I love you
```

例 2.75 运行结果表明,想显示的字符串可以用单引号或双引号括起来,也可以直接写出,不用括号括起来。

例 2.76 显示变量的值。

```
liuhui@liuhui-VirtualBox:~$ echo $PATH
/usr/local/sbin:/usr/local/bin:/usr/sbin:/usr/bin:/sbin:/bin:/usr/games:
/usr/local/games
liuhui@liuhui-VirtualBox:~$ namvar=2019
liuhui@liuhui-VirtualBox:~$ echo $namvar
2019
liuhui@liuhui-VirtualBox:~$
```

例 2.77 输出一个表达式的值。

```
liuhui@liuhui-VirtualBox:~$ sum=0
liuhui@liuhui-VirtualBox:~$ i=70
liuhui@liuhui-VirtualBox:~$ echo `expr $sum + $i`
70
liuhui@liuhui-VirtualBox:~$ _
```

2.4.2 printf 命令

print 命令会在每个输出之后自动加入一个换行符；printf 是标准格式化输出命令,并不会自动加入换行符,如果需要换行,需要手工加入换行符\n。在 Awk 中可以识别 print 输出动作和 printf 输出动作,但是在 bash 中只能识别标准格式化输出命令 printf。

例 2.78 print 和 printf 的对比。

```
liuhui@liuhui-VirtualBox:~$ print "experiment"
Error: no such file "experiment"
liuhui@liuhui-VirtualBox:~$ print 'experiment'
Error: no such file "experiment"
liuhui@liuhui-VirtualBox:~$ printf "Here no enter"
Here no enterliuhui@liuhui-VirtualBox:~$ printf "There is an enter\n"
There is an enter
liuhui@liuhui-VirtualBox:~$ printf 'There is a single quotataion'
There is a single quotataionliuhui@liuhui-VirtualBox:~$
```

例 2.78 运行结果表明,Ubuntu 系统中无法使用 print 命令,printf 命令希望输出的字符串可以放在单引号和双引号中,没有输出格式。printf 命令如果不指定输出格式,则会把所有输出内容连在一起输出,运行结束后另一个新的命令提示符也会紧跟着上一个命令的运行结果输出。其实,文本的输出本身就是这样的,如 cat 等文本输出命令,之所以可以按照格式输出,那是因为 cat 命令已经设定了输出格式。

1. 设定输出格式

如果想让输出格式美观,可以自己定义输出格式,常用的输出格式控制字符如下。

(1) %ns：输出字符串。n 是数字,指定输出几个字符。

(2) %ni：输出整数。n 是数字，指定输出几个数字。

(3) %m.nf：输出浮点数。m 和 n 是数字，指定输出的数据总位数和小数位数。如%8.2f，代表共输出 8 位数，其中两位是小数，5 位是整数，还有 1 位是小数点。

例 2.79 %s 输出以空格作为分隔符的字符串。

```
liuhui@liuhui-VirtualBox:~$ printf "%s\n" 1 2 3
1
2
3
liuhui@liuhui-VirtualBox:~$ printf "%s\n" this is an example
this
is
an
example
liuhui@liuhui-VirtualBox:~$
```

例 2.79 运行结果表明，一个%s 的格式控制会把后面以空格分开的字符串当作多个字符串。

例 2.80 整数和小数的输出。

```
liuhui@liuhui-VirtualBox:~$ a=20.191001
liuhui@liuhui-VirtualBox:~$ printf "%6.2f\n" $a
 20.19
liuhui@liuhui-VirtualBox:~$ b=70
liuhui@liuhui-VirtualBox:~$ printf "%6.2f\t%d\n" $a $b
 20.19  70
liuhui@liuhui-VirtualBox:~$
```

小数的输出，可以使用%f 格式控制，希望输出变量的值，通过变量的引用取出变量的值，放在引号的外面，多个变量之间用空格分隔。

2. 输出特殊符号

在输出的数据中，可以像高级语言中的 printf 函数一样，使用转义字符来输出特殊的符号，转义字符如下。

(1) \a：输出警告声音。

(2) \b：输出退格键，也就是 BackSpaced 键。

(3) \f：清除屏幕。

(4) \n：换行。

(5) \r：回车，也就是按 Enter 键。

(6) \t：水平输出退格键，也就是 Tab 键。

(7) \v：垂直输出退格键。

例 2.81 表头的输出控制。

```
liuhui@liuhui-VirtualBox:~$ printf "%-12s% -10s %-10s %-10s \n" stdid  stdname  stdage
   stdmajor   20191234  zhangsan  18  informaj  20191235 lisi  19  networkmaj
stdid        stdname    stdage     stdmajor
20191234     zhangsan   18         informaj
20191235     lisi       19         networkmaj
liuhui@liuhui-VirtualBox:~$ _
```

在定义输出格式时，有几个格式控制符，就会在后续的变量中对应几个输出在一行上，然后遇到\n 格式控制就换行。而且，表头和对应数据的数据类型要一致。

上机实验：Linux 系统基本命令的使用

1. 实验目的

（1）通过在终端上运行命令，掌握 Linux 系统命令的使用方法，掌握各种帮助信息的获取方法。

（2）通过对用户信息的获取和切换，理解 Linux 系统的多用户思想。

（3）通过对目录的创建、复制、删除等理解 Linux 系统对目录的管理机制。

（4）通过对 mkdir、cp、cd、ls、mv、chmod 及 rm 等文件命令的操作，掌握 Linux 系统中文件命令的用法。

2. 实验任务

（1）使用各种命令获取信息。

（2）使用用户切换和密码更改命令。

（3）使用目录的创建、复制、删除命令。

（4）使用目录内容的显示命令。

（5）使用字符串的显示命令。

3. 实验环境

装有 Windows 系统的计算机；虚拟机安装 VirtualBox＋Linux Ubuntu 操作系统。

4. 实验题目

任务 1：使用命令获取用户信息，如 whoami、who、users、w。

任务 2：使用操作系统信息的获取命令 uname，时间信息获取命令 date、cal。

任务 3：使用用户切换命令 su 和密码更改命令 passwd，帮助信息查询命令 whatis、help 等。

任务 4：使用 mkdir、cd、rmdir、rm 等命令，建立、进入与删除目录。

任务 5：使用目录内容的显示命令，运行结果的显示命令等。

5. 实验心得

总结上机中遇到的问题及解决问题过程中的收获、心得体会等。

第3章 文件系统操作命令

3.1 文件系统的基本概念

Linux 系统中，每一个分区都是一个文件系统，都有自己的目录层次结构，而每一个文件系统具有不同的格式，这些格式决定了信息被存储为文件或目录的格式，不同的存储格式就是不同的文件系统类型。目前，Linux 系统支持大部分文件系统，常见类型如下。

（1）ext2 和 ext3：Linux 系统默认的文件系统类型。

（2）RAMFS：内存文件系统，速度很快。

（3）NFS：网络文件系统，用于远程文件共享。

（4）FAT 和 NTFS：Windows 操作系统采用的文件系统。

（5）HPFS：OS/2 操作系统采用的文件系统。

（6）PROC：虚拟进程文件系统。

（7）ISO9660：光盘文件系统。

Linux 系统采用树状结构组织文件，为每个文件分配文件块，然后把数据存储在存储设备中。不同的文件系统用不同的方式分配和读取文件，Linux 系统常用的文件分配策略为块分配和扩展分配。块分配是将磁盘上的文件根据需要分配给文件，这种方式可以避免存储空间的浪费，但当一个文件不断扩充时，就可能造成文件中的文件块不连续，从而导致过多的磁盘寻道时间，当读取一个文件时，可能会随机读取，而不是连续读取，读取效率会降低。优化文件块分配策略可以避免文件块的随机分配，尽可能实现块的连续分配，减少磁盘的寻道时间。块分配策略是当一个文件增大时为文件分配磁盘空间，而扩展分配是当某个文件的磁盘空间不足时一次性分配一连串连续的块。扩展分配可以优化磁盘寻道时间，可以成组的分配块有利于一次写入一大批数据到存储设备中，从而减少 SCSI 设备写数据的时间。

3.2 文件的操作

3.2.1 复制

cp(copy)命令的功能是将一个文件或目录从一个位置复制到另一个位置，命令格式如下。

```
cp  [option] 源文件名   目标文件名
```

常用的 option 选项有如下 4 种。

(1) -i：interactive，交互的，在复制之前给出提示信息。

(2) -r：recursive，递归的复制目录，当复制一个目录时，复制该目录中的所有内容，包括子目录中的所有文件。

(3) -p：preserve，维持，保留一些特定的属性。

(4) -f：force，强制的，如目标文件已经存在，不询问是否覆盖，而是直接覆盖复制。

执行复制操作时，文件名可以使用相对路径(只写文件名，不写路径，默认在工作目录下操作)，也可以使用绝对路径(对其他地方的文件执行复制操作)。普通用户无权将文件复制到/root 目录下，但 root 用户可以把文件复制到其他用户的目录下。

例 3.1 root 用户将文件/root/mydream.txt 复制到/home/jerrymos 目录下。

```
root@liuhui-VirtualBox:~#  cp mydream.txt  /home/jerrymos/ mydream.txt
```

例 3.1 运行结果没有显示，可以通过 ls 命令查看/home/jerrymos 目录下的内容来确认是否正确地把 mydream.txt 文件复制到了目的地。

例 3.2 确认复制命令的运行结果。

```
root@liuhui-VirtualBox:~#  ls -l  /home/jerrymos/
total 4
-rw-r--r-- 1 root root    0  9月 17 13:10 1.txt
-rw-r--r-- 1 root root 2059  9月 17 13:09 mydream.txt
```

例 3.2 运行结果显示，root 用户的 mydream.txt 文件复制到了/home/jerrymos 目录下。

3.2.2 剪切和重命名

mv(move)命令既可以在不同目录之间复制文件和目录，也可以在同一个目录中重命名文件和目录，被移动或重命名的文件不会发生改变，类似于 Windows 系统的 cut 命令。

假定当前登录用户是 liuhui，登录的工作目录是普通用户的家目录/home/liuhui，整理工作目录，把有关机器学习的资料放入一个新的目录 deeplearning 中，机器学习的资料都是以 dl 开头的文件。

1. 把文件从一个目录移动到另一个目录

先在工作目录/home/liuhui 下创建一个新的目录 deeplearning。

例 3.3 创建一个新的目录 deeplearning。

```
liuhui@liuhui-VirtualBox:~$ mkdir deeplearning
```

例 3.4 查看工作目录/home/liuhui 下所有以 dl 开头的文件。

```
liuhui@liuhui-VirtualBox:~$ ls -l dl*
-rw-rw-r-- 1 liuhui liuhui  137  9月 17 15:17 dladress
-rw-rw-r-- 1 liuhui liuhui  537  9月 17 15:17 dlreadme
-rw-rw-r-- 1 liuhui liuhui  537  9月 17 13:33 dlreadtext
-rw-rw-r-- 1 liuhui liuhui 1085  9月 17 15:17 dlsvm
liuhui@liuhui-VirtualBox:~$
```

例 3.5 把/home/liuhui 目录中以 dl 开头的文件移动到子目录/deeplearning 中。

```
liuhui@liuhui-VirtualBox:~$ mv dladress  deeplearning
```

```
liuhui@liuhui-VirtualBox:~$ mv dlreadme  deeplearning
liuhui@liuhui-VirtualBox:~$ mv dlsvm  deeplearning
liuhui@liuhui-VirtualBox:~$ mv dlreadtext deeplearning
```

也可以使用一个命令一次性移动多个文件。

例 3.6 用相对路径移动文件。

```
liuhui@liuhui-VirtualBox:~$ mv dladress dlreadme dlsvm dlreadtext deeplearning
```

例 3.7 用绝对路径移动文件。

```
liuhui@liuhui-VirtualBox:~$ mv dl*  /home/liuhui/deeplearning
```

例 3.6 和例 3.7 中的命令运行结果没有显示，可以用 ls 命令来查看。

例 3.8 查看 deeplearning 目录中是否有刚刚移来的 4 个文件。

```
liuhui@liuhui-VirtualBox:~$ mv dl*  deeplearning
liuhui@liuhui-VirtualBox:~$ ls -ls deeplearning
total 16
4 -rw-rw-r-- 1 liuhui liuhui  137  9月 17 15:17 dladress
4 -rw-rw-r-- 1 liuhui liuhui  537  9月 17 15:17 dlreadme
4 -rw-rw-r-- 1 liuhui liuhui  537  9月 17 13:33 dlreadtext
4 -rw-rw-r-- 1 liuhui liuhui 1085  9月 17 15:17 dlsvm
liuhui@liuhui-VirtualBox:~$
```

例 3.9 查看/home/liuhui 目录下是否还有例 3.5 中移走的 4 个文件 dladress、dlreadme、dlsvm、dlreadtext。

```
liuhui@liuhui-VirtualBox:~$ ls -l dl*
ls: cannot access dl*: No such file or directory
liuhui@liuhui-VirtualBox:~$ _
```

例 3.9 运行结果显示工作目录/home/liuhui 下面没有了移走的两个文件，表明 mv 命令把文件移走了。

2. 在同一个目录中重命名文件

将子目录/deeplearning 中的文件 dlsvm 重命名为 dlsvmcn。

例 3.10 用 mv 命令重命名文件。

```
liuhui@liuhui-VirtualBox:~$ mv  deeplearning/dlsvm  deeplearning/dlsvmcn
```

例 3.10 运行结果没有显示，可以用 ls 命令查验更名是否成功。

例 3.11 查验 mv 命令的更名功能。

```
liuhui@liuhui-VirtualBox:~$ mv deeplearning/dlsvm  deeplearning/dlsvmcn
liuhui@liuhui-VirtualBox:~$ ls -l deeplearning
total 16
-rw-rw-r-- 1 liuhui liuhui  137  9月 17 15:17 dladress
-rw-rw-r-- 1 liuhui liuhui  537  9月 17 15:17 dlreadme
-rw-rw-r-- 1 liuhui liuhui  537  9月 17 13:33 dlreadtext
-rw-rw-r-- 1 liuhui liuhui 1085  9月 17 15:17 dlsvmcn
liuhui@liuhui-VirtualBox:~$
```

例 3.11 运行结果显示，子目录 deeplearning 中的 dlsvm 文件不见了，而出现了 dlsvmcn。

3. 移动文件并同时完成重命名

把 deeplearning 子目录下的文件 dlreadme 移到工作目录/home/liuhui 下，同时更名为

dlrdmetext。

例 3.12 移动并更名。

```
liuhui@liuhui-VirtualBox:~ $ mv  deeplearning/dlreadme  dlrdmetext
```

例 3.12 运行结果没有显示，用户可以用 ls 命令验证，也可以直接在图形界面中选择 files→computer→home→liuhui 命令进行查看，可以看到 liuhui 目录下增加了 dlrdmetext 文件，而 deeplearning 目录下的文件 dlreadme 不见了，如图 3.1 和图 3.2 所示。

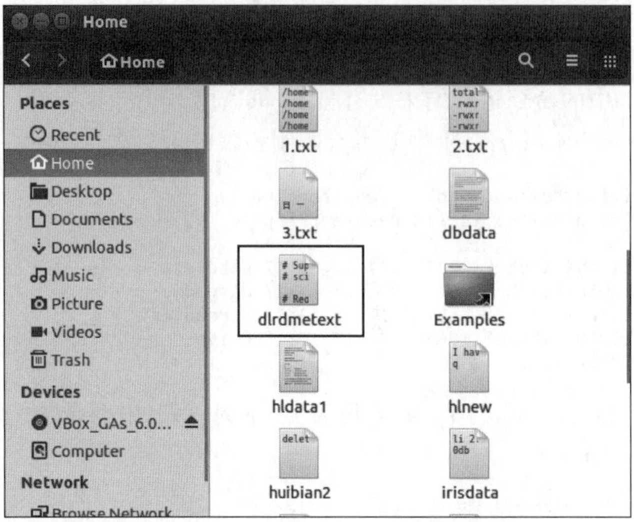

图 3.1 /home/liuhui 目录下多出来 dlrdmetext 文件

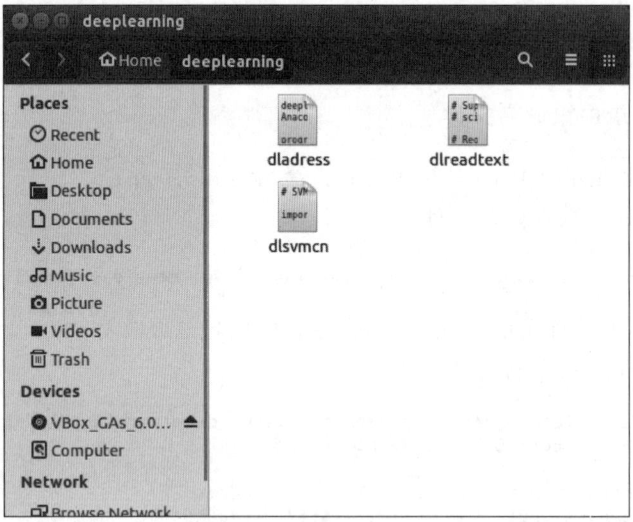

图 3.2 deeplearning 目录下的 dlreadme 文件消失了

4. 重命名目录

例 3.13 把 deeplearning 目录名变更为 machinelearn。

```
liuhui@liuhui-VirtualBox:~ $ mv deeplearning  machinelearn
```

验证重命名的效果。

例 3.14 查看/home/liuhui 目录下的所有子目录及文件。

```
liuhui@liuhui-VirtualBox:~$ mv deeplearning/dlreadme  dlrdmetext
liuhui@liuhui-VirtualBox:~$ mv deeplearning  machinelearn
liuhui@liuhui-VirtualBox:~$ ls -R
.:
1.txt       Downloads          machinelearn   Picture         windata
2.txt       examples.desktop   mathdata       Pictures        windata~
3.txt       hldata1            mathdata~      pictures.tar    windata.fmt
backup      hlnew              Music          play.txt.gz     windata.spaces
dbdata      hlprivacy1         mydream~       Public
Desktop     huibian2           mydream.txt    t1.txt
dlrdmetext  irisdata           newdream       Templates
Documents   irisdata~          newdream~      Videos

./machinelearn:
dladress  dlreadtext  dlsvmcn
```

例 3.14 运行结果显示，工作目录/home/liuhui 下有一个 machinelearn 子目录。用 ls -R 命令把工作目录和它的子目录的内容全部显示出来。

5. 移动目录及目录下包含的文件

工作目录/home/liuhui 下有两个子目录 machinelearn 和 hlprivacy1，把目录 machinelearn 下的内容移动到另一个用户 jerrymos 的家目录下，这相当于在/home/jerrymos 目录下创建一个新目录 machinelearn。这涉及两个目录，所以需要 root 用户的权限，先用 su 命令切换到 root 用户，然后查看这两个目录的内容移动目录。

例 3.15 切换到 root 用户。

```
liuhui@liuhui-VirtualBox:~$ su  -  root
```

例 3.16 查看移动之前两个目录的内容。

```
[root@localhost ~]# ls /home/liuhui /machinelearn
[root@localhost ~]# ls /home/jerrymos
```

例 3.16 运行结果太多，此处省略。

例 3.17 移动目录。

```
[root@localhost ~]# mv /home/liuhui/machinelearn  /home/ jerrymos
```

例 3.17 运行结果不显示，可用 ls 命令分别查看/home/liuhui 目录和/home/ jerrymos 目录下的文件，验证移动结果，再用 ls 命令查看验证是否把 machinelearn 目录下的所有内容都移动到了新位置。

例 3.18 验证目录的移动结果。

```
root@liuhui-VirtualBox:~# mv /home/liuhui/machinelearn  /home/jerrymos
root@liuhui-VirtualBox:~# ls /home/liuhui
1.txt       Documents          irisdata      newdream       t1.txt
2.txt       Downloads          irisdata~     newdream~      Templates
3.txt       examples.desktop   mathdata      Picture        Videos
backup      hldata1            mathdata~     Pictures       windata
dbdata      hlnew              Music         pictures.tar   windata~
Desktop     hlprivacy1         mydream~      play.txt.gz    windata.fmt
dlrdmetext  huibian2           mydream.txt   Public         windata.spaces
root@liuhui-VirtualBox:~# ls /home/jerrymos
1.txt  machinelearn  machinelearning  mydream.txt
root@liuhui-VirtualBox:~# _
```

例 3.18 运行结果显示，目录/home/liuhui 下没有了子目录/machinelearn，而目录/home/jerrymos 下多了一个子目录/machinelearn。

例 3.19 验证目录中的文件是否移动到新位置。

```
root@liuhui-VirtualBox:~# ls -l /home/jerrymos/machinelearn
total 12
-rw-rw-r-- 1 liuhui liuhui  137  9月 17 15:17 dladress
-rw-rw-r-- 1 liuhui liuhui  537  9月 17 13:33 dlreadtext
-rw-rw-r-- 1 liuhui liuhui 1085  9月 17 15:17 dlsvmcn
root@liuhui-VirtualBox:~# _
```

例 3.19 运行结果显示，不但目录移动到了新位置，目录下所有的文件等内容也全部移动到了新位置。

3.2.3 文件的创建

1. touch 命令

touch 命令可以创建一个空文件，也可以同时创建多个文件，其语法形式如下。

```
touch 文件名
```

文件名可以是绝对路径名，也可以是相对路径名；文件名可以是多个，每个文件名之间用空格分隔。

1）用相对路径创建文件

用相对路径创建文件时省略路径，就是在工作目录下创建文件。

例 3.20 当前用户 liuhui 登录后，进入默认的家目录/home/liuhui，在该目录下创建一个新文件 irisdata。

```
liuhui@liuhui-VirtualBox:~$ touch irisdata
```

例 3.21 查看新建的文件。

```
liuhui@liuhui-VirtualBox:~$ ls -l
```

为节省篇幅，此处省略运行结果，从例 3.21 运行结果看，文件 irisdata 已经存在，文件的大小为 0，创建时间为 9 月 17 14:30。为了与后面建立的重名的文件 irisdata 作对比，这里在 gedit 编辑器中打开 irisdata 文件写入一些内容，然后保存。此时，irisdata 文件的大小为 43bytes。

2）用绝对路径创建文件

用绝对路径创建文件将会指明在其他目录路径下创建一个新文件。

例 3.22 在/home/liuhui/backup 目录下新建文件 hldata。

```
liuhui@liuhui-VirtualBox:~$ touch  /home/liuhui/backup/ hldata
```

例 3.23 验证例 3.22 是否创建成功。

```
liuhui@liuhui-VirtualBox:~$ ls -l /home/liuhui/backup
```

为节省篇幅，此处省略运行结果。例 3.23 运行结果显示正确创建了新文件，文件的大小为 0 字节，表明创建的是空文件。

3）处理重名文件

如果新建的文件与已有的文件重命，会出现什么情况呢？在例 3.23 中已经在/home/liuhui/目录下有了一个文件 irisdata，且文件大小为 43bytes，最后修改日期为 9 月 17 14:30。现在先在该目录下新建 3 个文件，便于演示如何处理重名文件。

例 3.24 创建 3 个文件，文件名分别为 irisdata、mathdata、dbdata。

```
liuhui@liuhui-VirtualBox:~$ touch  /home/liuhui/irisdata mathdata dbdata
```

例 3.24 中多个文件名之间用空格分隔，命令的运行结果不显示，可以查看创建的结果。

例 3.25 重名文件的处理。

```
liuhui@liuhui-VirtualBox:~$ touch irisdata mathdata dbdata
liuhui@liuhui-VirtualBox:~$ ls -l *data
-rw-rw-r-- 1 liuhui liuhui  0  9月 17 15:31 dbdata
-rw-rw-r-- 1 liuhui liuhui 43  9月 17 15:31 irisdata
-rw-rw-r-- 1 liuhui liuhui  0  9月 17 15:31 mathdata
liuhui@liuhui-VirtualBox:~$ 
```

例 3.25 运行结果显示，新创建 mathdata 和 dbdata 两个文件的时间是 9 月 17 15:31，文件大小是 0；而 irisdata 文件的创建时间也是 9 月 17 15:31，文件的大小是 43bytes。但是第一次在例 3.20 中创建 irisdata 文件的时间为 9 月 17 14:30，，说明第二次创建的重名的空文件时会把已经存在的文件的创建时间修改为最后一次创建时间，或者说是把第一次创建的文件的访问时间修改为最后一次的时间，但文件内容还是第一次创建时形成的内容。

2. file 命令

在 Linux 系统中，文件的扩展名并不代表文件的类型，而打开不同类型的文件使用的命令也不一样，所以在打开文件之前，需要先确定文件的类型。确定文件类型的命令是 file，命令的语法格式如下。

```
file 文件名
```

要查看文件类型，需要先查看用户的家目录中的所有文件。

例 3.26 用 ls -F 命令查看普通用户 liuhui 的家目录下的文件。

```
liuhui@liuhui-VirtualBox:~$ ls -F
1.txt        Documents/         irisdata     newdream        t1.txt
2.txt        Downloads/         irisdata~    newdream~       Templates/
3.txt        examples.desktop   mathdata     Picture/        Videos/
backup/      hldata1            mathdata~    Pictures/       windata
dbdata       hlnew              Music/       pictures.tar    windata~
Desktop/     hlprivacy1/        mydream~     play.txt.gz     windata.fmt
dlrdmetext   huibian2           mydream.txt  Public/         windata.spaces
liuhui@liuhui-VirtualBox:~$ _
```

由例 3.26 运行结果可见，用户 liuhui 家目录下有很多目录和文件，用 file 命令来查看文件的类型。

例 3.27 查看 Windows 系统文件的类型。

```
liuhui@liuhui-VirtualBox:~$ file  t1.txt
t1.txt: ISO-8859 English Text,with long lines,with CRLF line terminators
```

例 3.27 运行结果显示，该文件是一个内容为英文的正文文件，详细地说明了文件的长度、回车结束符号等信息。

例 3.28 查看 Linux 系统文件的类型。

```
liuhui@liuhui - VirtualBox:~ $ file mathdata
mathdata:UTF - 8 Unicode Text
```

例 3.28 运行结果只显示 Unicode 码的正文，显示的信息比较少。

例 3.29 查看目录的类型。

```
liuhui@liuhui - VirtualBox:~ $ file deeplearning
deeplearning:directory
```

从上述几个例子可以看出，file 命令的运行结果与 ls -F 命令的显示结果非常类似，差别只是 file 的信息更详细而已。

3.2.4 编辑

1. gedit

gedit 是图形化的文本编辑工具，是一个 GNOME 桌面环境下兼容 UTF-8 的文本编辑器。gedit 使用 GTK＋编写而成，十分简单易用，有良好的语法高亮，对中文支持度很好，支持包括 GB2312、GBK 在内的多种字符编码。gedit 是一个自由软件，是 Linux 系统下的一个纯文本编辑器，也可以认为是一个集成开发环境(Integrated Development Environment，IDE)，它会根据不同的语言高亮显示关键字和标识符，类似于 Windows 系统下的一个文本编辑环境。

在终端的命令行方式下，输入命令 gedit，按 Enter 键，就可以启动 gedit 编辑器。

例 3.30 使用 gedit 编辑文件 hldata1，运行界面如图 3.3 所示。

```
liuhui@liuhui - VirtualBox:~ $ gedit hldata1
```

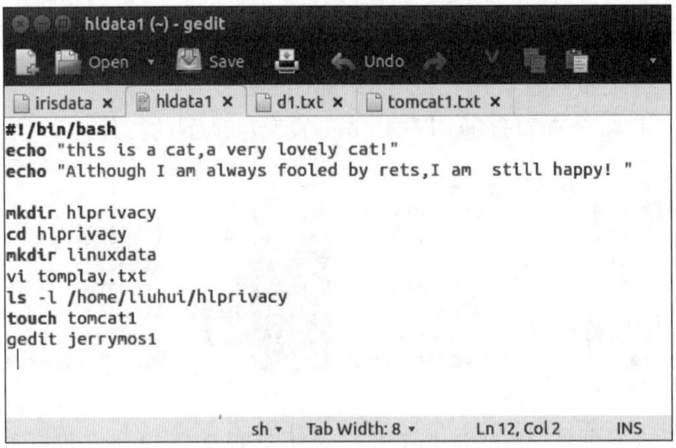

图 3.3 gedit 的运行界面

gedit 的使用非常简单，其支持键盘和鼠标的复制粘贴操作。

2. vi

vi 是 UNIX 和 Linux 系统内嵌的标准的全屏正文编辑器，是以命令行方式输入的正文编辑器,它可以在图形界面没有启动的情况下工作。如果系统出现问题,图形界面将无法启动,使用 vi 进行系统维护就是唯一的方法。

简单的程序编写,使用 gedit 工具就可以完成任务;在编写复杂的程序和系统无法正常启动的情况下,使用 vi 更合适。但是 vi 的使用方法复杂,更适合于专业人员使用,只有经过反复的练习才可以真正掌握。

vi 是 visual interface to the ex editor 的前两个单词的首字母,ex 是 UNIX 系统上的一种行编辑器。当用 vi 编辑一个正文文件时,vi 将文件中的所有正文放入一个内存缓冲区,后续的操作都是在内存缓冲区进行的。vim 是 vi improved 的缩写,可以认为 vim 是个程序开发工具,而不仅仅是一个正文编辑器。

在终端的命令行方式下,可以使用 vi 命令来启动 vi 编辑器以创建、修改或浏览一个或多个正文文件。vi 命令的语法格式如下。

```
vi  [选项] [文件名]
```

常用的选项是-r 和-R,使用-r 选项可以恢复退出编辑时没有保存的文件,语法格式如下。

```
vi  -r  文件名
```

-R 选项以只读方式打开文件,语法格式如下。

```
vi  -R  文件名
```

使用 vi 打开文件时,如果该文件已经存在,vi 将开启这个文件并显示该文件的内容;如果文件不存在,则在所编辑的内容第一次存盘时创建文件,并把已经编辑的内容保存进文件。

例 3.31 使用 vi 编辑器打开文件 mydream,运行界面如图 3.4 所示。

```
liuhui@liuhui-VirtualBox:~ $ vi mydream
```

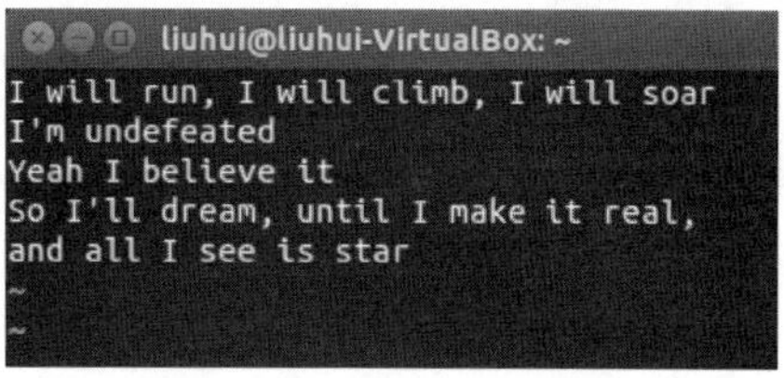
liuhui@liuhui-VirtualBox: ~
I will run, I will climb, I will soar
I'm undefeated
Yeah I believe it
So I'll dream, until I make it real,
and all I see is star
~
~

图 3.4 vi 编辑器的使用

打开 vi 编辑器以后,需要先按 Insert 键进入输入状态,然后才可以正式输入文字;需要删除一个字符时,需要先按 Delete 键,然后用 Delete 键或 Backspace 键删除一个字符;如果要删除一行,先按 Delete 键,然后连按两次 D 键即可把光标所在行删除。

要退出 vi 编辑器,先按 Esc 键,再输入冒号:,窗口最下面便会出现 : 提示符,最后输入字母 wq 或 q 并按 Enter 键,就可以退出 vi 编辑器了。

3.3 文件内容处理

3.3.1 内容浏览

1. cat 命令

命令 cat(concatenate)可以实现如下所述 3 个功能。

(1) 第 1 个最常用的功能是在显示器上列出文件的内容,如果 cat 命令后面的文件是存在的,则该命令会以不停顿的只读方式显示整个文件的内容。

例 3.32 用 cat 命令显示正文内容。

```
liuhui@liuhui-VirtualBox:~$ cat mydream.txt
Dream it possible
互译歌词：
I will run, I will climb, I will soar.
我奔跑，我攀爬，我会飞翔。
I'm undefeated
永不言败
Jumping out of my skin, pull the chord
跳出我的皮肤，拨弄琴弦
Yeah I believe it
哦，我相信。
The past, is everything we were don't make us who we are
往昔，逝去的光阴不会决定现在
```

命令运行后，文件的内容就会直接显示在终端的窗口中，但只可以查看，不可以编辑。

(2) 第 2 个功能是从键盘创建一个新文件，命令格式如下。

```
cat  >  filename
```

按 Enter 键后，光标会停留在下一行开始处，等待用户在终端上从键盘输入字符。>为重定向符，表示把输入的内容输入文件中。输入完毕，按 Ctrl+D 快捷键退出编辑，输入的内容同时保存到新创建的文件中。

例 3.33 创建新文件 hlnew。

```
liuhui@liuhui-VirtualBox:~$ cat hlnew
cat: hlnew: No such file or directory
liuhui@liuhui-VirtualBox:~$ cat  >  hlnew
I will run I will climb I will soar
I'm underfeated
Jumping out of my skin pull the chord
Yeah I believe it
liuhui@liuhui-VirtualBox:~$
```

(3) 第 3 个功能是将几个文件合并为一个文件，命令格式如下。

```
cat   file1   file2  > file
```

例 3.34 用 cat 命令合并文件。

```
liuhui@liuhui-VirtualBox:~$ cat hlnew mydream >  newdream
liuhui@liuhui-VirtualBox:~$ cat newdream
I will run I will climb I will soar
I'm underfeated
Jumping out of my skin pull the chord
Yeah I believe it
This the second file mydream
I have a secret.
I wish I am a programmer, a Hacker!
I can steal others bank account and then
 get the bank card password.
And then, you know...
liuhui@liuhui-VirtualBox:~$
```

用 cat 命令实现合并文件，运行结果没有显示，再使用 cat 命令在终端上显示合并后的新文件的内容，可以发现确实把两个文件纵向合并成了一个文件。

cat 命令用于显示正文文件时可以正常显示，但是如果想显示二进制文件，系统会出现不稳定、终端突然死机的情况。

2. head 命令

head 命令默认显示文件的前 10 行，可以使用参数 -n 来指定显示的行数。

例 3.35 显示系统文件 passwd 的前 10 行。

```
liuhui@liuhui-VirtualBox:~$ head /etc/passwd
root:x:0:0:root:/root:/bin/bash
daemon:x:1:1:daemon:/usr/sbin:/usr/sbin/nologin
bin:x:2:2:bin:/bin:/usr/sbin/nologin
sys:x:3:3:sys:/dev:/usr/sbin/nologin
sync:x:4:65534:sync:/bin:/bin/sync
games:x:5:60:games:/usr/games:/usr/sbin/nologin
man:x:6:12:man:/var/cache/man:/usr/sbin/nologin
lp:x:7:7:lp:/var/spool/lpd:/usr/sbin/nologin
mail:x:8:8:mail:/var/mail:/usr/sbin/nologin
news:x:9:9:news:/var/spool/news:/usr/sbin/nologin
liuhui@liuhui-VirtualBox:~$
```

例 3.36 指定只显示文件中前 5 行的内容。

```
liuhui@liuhui-VirtualBox:~$ head -n 5  /etc/passwd
```

或者

```
liuhui@liuhui-VirtualBox:~$ head -5  /etc/passwd
```

例 3.36 运行结果省略，可以参照例 3.37。

例 3.37 用--line 选项指定要显示的行数。

```
liuhui@liuhui-VirtualBox:~$ head --line 3 /etc/passwd
root:x:0:0:root:/root:/bin/bash
daemon:x:1:1:daemon:/usr/sbin:/usr/sbin/nologin
bin:x:2:2:bin:/bin:/usr/sbin/nologin
liuhui@liuhui-VirtualBox:~$
```

3. tail 命令

tail 命令可以显示文件最后几行的内容，默认显示最后 10 行的内容；也可以用 -n 和 +n 指定显示行数。-n 表示从文件末尾算起的 n 行；+n 表示从文件的第 n 行算起到文件结尾的内容。

例 3.38 显示最后 10 行。

```
liuhui@liuhui-VirtualBox:~$ tail deeplearning/mydream
From the bottom to the top
We're sparking wild fire's
Never quit and never stop
It's not until you fall that you fly
When your dreams come alive you're unstoppable
Take a shot chase the sun find the beautiful
We will glow in the dark turning dust to gold
And we'll dream it possible
Possible
And we'll dream it possible
liuhui@liuhui-VirtualBox:~$
```

例 3.39 用-n 选项设定显示最后两行。

```
liuhui@liuhui-VirtualBox:~$ tail -n 2  deeplearning/mydream
```

运行结果省略，参见例 3.41。

例 3.40 用--line 选项设定显示最后 3 行。

```
liuhui@liuhui-VirtualBox:~$ tail --line 3 deeplearning/mydream
```

例 3.41 用数字参数设定只显示最后两行。

```
liuhui@liuhui-VirtualBox:~$ tail -2 deeplearning/mydream
Possible
And we'll dream it possible
liuhui@liuhui-VirtualBox:~$
```

4. more 命令

如果正文的内容很长，用前文介绍的命令浏览文件时不太方便，可以使用 more 命令将文件内容在屏幕上一次只显示一页，需要时可以上下翻页。在执行 more 命令时，每次在显示器上显示一页的内容，并在页面的底部出现“-more-(n%)”标记信息(n%表示已经显示的内容占总内容的百分比)，可以使用键盘上的如下按键进行操作。

(1) 空格键：向前(向下)移动一个屏幕。

(2) Enter 键：一次移动一行。

(3) B：往回(向上)移动一个屏幕。

(4) H：显示帮助菜单。

(5) /字符串：向前搜索这个字符串。

(6) N：发现这个字符串的下一个出现。

(7) Q：退出 more 命令并返回操作系统提示符下。

(8) V：在当前行启动/usr/bin/vi。

例 3.42 使用 more 命令查看长文件。

```
liuhui@liuhui-VirtualBox:~$ more hldata
```

more 命令运行结果与 cat 命令很相像，但 more 命令是一页一页显示，按空格键可以翻到下一页，按 B 键向前回退一页，按 Q 键退出显示。为了节省篇幅，这里省略了运行结果。

3.3.2 内容搜索

1. grep 命令

grep 是 global/regular expressions/print 的缩写，grep 命令能够在一个或多个文件的内容中搜索某一个特定的字符模式(character pattern)，也称为正则表达式(regular expression)。一个模式可以是一个单一的字符、一个字符串、一个单词或一个句子。

一个正则表达式描述一组字符串的一个模式，正则表达式的构成模仿了数学表达式，通过使用操作符将较小的表达式组合成一个新的表达式。一个正则表达式既可以是一些纯文本文字，也可以是用来产生模式的一些特殊字符。grep 命令支持如下几种正则表达式的元字符(regular expression metacharacter)，即通配符。

(1) *：匹配 0 个(即空白)或多个字符。

(2) .：匹配任何一个字符，而且只能是一个字符。

(3) [xyz]：匹配方括号中的任意一个字符。

(4) [^xyz]：匹配不包括方括号中的字符的所有字符。

(5) ^：锁定行的开头。

(6) $：锁定行的结尾。

在基本正则表达式中,元字符 * 、+、{、|、(和)失去了原义,如果要恢复其原义,要在之前冠以反斜线\,即\ * 、\+、\{、\|、\(、和\),这类似于其他语言中的转义字符。

使用 grep 命令时,包含指定字符模式的每一行都会显示在显示器上,但是并不改变原有文件的内容。grep 命令的语法格式如下。

```
grep  选项  模式  文件名
```

grep 命令中常用选项如下。

(1) -c:仅列出包含模式的行数。

(2) -i:忽略模式中的字母大小写。

(3) -l:列出带有匹配行的文件名。

(4) -n:在每行的最前面列出行号。

(5) -v:列出没有匹配模式的行。

(6) -w:把表达式作为一个完整的单词来搜寻。

在用户 liuhui 的家目录下有一个 backup 子目录,里面有很多备份文件,包括 Linux 系统下书写的代码、Shell 程序、txt 文件等。

例 3.43 在 pythontrain 文件中搜索含有 Python 字样的内容,搜索模式是 Python。

```
liuhui@liuhui-VirtualBox:~/backup$ grep  Python pythontrain
Introduction to Python Programming
-  Introduction to Python Programming
-  Installing Python and pip
-  Scope of Python in Production
-  Features of Python
-  Python Versions
-  Python keywords and identifiers
-  Python Variables
```

例 3.43 运行结果显示了所有含有 Python 字样的文字所在的行。如果想统计共有多少行,可以使用选项 c。

例 3.44 统计满足条件的行数。

```
liuhui@liuhui-VirtualBox:~/backup$ grep -c  Python pythontrain
23
liuhui@liuhui-VirtualBox:~/backup$
```

Linux 系统是区分大小写的,如果希望在搜索时不区分大小写,可以使用 -i 选项忽略大小写。

例 3.45 在 pythontrain 文件中搜索含有 Python 字符的内容,忽略大小写。

```
liuhui@liuhui-VirtualBox:~/backup$ grep -i  Python pythontrain
```

例 3.45 运行结果省略。

例 3.46 在 pythontrain 文件中搜索以字符 In 开头的数据行。

```
liuhui@liuhui-VirtualBox:~/backup$ grep ^In   pythontrain
Introduction to Python Programming
liuhui@liuhui-VirtualBox:~/backup$ _
```

backup 子目录中有一个员工工资的数据文件 selary,下面搜索所有工资在 1000~1990 之间的数据行,在 grep 命令中,1..0 表示以 1 开头,以 0 结尾,中间有两个数字的字符串。

例 3.47 匹配模式为 1..0 的搜索。

```
liuhui@liuhui-VirtualBox:~/backup$  grep  '1..0'  selary
```

例 3.48 搜索首字母不是 1 或 2 的数据行。

```
liuhui@liuhui-VirtualBox:~/backup$ grep -v [12]… selary
```

```
liuhui@liuhui-VirtualBox:~/backup$ cat selary
Tom     1909  teacher
Mary    2387  professor
Rose    3400  professor
Charly  3214  professor
Sunny   1587  teacher
Stone   1690  teacher
Tony    3690  professor
Green   980   student
John    197   student

liuhui@liuhui-VirtualBox:~/backup$ grep '1..0' selary
Stone  1690  teacher
liuhui@liuhui-VirtualBox:~/backup$ grep -v [12]  selary
Rose   3400  professor
Tony   3690  professor
Green  980   student

liuhui@liuhui-VirtualBox:~/backup$
```

在 Linux 系统中，因为系统管理和维护的需要，经常需要用 grep 命令搜索系统配置信息。

例 3.49 进入/etc 目录查看/etc 目录下的相关信息。

```
liuhui@liuhui-VirtualBox:~/backup$ cd /etc
```

例 3.50 在当前目录下搜索 group、passwd、hosts 文件中含有 root 的文件名。

```
liuhui@liuhui-VirtualBox:etc$ grep -l root  group  passwd  hosts
```

例 3.51 用 ls 命令验证例 3.50 的运行结果。

```
liuhui@liuhui-VirtualBox:~/backup$ cd /etc
liuhui@liuhui-VirtualBox:/etc$ grep -l root group passwd hosts
liuhui@liuhui-VirtualBox:/etc$ ls -l  group passwd hosts
-rw-r--r-- 1 root root  941  9月 14 11:04 group
-rw-r--r-- 1 root root  232  8月 29 15:12 hosts
-rw-r--r-- 1 root root 2046  9月 14 11:04 passwd
liuhui@liuhui-VirtualBox:/etc$ _
```

例 3.52 用 head 命令列出 group 文件中前两行信息，以确认文件中确实含有 root 字符。

```
liuhui@liuhui-VirtualBox:etc$ head  -2 group
```

例 3.53 用 head 命令列出 passwd 文件中前两行信息，以确认文件中确实含有 root 字符。

```
liuhui@liuhui-VirtualBox:/etc$ head -2 group
root:x:0:
daemon:x:1:
liuhui@liuhui-VirtualBox:/etc$ head -2 passwd
root:x:0:0:root:/root:/bin/bash
daemon:x:1:1:daemon:/usr/sbin:/usr/sbin/nologin
liuhui@liuhui-VirtualBox:/etc$
```

例 3.54 用 cat 命令列出 hosts 文件中的信息，以确认文件中确实不含有 root 字符。

```
liuhui@liuhui-VirtualBox:/etc$ cat hosts
127.0.0.1       localhost
127.0.1.1       liuhui-VirtualBox

# The following lines are desirable for IPv6 capable hosts
::1     ip6-localhost ip6-loopback
fe00::0 ip6-localnet
ff00::0 ip6-mcastprefix
ff02::1 ip6-allnodes
ff02::2 ip6-allrouters
liuhui@liuhui-VirtualBox:/etc$
```

例 3.54 运行结果显示，hosts 文件中确实不含有 root 字符，所以在例 3.50 的结果中没有 hosts 文件。

2. find 命令

使用 find 命令可以在文件路径中查找文件和目录，可以使用文件名、文件的大小、文件的属主、修改时间和类型等条件来进行搜索，当 find 命令找到了与搜索条件匹配的文件时，系统会将满足条件的每一个文件都显示在显示器上。find 命令的语法格式如下。

```
find pathnames  expressions  actions
```

(1) pathnames：find 命令所查找的目录路径。例如，用.来表示当前目录，用/来表示系统根目录。

(2) expressions：由一个或多个选项定义的搜寻条件。如果定义多个选项，find 命令将使用它们逻辑与(and)操作的结果，将列出满足所有条件的结果。

find 命令中常使用的条件表达式 expressions 如下。

- -name：按照文件名查找文件。文件名可以使用元字符，但是要放在双引号中。
- -size [+|-]n：查找文件大小大于或等于+n(小于-n)的文件。默认情况下，n 代表 512 字节大小的数据块的个数。
- -user：按照文件属主来查找文件。
- -group：按照文件所属的组来查找文件。
- -mtime -n +n：按照文件的更改时间来查找文件，-n 表示文件更改时间距现在 n 天以内，+n 表示文件更改时间距现在 n 天以前。

(3) actions：当文件被搜寻到以后需要进行的操作，默认将搜寻结果显示在显示器上。

在 find 命令中，可以使用如下的 actions(动作表达式)。

- -exec 命令{ } \ ; ：find 命令对匹配的文件执行该参数所给出的 Shell 命令。相应命令的形式为'command { } \ ;'，注意{ }和\；之间必须有空格，{}之间无空格，\和；之间无空格。花括号{}表明文件名将传给前面表达式所表示的命令。{}后面加空格，\ 和；表示命令的结束。
- -ok 命令{ } \ ; ：和-exec 的作用相同，只不过以一种更为安全的模式来执行该参数所给出的 Shell 命令，在执行每一个命令之前都会给出提示，让用户来确定是否继续执行。
- -print：find 命令将匹配的文件输出到标准输出。
- ls ：显示当前路径名和相关的统计信息。

例 3.55 在当前用户 liuhui 的家目录中，通过文件名查找文件内容含有 cat 字样的文件。

```
liuhui@liuhui-VirtualBox:~$ find ~  -name "*cat*"
/home/liuhui/backup2/tomcat1.txt.bz2
/home/liuhui/.local/share/applications
/home/liuhui/.cache/indicator-appmenu
```

例 3.55 运行结果较多，只截取了一部分。运行结果显示工作目录下含有 cat 字样的所有文件。

例 3.56 文件名的通配符的使用。

```
liuhui@liuhui-VirtualBox:~$ find  ~  -name  "*""cat""*"*
/home/liuhui/backup2/tomcat1.txt.bz2
/home/liuhui/.local/share/applications
/home/liuhui/.cache/indicator-appmenu
```

例 3.57 文件名的通配符的使用。

```
liuhui@liuhui-VirtualBox:~$ find  ~  -name  *"cat"*
/home/liuhui/backup2/tomcat1.txt.bz2
/home/liuhui/.local/share/applications
/home/liuhui/.cache/indicator-appmenu
```

为了节省篇幅,这里只截取了一部分运行结果。运行结果表明,3 种含有通配符的不同书写方法,对运行结果没有影响。但建议还是使用把所有文件名都括在双引号中的写法,因为有些系统可能运行结果不同。

假如用户 liuhui 的工作目录中有些文件已经过时,以后不用了,但又不能完整记住所有文件名,就可以用 find 命令先搜寻出这些文件,然后删除。

例 3.58 搜寻并删除工作目录下含有 huibian 字样的文件。

```
liuhui@liuhui-VirtualBox:~$ find . -name "*huibian*"
./huibian
./huibian2
./huibian1
liuhui@liuhui-VirtualBox:~$ find  .  -name "*huibian*" -exec rm {} \;
liuhui@liuhui-VirtualBox:~$
```

此命令须注意 rm {} \;{}和\;之间没有空格,其他地方有空格。

命令执行后系统无提示,可以用 ls 命令查看目录的内容来验证是否真正删除了。

例 3.59 验证例 3.58 是否真正删除了过时的文件 huibian。

```
liuhui@liuhui-VirtualBox:~$ find . -name "*huibian*"
liuhui@liuhui-VirtualBox:~$
```

运行结果表明确实删除了过时的文件。例 3.58 的删除操作在删除之前并没有给用户提示,让人觉得突兀,也不放心。在命令中加入-ok 动作表达式,可以强制系统在执行-ok 后面的动作时给出提示。

例 3.60 删除动作执行前给出提示。

```
liuhui@liuhui-VirtualBox:~$ find .  -name "*huibian*" -ok  rm {} \;
< rm ... ./huibian2 > ? n
< rm ... ./huibian1 > ? y
liuhui@liuhui-VirtualBox:~$ ls -l *huibian*
-rw-rw-r-- 1 liuhui liuhui 25  9月 19 21:16 huibian2
liuhui@liuhui-VirtualBox:~$ _
```

运行时根据提示输入 y,表示同意删除,输入 n 表示不同意删除。执行以后没有显示结果,用户可以再用 ls 命令查看验证。

例 3.61 在工作目录中查看过去 3 天内没有修改过的文件,即搜寻 3 天之前修改的文件。

```
liuhui@liuhui-VirtualBox:~$ find  .  -mtime +3
```

因为工作目录下修改时间大于 3 天的文件太多,为了节省篇幅,这里省略例 3.61 运行结果。

例 3.62 搜寻 backup 目录中 3 天之内修改过的文件。

```
liuhui@liuhui-VirtualBox:~$ find /home/liuhui/backup  -mtime -3
/home/liuhui/backup
/home/liuhui/backup/selary
/home/liuhui/backup/dladress
/home/liuhui/backup/dladress1
/home/liuhui/backup/linuxlearn
/home/liuhui/backup/jerrymos1
/home/liuhui/backup/dlsvm1
/home/liuhui/backup/tomcat1.txt
/home/liuhui/backup/selary~
/home/liuhui/backup/dlsvmcn
/home/liuhui/backup/Untitled Document 1~
/home/liuhui/backup/d1.txt
/home/liuhui/backup/dlreadme1
/home/liuhui/backup/tomcat1.txt~
/home/liuhui/backup/play.txt
/home/liuhui/backup/linuxdata
/home/liuhui/backup/pythontrain
/home/liuhui/backup/tcat2
liuhui@liuhui-VirtualBox:~$ █
```

例 3.63 搜寻 3 天之内被访问过的文件。

```
liuhui@liuhui-VirtualBox:~$ find /home/liuhui/backup  -atime -3
/home/liuhui/backup
/home/liuhui/backup/selary
/home/liuhui/backup/dladress
/home/liuhui/backup/dladress1
/home/liuhui/backup/linuxlearn
/home/liuhui/backup/jerrymos1
/home/liuhui/backup/dlsvm1
/home/liuhui/backup/tomcat1.txt
/home/liuhui/backup/selary~
/home/liuhui/backup/dlsvmcn
/home/liuhui/backup/Untitled Document 1~
/home/liuhui/backup/d1.txt
/home/liuhui/backup/dlreadme1
/home/liuhui/backup/tomcat1.txt~
/home/liuhui/backup/play.txt
/home/liuhui/backup/linuxdata
/home/liuhui/backup/pythontrain
/home/liuhui/backup/tcat2
liuhui@liuhui-VirtualBox:~$
```

例 3.63 运行结果没有显示文件的时间信息，可以利用 ls -l 命令查看文件的详细信息进行验证。

例 3.64 查看文件的时间信息。

```
liuhui@liuhui-VirtualBox:~$ ls -l /home/liuhui/backup
```

backup 目录下访问时间小于 3 天的文件太多，为了节省篇幅，这里省略了例 3.64 运行结果，运行结果可以与例 3.63 做对照，可以看出例 3.63 中显示了文件的访问时间确实是 3 天之内的。

3.3.3 内容统计

使用命令 wc(word count)可以统计一个文件中内容的行数、单词数和字符数，语法格式如下。

```
wc [options] file-list
```

其中，options 是选项，常用选项如下。

（1）-c：统计文件字节数。

（2）-m：统计文件字符数。

（3）-l：统计文件行数。

（4）-L：统计文件最长行的长度。

（5）-w：统计文件单词数。

如果命令中没有使用任何选项，则将文件中的行数、单词数和字符数全部显示出来。

例 3.65 统计工作目录下 hldata1 文件内容的行数、单词数和字符数。

```
liuhui@liuhui-VirtualBox:~$ wc hldata1
 12  36 237 hldata1
liuhui@liuhui-VirtualBox:~$ _
```

例 3.65 运行结果按行数、单词数和字符数的顺序显示了各项的大小。

前面学习过诸如 who、whoami、users 等获取用户信息的命令，如果想统计本机上有几个用户，就可以使用 wc 命令的统计功能。因为在/etc/passwd 文件中，每个用户都有且只有一行记录，所以/etc/passwd 文件内容的行数就是用户的个数，使用-l 选项可以只获取数据的行数，即用户数。

例 3.66 统计用户数。

```
liuhui@liuhui-VirtualBox:~$ wc -l /etc/passwd
39 /etc/passwd
liuhui@liuhui-VirtualBox:~$ _
```

例 3.66 运行结果显示了当前有 39 行数据，即有 39 个用户。用户可以用 cat 命令直接查看 passwd 文件，也可以在图形界面中直接打开/etc/passwd 文件进行查看，可见里面确实有 39 个用户，系统创建的用户在前面记录，安装系统时创建的普通用户和用 adduser 命令增加的用户在文件的最后几行记录。

例 3.67 统计联机字典中单词的个数。

```
liuhui@liuhui-VirtualBox:~$ wc -l /usr/share/dict/words
99171 /usr/share/dict/words
liuhui@liuhui-VirtualBox:~$ _
```

Linux 的联机字典存储在/usr/share/dict/words 文件中，每个单词占据一行，文件的行数就是单词的个数。

3.3.4 内容比较

1. diff 命令

diff 是单词 different 的缩写，用来比较两个文件内容的差别，运行结果的第 1 行以<开始，显示第 1 个文件的内容。第 2 行以>开始，显示第 2 个文件的内容。diff 命令经常用在软件升级时，对比新的配置文件和旧的配置文件之间的不同。

diff 命令是以逐行的方式比较文本文件内容的异同之处，如果指定比较的是目录，diff 命令会比较两个目录下名字相同的文本文件的内容，但不会比较其中的子目录。

在用户 liuhui 的家目录下有两个文件 mydream 和 newdream，先查看这两个文件的内容。

例 3.68 查看 mydream 文件的内容。

```
liuhui@liuhui-VirtualBox:~$ cat mydream
dream it possible
I will run I will climb I will soar
I'm undefeated
Jumping out of my skin pull the chord
Yeah I believe it
The past is everything we were don't make us who we are
So I'll dream until I make it real and all I see is stars
It's not until you fall that you fly
When your dreams come alive you're unstoppable
Take a shot chase the sun find the beautiful
We will glow in the dark turning dust to gold
And we'll dream it possible
Possible
And we'll dream it possible
I will chase I will reach I will fly
Until I'm breaking until I'm breaking
```

例 3.69 查看 newdream 文件的内容。

```
liuhui@liuhui-VirtualBox:~$ cat newdream
I have a secret. I want to be a programmer,a linux programmer.
But I haven't used linux by now. What should I do?
q
I will run, I will climb, I will soar
I'm undefeated
Yeah I believe it
So I'll dream, until I make it real,
and all I see is star

The past is everything we were don't make us who we are
So I'll dream until I make it real and all I see is stars
It's not until you fall that you fly
```

两个文件比较长，后面部分都是相同的，故例 3.68 和例 3.69 运行结果省略了后面部分的显示。

例 3.70 用 diff 命令比较这两个文件的不同。

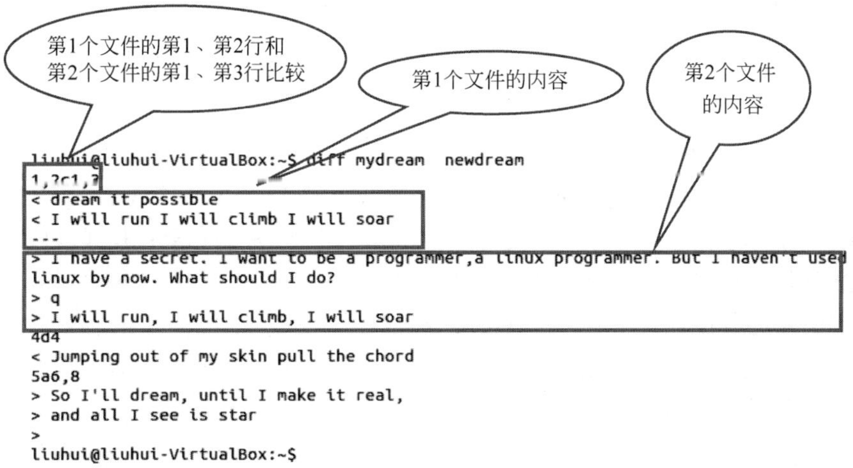
第1个文件的第1、第2行和
第2个文件的第1、第3行比较
第1个文件的内容
第2个文件
的内容
diff mydream newdream
< dream it possible
< I will run I will climb I will soar
---
linux by now. What should I do?
> q
> I will run, I will climb, I will soar
4d4
< Jumping out of my skin pull the chord
5a6,8
> So I'll dream, until I make it real,
> and all I see is star
>
liuhui@liuhui-VirtualBox:~$

2. sdiff 命令

sdiff(Side-by-Side Difference)命令会把比较的结果显示出来，符号的左侧显示第 1 个文件的内容，|符号的右侧显示第 2 个文件的内容；如果第 1 个文件还有内容而第 2 个文件没有内容了，则用符号<表示；如果第 2 个文件还有内容而第 1 个文件没有内容了，用符号>表示。因为比较的文件每行内容较长，所以第 2 个文件的内容另起一页显示了，如例 3.71 所示。

例 3.71 用 sdiff 命令比较文件。

```
liuhui@liuhui-VirtualBox:~$ sdiff mydream  newdream
dream it possible                                               |
I have a secret. I want to be a programmer,a linux programmer
I will run I will climb I will soar                             |
q
                                                                >
I will run, I will climb, I will soar
I'm undefeated                                                  I
'm undefeated
Jumping out of my skin pull the chord                           <
Yeah I believe it                                               Y
eah I believe it
                                                                >
So I'll dream, until I make it real,
                                                                >
and all I see is star
                                                                >
The past is everything we were don't make us who we are         T
he past is everything we were don't make us who we are
So I'll dream until I make it real and all I see is stars       S
```

从运行结果来看，sdiff 命令的显示结果比 diff 命令的结果更清晰简单，但是如果两个文件内容很多，而且差别又很少，sdiff 命令的运行结果就不容易阅读，还是使用 diff 命令更好一些。

3.3.5 内容转换

1. Tab 转换为空格

expand 命令用于将文件的制表符(Tab)转换为空格符(Space)，默认一个 Tab 对应 8 个空格符，并将结果输出到标准输出。若不指定任何文件名或所给文件名为 -，则 expand 命令会从标准输入读取数据。用户也可以使用输入输出重定向符指定读入和输出的文件名。

expand 命令语法格式如下。

```
expand [options][file]
```

常用选项如下。

(1) -i,--initial：不转换非空白符后的制表符。

(2) -t,--tabs=NUMBER：指定一个 Tab 替换为多少个空格，而不是默认的 8。

例如，在 liuhui 用户的家目录中有一个文件 windata，文中的分隔符是 Tab 键，将 Tab 转换为空格，首先要在命令中使用-A 选项查看该文件。

例 3.72 使用-A 选项查看文件中的分隔符类型。

```
liuhui@liuhui-VirtualBox:~$ cat -A windate
cat: windate: No such file or directory
liuhui@liuhui-VirtualBox:~$ cat -A windata
This^Iis^Ia^Ifile^Iedited^Iin^Iwindows7.$
The^Iseparator^Iis^I"Tab".$
We^Iwash^Iconvert^ITab^Ito^Ispace.$
Let's^Itry^Iit!$
liuhui@liuhui-VirtualBox:~$ _
```

例 3.72 运行结果中的^I 就表示分隔符是 Tab 键，行尾的 $ 表示是以 Enter 键换行的。下面用 expand 命令把 Tab 分隔符转换为空格符，同时把转换以后的内容重定向输出到文件 windata.spaces 中。

例 3.73 把 Tab 分隔符转换为空格符。

```
liuhui@liuhui-VirtualBox:~$ expand windata > windata.spaces
```

例 3.73 运行结果没有显示，可以使用 cat 命令查看转换以后的文件内容。

例 3.74 显示分隔符类型。

```
liuhui@liuhui-VirtualBox:~$ expand windata > windata.spaces
liuhui@liuhui-VirtualBox:~$ cat -A windata.spaces
This    is      a       file    edited  in      windows7.$
The     separator       is      "Tab".$
We      wash    convert Tab     to      space.$
Let's   try     it!$
liuhui@liuhui-VirtualBox:~$ _
```

例 3.74 运行结果的分隔符看不到特殊符号，表明是空格分隔符。

2. 文件内容的格式化转换

fmt 命令可以将文件格式化成段落，就是定义一行文字的格式，其语法形式如下。

```
fmt [-WIDTH] [OPTION]... [FILE]...
```

每行的宽度使用 wn 选项来定义，w 是 width 的第 1 个字母，n 是字符的数目，系统默认是 75 个字符，也可以用-u 选项将文件中的空格统一化，即每个单词之间使用一个空格分隔，每个句子使用两个空格分隔。

先对例 3.72 中的文件 windata.spaces 做一些处理，在单词之间无规律地添加不同数目的空格，然后统一空格字符的个数。

例 3.75 统一空格字符的个数，每行 48 个字符。

```
liuhui@liuhui-VirtualBox:~$ fmt -u -w48 windata.spaces > windata.fmt
```

例 3.75 运行结果没有显示，再次使用 cat -A 命令查看文件内容。

例 3.76 查看统一以后的文件。

```
liuhui@liuhui-VirtualBox:~$ fmt -u -w48 windata.spaces > windata.fmt
liuhui@liuhui-VirtualBox:~$ cat -A windata.fmt
This is a file edited in windows7.  The$
separator is "Tab".  We wash convert Tab$
to space.  Let's try it!$
liuhui@liuhui-VirtualBox:~$
```

仔细观察例 3.76 的运行结果，可以看出每个单词之间都由一个空格分隔，多余的空格去掉了；每个句子以两个空格分开，段落以 $ 作为结束符。

3.3.6 文件归档、压缩及解压缩

1. tar 命令

为了保证文件的安全，经常要对文件进行备份和归档。Linux 系统的标准归档命令是 tar，tar 命令的功能是将多个文件(包括目录)放在一起存放到一个磁带或磁盘归档文件中，并且将来可以根据需要只还原归档文件中某些指定的文件。tar 命令默认不进行文件的压缩，但 tar 命令本身支持压缩和解压缩算法，内部的压缩和解压缩算法是 gzip 和 gunzip 或 bzip2 和 bunzip2。

tar 命令的语法格式如下。

```
tar [参数] 文件名
```

注意

> 归档后的文件名要使用相对路径。在 tar 命令中必须至少使用如下选项中的一个。

(1) c：创建一个新的归档文件。

(2) t：列出归档文件中内容的目录。

(3) x：从归档文件中抽取文件。

(4) f：指定归档文件或磁带。

tar 命令中还有以下 3 个可选的选项。

(1) v：显示所打包的文件的详细信息。

(2) z：使用 gzip 压缩算法来压缩打包后的文件。

(3) j：使用 bzip2 压缩算法来压缩打包后的文件。

注意

> tar 命令中所有选项之前都不能使用前导符号-。

普通用户 liuhui 登录到默认的家目录，家目录中有一个子目录 Pictures，含有若干图片文件，现在把这个子目录归档成 pictures.tar 文件，使用 c 选项创建一个新的归档文件，使用 v 选项在创建的过程中显示所有打包的文件和目录，使用 f 选项指定归档的文件名为 pictures.tar。

例 3.77 归档新文件。

```
liuhui@liuhui-VirtualBox:~$ tar cvf pictures.tar Pictures
Pictures/
Pictures/pic9.jpg
Pictures/pic5.jpg
Pictures/pic1.jpeg
Pictures/pic6.jpg
Pictures/pic7.jpg
Pictures/pic8.jpg
Pictures/pic4.jpg
Pictures/pic2.jpg
Pictures/pic3.jpg
Pictures/Screenshot from 2019-09-12 14:36:57.png
liuhui@liuhui-VirtualBox:~$
```

例 3.77 运行结果显示了归档后新文件中包含的所有文件和目录，最后一个文件是个截图文件，使用的默认文件名比较长。也可以使用 tar 命令显示 pictures.tar 中包含的所有文件。

例 3.78 用 t 选项列出归档文件包含的所有文件。

```
liuhui@liuhui-VirtualBox:~$ tar tvf pictures.tar
drwxr-xr-x liuhui/liuhui     0 2019-09-22 11:04 Pictures/
-rw-rw-r-- liuhui/liuhui 19251 2019-09-22 11:02 Pictures/pic9.jpg
-rw-rw-r-- liuhui/liuhui 29262 2019-09-22 11:02 Pictures/pic5.jpg
-rw-rw-r-- liuhui/liuhui 21813 2019-09-22 11:01 Pictures/pic1.jpeg
-rw-rw-r-- liuhui/liuhui 20394 2019-09-22 11:03 Pictures/pic6.jpg
-rw-rw-r-- liuhui/liuhui 15352 2019-09-22 11:03 Pictures/pic7.jpg
-rw-rw-r-- liuhui/liuhui 21541 2019-09-22 11:04 Pictures/pic8.jpg
-rw-rw-r-- liuhui/liuhui 26702 2019-09-22 11:02 Pictures/pic4.jpg
-rw-rw-r-- liuhui/liuhui 29734 2019-09-22 11:02 Pictures/pic2.jpg
-rw-rw-r-- liuhui/liuhui 23132 2019-09-22 11:02 Pictures/pic3.jpg
-rw-rw-r-- liuhui/liuhui 15937 2019-09-12 14:37 Pictures/Screenshot
from 2019-09-12 14:36:57.png
liuhui@liuhui-VirtualBox:~$
```

2. 恢复文件

接下来再把归档打包的文件解开，并恢复到原来的位置，使用 tar 命令的 xvf 选项在工作目录中抽取打包的文件，所以需要将工作目录切换到打包时所在的目录。为了更加清楚地演示打包文件的恢复过程，先把原来 Pictures 子目录的所有内容全部删除。

例 3.79 使用 rm -r 命令删除目录和目录中的所有内容。

```
liuhui@liuhui-VirtualBox:~ $ rm -r Pictures
```

例 3.79 运行结果没有显示，可以使用 ls 命令验证查看。

例 3.80 验证工作目录中没有 Pictures 子目录。

```
liuhui@liuhui-VirtualBox:~$ ls -l pic*
-rw-rw-r-- 1 liuhui liuhui 235520  9月 22 11:08 pictures.tar
liuhui@liuhui-VirtualBox:~$ _
```

例 3.80 运行结果表明目录中只有归档文件 pictures. tar，也可以在图形界面下直接查看有无目录 Pictures。

例 3.81 恢复归档时被删除的原始文件。

```
liuhui@liuhui-VirtualBox:~$ tar xvf pictures.tar
Pictures/
Pictures/pic9.jpg
Pictures/pic5.jpg
Pictures/pic1.jpeg
Pictures/pic6.jpg
Pictures/pic7.jpg
Pictures/pic8.jpg
Pictures/pic4.jpg
Pictures/pic2.jpg
Pictures/pic3.jpg
Pictures/Screenshot from 2019-09-12 14:36:57.png
liuhui@liuhui-VirtualBox:~$ _
```

例 3.81 运行结果表明被删除的文件通过事先归档的文件又被恢复到了工作目录下。

3. gzip 命令

在 Linux 系统中有两组常用的压缩命令，第 1 组是 gzip 和 gunzip，第 2 组是 bzip2 和 bunzip2。gzip 对正文文件的压缩比一般超过 75%，通常 bzip2 对归档文件的压缩比要优于 gzip，比较新的 Linux 版本才支持 bzip2 和 bunzip2。

gzip 命令可以用来压缩文件，压缩后的结果会存在一个文件中，使用原来的文件名加上 .gz 作为扩展名，压缩文件会保留原文件的访问及修改时间、所有权和访问权限，原文件将会从文件结构中删除。gzip 命令只能对文件进行压缩，对目录不能压缩。

gzip 命令的语法格式如下。

```
gzip [选项] [压缩文件名 …]
```

gzip 命令的几个经常使用的选项如下。

- -v：在屏幕上显示文件的压缩比。
- -c：保留原文件并新创建一个压缩文件。

1) 压缩、解压缩普通文件

普通用户 liuhui 的家目录/home/liuhui 下有一个目录 hlprivacy1，该目录下有 Linux 系统下编辑的多个文件和一个目录 linuxdata，用 gzip 命令来压缩文件，压缩之前先查看文件的详细信息。

例 3.82 查看要压缩的文件。

```
liuhui@liuhui-VirtualBox:~/hlprivacy1$ ls -l
total 24
-rw-rw-r-- 1 liuhui liuhui  121  9月 17 11:15 d1.txt
-rw-rw-r-- 1 liuhui liuhui  116  9月 17 10:31 d1.txt~
-rw-rw-r-- 1 liuhui liuhui    0  9月 17 10:40 jerrymos1
drwxrwxr-x 2 liuhui liuhui 4096  9月 22 13:02 linuxdata
-rw-rw-r-- 1 liuhui liuhui  116  9月 17 11:18 play.txt
-rw-rw-r-- 1 liuhui liuhui   78  9月 17 10:34 tomcat1~
-rw-rw-r-- 1 liuhui liuhui  116  9月 17 11:29 tomcat1.txt
liuhui@liuhui-VirtualBox:~/hlprivacy1$ _
```

例 3.83 压缩文件并查看已经压缩的文件。

```
liuhui@liuhui-VirtualBox:~/hlprivacy1$ gzip d1.txt
liuhui@liuhui-VirtualBox:~/hlprivacy1$ ls -l d*
-rw-rw-r-- 1 liuhui liuhui 116  9月 17 10:31 d1.txt~
-rw-rw-r-- 1 liuhui liuhui 114  9月 17 11:15 d1.txt.gz
liuhui@liuhui-VirtualBox:~/hlprivacy1$
```

例 3.83 运行结果表明，目录下确实生成了一个名为 d1. txt. gz 的压缩文件，但是原有的 d1. txt 文件不见了，文件的大小也发生了变化，且变小了，证明了 gzip 确实将文件进行了压缩。该目录下还有一个 d1. txt～文件，这表明在 hlprivacy1 目录下曾经对这个文件 d1. txt 做过修改，或者刚刚删除了这个文件，也就是“～”代表草稿文件，现在已经保存完毕了，可以不必理会它。另外要注意，在 Linux 中，文件的后缀不表示类型，后缀是文件名的一部分，所以在输入时要连后缀一起输入作为文件名。

利用 gunzip 命令可以将原文件恢复。

例 3.84 解压文件。

```
liuhui@liuhui-VirtualBox:~$ gunzip d1.txt.gz
```

例 3.84 运行结果没有显示，可以用 ls 命令查看验证。

例 3.85 查看解压后的文件。

```
liuhui@liuhui-VirtualBox:~/hlprivacy1$ gunzip d1.txt.gz
liuhui@liuhui-VirtualBox:~/hlprivacy1$ ls -l
total 24
-rw-rw-r-- 1 liuhui liuhui  121  9月 17 11:15 d1.txt
-rw-rw-r-- 1 liuhui liuhui  116  9月 17 10:31 d1.txt~
-rw-rw-r-- 1 liuhui liuhui    0  9月 17 10:40 jerrymos1
drwxrwxr-x 2 liuhui liuhui 4096  9月 22 13:02 linuxdata
-rw-rw-r-- 1 liuhui liuhui  116  9月 17 11:18 play.txt
-rw-rw-r-- 1 liuhui liuhui   78  9月 17 10:34 tomcat1~
-rw-rw-r-- 1 liuhui liuhui  116  9月 17 11:29 tomcat1.txt
liuhui@liuhui-VirtualBox:~/hlprivacy1$
```

例 3.85 运行结果表明，被压缩的文件 d1. txt. gz 已经被恢复成原文件 d1. txt 了，与例 3.82 的运行结果比较可以发现恢复的文件和原来的一模一样。同时，压缩形成的文件 d1. txt. gz 消失了。能否在压缩文件的同时保留原始文件呢？

例 3.86 压缩文件时保留原文件 play. txt。

```
liuhui@liuhui-VirtualBox:~/hlprivacy1$ gzip  -cv play.txt
play.txt:       k◆]▯play.txtMOAn◆@
                                        ◆◆◆◆\Qs◆◆sB◆zU▯◆◆◆◆yC^◆◆)_◆◆P▯<◆◆X▯◆c▯d\
n◆PE    BK◆&◆<&◆iU◆j◆◆4◆M?◆3◆◆B◆q1S◆◆$◆▯◆F◆▯!4
                                                  ◆DU▯83◆z◆◆6(c  Q@◆◆_◆▯▯0◆7]◆]
4◆◆◆◆◆◆◆N)◆◆*{◆◆▯◆     ◆◆i◆C◆◆◆7#▯      ◆`◆◆◆◆y◆(◆◆▯◆
▯31.2%
liuhui@liuhui-VirtualBox:~/hlprivacy1$ gzip  -cv play.txt > play.txt.gz
play.txt:        31.2%
liuhui@liuhui-VirtualBox:~/hlprivacy1$ _
```

例3.86运行过程中会显示压缩比，这是由于使用了-v选项；运行结果表明，需要用重定向符指定压缩后的文件，否则不能正常压缩，且有乱码提示。

例3.87 验证压缩操作后是否保留了原文件。

```
liuhui@liuhui-VirtualBox:~/hlprivacy1$ ls -l pl*
-rw-rw-r-- 1 liuhui liuhui 266  9月 22 13:23 play.txt
-rw-rw-r-- 1 liuhui liuhui 116  9月 17 11:18 play.txt~
-rw-rw-r-- 1 liuhui liuhui 210  9月 22 13:39 play.txt.gz
liuhui@liuhui-VirtualBox:~/hlprivacy1$ _
```

例3.87运行结果可见，工作目录下除了原文件play.txt以外，还有一个压缩文件play.txt.gz。

2）压缩图像文件

对于普通文件，经过压缩后文件变小了很多，压缩比可达32%；对于图像等以二进制形式保存的文件同样也可以压缩。

例3.88 压缩图像文件。

```
liuhui@liuhui-VirtualBox:~/Pictures$ gzip -cv pic1 > pic1.gz
gzip: pic1: No such file or directory
liuhui@liuhui-VirtualBox:~/Pictures$ gzip -cv pic1.jpeg  > pic1.gz
pic1.jpeg:        0.9%
liuhui@liuhui-VirtualBox:~/Pictures$ _
```

压缩图像文件的运行过程比较慢，结果表明只压缩了0.9%。对于图像文件，一般不执行压缩操作，因为图像文件的数据格式，不管是jpg、bmp，还是png、gif，本身就已采用了压缩格式。

3）压缩目录

在文件传送中，有时一次需要传送多个文件，在Windows系统中可以把多个文件放在一个文件夹中，压缩后变为一个文件再传送，方便双方收发。在Linux系统中是否也可以对目录进行压缩呢？

普通用户liuhui的家目录/home/liuhui下有一个目录hlprivacy1，该目录下有Linux系统下编辑的多个文件和一个目录linuxdata，里面有多个文件，对这个目录执行压缩操作。

例3.89 压缩目录。

```
liuhui@liuhui-VirtualBox:~/hlprivacy1$ gzip linuxdata
gzip: linuxdata is a directory -- ignored
liuhui@liuhui-VirtualBox:~/hlprivacy1$ _
```

例3.89运行结果提示不能压缩目录。

4. bzip2命令

bzip2采用新的压缩算法，压缩效果比gzip压缩算法更好。若没有加上任何参数，bzip2命令压缩完文件后会产生后缀为.bz2的压缩文件，并删除原始的文件。bzip和gzip一样，都不支持压缩目录。其语法格式如下。

```
bzip2  [参数]   [文件名]
```

常用参数如下。

(1) -r：查找指定目录并压缩或解压缩其中的所有文件。

(2) -k：压缩并保留原文件。

(3) -c或-stdout：将压缩与解压缩的结果送到标准输出。

(4) -d 或-decompress：执行解压缩。

(5) -f 或-force：bzip2 在压缩或解压缩时，若输出文件与现有文件同名且没有参数，默认不会覆盖现有文件，使用参数-f 可以强制覆盖原文件。

普通用户 liuhui 登录到目录/home/liuhui/hlprivacy1，该目录下有 Linux 系统下编辑的文件 tomcat1. txt，用 bzip2 命令来压缩该文件之前先查看文件的详细信息。

例 3.90 查看要压缩的文件。

```
liuhui@liuhui-VirtualBox:~$ cd hlprivacy1
liuhui@liuhui-VirtualBox:~/hlprivacy1$ ls -l
total 36
-rw-rw-r-- 1 liuhui liuhui  121  9月 17 11:15 d1.txt
-rw-rw-r-- 1 liuhui liuhui  116  9月 17 10:31 d1.txt~
-rw-rw-r-- 1 liuhui liuhui    0  9月 17 10:40 jerrymos1
drwxrwxr-x 2 liuhui liuhui 4096  9月 22 13:02 linuxdata
-rw-rw-r-- 1 liuhui liuhui  266  9月 22 13:23 play.txt
-rw-rw-r-- 1 liuhui liuhui  116  9月 17 11:18 play.txt~
-rw-rw-r-- 1 liuhui liuhui  210  9月 22 13:39 play.txt.gz
-rw-rw-r-- 1 liuhui liuhui   78  9月 17 10:34 tomcat1~
-rw-rw-r-- 1 liuhui liuhui  116  9月 17 11:29 tomcat1.txt
-rw-rw-r-- 1 liuhui liuhui  127  9月 22 13:40 tomcat.gz
liuhui@liuhui-VirtualBox:~/hlprivacy1$ 
```

例 3.91 用 bzip2 命令压缩文件。

```
liuhui@liuhui-VirtualBox:~/hlprivacy1$ bzip2 tomcat1.txt
liuhui@liuhui-VirtualBox:~/hlprivacy1$ _
```

例 3.91 运行结果没有显示，可以使用 ls 命令来查看，也可以使用图形界面，在桌面上双击 Files 图标直接查看文件，发现 tomcat1. txt 文件没有了，出现了 tomcat1. txt. bz2 文件，如图 3.5 所示。

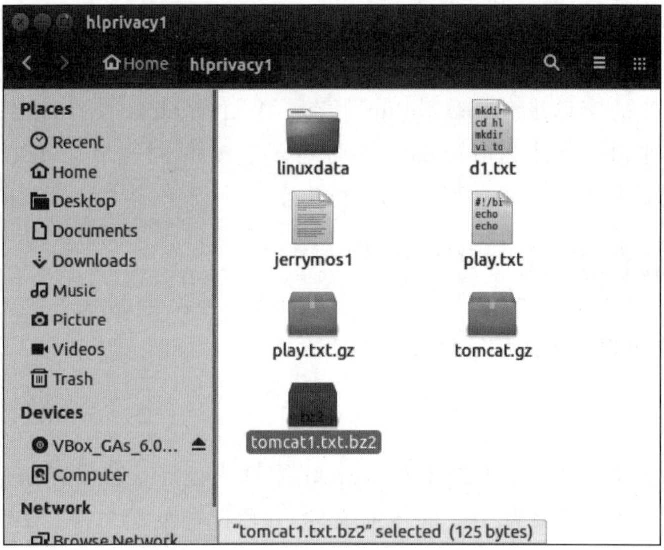

图 3.5 bzip2 命令的执行结果

例 3.92 解压例 3.91 中压缩的文件。

```
liuhui@liuhui-VirtualBox:~/hlprivacy1$ bzip2 -d tomcat1.txt.bz2
liuhui@liuhui-VirtualBox:~/hlprivacy1$ _
```

例 3.92 运行结果没有显示，可以使用 ls 命令来查看，也可以使用图形界面，在桌面上双击 Files 图标直接查看文件，发现 tomcat1. txt. bz2 文件没有了，出现了 tomcat1. txt. 。

例 3.93　压缩文件时保留原文件。

```
liuhui@liuhui-VirtualBox:~$ bzip2 -k  jerrymos1
```

例 3.93 运行结果没有显示,可以用 ls 命令验证查看。

例 3.94　查看原文件是否被保留。

```
liuhui@liuhui-VirtualBox:~/hlprivacy1$ bzip2 -k jerrymos1
liuhui@liuhui-VirtualBox:~/hlprivacy1$ ls -l jer*
-rw-rw-r-- 1 liuhui liuhui  0  9月 17 10:40 jerrymos1
-rw-rw-r-- 1 liuhui liuhui 14  9月 17 10:40 jerrymos1.bz2
liuhui@liuhui-VirtualBox:~/hlprivacy1$ _
```

例 3.94 运行结果表明原文件被保留了。

3.4　文件输入输出

在系统默认情况下,Shell 从键盘读命令的输入,并将命令的输出显示到显示器上。但在命令或者 Shell 脚本中,使用输入输出重定向符可以改变实际操作时读入数据和显示数据的方式。

3.4.1　文件描述符

文件描述符是 Linux 系统内部使用的一个文件代号,它决定从哪里读入命令所需的输入和将命令产生的输出及错误显示送到哪里。

文件描述符有 0、1 和 2,共 3 个编码,具体含义如下。

(1) 0:标准输入,文件描述符的缩写为 stdin。

(2) 1:标准输出,文件描述符的缩写为 stdout。

(3) 2:标准错误(信息),文件描述符的缩写为 stderr。

这些号码存储在/dev/std * 系统文件中,可以用 ls 命令来查看。

例 3.95　查看文件描述符。

```
liuhui@liuhui-VirtualBox:~/hlprivacy1$ ls -l /dev/std*
lrwxrwxrwx 1 root root 15  9月 23 19:28 /dev/stderr -> /proc/self/fd/2
lrwxrwxrwx 1 root root 15  9月 23 19:28 /dev/stdin -> /proc/self/fd/0
lrwxrwxrwx 1 root root 15  9月 23 19:28 /dev/stdout -> /proc/self/fd/1
liuhui@liuhui-VirtualBox:~/hlprivacy1$ _
```

例 3.96　标准输出和标准错误信息。

标准输出

标准错误信息

```
liuhui@liuhui-VirtualBox:~$ find /etc -name passwd
/etc/passwd
find: `/etc/lvm/archive': Permission denied
find: `/etc/lvm/backup': Permission denied
/etc/pam.d/passwd
find: `/etc/cups/ssl': Permission denied
find: `/etc/polkit-1/localauthority': Permission denied
find: `/etc/ssl/private': Permission denied
/etc/cron.daily/passwd
liuhui@liuhui-VirtualBox:~$ _
```

3.4.2 输入输出重定向和转换

1. 输出重定向

>符号为输出重定向符号；>>也是输出重定向符号，二者的区别如下所述。

(1) >：覆盖原文件的内容，每次都删除原有文件的内容，从文件的开头写入数据。

(2) >>：在原文件之后追加内容，原文件的内容保留，新增加的内容紧跟在原文件内容的后面。

输出重定向命令语法如下。

```
command  >  filename
command  >>  filename
```

功能说明：把 command 命令的运行结果写入 filename 文件中，而不是把命令的执行结果显示在显示器上。

例 3.97 从/etc 目录开始搜寻名为 passwd 的文件，在屏幕上只显示标准错误信息，将标准输出重定向到一个名为 output.std 的文件中。

```
liuhui@liuhui-VirtualBox:~$ find /etc -name passwd 1>output.std
find: `/etc/lvm/archive': Permission denied
find: `/etc/lvm/backup': Permission denied
find: `/etc/cups/ssl': Permission denied
find: `/etc/polkit-1/localauthority': Permission denied
find: `/etc/ssl/private': Permission denied
liuhui@liuhui-VirtualBox:~$ su -
Password:
root@liuhui-VirtualBox:~# find /etc -name passwd 1>output.std
root@liuhui-VirtualBox:~# cat output.std
/etc/passwd
/etc/pam.d/passwd
/etc/cron.daily/passwd
root@liuhui-VirtualBox:~#
```

例 3.97 运行结果表明，第 1 次在普通用户 liuhui 的家目录下执行查询/etc 目录下的文件的 find 命令时，系统提示无权操作的错误信息，因为命令中只规定把标准输出重定向到 output.std 文件中，没有定义系统错误信息的输出，所以使用默认操作输出到显示器上。更换为 root 用户后，再执行 find /etc 命令，显示器上没有任何运行结果；于是使用 cat 命令查看重定向的文件 output.std，可以看到查找到的 passwd 文件在/etc 目录下有 3 处。

例 3.98 将 find 命令的标准输出写入 output.std 文件，将标准错误信息写入 err.std 文件。

```
root@liuhui-VirtualBox:~# find /etc -name passwd 1>output.std 2>>  err.std
root@liuhui-VirtualBox:~# cat output.std
/etc/passwd
/etc/pam.d/passwd
/etc/cron.daily/passwd
root@liuhui-VirtualBox:~# cat err.std
```

2. 输入重定向

使用<符号可以从文件中读取数据到命令中，断开键盘和“命令”的标准输入之间的关联，然后将输入文件关联到标准输入。

输入重定向命令语法如下。

```
command < filename
```

功能说明：command 命令的输入来自 filename 文件。

例 3.99 从文件中读取数据存入变量中。

```
liuhui@liuhui-VirtualBox:~$ cat inpt4
liuhui users
shiephl users
tomcat1 users

liuhui@liuhui-VirtualBox:~$ read var1  <  inpt4
liuhui@liuhui-VirtualBox:~$ echo $var1
liuhui users
liuhui@liuhui-VirtualBox:~$
```

例 3.99 中，从 inpt4 文件中读取一行数据存入变量 var1，然后用 echo 输出变量的值加以验证。

3. 转换命令

输入重定向经常用于对文件格式的更改，例如从 Windows 系统中传入的文件，以回车符\r 和换行符\n 结束一行；而在 Linux 系统中，使用\n 结束一行。从 Windows 系统导入文件到 Linux 中时，不可能手工修改结束符号，于是 Linux 提供了 tr(translate)命令，可以转换、压缩和删除来自标准输入的字符，并将结果写到标准输出设备上。tr 命令的输入不接受文件名形式的参数，即不能用文件名作为它的输入参数，只能以输入重定向<或者管道|来指定输入的数据来源。

tr 命令的语法如下。

```
tr OPTION… SET1 [SET2]
```

一个 SET 就是一串字符，包括特殊的反斜杠转义字符。

tr 命令常用选项如下。

(1) -d 或--delete：删除所有属于第 1 个字符串 SET1 的字符。

(2) -s 或--squeeze-repeats：用第 2 个字符串 SET2 代替第 1 个字符串 SET1，或者把连续重复的字符以单独一个字符表示。

(3) -t 或--truncate-set1：删除第 1 个字符串 SET1 较第 2 个字符串 SET2 多出的字符。

tr 命令通常与管道或其他命令结合使用，可以执行删除重复字符、将大写转换为小写以及替换和删除基本字符等操作。

例 3.100 查看从 Windows 系统传来的文件 possible.txt 中的结束符。

```
liuhui@liuhui-VirtualBox:~$ cat -A possible.txt
dream it possible^M$
I will run I will soar^M$
I'm undefeated^M$
Jumping out of my skin pull the chord^M$
Yeah I believe it^M$
The past is everything^M$
So I'll dream ^M$
It's not until you fall that_you flyliuhui@liuhui-VirtualBox:~$
```

例 3.100 运行结果表明，Windows 系统下的文件以\r 和\n 作为结束符，结果以^M $ 标注，并且最后一行没有换行符。Linux 系统下的结束符只有\n 一个。

例 3.101 更改结束符并存为新文件。

```
liuhui@liuhui-VirtualBox:~$ tr -d '\r'  < possible.txt  > poss3.lnx
liuhui@liuhui-VirtualBox:~$ cat -A  poss3.lnx
dream it possible$
```

```
I will run I will soar$
I'm undefeated$
Jumping out of my skin pull the chord$
Yeah I believe it$
The past is everything$
So I'll dream $
It's not until you fall that you flyliuhui@liuhui-VirtualBox:~$
```

例 3.101 中，从 possible.txt 文件读取数据，利用 tr -d 命令删除\r 字符，把删除\r 字符以后的文件以新文件保存到 poss3.lnx 文件中，然后再查看结束符，确实变成了 $，即只有\n 作为结束符。

删除\r 字符，还可以以 tr -s 命令来实现，即把\r\n 替换为\n，如例 3.102 所示。

例 3.102 用 tr -s 命令把\r\n 替换为\n 并存入新文件 poss2.lnx 中。

```
liuhui@liuhui-VirtualBox:~$ tr -s '\r\n'  '\n'  < possible.txt  > poss2.lnx
liuhui@liuhui-VirtualBox:~$ cat -A poss2.lnx
dream it possible$
I will run I will soar$
I'm undefeated$
Jumping out of my skin pull the chord$
Yeah I believe it$
The past is everything$
So I'll dream $
It's not until you fall that you flyliuhui@liuhui-VirtualBox:~$
liuhui@liuhui-VirtualBox:~$
```

例 3.102 运行结果表明，用\n 代替\r\n 后，poss2.lnx 文件以\n 作为结束符，结果以 $ 标注。

例 3.103 将 jerrymos1 文件中所有大写字母转换成小写并保存到新文件 jrymos 中。

```
liuhui@liuhui-VirtualBox:~$ tr '[A-Z]'  '[a-z]' < jerrymos1   >  jrymos
liuhui@liuhui-VirtualBox:~$
```

执行命令后，可以用 cat 命令查看转换以后的文件中是否还有大写字母，也可以在图形界面中直接打开文件查看。

例 3.104 删除文件中的多个空格，以一个空格代替之。

```
liuhui@liuhui-VirtualBox:~$ tr -s '    ' ' ' < db2  > dbdt2
liuhui@liuhui-VirtualBox:~$ cat dbdt2
stdid stdnam stdage stdmaj
201912 zhangsan 18 secut
201913 tomcat 18 secut
201914 jerrmos 19 secut
201915 shiepstd 19 netwk
201915 supstd 20 netwk
liuhui@liuhui-VirtualBox:~$
```

3.4.3 剪切和粘贴

1. 剪切

剪切(cut)命令是从一个文件中剪切掉某些正文字段，并将它们送到标准输出显示。实际上 cut 命令是一个文件维护的命令，其语法格式如下。

```
cut [选项]…[文件名]…
```

其中常用的选项如下。

(1) -f：定义要截取的字段列。

(2) -c：要剪切的字符。

(3) -d：说明字段的分隔符(默认为 Tab)。

例 3.104 已经把 db2 文件中的多个空格分隔符整理为一个空格符作为分隔符后存入新文件 dbdt2 中，下面取出文件中的某一列数据，在命令中用-d 选项说明分隔符为空格。

例 3.105 从 dbdt2 文件中选取第 2 个字段的数据并存入文件 dbname 文件中。

```
liuhui@liuhui-VirtualBox:~$ cut -f2 -d ' '  dbdt2  > dbname
liuhui@liuhui-VirtualBox:~$ cat dbname
stdnam
zhangsan
tomcat
jerrmos
shiepstd
supstd
liuhui@liuhui-VirtualBox:~$ _
```

文件 dbdata 中的数据以逗号“,”作为分隔符，现在想取出里面第 1 列 stdid 的数据，则需要在命令中指定分隔符为“,”。

例 3.106 取出 dbdata 文件的第一列 stdid 的数据，并存入 dbid 文件中。

```
liuhui@liuhui-VirtualBox:~$ cut -f1 -d ','  < dbdata  > dbid
liuhui@liuhui-VirtualBox:~$ cat dbid
stdid
201912
201913
201914
201915
201915
liuhui@liuhui-VirtualBox:~$ █
```

2. 粘贴

粘贴(paste)命令主要用于将多个文件的内容合并输出，合并动作为按行将不同文件的行信息放在一行，即把每个文件的一行数据作为一列，把多个文件在宽度上合并在一起。默认情况下，不同文件的数据用空格或 Tab 键进行分隔，并把合并的结果写到标准输出上。

paste 命令的语法格式如下。

```
paste －d －s －file1 file2
```

paste 命令的选项含义说明如下。

(1) -d：指定不同于空格或 Tab 键的域分隔符。

(2) -s：将每个文件合并成行而不是按行粘贴。

(3) -：使用标准输入。

如果命令中没有文件名，或文件名使用了-，paste 将从标准输入设备读入数据，将多个文件合并成一个文件；如果在命令中使用了-d 选项，将更改输出的分隔符，默认分隔符是 Tab 字符。

例 3.107 把例 3.105 和例 3.106 中生成的文件 dbname 和 dbid 横向合并，合并两个文件成一个文件，两列数据之间以＃分隔。

```
liuhui@liuhui-VirtualBox:~$ paste -d '#' dbname  dbid  > dbstd
liuhui@liuhui-VirtualBox:~$ cat dbstd
stdnam#stdid
zhangsan#201912
tomcat#201913
jerrmos#201914
shiepstd#201915
supstd#201915
liuhui@liuhui-VirtualBox:~$
```

例 3.108 把第 1 个文件的所有数据放一行，第 2 个文件的所有数据放另一行。

```
liuhui@liuhui-VirtualBox:~$ paste -s  dbname  dbid  > dbstd2
liuhui@liuhui-VirtualBox:~$ cat dbstd2
stdnam  zhangsan        tomcat  jerrmos shiepstd        supstd
stdid   201912          201913          201914          201915          201915
liuhui@liuhui-VirtualBox:~$
```

由例 3.108 可以看出，paste 命令是对文件在宽度上做扩展，即被合并的每个文件的数据作为一列，从左向右排列成新文件。前文介绍的输出重定向>、>>和 cat f1 f2 > newfile 是在文件行上的合并，使文件长度增加，即纵向合并。

3.4.4 排序和管道操作

1. 排序

排序(sort)命令的功能是对正文进行排序并将结果送到标准输出设备，原有文件的内容不会发生变化，其正文数据既可以是一个文件，也可以是另一个命令的输出。

sort 命令的语法格式如下。

```
sort [选项] [文件名]
```

sort 命令中常用的选项如下。

(1) -r：进行反向排序(降序)。

(2) -f：忽略字符的大小写。

(3) -n：以数字的顺序进行排序。

(4) -u：去掉输出中的重复行。

(5) -t：如-t c，表示以字符 c 作为分隔符。

(6) -k：如-k N，表示按第 N 个字段排序。

(7) -k N1,N2：表示先按第 N1 个字段排序，之后再按第 N2 个字段排序。

前面曾经查看过系统的密码文件/etc/passwd，里面详细列出了用户名、标识、权限代码、家目录等信息，各列数据以：分隔。

例 3.109 查看 passwd 文件的部分内容。

```
liuhui@liuhui-VirtualBox:~$ cat /etc/passwd
root:x:0:0:root:/root:/bin/bash
daemon:x:1:1:daemon:/usr/sbin:/usr/sbin/nologin
bin:x:2:2:bin:/bin:/usr/sbin/nologin
sys:x:3:3:sys:/dev:/usr/sbin/nologin
sync:x:4:65534:sync:/bin:/bin/sync
games:x:5:60:games:/usr/games:/usr/sbin/nologin
man:x:6:12:man:/var/cache/man:/usr/sbin/nologin
```

例 3.110 对 passwd 文件的第 3 列数据进行排序显示。

```
liuhui@liuhui-VirtualBox:~$ sort -t: -k3  /etc/passwd
root:x:0:0:root:/root:/bin/bash
liuhui:x:1000:1000:liuhui,,,:/home/liuhui:/bin/bash
syslog:x:100:103::/home/syslog:/bin/false
shiephl:x:1001:1001::/home/shiephl:
tomcat:x:1002:100::/home/tomcat:/bin/bash
proxy:x:13:13:proxy:/bin:/usr/sbin/nologin
bin:x:2:2:bin:/bin:/usr/sbin/nologin
www-data:x:33:33:www-data:/var/www:/usr/sbin/nologin
sys:x:3:3:sys:/dev:/usr/sbin/nologin
backup:x:34:34:backup:/var/backups:/usr/sbin/nologin
```

例 3.110 运行结果表明，以：作为分隔符，按第 3 列数据的升序进行了排序，系统默认以字符串的 ASCII 码作为排序依据。如果想把第 3 列的数据，如 1、100、13、3 等，看作数字，则可以在命令中使用-n 选项把这些值当作数字。

例 3.111 使用-n 选项按整数数字排序。

```
liuhui@liuhui-VirtualBox:~$ sort -t: -k3 -n  /etc/passwd
root:x:0:0:root:/root:/bin/bash
daemon:x:1:1:daemon:/usr/sbin:/usr/sbin/nologin
bin:x:2:2:bin:/bin:/usr/sbin/nologin
sys:x:3:3:sys:/dev:/usr/sbin/nologin
sync:x:4:65534:sync:/bin:/bin/sync
games:x:5:60:games:/usr/games:/usr/sbin/nologin
man:x:6:12:man:/var/cache/man:/usr/sbin/nologin
lp:x:7:7:lp:/var/spool/lpd:/usr/sbin/nologin
mail:x:8:8:mail:/var/mail:/usr/sbin/nologin
news:x:9:9:news:/var/spool/news:/usr/sbin/nologin
uucp:x:10:10:uucp:/var/spool/uucp:/usr/sbin/nologin
proxy:x:13:13:proxy:/bin:/usr/sbin/nologin
www-data:x:33:33:www-data:/var/www:/usr/sbin/nologin
backup:x:34:34:backup:/var/backups:/usr/sbin/nologin
list:x:38:38:Mailing List Manager:/var/list:/usr/sbin/nologin
irc:x:39:39:ircd:/var/run/ircd:/usr/sbin/nologin
gnats:x:41:41:Gnats Bug-Reporting System (admin):/var/lib/gnats
_
```

例 3.111 运行结果表明，-n 选项可以使命令把数字字符当作整数来进行大小的排序。

2. 管道操作

管道操作符 | 可以连接两个或多个 Linux 命令，其语法格式如下。

命令 1 | 命令 2 …

功能说明：将命令 1 的标准输出重定向为命令 2 的标准输入；标准错误信息(stderr)并不通过管道传播，命令 1 的错误信息不会传给命令 2，命令 2 的错误信息也不会传给下一个命令等。任何两个命令之间都可以插入管道操作符，管道操作符之前的命令把输出写到标准输出设备上，管道操作符之后的命令再把标准输出设备上的输出当作它的输入。简言之，就是把管道操作符|左边的命令运行结果作为右边命令的输入。

例 3.112 统计系统上工作的用户有多少。

```
liuhui@liuhui-VirtualBox:~$ who | wc -l
2
liuhui@liuhui-VirtualBox:~$ _
```

如果系统上用户很少，直接用 who 命令就可以看出有几个用户；但如果系统上用户很多，有几百甚至几千个，那么用管道|让系统统计就会省很多事。

例 3.113 统计在 Linux 系统上一共创建了多少用户。

```
liuhui@liuhui-VirtualBox:~$ cat /etc/passwd | wc -l
39
liuhui@liuhui-VirtualBox:~$ _
```

例 3.114 利用 wc 命令统计给定目录下的文件个数。

```
liuhui@liuhui-VirtualBox:~$ read dirpath
backup
liuhui@liuhui-VirtualBox:~$ find $dirpath -type f | wc -l
33
liuhui@liuhui-VirtualBox:~$ _
```

例 3.114 中,dirpath 为目录路径,由 read 读入。find 命令找出文件,通过管道把这些文件的文件名传输给 wc 命令,统计出文件名的个数,即给定目录下文件的个数。

如果想列出系统目录/bin 下所有文件和目录细节,运行结果可能会显示好几页,需要按 PgUp、PgDn 或者上下方向键来翻屏。如果把 ls 命令的输出通过管道送到 more 命令中,就可以分页查看相关信息了。

例 3.115 将命令 ls 的结果输入 more 命令。

```
liuhui@liuhui-VirtualBox:~$ ls -lF /bin | more
total 10736
-rwxr-xr-x 1 root root 1029720 10月  7  2014 bash*
-rwxr-xr-x 1 root root   31288 10月 22  2014 bunzip2*
-rwxr-xr-x 1 root root 1931720  8月  8  2014 busybox*
-rwxr-xr-x 1 root root   31288 10月 22  2014 bzcat*
lrwxrwxrwx 1 root root       6  8月 29 15:03 bzcmp -> bzdiff*
-rwxr-xr-x 1 root root    2140 10月 22  2014 bzdiff*
lrwxrwxrwx 1 root root       6  8月 29 15:03 bzegrep -> bzgrep*
-rwxr-xr-x 1 root root    4877 10月 22  2014 bzexe*
lrwxrwxrwx 1 root root       6  8月 29 15:03 bzfgrep -> bzgrep*
-rwxr-xr-x 1 root root    3642 10月 22  2014 bzgrep*
-rwxr-xr-x 1 root root  150912  9月  8  2014 cp*
-rwxr-xr-x 1 root root  137272  4月 30  2014 cpio*
--More--
```

3.5 命令行的执行方式

3.5.1 命令的顺序执行和并发执行

1. 命令的顺序执行

用分号来分隔两个命令,命令格式如下。

```
command1;command2;command3;…;commandN
```

说明:各命令的执行结果不会影响其他命令的执行。换句话说,每个命令都会执行,但不保证每个命令都执行成功。

例 3.116 顺序执行命令。

```
liuhui@liuhui-VirtualBox:~$ echo "date:" ; date ; echo "user:" ; whoami
date:
2019年 09月 25日 星期三 19:47:50 CST
user:
liuhui
liuhui@liuhui-VirtualBox:~$ _
```

例 3.117 依次显示目录名和内容。

```
liuhui@liuhui-VirtualBox:~$ pwd ; users; ps; echo " commands in order"
/home/liuhui
liuhui liuhui
  PID TTY          TIME CMD
 2986 pts/7    00:00:00 bash
 3360 pts/7    00:00:00 ps
 commands in order
liuhui@liuhui-VirtualBox:~$
```

2. 命令的并发执行

命令并发执行的语法格式如下。

```
command1& command2& command3& …. commandN&
```

例 3.118 几个命令同时执行。

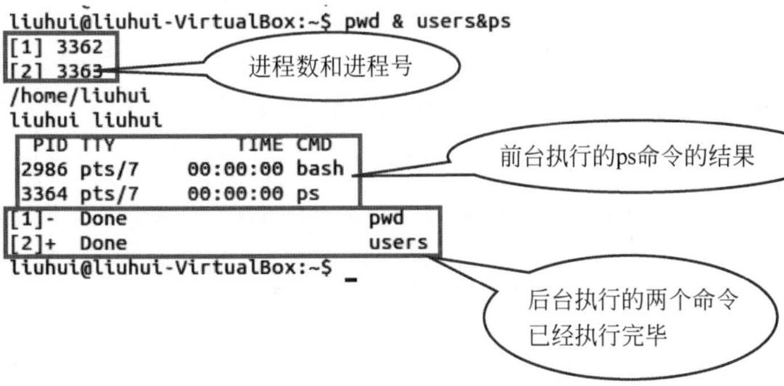

3.5.2 命令行中的&&和||操作

1. 命令行中的&&操作

&&：只有在前面的所有命令都执行成功的情况下才执行后一条命令，这样可以保证所有命令都成功执行，命令语法格式如下。

```
command1 && command2 && command3 && … && commandN
```

例 3.119 先创建一个目录 newdir，然后在该目录中创建两个新文件 d1 和 d2。

```
liuhui@liuhui-VirtualBox:~$ mkdir newdir && cd  newdir && touch d1 & touchd2
[1] 3379
touchd2: command not found
[1]+  Done                    mkdir newdir && cd newdir && touch d1
liuhui@liuhui-VirtualBox:~$ mkdir newdir && cd  newdir && touch d1 & touch d2
[1] 3389
liuhui@liuhui-VirtualBox:~$ mkdir: cannot create directory ‘newdir’: File exists
^C
[1]+  Exit 1                  mkdir newdir && cd newdir && touch d1
liuhui@liuhui-VirtualBox:~$ mkdir newdir && cd  newdir && touch d1 & touch d2
[1] 3394
liuhui@liuhui-VirtualBox:~$ ls -l newdir
total 0
-rw-rw-r-- 1 liuhui liuhui 0  9月 25 20:17 d1
[1]+  Done                  _ mkdir newdir && cd newdir && touch d1
```

例 3.119 运行结果表明，先用 && 命令的执行方式创建了新目录并在新目录中成功新建文件 d1，因为命令 touch d1 和 touch d2 是并行执行的，但输入命令时输错了，所以 touch d2 命令没有执行。第 2 次输入的命令都正确了，但由于第 1 次部分命令正确执行了，已经有目录 newdir 了，第 2 次希望创建新目录与第 1 次同名的命令没有成功执行，那么后面的命令就不会被执行，也就不提示新建的文件重名了。

例 3.120 查看当前目录下是否有 sample 文件，如果有，则删除该文件，并提示文件已被删除。

```
liuhui@liuhui-VirtualBox:~$ ls sample && rm sample && echo  "sample is deleted"
ls: cannot access sample: No such file or directory
liuhui@liuhui-VirtualBox:~$ _
```

当前工作目录下没有 sample 这个文件，所以第 1 个命令就没有正确执行，后面的命令也不执行。

2. 命令行中的||操作

||操作允许持续执行一系列命令，直到有一条命令成功为止，其后的命令将不再被执行。命令语法格式如下。

```
command1 || command2 || command3 || … || commandN
```

例 3.121 查看当前目录下是否有 sample 文件，如果有，则后面的命令就不执行；如果没有，则新建该文件，并提示文件创建成功。

```
liuhui@liuhui-VirtualBox:~$ ls sample || touch sample && echo "new file is created"
ls: cannot access sample: No such file or directory
new file is created
liuhui@liuhui-VirtualBox:~$ ls sample || touch sample && echo "new file is created"
sample
new file is created
liuhui@liuhui-VirtualBox:~$
liuhui@liuhui-VirtualBox:~$ ls sample || (touch sample && echo "new file is created")
sample
liuhui@liuhui-VirtualBox:~$
```

例 3.121 运行结果表明，命令||和 && 可以组合使用，第 1 次执行时没有 sample 文件，所以提示无此文件，然后执行 touch 命令创建新文件；第 2 次再次执行此命令，因为第 1 次已经新建了 sample 文件，所以第 2 次可以正确执行第 1 个命令；echo 命令是同时执行的，所以也提示新建了文件，但这不是预期的结果。所以，应该把后两个命令连在一起与第 1 个命令||或操作。再尝试第 3 次的执行，这才是预期的结果。

3.5.3 命令的后台执行及转换

1. 命令的后台执行命令&

在终端或控制台工作时，可能不希望由于运行一个作业而占据屏幕，因为可能还有更重要的事情要做，比如阅读电子邮件。对于密集访问磁盘的进程，用户更希望它能够在每天的非负荷高峰时间段运行(如凌晨)，为了使这些进程能够在后台运行，也就是不在终端屏幕上运行，可以让命令在后台运行。命令在后台运行以后，终端上就会显示一个进程号，表示该命令运行的进程编号，用户可以用该进程号来监控该进程，或杀死它。

命令的前台和后台执行命令的语法如下。

(1) command：在前台执行，就是一般的命令运行形式。

(2) command&：在后台执行，就是并行执行，在运行结果中会提示[1]3379 或[1]done，就表示这个命令在后台的进程号。

适合在后台运行的命令有 find、费时的排序及一些 Shell 脚本。在后台运行作业时要当心，需要用户交互的命令不要放在后台执行，因为在后台运行时看不到运行过程，就不会输入数据，这样机器就会“傻等”直到接收到数据。同时，作业在后台运行一样会将结果输出到屏幕上，干扰用户的工作。如果放在后台运行的作业会产生大量的输出，最好使用如下命令把它的输出重定向到某个文件中，这样，所有标准输出和错误输出都将被重定向到一个叫做 out.file 的文件中。

```
command  >  out.file  2>&1  &
```

command > out. file：将 command 的输出重定向到 out. file 文件，即输出内容不打印到屏幕上，而是输出到 out. file 文件中。

2 > &1：将标准错误信息重定向到标准输出，这里的标准输出已经重定向到了 out. file 文件，所以将标准错误信息也输出到了 out. file 文件中。最后一个 & 是让该命令在后台执行。

试想 2 > 1 代表什么？2 与>结合代表错误重定向，而 1 则代表错误重定向到文件 1，而不代表标准输出；如果换成 2 > &1，& 与 1 结合就代表标准输出了，就变成错误重定向到标准输出。

例 3.122 在工作目录下查找名字为 t1. txt 的文件，如果找到，则把结果写入工作目录的 file1. pt 文件中；如果有错误，则把错误信息写入/tmp/file1. err 文件中。

```
liuhui@liuhui-VirtualBox:~$ find   t1.txt 1> file1.pt  2> /tmp/file1.err
liuhui@liuhui-VirtualBox:~$ finde   t1.txt 1> file1.pt  2> /tmp/file1.err
liuhui@liuhui-VirtualBox:~$ find    t1.txt 1> file1.pt  2> /tmp/file1.err &
[1] 3206
liuhui@liuhui-VirtualBox:~$ findd    t1.txt 1> file1.pt  2> /tmp/file1.err &
[2] 3219
[1]   Done                  find t1.txt > file1.pt 2> /tmp/file1.err
liuhui@liuhui-VirtualBox:~$
[2]+  Exit 127            _ findd t1.txt > file1.pt 2> /tmp/file1.err
```

为了对比，例 3.122 先在前台执行命令，然后再用后台执行的方式做对比，可以看到在后台运行的命令会在终端上提示命令运行时对应的进程号和运行的命令名。为了对比错误信息，这里故意把命令的名字输入错误。

例 3.123 查看 file1. pt 和 file1. err 命令的运行结果文件。

```
liuhui@liuhui-VirtualBox:~$ cat /tmp/file1.err
No command 'findd' found, did you mean:
 Command 'findg' from package 'ncl-ncarg' (universe)
 Command 'findv' from package 'polylib-utils' (universe)
 Command 'find' from package 'findutils' (main)
findd: command not found
[1]+  Done                  find t1.txt > file1.pt 2> /tmp/file1.err
liuhui@liuhui-VirtualBox:~$ cat file1.pt
liuhui@liuhui-VirtualBox:~$ _
```

2. 不中断命令 nohup

使用命令 & 后，作业被提交到后台运行，当前控制台没有被占用，但是一旦把当前控制台关掉(例如，退出账户)，作业就会停止运行。nohup 命令可以在退出账户之后继续运行相应的进程。nohup 就是不挂起(no hang up)的意思。该命令的一般形式如下。

```
nohup command &
```

如果使用 nohup 命令提交作业，那么在默认情况下该作业的所有输出都被重定向到一个名为 nohup. out 的文件中，可以使用重定向符把结果输出到指定的其他文件，如下示例。

```
nohup command > myout.file 2 > &1 &
```

使用了 nohup 之后，还是有可能在当前账户非正常退出或者结束时，命令的执行还是自动结束了，所以在使用 nohup 让命令在后台运行之后，需要使用 exit 正常退出当前账户，才能保证命令一直在后台运行。

例 3.124 不中断的后台作业。

```
liuhui@liuhui-VirtualBox:~$ nohup find t2.txt > t2.out  2>&1 &
[1] 3377
liuhui@liuhui-VirtualBox:~$ nohup findd t2.txt > t2.out  2>&1 &
[2] 3389
[1]   Exit 1                  nohup find t2.txt > t2.out 2>&1
liuhui@liuhui-VirtualBox:~$ 
```

注意

> 按 Ctrl+Z 快捷键可以将一个正在前台执行的命令放到后台，并且处于暂停状态。
> 按 Ctrl+C 快捷键可以终止前台命令。当一个命令死机或者想提前终止命令的执行时，按 Ctrl+C 快捷键就可以终止命令的执行。

3. fg 和 bg 命令

fg 命令可把后台的进程移到前台执行，bg 命令可把前台的进程移到后台执行。

如果前台运行的一个程序需要很长的时间，但是需要干其他事情，就可以按 Ctrl+Z 快捷键挂起这个程序，然后可以看到如下系统提示(方括号中的是作业号)。

```
[1]+  Stopped                 top
liuhui@liuhui-VirtualBox:~$ _
```

然后可以把程序调度到后台执行，命令如下。bg 后面的数字为作业号。

```
liuhui@liuhui-virtualBox: ~$ bg 1
```

如果想把它调回到前台运行，可以用如下命令。

```
liuhui@liuhui-virtualBox: ~$ fg 1
```

例如，先运行一个耗时较长的命令，然后使用 top 命令查看服务器负载信息，实时动态刷新显示服务器状态信息，且可以通过交互式命令自定义显示内容。

例 3.125 查看被终止的命令工作号。

```
liuhui@liuhui-VirtualBox:~$ top

top - 21:13:53 up  1:41,  2 users,  load average: 0.16, 0.09, 0.12
Tasks: 170 total,   1 running, 169 sleeping,   0 stopped,   0 zombie
%Cpu(s):  6.9 us,  0.9 sy,  0.0 ni, 91.8 id,  0.3 wa,  0.0 hi,  0.0 si,  0.0
KiB Mem:   1797636 total,  1090488 used,   707148 free,    79056 buffers
KiB Swap:  1843196 total,        0 used,  1843196 free.   386596 cached Mem

[1]+  Stopped                 top
liuhui@liuhui-VirtualBox:~$ _
```

例 3.125 运行结果界面会显示"[1]+ Stopped top"，1 表示是 top 命令的工作号，然后用 bg 命令可将 top 命令转为后台运行。

例 3.126 将 top 命令转为后台执行。

```
liuhui@liuhui-VirtualBox:~$ bg 1
[1]+ top &
liuhui@liuhui-VirtualBox:~$
```

因为 top 命令可以监控服务器的状态信息，转到后台运行后，就看不到运行结果了，但命令一直处于运行状态，如果想使用其他命令，需要按 Ctrl+C 快捷键退出当前的命令，然后才可以开始一个新的命令。所以在例3.126运行bg命令后按Ctrl+C快捷键退出当前的bg命令，然后再使用fg 1命令把top命令转为前台运行，输入fg 1后top命令会接着上面的继续运行。

```
liuhui@liuhui-virtualBox: ~$ fg 1
```

4. jobs命令

jobs命令可以显示所有挂起的和后台进程的作业号，确定哪一个是当前的进程。在jobs命令的输出里面，当前进程前面有一个+标志，而其他进程通常前面加一个-来标志。

jobs命令语法如下。

```
jobs [option] [ % jobID]
```

功能说明：显示所有在jobID中指明的被挂起的和后台进程的状态；如果没有列表，则显示当前进程的状态。可选参数jobID可以是以%符号开头、以空格符分隔的一串作业号。

常用选项说明如下。

-l：显示该作业的PID。

jobs -l：显示所有任务的PID，jobs命令的状态可以是running、stopped、terminated。

重新输入top命令来监控服务器的状态信息，然后按Ctrl+Z快捷键暂停top命令的执行，按Ctrl+C快捷键退出top命令，接着输入jobs命令查看当前的进程作业号。

例3.127 jobs命令的使用。

```
[1]+  Stopped                 top
liuhui@liuhui-VirtualBox:~$ ^C
liuhui@liuhui-VirtualBox:~$ jobs
[1]+  Stopped                 top
liuhui@liuhui-VirtualBox:~$ _
```

例3.127运行结果表明top命令被中断了。

3.6 文件系统挂载和卸载

3.6.1 文件系统挂载

Linux系统中，要访问根目录以外的文件，需要将其“关联”到根目录下的某个目录中，这种关联操作就是“挂载”，这个目录就是“挂载点”，解除此关联关系的过程称为“卸载”。

注意

> 作为“挂载点”的目录需要满足以下3个要求。
> - 目录事先存在，可以用mkdir命令新建目录。
> - 挂载点目录不可被其他进程使用。
> - 挂载点下原有文件被隐藏。

1. 挂载命令

挂载命令的语法格式如下。

```
mount [ - fnrsvw] [ - t vfstype] [ - o options] device dir
```

device：指明要挂载的设备。

dir：挂载点，执行挂载操作之前必须事先存在。建议使用空目录，因为挂载后原有目录中的内容会被隐藏。

mount 命令的常用选项如下。

(1) -t：vsftype，指定要挂载的设备上的文件系统类型。

(2) -r：readonly，只读挂载。

(3) -w：read and write，读写挂载。

(4) -n：不更新/etc/mtab。

(5) -a：自动挂载所有支持自动挂载的设备，定义在/etc/fstab 文件中，且挂载选项中有"自动挂载"功能。

(6) -o：特殊选项。常用的特殊选项如下。

- rw/ro：读写/只读，定义文件挂载时是否具有读写权限，默认为 rw(读写)。
- async/ sync：异步/同步 I/O，默认为 async(异步)。
- atime /noatime：更新访问时间/不更新访问时间，定义访问分区文件时是否更新文件的访问时间，默认为 atime(更新)。
- auto/ noauto：自动/手动，定义执行 mount -a 命令时，是否自动挂载/etc/fstab 文件内容，默认为 auto(自动)。

注意

> 查看内核追踪到的已挂载的所有设备，可用命令 cat /proc/mounts。上述选项可多个同时使用，彼此间使用逗号分隔；默认挂载选项包括 rw、suid、dev、exec、auto、nouser 及 async。

2. 挂载移动硬盘

对 Linux 系统而言，USB 接口的移动硬盘是被当作 SCSI 设备对待的。插入移动硬盘之前，应先用 fdisk -l 或 more /proc/partitions 命令查看系统硬盘的分区情况。

注意

> fdisk 命令需要 root 用户的权限，普通用户无权使用，故应该先用 su - 将用户切换为 root 用户，或者使用 sudo fdisk -l 命令短暂使用 root 权限。

例 3.128 查看分区情况。

```
root@liuhui-VirtualBox:~# more /proc/partitions
major minor  #blocks  name

  11        0      75354 sr0
   8        0   41943040 sda
   8        1     248832 sda1
   8        2          1 sda2
   8        5   41691136 sda5
 252        0   39845888 dm-0
 252        1    1843200 dm-1
root@liuhui-VirtualBox:~# _
```

接入移动硬盘后，再用 fdisk -l 或 more /proc/partitions 命令查看系统的硬盘和硬盘分区情况，应该可以发现多了一个 SCSI 硬盘/dev/sdb1，这就是移动硬盘的逻辑分区。

例 3.129 查看接入移动硬盘后系统中硬盘的分区情况。

```
root@liuhui-VirtualBox:~# fdisk -l

Disk /dev/sda: 40 GiB, 42949672960 bytes, 83886080 sectors
Units: sectors of 1 * 512 = 512 bytes
Sector size (logical/physical): 512 bytes / 512 bytes
I/O size (minimum/optimal): 512 bytes / 512 bytes
Disklabel type: dos
Disk identifier: 0x06f61fae

Device     Boot  Start      End  Sectors  Size Id Type
/dev/sda1  *      2048   499711   497664  243M 83 Linux
/dev/sda2       501758 83884031 83382274 39.8G  5 Extended
/dev/sda5       501760 83884031 83382272 39.8G 8e Linux LVM

/dev/sdb1  *        63 3907024064 3907024002   1.8T  7 HPFS/NTFS/exFAT

root@liuhui-VirtualBox:~# _
```

如果接入移动硬盘后无法看到多出来的逻辑分区，则需要先安装 USB 设备的驱动程序。安装方法是：在"设置"→"USB 设备"中添加 USB 筛选器，会自动安装 USB 的驱动程序。安装成功后，在图形界面中可以直接查看 U 盘内容，在终端用 fdisk -l 命令就可以看到 sdb 盘符了，然后使用 mount 命令就可以在终端使用移动硬盘了，挂载命令执行之前，要确保存在移动硬盘的挂载点，即确保挂载目录存在，如果不存在，则应先创建目录。

例 3.130 创建挂载目录。

```
root@liuhui-VirtualBox:~# mkdir /mnt/usbsdb1
root@liuhui-VirtualBox:~#
```

例 3.131 挂载移动硬盘。

```
root@liuhui-VirtualBox:~# mount -t vfat /dev/sdb1  /mnt/usbsdb1
mount: /dev/sdb1 is already mounted or /mnt/usbsdb1 busy
       /dev/sdb1 is already mounted on /media/liuhui/0000F6990009976F
root@liuhui-VirtualBox:~#
```

对于例 3.131 来说，因为安装的是 Ubuntu 18.01，并且安装了增强功能，所以在接入移动硬盘时系统自动安装了驱动程序，也就是该移动硬盘可以直接使用，所以在挂载时提示已经挂载成功，挂载的位置在/media/liuhui/0000F6，最后的一长串数字是移动硬盘的卷标。因为事先没有设置该移动硬盘的卷标，所以系统给它分配了一个标识符。命令运行时，系统提示/mnt/usbdb1 忙，是因为挂载的移动硬盘容量太大，这里的移动硬盘容量是 2.0TB，无法挂载在/mnt 目录下，系统将其自动挂载在了/media/liuhui/，如图 3.6 所示。

在图形界面中可以直接查看并打开相关文件。

注意

> 对 NTFS 格式的磁盘分区应使用 mount -t ntfs 参数，对 FAT32 格式的磁盘分区应使用 mount -t vfat 参数。若汉字文件名显示为乱码或不显示，可以使用如下命令。

```
#mount -t ntfs -o iocharset=cp936 /dev/sdc1 /mnt/usbhd1
#mount -t vfat -o iocharset=cp936 /dev/sdc5 /mnt/usbhd2
```

3. 挂载 U 盘

对 Linux 系统而言，U 盘也是被当作 SCSI 设备对待的，使用方法和移动硬盘完全一样。

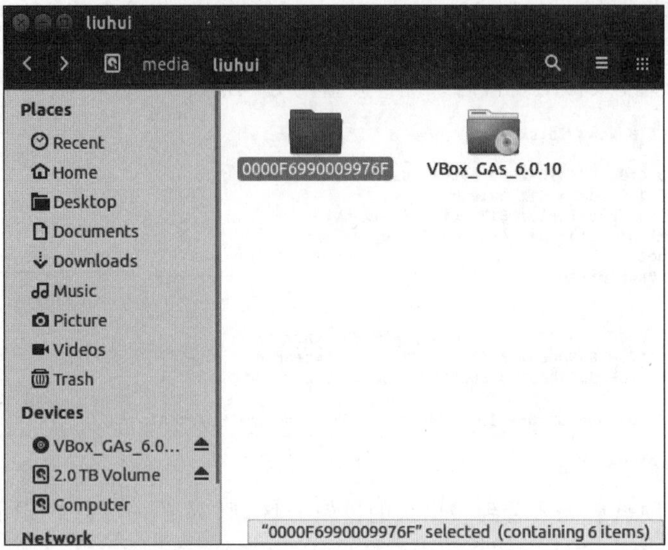

图 3.6　大容量移动硬盘的挂载点

插入 U 盘之前和插入之后，应先用 fdisk -l 或 more /proc/partitions 命令查看系统中硬盘的分区情况。

例 3.132　查看插入 U 盘后硬盘的分区情况。

```
/dev/sdb1  *        16 3903486 3903471  1.9G  b W95 FAT32

root@liuhui-VirtualBox:~# ls -l /dev/sdb1
brw-rw---- 1 root disk 8, 17 10月  3 11:19 /dev/sdb1
root@liuhui-VirtualBox:~#
```

由于本系统安装了增强功能，因此在接入 U 盘时系统自动安装了驱动程序，也就是该 U 盘可以直接使用。但是 Linux 系统把 U 盘当作块文件，不能直接打开，所以还需要把 U 盘挂载在挂载点上。

例 3.133　挂载 U 盘。

```
root@liuhui-VirtualBox:~# mount -t vfat /dev/sdb1  /mnt/usbsdb1
root@liuhui-VirtualBox:~# ls -l /mnt/usbsdb1
total 1803104
drwx------ 2 liuhui liuhui      4096 10月  3 11:28 2
-rw-r--r-- 1 liuhui liuhui     84994  6月  5 15:22 2018252学习方法主题班会.pptx
-rw-r--r-- 1 liuhui liuhui   7552266 11月  7  2018 2018指津答案.pdf
drwx------ 2 liuhui liuhui      4096  5月  5 13:17 2019市教委重点课程
-rw-r--r-- 1 liuhui liuhui     58368  5月 21 15:37 2019试卷模板.doc
drwx------ 5 liuhui liuhui      4096  4月 23 10:06 linuxhl资料
-rw-r--r-- 1 liuhui liuhui 926285824  9月 23  2015 Office 2010.iso
-rw-r--r-- 1 liuhui liuhui 912098920 12月  7  2017 Office2010安装程序(64位VOL版)
.rar
drwx------ 3 liuhui liuhui      4096  5月 21 13:24 RECYCLER
```

挂载后，在终端中，该 U 盘就是 usbsdb1，系统不认识原来的卷标 HL。但在图形界面，左侧的 Devices 中显示的还是原来的卷标 HL。在终端可以使用针对文件的各种操作命令，也可以在图形界面直接查看并打开，如图 3.7 所示。

3.6.2　文件系统卸载

卸载文件系统可使用 umount 命令。

图 3.7 图形界面下查看 U 盘信息

例 3.134 卸载移动硬盘并查看分区情况。

```
root@liuhui-VirtualBox:~# umount /dev/sdb1
root@liuhui-VirtualBox:~#
root@liuhui-VirtualBox:~# more /proc/partitions
major minor  #blocks  name

  11        0      75354 sr0
   8        0   41943040 sda
   8        1     248832 sda1
   8        2          1 sda2
   8        5   41691136 sda5
 252        0   39845888 dm-0
 252        1    1843200 dm-1
root@liuhui-VirtualBox:~# _
```

例 3.135 卸载 U 盘。

```
root@liuhui-VirtualBox:~# umount /dev/sdb1
root@liuhui-VirtualBox:~# ls -l /mnt/usbsdb1
total 0
root@liuhui-VirtualBox:~# umount /mnt/usbsdb1
umount: /mnt/usbsdb1: not mounted
root@liuhui-VirtualBox:~#
```

在终端执行 umount 命令后,即使没有拔出 U 盘,在终端中也看不到 U 盘及里面的内容了。在终端使用 fdisk 和 more 命令,还可以看到 sdb1,即 U 盘,在图形界面中还可以查看 U 盘及其内容。

例 3.136 验证卸载但不拔出 U 盘的情况。

```
root@liuhui-VirtualBox:~# fdisk -l

/dev/sdb1  *       16 3903486 3903471  1.9G  b W95 FAT32

root@liuhui-VirtualBox:~# more /proc/partitions
major minor  #blocks  name

  11        0      75354 sr0
   8        0   41943040 sda
   8        1     248832 sda1
   8        2          1 sda2
   8        5   41691136 sda5
 252        0   39845888 dm-0
 252        1    1843200 dm-1
   8       16    1951743 sdb
   8       17    1951735 sdb1
root@liuhui-VirtualBox:~# _
```

这是由于U盘还插在USB接口上，fdisk -l 命令是查看逻辑分区的，因此可以看到 sdb1 的逻辑分区；但又由于没有挂载U盘，因此无法看到U盘的内容。

上机实验：Linux 文件系统命令的使用

1. 实验目的

(1) 通过对文件的各种操作，掌握 Linux 环境中文件系统的基本思想，理解一切皆文件的理念。

(2) 通过对 mkdir、cp、cd、ls、mv、chmod 及 rm 等文件系统命令的操作，掌握 Linux 系统中文件系统命令的用法。

(3) 通过对文件系统的挂载使用，理解驱动程序的原理。

2. 实验任务

(1) 文件的新建、复制命令的使用。

(2) 文件内容的搜索命令 cat、head、grep、find 的使用。

(3) 文件内容的比较命令 diff、sdiff、expand 的使用。

(4) 文件的输入输出重定向、排序等命令的使用。

(5) 文件系统的挂载命令的使用。

3. 实验环境

装有 Windows 系统的计算机；虚拟机安装 VirtualBox+ Linux Ubuntu 操作系统。

4. 实验题目

任务 1：文件的新建命令 touch、复制命令 cp、文件类型的查看命令 file 的使用。

在当前用户的家目录下新建一个文件，文件名是自己的学号，把这个文件复制到一个目录下，查看该文件的类型。

任务 2：文件编辑器 gedit、vi、emacs 等的使用。

分别使用上述 3 种文本编辑器，在任务 1 中新建的文件中输入内容，然后保存，体会 3 种编辑器的使用不同之处。

任务 3：文件内容的搜索命令 cat、head、grep、find 的使用。

在任务 2 中输入内容的文件中搜索相关的关键词。

任务 4：文件内容的比较命令 diff、sdiff、expand 的使用。

新建一个文件，输入内容，内容与任务 2 中的内容差别小一点，使用 diff、sdiff 命令判断两个文件的异同；再把新建的文件复制一份，比较与原文件之间的异同。

任务 5：文件的归档 tar、解压缩 gzip 等命令的使用。

把当前用户家目录下的文件归档为一个文件，再把当前用户家目录下的文件压缩，查看这两次操作后文件大小的异同。

任务 6：文件系统的挂载命令 mount 的使用。

把自己的 U 盘插入计算机，在文件系统中查看 U 盘；是否可以在终端中直接查看 U 盘内容？使用 mount 命令挂载，然后再查看，有何异同？

5. 实验心得

总结上机中遇到的问题及解决问题过程中的收获、心得体会等。

第4章 Shell编程

4.1 Shell 的工作原理

计算机与人之间的交流，是通过各种编程语言实现的。但计算机只认识 0 和 1，只有 0 和 1 的编码又太难记忆，于是就发明了各种语言的编译器，这些编译器有编译和解释两种执行方式。在 Linux/UNIX 系统中，Shell 就是这个命令解释器。

Shell 为用户与 Kernel 之间的一个接口，主要功能是作为命令解释器，接收并解释用户输入的命令，然后将这些命令传给内核来执行。

Bourn Shell 是现在所有 Shell 的始祖；C Shell 的语法形式与 C 语言类似，增加了若干 Bourn Shell 没有的特性，如命令行历史、别名和作业控制等；Korn Shell 是 Bourn Shell 的超集，它具有类似 C Shell 的加强功能，如命令的行编辑、命令历史、别名和作业控制等。Bounrn-Again Shell 简称 bash，由 GNU 项目开发，也是实际上的标准 Linux Shell。bash 与 Bourn Shell 兼容，同时加入了 csh、ksh 和 tcsh 的一些有用的功能，如命令的行编辑、命令历史、别名等。

Linux 系统中的所有 Shell 都存放在/etc/shells 文件中，用 cat 命令可以查看所有的 Shell 内核。

（1）查看当前发行版可以使用的 Shell。

例 4.1　查看/etc/shells 文件。

```
liuhui@liuhui-VirtualBox:~$ cat /etc/shells
# /etc/shells: valid login shells
/bin/sh
/bin/dash
/bin/bash
/bin/rbash
liuhui@liuhui-VirtualBox:~$ _
```

（2）查看/etc/passwd 文件。

/etc/passwd 文件中每个用户记录的最后一列就是该用户默认的 Shell，普通用户的信息在 passwd 文件的最后，所以只需要查看最后 6 行信息。

例 4.2　查看当前系统上普通用户的默认 Shell 类型。

```
liuhui@liuhui-VirtualBox:~$ tail -6 /etc/passwd
hplip:x:115:7:HPLIP system user,,,:/var/run/hplip:/bin/false
liuhui:x:1000:1000:liuhui,,,:/home/liuhui:/bin/bash
vboxadd:x:999:1::/var/run/vboxadd:/bin/false
shiephl:x:1001:1001::/home/shiephl:
tomcat:x:1002:100::/home/tomcat:/bin/bash
jerrymos:x:998:100::/home/jerrymos:/bin/bash
liuhui@liuhui-VirtualBox:~$
```

例 4.2 运行结果最后一行显示的就是用户的默认 Shell 类型。用户 liuhui 是在安装系统时设置的普通用户，信息最齐全，默认 Shell 是 bash；用 useradd 命令添加的用户 tomcat 和 jerrymos 的默认 Shell 也是 bash；添加用户 shiephl 时没有指定默认 Shell。

(3) 使用环境变量的值查看 Shell。

例 4.3 使用环境变量 SHELL 查看 Shell。

```
liuhui@liuhui-VirtualBox:~$ echo $SHELL
/bin/bash
liuhui@liuhui-VirtualBox:~$ _
```

这是最常用的查看 Shell 的命令，但不能实时反映当前的 Shell。

(4) 环境变量中 SHELL 的匹配查找。

例 4.4 使用 env 命令。

```
liuhui@liuhui-VirtualBox:~$ env | grep SHELL
SHELL=/bin/bash
liuhui@liuhui-VirtualBox:~$
```

(5) 查看当前 Shell。

例 4.5 使用 ps 命令查看当前 Shell。

```
liuhui@liuhui-VirtualBox:~$ ps
  PID TTY          TIME CMD
 2444 pts/4    00:00:00 bash
 2660 pts/4    00:00:00 ps
liuhui@liuhui-VirtualBox:~$
```

是否可以切换不同的 Shell 呢？当然可以，在终端执行切换 Shell 的命令即可，如切换为 Bourn Shell，使用 sh 命令；切换为 Korn Shell，使用 ksh 命令；切换为 TC Shell 使用 tcsh；切换为 bash，使用 bash。

例 4.6 切换 Shell。

```
liuhui@liuhui-VirtualBox:~$ sh
$ who
liuhui   :0           2019-10-03 13:14 (:0)
liuhui   pts/4        2019-10-03 13:14 (:0)
$ tcsh
sh: 2: tcsh: not found
$ bash
liuhui@liuhui-VirtualBox:~$
```

从 sh 切换为 tcsh 时可能会提醒无此命令，是由于运行命令的系统没有安装 TC Shell。

4.2 Shell 编程中的各种命令

4.2.1 Shell 脚本的建立

Shell 脚本程序是指放在一个文件中的一系列 Linux 命令和实用程序，在文本编辑器中编写完毕即可立即运行。编写时可以使用 vi、gedit、emacs 等各种文本编辑器，每一行可以是一条 Linux 命令，也可以是一条 Shell 语句。在运行时，Shell 脚本中的命令一个接一个地运行并输出结果。

例 4.7 Shell 脚本程序的编写过程。

(1) 输入 gedit 命令打开文本编辑器，输入 Shell 脚本代码，如图 4.1 所示。

```
shiephl@ubuntuhl:~$ gedit shl47
```

```
# This is a first shell script
# !/bin/bash
echo " The commands We studied are: \n"
whoami
users
ls -l
mkdir study
cd study
cp /home/liuhui/mydream    mydrm1
echo "Today is :" date
echo "\n byebye!\n"
```

纯文本 ▾　制表符宽度：8 ▾　第6行，第6列 ▾　插入

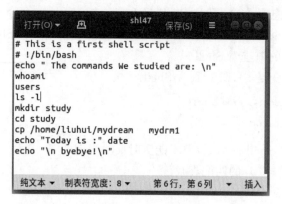

图 4.1　编写 Shell 脚本

(2) 保存，退出 gedit，在终端命令行输入 chmod u+x shl47，给当前用户增加执行脚本 shl47 的权限。

(3) 执行，Shell 脚本是解释型编译，所以直接输入脚本名执行即可。

例 4.8　执行脚本。

```
shiephl@ubuntuhl:~$ chmod u+x shl47
shiephl@ubuntuhl:~$ ./shl47
 The commands We studied are: \n
shiephl
shiephl
 display the files:
总用量 52
-rw-r--r-- 1 shiephl shiephl 8980 9月   18 19:14 examples.desktop
-rw-r--r-- 1 shiephl shiephl   33 9月   18 21:07 mydream
-rwxr--r-- 1 shiephl shiephl  296 10月   3 15:09 shl47
drwxr-xr-x 2 shiephl shiephl 4096 9月   18 20:18 公共的
drwxr-xr-x 2 shiephl shiephl 4096 9月   18 20:18 模板
drwxr-xr-x 2 shiephl shiephl 4096 9月   18 20:18 视频
drwxr-xr-x 2 shiephl shiephl 4096 10月   3 14:52 图片
drwxr-xr-x 2 shiephl shiephl 4096 9月   18 20:18 文档
drwxr-xr-x 2 shiephl shiephl 4096 9月   18 20:18 下载
drwxr-xr-x 2 shiephl shiephl 4096 9月   18 20:18 音乐
drwxr-xr-x 2 shiephl shiephl 4096 9月   18 20:18 桌面
 create a directory:
the file in study are:
总用量 4
-rw-r--r-- 1 shiephl shiephl 33 10月   3 15:10 mydrm1
Today is :
2019年 10月 03日 星期四 15:10:30 CST
\n byebye!\n
shiephl@ubuntuhl:~$
```

例 4.8 运行结果表明，在 shl47 中书写的各个命令，一个接一个顺序执行。这样保存好的命令可以多次运行，不必每次都重复相同的命令。

4.2.2　通配符和补全命令

1. 常用的通配符

通配符也称元字符，是描述其他数据的字符，Linux 系统提供的主要通配符如下所述。

(1) *：将匹配 0 个(即空白)或多个字符。

(2) ?：将匹配任何一个字符而且只能是一个字符。

(3) [a-z]：将匹配字符 a～z 范围内的所有字符。

(4) [^a-z]：将匹配 a～z 范围内的字符除外的所有字符。

(5) [xyz]：将匹配方括号中的任意一个字符。

(6) [^xyz]：将匹配不包括方括号中的字符的所有字符。

例 4.9 列出所有以.txt 结尾的文件名。

```
shiephl@ubuntuhl:~$ ls *.txt
d1.txt  play.txt  tomcat1.txt
shiephl@ubuntuhl:~$ _
```

例 4.10 列出所有中间部分含有 dream 字样的文件名。

```
shiephl@ubuntuhl:~$ ls *dream*
mydream  mydream1
shiephl@ubuntuhl:~$ _
```

例 4.11 列出所有以 hl 开始，之后是两个字符(可以是任何两个字符)并以 1 结尾的文件名。

```
shiephl@ubuntuhl:~$ ls hl??1
ls: 无法访问'hl??1': 没有那个文件或目录
shiephl@ubuntuhl:~$ ls hl*1
hladress1  hldata1
shiephl@ubuntuhl:~$
```

例 4.11 运行结果表明，当前用户 shiephl 的家目录下有以 hl 开头、以 1 结尾的文件名，但 hl 后只有两个字符、最后为 1 的文件名没有。

例 4.12 列出第 1 个字符是 h 或者 l 的所有文件名。

```
shiephl@ubuntuhl:~$ ls [hl]*
hladress1  hldata1  linuxlearn

hlprivacy:
d1.txt~      jerrymos1      linuxdata  play.txt~    tomcat
d1.txt.bz2   jerrymos1.bz2  play.txt   play.txt.gz

linuxdata:
shiephl@ubuntuhl:~$ _
```

例 4.12 运行结果表明，不仅把第 1 个字符是 h 或者 l 的文件名显示出来了，也把第 1 个字符是 h 或者 l 的目录名显示出来了。

例 4.13 列出 backup 目录中文件名最后不含数字 1～9 的所有文件名。

```
shiephl@ubuntuhl:~$ ls ~/backup/*[^1-9]
 /home/shiephl/backup/d1.txt          /home/shiephl/backup/selary
 /home/shiephl/backup/dladress        /home/shiephl/backup/selary~
 /home/shiephl/backup/dlsvmcn         /home/shiephl/backup/sh31.msm
 /home/shiephl/backup/linuxlearn      /home/shiephl/backup/sh32.msm
 /home/shiephl/backup/mathdata        /home/shiephl/backup/sh33.msm
 /home/shiephl/backup/mydream         /home/shiephl/backup/tomcat1.txt~
 /home/shiephl/backup/play.txt       '/home/shiephl/backup/Untitled Document 1~'
 /home/shiephl/backup/pythontrain
shiephl@ubuntuhl:~$ _
```

例 4.13 运行结果中列出的文件名末尾都不含数字，但是类似于 sh31.msm 的文件名，因为末尾是 msm，不是数字，所以显示出来了。

2. 利用 Tab 键补齐命令行

Linux 系统有个命令自动补齐功能，在输入命令时只需输入文件名或目录名的前几个字符，然后按 Tab 键，如无相同，完整的文件名便会立即自动在命令行出现；如有相同的，再按 Tab 键，系统会列出当前目录下所有以这几个字符开头的名字。在命令行下，如果输入字符 m，再连续按两次 Tab 键，则系统会列出所有以 m 开头的命令。在键盘上按 Tab 键，如果光标在命令上，将补齐一个命令名；如果光标在参数上，将补齐一个文件名。

例 4.14 在 bash 提示符下输入 whoa，而此时光标在 a 之后，按 Tab 键之后系统会自动补齐该命令剩余的字符显示 whoami；如果输入的是 who，因为有多个命令以 who 开头，所以，按一下 Tab 键无法确定命令，需要再按一下，才有可能把所有命令全部列出。

```
shiephl@ubuntuhl:~$ who
who                    whoopsie
whoami                 whoopsie-preferences
shiephl@ubuntuhl:~$ █
```

例 4.15 在 bash 提示符下输入 file my，按两次 Tab 键就会显示所有以 my 开头的文件名。

```
shiephl@ubuntuhl:~$ file my
mydream  myfil1
shiephl@ubuntuhl:~$ file my█
```

如果工作目录下只有一个以 my 开头的文件，则只需按一次 Tab 键就可以补全文件名。

3. 命令行中～符号的使用

～符号表示当前用户的家目录，在命令中可以省略家目录，只需写出家目录的下一级目录名。

例 4.16 显示当前用户 shiephl 的家目录下的 bakcup 目录中所有以 sh 开头的文件名。

```
shiephl@ubuntuhl:~$ ls ~/backup/sh*
/home/shiephl/backup/sh31.msm  /home/shiephl/backup/sh33.msm
/home/shiephl/backup/sh32.msm
shiephl@ubuntuhl:~$ _
```

4.2.3 历史命令

1. history 命令

history 命令用于列出用户最近输入过的命令，也包括输入的错误命令，history 命令显示结果的最左边是命令编号，可以使用命令号重新执行所对应的命令。

例 4.17 查看最近输入过的命令。

```
shiephl@ubuntuhl:~$ history
    1  cat mydream
    2  gedit mydream
    3  su -
    4  sudo apt-get install VBox_Gas
    5  man type
    6  gedit shl47
    7  chmod u+x shl47
    8  ./shl47
    9  date
   10  sudo cp /home/liuhui/mydrem mydrm1
   11  sudo cp /home/liuhui/mydream mydrm1
   12  sudo ls -l /home/liuhui
   13  ./shl47
   14  chmod u+x shl47
```

例 4.18 重新执行 9 号命令。

```
shiephl@ubuntuhl:~$ !9
date
2019年 10月 04日 星期五 10:22:49 CST
shiephl@ubuntuhl:~$
```

例 4.19 使用次方符号^修改刚刚输入的命令。

```
shiephl@ubuntuhl:~$ ping 192.168.137.37
PING 192.168.137.37 (192.168.137.37) 56(84) bytes of data.

^C
--- 192.168.137.37 ping statistics ---
46 packets transmitted, 0 received, 100% packet loss, time 46060ms

shiephl@ubuntuhl:~$ ^37^8
ping 192.168.18.37
PING 192.168.18.37 (192.168.18.37) 56(84) bytes of data.
^C
--- 192.168.18.37 ping statistics ---
49 packets transmitted, 0 received, 100% packet loss, time 49138ms

shiephl@ubuntuhl:~$ ls *1
dlreadme1  dlsvm1  hladress1  hldata1  jerrymos1  mydream1
shiephl@ubuntuhl:~$ ^1^2
ls *2
myfil2  tcat2
shiephl@ubuntuhl:~$ _
```

2. 操作历史命令的快捷键

(1) 上下箭头键：在以前使用过的命令之间移动。

(2) Ctrl+R 快捷键：在命令的历史记录中搜寻一个命令。

(3) 其他快捷键：提取上一个命令最后的参数，顺序地按 Esc+. 键；同时按 Alt+. 键。

例 4.20 按 Ctrl+R 快捷键搜寻一个命令。

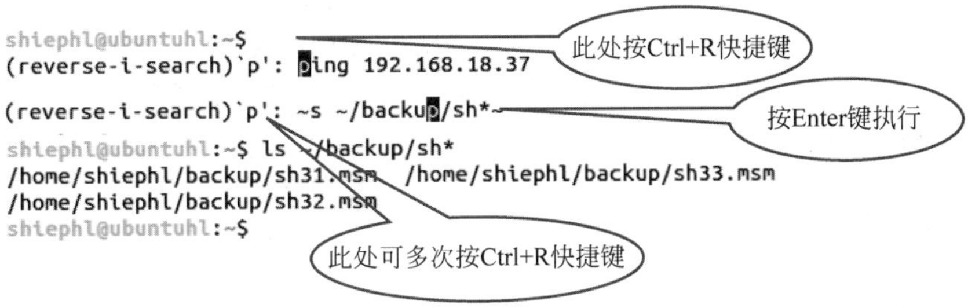
shiephl@ubuntuhl:~$
(reverse-i-search)`p': ping 192.168.18.37
此处按Ctrl+R快捷键
(reverse-i-search)`p': ~s ~/backup/sh*
按Enter键执行
shiephl@ubuntuhl:~$ ls ~/backup/sh*
/home/shiephl/backup/sh31.msm /home/shiephl/backup/sh33.msm
/home/shiephl/backup/sh32.msm
shiephl@ubuntuhl:~$
此处可多次按Ctrl+R快捷键

在系统提示符后按 Ctrl+R 快捷键，出现 reverse-i-search，再输入 p，系统就会把最近一次的 ping 命令显示出来。如果这是用户想要的命令，就可以按 Enter 键查看运行结果；如果不是用户想要的命令，再次按 Ctrl+R 快捷键，出现 reverse-i-search；如果后面显示的还不是想要的命令，可继续按 Ctrl+R 快捷键，直到出现想要的命令，然后按 Enter 键就可以执行该命令了。

4.2.4 花括号({ })

在 Linux 系统中，虽然文件名的后缀并不表示文件的打开方式，但是为了区分不同类型的文件，或者为了便于记忆，还是会给文件名添加后缀以示分类。如果文件名有很相似的地方，那么利用花括号可以减轻工作负担。

例 4.21 用 touch 命令创建 dog 和 wolf 新文件。

```
shiephl@ubuntuhl:~$ touch {dog,wolf}
shiephl@ubuntuhl:~$ ls {do*,wol*}
dog  wolf
shiephl@ubuntuhl:~$ _
```

例 4.22 创建 3 组文件。

```
shiephl@ubuntuhl:~$ touch {liuhui,shiephl}{f1,f2,f3}.{txt,lnx}
shiephl@ubuntuhl:~$ ls {liu*,shie*}.{txt,lnx}
liuhuif1.lnx  liuhuif2.txt  shiephlf1.lnx  shiephlf2.txt
liuhuif1.txt  liuhuif3.lnx  shiephlf1.txt  shiephlf3.lnx
liuhuif2.lnx  liuhuif3.txt  shiephlf2.lnx  shiephlf3.txt
shiephl@ubuntuhl:~$ _
```

花括号在进行重复且相近的操作时非常方便，它适用于所有 Linux 命令。

4.3 数学表达式的使用

在 Linux 系统中，bash 变量的值以字符串方式存储，如果需要进行算术和逻辑操作，必须先转换为整数，得到运算结果后再转换回字符串格式，以便正确地保存于 Shell 变量中。其实，所有计算机编程语言都是这样处理输入的字符串和数值的，只是高级语言把这个过程放在了函数中，低级语言(如汇编语言)需要程序员自己编程实现这个转换过程。

bash 变量提供了 let 命令、Shell 扩展 $((expression))、expr 命令 3 种方法对数值数据进行算术运算。

表达式求值以长整数进行，并且不做溢出检查。当在表达式中使用 Shell 变量时，变量在求值前将首先被扩展和强制转换为长类型；同组的运算符有相同的优先级，将表达式置于括号中可改变求值的次序；以 0 为首的数字当作八进制数，以 0x 或 0X 为首的数字当作十六进制数，除此之外则当作十进制数。

4.3.1 变量取值

1. Shell 环境变量

Shell 变量是内存中一个命了名的临时存储区，可以分为环境变量和用户定义变量两大类型。

环境变量用来定制 Shell 命令的运行环境，保证 Shell 命令的正确执行，所有环境变量会传递给 Shell 的子进程。这些变量大多数在/etc/profile 文件中初始化，而/etc/profile 是在用户登录的时候执行的。

常用的环境变量如表 4.1 所示。

表 4.1 常用的环境变量

环境变量	说明	读写特性
HOME	当前用户的家目录	读写
PATH	以冒号分隔的，搜索路径的目录列表	
CDPATH	cd 命令访问的目录的别名	
PS1	命令提示符的形式，可以直接读出，也可以写入来修改	读写

续表

环境变量	说明	读写特性
PS2	二级提示符,用来提示后续的输入,通常是>	读写
IFS	输入域分隔符。当 Shell 读取输入的数据时,用来分隔单词的一组字符,它们通常是空格、制表符和换行符	读写
ENV	Linux 系统查找配置文件的路径	读写
EDITOR	用户在程序中使用的默认的编辑器	读写
PWD	工作目录的名字	读写
TERM	用户使用的控制台终端的类型	读写

例 4.23 使用 $ 取出变量的值。

```
shiephl@ubuntuhl:~$ echo $PATH
/usr/local/sbin:/usr/local/bin:/usr/sbin:/usr/bin:/sbin:/bin:/u
sr/games:/usr/local/games:/snap/bin
shiephl@ubuntuhl:~$ PATH=$PATH+"/home/shiephl"
shiephl@ubuntuhl:~$ echo $PATH
/usr/local/sbin:/usr/local/bin:/usr/sbin:/usr/bin:/sbin:/bin:/u
sr/games:/usr/local/games:/snap/bin+/home/shiephl
shiephl@ubuntuhl:~$ PATH=$PATH:"/home/shiephl"
shiephl@ubuntuhl:~$ echo $PATH
/usr/local/sbin:/usr/local/bin:/usr/sbin:/usr/bin:/sbin:/bin:/u
sr/games:/usr/local/games:/snap/bin+/home/shiephl:/home/shiephl
shiephl@ubuntuhl:~$ 
```

例 4.23 中的环境变量就是全局变量,可以取出使用,也可以修改,在变量名的左边添加 $ 就可以取出变量的值。

2. 位置参数

由系统提供的参数称为位置参数,位置参数的值通过 $ N 取得,N 是一个数字。Linux 系统会把输入的命令字符串分段,并给每段进行标号,标号从 0 开始,第 0 号是程序名字,第 1 号是传递给程序的参数。各位置参数的含义如表 4.2 所示。

表 4.2 常用的环境变量

位置参数	说明	读写特性
S0	Shell 脚本的文件名	只读
S1-S9	命令行参数 1～9 的值	只读
S *	命令行中的所有参数。如果 S * 被括在双引号""中,则各个参数之间用环境变量 IFS 中的第一个字符分隔	只读
S@	命令行中的所有参数。是 S * 的变种,如果 S * 被括在双引号""中,它不使用环境变量 IFS,所以当 IFS 为空时,参数的值不会结合在一起	只读
S#	命令行参数的总个数	只读
S$	Shell 脚本进程的 ID 号	只读
S?	最近一次命令的退出状态	只读
S!	最近一次后台进程的 ID 号	只读

例 4.24 编写一个程序,描述 Shell 程序中的位置参数。

```
shiephl@ubuntuhl:~ $   vi shl424
```

输入上述命令后按 Enter 键,进入 vi 编辑界面,输入如下程序。

```
#!/bin/bash
# This is example 4.24 to show the loacation parameter
# It need to input parameters when the program is running
echo "Program name is $0 "
echo "There are totally $# parameters passed to this program "
echo "The last is $? "
echo "The parameters are $* "
echo "前三个参数:$1,$2,$3 "
shift 2
echo "前三个参数:$1,$2,$3 "

exit 0
~
~
```

程序输入完毕,按 Esc 键,再按:wq 进行保存并退出 vi,返回终端界面,下面开始运行程序。在终端输入 chmod u+x shl424,给当前用户增加执行脚本 shl424 的权限。

例 4.25 运行 Shell 程序。

```
shiephl@ubuntuhl:~$ chmod u+x shl424
shiephl@ubuntuhl:~$ ./shl424  para1  para2  hl3 hl4 hl5 cat6
Program name is ./shl424
There are totally 6 parameters passed to this program
The last is 0
The parameters are para1 para2 hl3 hl4 hl5 cat6
前三个参数:para1,para2,hl3
前三个参数:hl3,hl4,hl5
shiephl@ubuntuhl:~$
```

运行例 4.24 的程序时,输入了 6 个参数,这 6 个参数用空格分隔,最后一个语句的运行结果把左边两个参数左移掉了,所以原来输入的第 3 个参数现在变成了第 1 个。

3. 用户自定义变量

bash 变量可以不声明而直接使用,但有一些特殊类型的变量必须先声明,声明变量的方法有 declare 和 typeset,可以对它们初始化、设定属性等。一个变量默认是一个字符串,命令语法格式如下。

```
declare [options] [name[ = value]]
typeset [options] [name[ = value]]
```

功能说明:声明变量,初始化变量,设置它们的属性。当不使用 name 和 options 时,显示所有 Shell 变量和它们的值。

常用选项如下所述。

(1) -a:声明 name 是一个数组。

(2) -f:声明 name 是一个函数。

(3) -i:声明 name 是一个整数。

(4) -r:声明 name 是只读的变量。

(5) -x:表示每一个 name 变量都可以被子进程访问到,称为全局变量。

变量可以不声明而直接赋值,格式为变量名 = 值。

注意

> 等号(=)前后没有空格。

例 4.26 直接使用变量。

```
shiephl@ubuntuhl:~$  vi shl426
```

输入该命令后按 Enter 键,进入 vi 编辑界面,输入如下程序。

```
#!/bin/bash
#The example 4.26 is to show how to declare variant
a=Ilovestudy
echo $a
a=I love to study
echo $a
a="I love to study"
echo $a
a=26
a=$((a + 2))
echo $a
exit 0
```

```
shiephl@ubuntuhl:~$ vi shl426
shiephl@ubuntuhl:~$ chmod u+x shl426
shiephl@ubuntuhl:~$ ./shl426
Ilovestudy
./shl426: 行 5: love: 未找到命令
Ilovestudy
I love to study
28
shiephl@ubuntuhl:~$ _
```

从例 4.26 运行结果可以看出,同一个变量 a 在同一 Shell 程序中可以赋不同类型的值,通过 $ 可以取出变量的值并输出在显示器上。对于字符串的赋值,如果各个字符之间没有空格,可以不用引号引起来;如果中间有空格,则 Shell 会把第一个空格后的字符当作命令,所以本例提示出错;如果字符串放在双引号中,则可以有各种字符;如果直接给一个变量赋一个整数,则系统认为这个变量是个整型变量,可以进行数学计算。

4.3.2 单双引号和反斜线

使用双引号可引用除字符 $、`、\外的任意字符或字符串。对大多数元字符(包括 *)都将按字面意思处理。如果用双引号将值括起来,则允许使用 $ 符对变量进行替换。字符串通常都被放在双引号中,以防止它们被空白字符分开。

如果用单引号将值括起来,则不允许有变量替换,不对它做 Shell 解释,也就是字符取字面含义,输出时原样输出。

反斜线(\)用来去除某些字符的特殊含义,并把它们按字面意思处理,其中就包括 $ 。

在命令中使用单引号和双引号的区别如下所述。

单引号('):禁止所有命令进行扩展功能。

双引号("):禁止所有命令行扩展功能,美元符号($)、倒引号(`)、反斜线(\)、叹号(!)等特殊符号除外。

例 4.27 单双引号和反斜线的使用。

```
shiephl@ubuntuhl:~$ echo "The dog's price is $2360.00"
The dog's price is 360.00
shiephl@ubuntuhl:~$ echo "The dog's price is \$2360.00"
```

```
The dog's price is $2360.00
shiephl@ubuntuhl:~$ echo 'The dog's price is \$2360.00'
> 34
> 67
> 81
> ^C
shiephl@ubuntuhl:~$ echo 'fdhjk'
fdhjk
shiephl@ubuntuhl:~$ msg='my name is'
shiephl@ubuntuhl:~$ echo $msg
my name is
shiephl@ubuntuhl:~$ msg="Linux book"
shiephl@ubuntuhl:~$ MSG='$msg'
shiephl@ubuntuhl:~$ echo $MSG
$msg
shiephl@ubuntuhl:~$
```

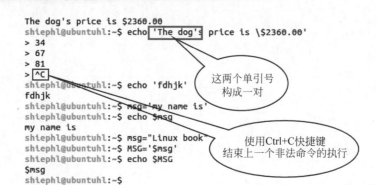

这两个单引号构成一对

使用Ctrl+C快捷键结束上一个非法命令的执行

4.3.3 命令替换

当一个命令被包含在一对圆括号里并在括号前加上$符号，如$(command)，Shell程序会把它替换为这个命令的输出结果。这个过程称为命令替换。命令替换适用于所有命令。

例4.28 命令替换。

```
shiephl@ubuntuhl:~$ vi shl428
shiephl@ubuntuhl:~$

#!/bin/bash
# The example 4.28 to show the $(command)
pwd
cmd1=pwd
echo " The value of commad is: $cmd1."
cmd1=$(pwd)
echo " The value of commad is: $cmd1."
echo " The first \$cmdd1 is to get the value"
echo " The second \$cmd1 is to execute the command"

shiephl@ubuntuhl:~$ chmod u+x shl428
shiephl@ubuntuhl:~$ ./shl428
/home/shiephl
 The value of commad is: pwd.
 The value of commad is: /home/shiephl.
 The first $cmdd1 is to get the value
 The second $cmd1 is to execute the command
shiephl@ubuntuhl:~$
```

4.3.4 表达式求值和反引号

1. $((expression))

在例4.26中取出a变量的值并进行数学计算，使用了$((a+1))，这是因为Linux系统默认变量都是字符串，所以如果希望按整数数值参加运算，则需要把字符串转换成对应的数字。$((expression))就是把字符串expression转换为数字并参与计算。这个语法类似于命令替换所用的语法“$(命令)”，执行相同的功能，可将$((expression))作为参数传递给命令或者放置在命令行的任何数字位置上，不需要在expression中的变量名称前加上$符号。

2. expr

expr命令将它的参数当作一个表达式来求值，语法格式如下。

```
expr args
```

功能说明：计算表达式的参数 args 的值，并返回它的值到标准输出。

3. 反引号(` `)

对 expr 表达式求值，经常把整个表达式放在反引号中，如 y=`expr $x+1`，这样变量 y 就可以取整个表达式的计算结果。也可以用语法 $()替换反引号` `实现相同的功能。

例 4.29 数学表达式求值。

```
shiephl@ubuntuhl:~$ a=12
shiephl@ubuntuhl:~$ echo expr $a+3
expr 12+3
shiephl@ubuntuhl:~$ echo `expr $a+3`
12+3
shiephl@ubuntuhl:~$ echo `expr $a + 3 `
15
shiephl@ubuntuhl:~$ b=$(( $a + 3 ))
shiephl@ubuntuhl:~$ echo $b
15
shiephl@ubuntuhl:~$
shiephl@ubuntuhl:~$ b=$(( a+3 ))
shiephl@ubuntuhl:~$ echo $b
15
shiephl@ubuntuhl:~$ 
```

例 4.29 运行结果表明，第 1 个 expr $a + 3 没有加任何引号，echo 命令把这个表达式当作一个字符串输出；第 2 个`expr $a + 3`用反引号引起来，系统把 $a 的值取出，由于 $a+3 之间没有空格，系统把它们当成一个字符串，因此表达式`expr $a + 3`也没有正确求出表达式的值；第 3 个表达式`expr $a + 3 `用反引号引起来，表达式中有空格符号分隔，系统不会把整个表达式当作一个字符串，expr 就把它解释成数学表达式，所以正确进行数学计算；第 4 个表达式用的是 $(($a + 3))，变量 a 前加了 $ 符，并且 + 号前后有空格；第 5 个表达式用的是 $((a + 3))，变量 a 前没有添加 $ 符，并且+号前后没有空格，第 4 和第 5 个表达式都可以求出正确的结果。这说明字符串间以空格作为分隔，数学运算符之间的空格可以存在也可以不存在，但是赋值运算符=的前后一定不能有空格。

4.4 控制结构

4.4.1 顺序结构

bash 具有一般高级程序设计语言具有的控制结构语句，决定 Shell 脚本执行时各个语句执行的顺序。对于顺序结构的程序，程序按照语句的书写顺序执行，常用来实现顺序结构的语句包括对变量的赋值、各种 Linux 命令等。

对变量赋值除了使用=外，还可以使用 read 命令来将用户的输入赋值给一个 Shell 变量，其语法格式如下。

```
read [options] variable-list
```

命令常用选项如下。

(1) -a name：把输入的内容读入 name 数组中去。

(2) -e：把一整行读入第一个变量中，其余变量均为 null。

(3) -n：在输出 echo 后的字符串后，光标仍然停留在同一行。

(4) -p prompt：如果是从终端读入数据，则显示 prompt 字符串。

读入的一行数据由许多值组成，各个值之间是用 Shell 环境变量 IFS 的值(空格、制表符、Enter 键)分隔开的。

如果这些值的数量比列出的变量的数量多，则前面的各个变量依次赋值，剩余的所有值赋值给最后一个变量。如果列出的变量的数量多于输入的词的数量，则多余的变量的值被设置为 null。

通常情况下，在用户按 Enter 键时，read 命令结束。

例 4.30 编写 Shell 程序 shl430，从键盘读入 x、y 的值，然后做加法运算，最后输出结果。

用 vi 编辑程序如下。

```
shiephl@ubuntuhl~：$ vi shl430
```

```
#!/bin/bash
# This example is to show how to use the read command
echo "Please input two numbers to compute"
read x y
c=`expr $x + $y `
echo "The addtion of x and y is: $c"
exit 0
```

```
shiephl@ubuntuhl:~$ vi shl430
shiephl@ubuntuhl:~$ chmod u+x shl430
shiephl@ubuntuhl:~$ ./shl430
Please input two numbers to compute
25 61
The addtion of x and y is: 86
shiephl@ubuntuhl:~$ _
```

例 4.31 从键盘读入一个目录名，并显示该目录下的所有文件信息。

设存放目录的变量名为 dict，程序如下。

```
shiephl@ubuntuhl~：$ vi shl431
```

```
#This example is to show the sequential structure programming
#!/bin/bash
echo "Please input a directory"
read dict
cd $dict
ls -l
exit 0
```

```
shiephl@ubuntuhl:~$ chmod u+x shl431
shiephl@ubuntuhl:~$ ./shl431
Please input a directory
backup
总用量 80
-rw-r--r-- 1 shiephl shiephl  121 9月  17 11:15  d1.txt
-rw-r--r-- 1 shiephl shiephl  137 9月  17 13:31  dladress
-rw-r--r-- 1 shiephl shiephl  537 9月  17 13:50  dlreadme1
-rw-r--r-- 1 shiephl shiephl 1085 9月  17 13:50  dlsvm1
-rw-r--r-- 1 shiephl shiephl 1085 9月  17 13:35  dlsvmcn
-rw-r--r-- 1 shiephl shiephl  137 9月  17 13:50  hladress1
-rw-r--r-- 1 shiephl shiephl  237 9月  17 20:20  hldata1
-rw-r--r-- 1 shiephl shiephl    0 9月  17 10:40  jerrymos1
-rw-r--r-- 1 shiephl shiephl 1918 9月  19 19:34  linuxlearn
-rw-r--r-- 1 shiephl shiephl 1515 9月  17 20:06  mathdata
```

例 4.30 和例 4.31 中，语句都没有任何条件地顺序执行，执行到 read 语句时，等待用户输入数据，如果没有输入，系统会一直等待，直到接收到按 Enter 键的命令就认为数据已经输入完毕。

4.4.2 选择结构

1. 二路选择 if 语句

if 语句常用格式有如下 3 种。

(1) 第一种:

```
if expression
then
then - commd
fi
```

(2) 第二种:

```
if expression
then
commd - list
else
commd - list2
fi
```

(3) 第三种:

```
if expression1
then
commd - list1
elif expression2
then
commd - list2
elif …
else
else - commands
fi
```

表达式 expression 可以用 test expression 命令或[expression]来检测。test 命令可以检测一个表达式并返回 true 或者 false，在[expression]中 expression 的前后一定要用空格，命令语法格式如下。

```
test  expression
[ expression ]
```

test 命令可以使用的条件类型可以分为字符串比较、算术比较和与文件有关的条件测试 3 种，这 3 种条件类型比较如表 4.3～表 4.5 所示。

表 4.3 字符串比较

比较运算符	结　果
String1＝string2	如果两个字符串相同则结果为 True
String!＝string2	如果两个字符串不相同则结果为 True
-n string	如果字符串不为空则结果为 True
-z string	如果字符串为空则结果为 True

表 4.4 算术比较

算术比较	结果
expres1 -eq expre2	如果两个表达式相等则结果为 True
expres1 -ne expre2	如果两个表达式不相等则结果为 True
expres1 -ge expre2	如果第 1 个表达式大于或等于第 2 个表达式则结果为 True
expres1 -lt expre2	如果第 1 个表达式小于第 2 个表达式则结果为 True
expres1 -le expre2	如果第 1 个表达式小于或等于第 2 个表达式则结果为 True
! expres1	如果表达式 1 是假，则整个结果是 True

表 4.5 文件测试

文件测试条件	结果
-d file	如果 file 是一个目录，则结果为 True
-e file	如果 file 存在，则结果为 True
-f file	如果 file 是一个普通文件，则结果为 True
-g file	如果 file 的 sgid 位被设置，则结果为 True
-r file	如果 file 可读则结果为 True
-s file	如果 file 的长度不为 0，则结果为 True
-u file	如果 file 的 suid 位被设置，则结果为 True
-w file	如果 file 可写，则结果为 True
-x file	如果 file 可执行，则结果为 True

例 4.32 从键盘读入两个字符串，判断这两个字符串是否为空。若都不为空，则比较是否相等，把比较结果输出。

```
shiephl@ubuntuhl~: $ vi shl432
```

```
# if expression
#!/bin/bash
echo " Input two strings:"
read str1  str2
# First, compare the two sring
if [ -z "$str1" ] || [ -z "$str2" ]
 then
   echo "There is a null string"
 elif [ "$str1"  = "$str2" ]
   then
     echo "The two strings are same"
   else
     echo "The two strings are different"
fi
exit 0
```

```
shiephl@ubuntuhl:~$ chmod u+x shl432
shiephl@ubuntuhl:~$ ./shl432
 Input two strings:
liustudy
There is a null string
shiephl@ubuntuhl:~$ ./shl432
 Input two strings:
liustudy liustudy
The two strings are same
shiephl@ubuntuhl:~$ ./shl432
 Input two strings:
liustudy liustdy
The two strings are different
shiephl@ubuntuhl:~$
```

例 4.33 比较两个数字是否相等。

```
shiephl@ubuntuhl～: $ vi shl43
```

```
#shl43
# if -eq expression
echo "Input two numbers:"
read a b
#if [ $a -eq $b ]  # 两种形式都正确
if test $a -eq $b
  then
     echo $a ==  $b
  else
     echo $a "!="  $b
fi
```

```
shiephl@shiephl-Virtualbox:~$ gedit shl433
shiephl@shiephl-Virtualbox:~$ ./shl433
Input two numbers:
5 5
5 == 5
shiephl@shiephl-Virtualbox:~$ ./shl433
Input two numbers:
5 9
5 != 9
shiephl@shiephl-Virtualbox:~$ _
```

例 4.34 输入一个字符串,如果是目录,则显示目录下的信息;如果为文件,则显示文件的内容。

```
shiephl@ubuntuhl～: $ vi shl434
```

```
#!/bin/bash
echo "Please enter the directory name or file name"
read  DORF
if [ -d $DORF ]
then
   ls $DORF
elif test -f $DORF
  then
    cat $DORF
  else
    echo "input error!"
fi
exit
```

```
shiephl@ubuntuhl:~$ chmod u+x shl434
shiephl@ubuntuhl:~$ ./shl434
Please enter the directory name or file name
liu
input error!
shiephl@ubuntuhl:~$ ./shl434
Please enter the directory name or file name
backup
 d1.txt      hladress1    mydream      selary     tomcat1.txt~
 dladress    hldata1      mydream1     selary~   'Untitled Document 1~'
 dlreadme1   jerrymos1    myfil1       sh31.msm
 dlsvm1      linuxlearn   play.txt     sh32.msm
 dlsvmcn     mathdata     pythontrain  sh33.msm
shiephl@ubuntuhl:~$ ./shl434
Please enter the directory name or file name
tcat2
#!/bin/bash
# this is a second backup
echo "this is a cat,a very lovely cat!"
echo "Although I am always fooled by rets,I am  still happy! "

shiephl@ubuntuhl:~$ _
```

上述 3 个例子的运行结果表明,在 if 语句中,可以使用[expression]来测试条件,也可以使用 test expression 命令来测试条件。

2. 多路分支 case 语句

Linux 系统里,if 语句的结束标志是将 if 反过来写成 fi;而 elif 其实是 else if 的缩写,其中 elif 理论上可以有无限多个;实际上,多于 3 个分支时可以使用 case 语句,使程序结构清晰,语法格式如下。

```
case 字符串 in
值 1|值 2)  操作
    ;       ;
值 3|值 4)  操作
    ;       ;
值 5|值 6)  操作
    ;       ;
esac
```

case 语句的作用就是当字符串与某个值相同时就执行那个值后面的操作。如果同一个操作对应于多个值,则使用|将各个值分开。

在 case 语句的每个操作的最后面都有两个分号;;,这是必需的。

例 4.35 输入一个字符串,根据不同的值输出不同的结果。

Shell 脚本如下。

```
# to show how to use case
#!/bin/bash
read usr
case $usr in
  shiephl)
    echo "You are shiephl,the main user!"
     ;;
  liuhui)
   echo "You are liuhui,the other user!" ;
   echo "Wellcom!" ;
     ;;
  tomcat)
    echo "You are tomcat,the gest user!"
     ;;
   root)
    echo "You are root,the super user!"; echo "Wellcom" ;;


esac
exit 0
```

两个分号单独放一行

语句后面可以加分号

两个语句放在同一行;最后的两个分号不能缺

运行过程如下(每次输入不同的 usr 变量值)。

```
shiephl@ubuntuhl:~$ vi shl435
shiephl@ubuntuhl:~$ chmod u+x shl435
shiephl@ubuntuhl:~$ ./shl435
liuhui
You are liuhui,the other user!
Wellcom!
shiephl@ubuntuhl:~$ ./shl435
shiephl
You are shiephl,the main user!
shiephl@ubuntuhl:~$ ./shl435
root
You are root,the super user!
Wellcom
shiephl@ubuntuhl:~$ ./shl435
dfkj
shiephl@ubuntuhl:~$ _
```

3. exit 命令

exit 命令可使脚本程序结束运行，退出码为 n，语法格式如下。

```
exit n
```

在任何一个交互式 Shell 的命令提示符中使用 exit 命令，它都会使用户退出系统。

如果在退出时不指定一个退出状态，那么该脚本中最后一条被执行命令的状态将被用作返回值。在 Shell 脚本编程中，退出码 0 表示成功，退出码 1～125 是脚本程序使用的错误代码。其余数字具有保留含义，如 126 表示文件不可执行，127 表示命令未找到。

4.4.3 循环结构

1. for 循环

for 循环的语法格式如下。

```
for 变量 in 列表
  do
   操作
  done
```

列表中的值被逐一赋值给变量，然后执行操作中的命令，这些操作命令称为循环体。

列表中的值有多少个，在循环体中的命令就可以执行相应的次数。

例 4.36 列表中有值为“a,b,c,d 2 4,6 8”，用循环的方式把字符与数字分成不同的值输出。

```
shiephl@ubuntuhl:~ $  gedit shl436

#The first use of for
#!/bin/bash

for i in a,b,c,d   2 4,6 8
  do
     echo $i
  done
exit 0
shiephl@ubuntuhl:~$ ./shl436
a,b,c,d
2
4,6
8
shiephl@ubuntuhl:~$
```

例 4.36 运行结果表明，for 语句的变量列表中以空格作为两个值的分隔符，逗号作为数值的一部分。例如，2 和 4 之间有空格，认为是两个值；4 和 6 之间是逗号没有空格，把 4,6 当作一个值输出。

例 4.37 删除垃圾箱中的文件。

```
#to delete the files in Trash
#!/bin/bash
cd  .local/share/Trash/files
echo "The files in Trash are:"
ls -l $HOME/.local/share/Trash/files/
for i in $HOME/.local/share/Trash/files/*
do
  rm $i

  echo "$i has been deleted!"
done
cd ~
exit 0
```

```
shiephl@ubuntuhl:~$ vi shl437
shiephl@ubuntuhl:~$ chmod u+x shl437
shiephl@ubuntuhl:~$ ./shl437
The files in Trash are:
总用量 8
-rw-r--r-- 1 shiephl shiephl  82 10月 10 10:25 jerrymos1
-rw-r--r-- 1 shiephl shiephl   0 10月 10 10:25 myfil2
-rw-r--r-- 1 shiephl shiephl 116 10月 10 10:25 play.txt
/home/shiephl/.local/share/Trash/files/jerrymos1 has been deleted!
/home/shiephl/.local/share/Trash/files/myfil2 has been deleted!
/home/shiephl/.local/share/Trash/files/play.txt has been deleted!
shiephl@ubuntuhl:~$
```

例 4.37 运行结果表明，for 语句中的列表项可以使用变量，也可以使用 Linux 命令的执行结果。本例中使用了“for i in 列表”的形式，工作目录.的操作符，当前用户的默认家目录～，还使用了环境变量 HOME。

注意

> 语句“cd .local/share/Trash/files”中，local 前有一个.，这个.表明 local 目录是个隐藏目录，在图形界面的文件系统中无法直接查看这个文件，但可以看到 Trash 这个目录。

2. while 循环

while 循环的语法格式如下。

```
while 表达式
  do
    操作
  done
```

只要 while 表达式为真，do 和 done 之间的操作就一直会进行。

3. until 循环

until 循环的语法格式如下。

```
until 表达式
do
操作
done
```

重复 do 和 done 之间的操作直到表达式成立为止。

break 命令可以使程序跳出 for、while、until 循环，执行 done 后面的语句，从而永久终止循环。

continue 命令可以使程序跳到 done，使循环条件被再次求值，从而开始新的一次循环，循环变量取循环列表中的下一个值。

例 4.38 用 for 循环实现求从 1 到 n 的和。

```
read n
total=0

for((num=1;num<=$n;num++));
 do
   total=$(($total + $num ))
 # total=$total+$num  total=$total  +  $num不会进行数计算，下一个语句可正确计算
   # total=`expr $total + $num `
 done
 echo $total
exit 0
```

注意

> for 循环语句中的双圆括号不能省，最后的分号可有可无，表达式 total=`expr $total + $j`中加号两边的空格不能省，否则会成为字符串的连接。total= $total + $num 无法取出两个变量的值进行计算，必须使用 $(( ))进行取值计算。

例 4.39 用 while 循环实现求从 1 到 100 的和。

第一种形式：while( )表达式用(( ))书写。

```
 # 1+2+3+...+100 shl439
total=0
num=0
# while((num<=10));
while((num <= 100))  #分号可以不写，也正确
do
   total=`expr $total + $num`
   ((num+=1))  #可以计算正确
   # num+=1    # 不加(( )) 不会进行计算
   # num=$((num+1))  #括号内的变量名num前不加$也可以计算正确
   # num=$(($num+1))  #可以计算正确
done
echo "The result is $total"
```

第二种形式：while( )表达式用[ ]书写。

```
# 1+2+3+...+100 shl4392
total=0
num=0
  while [  $num  -le 100 ] ; #可以有一个分号，也可以没有分号
 # while [ "$num" -le 100 ]  #"$num"中，双引号可有可无
 do
   total=`expr $total + $num`  #两种形式都可以
  # total=$(( $total + $num ))
  # ((num+=1))   #两种形式都可以
   num=$(($num+1))
done
echo "The result is $total"

exit 0
```

例 4.40 用 until 循环语句实现求从 1 到 n 的和。

```
# until 1+2+..+n shl440
#!/bin/bash
read n
total=0
num=0
#until ((num>$n))  ;
#until ((num>$n))
until [ "$num" -ge $(($n+1)) ]
 do
   total=$(($total + $num ))
 # total=$total+$num  total=$total  +  $num
  #上面两个表达式不会进行数的计算,下一个语句可正确计算
   # total=`expr $total + $num `
   ((num+=1))
   #echo $num
 done
 echo $total

exit 0
```

综合上述示例，while 和 until 的循环条件可以用两种表达形式，双圆括号(( ))形式下关系比较表达式可以使用>、<等符号；方括号[ ]形式下关系比较表达式要使用表 4.4 中的比

较字符 le、ge 等，不能使用<、>；分号可有可无。

上机实验：Shell 脚本编程及各种表达式的使用

1. 实验目的

（1）Shell 程序设计中变量的使用。
（2）理解通道的概念并初步掌握它的使用方法。
（3）掌握算术操作、字符串操作、逻辑操作、文件操作。
（4）掌握 if then fi、if then elif fi、case、while、for 等控制语句的使用方法。
（5）在 Shell 脚本中使用函数。

2. 实验任务

（1）观察变量＄＃、＄0、＄1、＄2、＄3、＄@的含义。
（2）Shell 程序设计中文件与文件夹的判断。
（3）顺序结构、选择结构、循环结构程序的设计。

3. 实验环境

装有 Windows 系统的计算机；虚拟机安装 VirtualBox＋ Linux Ubuntu 操作系统。

4. 实验题目

任务 1：调试下列 Shell 程序，写出程序的运行结果，体会变量＄＃、＄0、＄1、＄2、＄3、＄@的含义。

```
#! /bin/bash
echo  "程序名：$0"
echo  "所有参数： $@"
echo  "前三个参数：$1  $2  $3"
shift
echo  "程序名：$0"
echo  "所有参数： $@"
echo  "前三个参数：$1  $2  $3"
shift 3
echo  "程序名：$0"
echo  "所有参数： $@"
echo  "前三个参数：$1  $2  $3"
exit 0
```

修改程序，使用变量＄＃，程序运行时从键盘输入文件名，判断文件是否存在，如果存在，显示文件内容，提示如下。

```
read  DORF
if [  -d  $DORF ]
then
  ls $DORF
elif [  -f  $DORF]
```

任务2：编写一个Shell程序，此程序的功能是显示root用户的文件信息，然后建立一个名为kk的文件夹，在此文件夹下新建一个文件aa，修改此文件的权限为可执行。

提示如下。

进入root用户目录：cd /root。

显示root用户目录下的文件信息：ls -l。

新建文件夹kk：mkdir kk。

进入root/kk目录：cd kk。

新建一个文件aa命令为vi aa，编辑完成后需手工保存。

修改aa文件的权限为可执行：chmod u+x aa。

回到root目录：cd /root。

任务3：调试下列Shell程序。

此程序的功能是利用内部变量和位置参数编写一个名为test2的简单删除程序，如删除的文件名为a，则在终端输入的命令为test a。

提示

> 除命令外，至少还有一个位置参数，即$#不能为0，删除的文件为$1。

（1）用vi编辑程序如下。

```
root@localhost bin #vi test2
#!/bin/sh
if test $# -eq 0
then
  echo "Please specify a file!"
else
  gzip $1                          //先对文件进行压缩
  mv $1.gz $HOME/dustbin           //移动到回收站
  echo "File $1 is deleted !"
fi
```

（2）修改程序，查看回收站中的文件，从键盘输入回收站中的某一文件，把该文件恢复到/home目录下。

（3）删除垃圾箱中的所有文件。

任务4：编写程序，用while和for循环求1到100的和。

5. 实验心得

总结上机中遇到的问题及解决过程中的收获、心得体会等。

第5章 Linux 系统中的用户管理

前面内容对文件的操作都是有局限性的，不是本用户的文件，默认情况下不能被修改和执行；Shell 脚本程序虽然是用户自己书写的，但默认不能执行，必须增加执行权限后才可以运行该程序；有些命令也是只有 root 用户才可以使用。这些都是 Linux 系统的安全管理机制，它不仅管理文件的操作权限，也管理用户的操作权限。本章从用户、组和群的角度对用户进行全方位的管理。

5.1 安全机制

Linux 系统只允许授权的用户登录系统，登录进系统的用户也只能在自己的权限范围内访问文件和设备。每个系统都有一个 root 用户，Ubuntu 系统默认登录用户是安装系统时创建的普通用户，只有特殊情况下才可以使用 root 用户。

Linux 系统所采取的安全措施如下所述。

(1) 用户登录系统时必须提供用户名和密码。

(2) 以用户和群组来控制使用者访问文件和其他资源的权限。

(3) 每个文件都属于一个用户并与一个群组相关联。

(4) 每个进程都与一个用户和群组相关联。

5.2 用户管理

5.2.1 用户信息管理

在 Linux 系统中，用户具有如下特性。

每个用户都有一个唯一的用户标识符，用户名和 uid 都存放在/etc/passwd 文件中，其中还存放了每个用户的家目录以及该用户登录后第 1 个运行的程序。如果没有相应的权限，就不能读、写或执行其他用户的文件。

系统会将所有的用户信息自动记录在 passwd 文件中，这个文件保存在/etc/passwd 目录中，每个用户都占用一行记录，以冒号分隔成 7 个字段(列)，其中第 1 行记录是 root 用户的。

例 5.1 passwd 文件的信息解读。

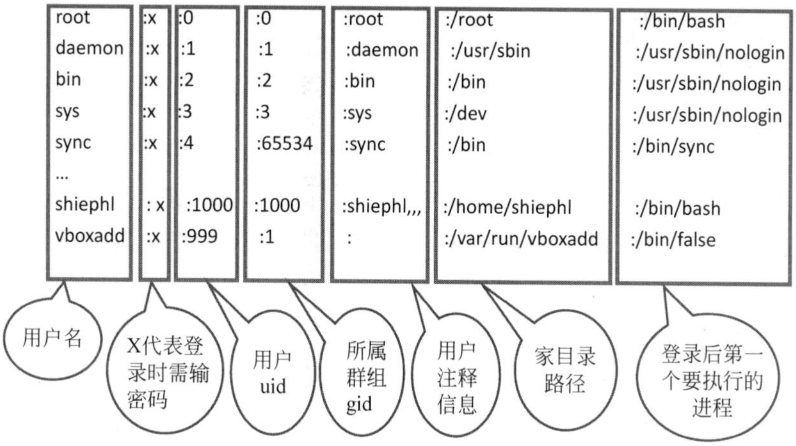

5.2.2 root 用户管理

在每个 Linux 系统上都一定有一个 root 用户，root 用户也称为超级用户，有至高无上的权限，root 用户可以完全不受限制地访问任何用户的账户和所有的文件及目录。即使普通用户对自己的文件添加了访问权限也不能限制 root 用户对它的访问。

正是由于 root 用户的权限太过强大，如果使用不当或操作失误，就可能造成系统崩溃，因此一般系统都默认以普通用户身份登录，只在必须时才切换到 root 用户。这也是本书绝大多数例题都是以普通用户登录的原因，希望所有读者都养成良好的职业素养。另外，本书使用多个普通用户来运行程序，普通用户 liuhui 是英文版本系统下的用户，普通用户 shiephl 是在中文版本系统下的用户，两个 Ubuntu 版本系统下都各自有一个 root 用户，旨在让读者明白不同的用户管理理念、不同版本的操作技巧、不同系统下文件的共享使用。

但刚安装好的 Linux 系统没有设置 root 用户密码，Ubuntu 系统默认是没有激活 root 用户的，不能切换为 root 用户来执行命令，需要手工操作来激活 root 用户，在终端中输入 sudo passwd 或者 sudo passwd root 命令，系统会提示先输入当前用户的密码。当用户输入时显示器上没有任何提示，输入完毕按 Enter 键，下一条命令就是设置 root 用户的密码，输入时显示器上也没有任何提示，并且 root 用户权力强大，设置的密码可以非常简单，系统也会同意这个设置。

例 5.2 设置 root 用户的密码为 1234，激活 root 用户。

```
shiephl@ubuntuhl:~$ sudo passwd
[sudo] shiephl 的密码:
输入新的 UNIX 密码:
重新输入新的 UNIX 密码:
passwd: 已成功更新密码
shiephl@ubuntuhl:~$ su -
密码:
root@ubuntuhl:~# 
```

只有激活了 root 用户，才可以正常使用 root 用户来执行一些命令。设置好 root 用户的密码后，root 用户就被激活了，用 su 命令切换到 root 用户后，可以增删用户、查看其他用户的文件、增删其他用户的文件，还可以修改其他用户的密码。

例 5.3 验证 root 用户的强大权限。

```
root@ubuntuhl:~# cp /home/shiephl/jerrymos1  /root/jryms
root@ubuntuhl:~# rm /home/shiephl/d1.txt
root@ubuntuhl:~# passwd shiephl
输入新的 UNIX 密码:
重新输入新的 UNIX 密码:
passwd: 已成功更新密码
root@ubuntuhl:~# _
```

使用终端命令切换到 root 用户后，在图形界面中第 1 次打开 root 目录，系统仍旧要进行认证，需要输入默认普通用户 shiephl 的登录密码，通过认证后才可以看到 root 目录下的内容。

5.2.3 增加和删除用户

在安装 Linux 操作系统时，实际上是以 root 用户的身份在操作，所以在安装过程中，输入的用户信息就是添加的第一个普通用户。安装完成后，第一次及以后的登录都是以第一个普通用户的身份信息在登录，如果需要增加或删除用户，需要切换到 root 用户。

1. 增加普通用户

useradd 或 adduser 命令用来建立用户账号和创建用户的起始目录，使用权限是 root 用户，其语法格式如下。

```
useradd [ - d home] [ - s Shell] [ - c comment] [ - m [ - k template]] [ - f inactive] [ - e expire ]
[ - p passwd] [ - r] name
```

主要参数说明如下。

(1) -c：加上备注文字，备注文字保存在 passwd 的备注栏中。

(2) -d：指定用户登录时的主目录，替换系统默认值/home/<用户名>。

(3) -D：变更预设值。

(4) -e：指定账号的失效日期，格式为 MM/DD/YY，如 06/30/12。默认值表示永久有效。

(5) -f：指定在密码过期后多少天即关闭该账号。如果为 0，账号立即被关闭；如果为 −1，则账号一直可用。默认值为 −1。

(6) -g：指定用户所属的群组，值可以使用组名，也可以是 GID。用户组必须是已经存在的，默认值为 100，即 users。

(7) -G：指定用户所属的附加群组。

(8) -m：自动建立用户的登录目录。

(9) -M：不要自动建立用户的登录目录。

(10) -n：取消建立以用户名为名的群组。

(11) -r：建立系统账号。

(12) -s：指定用户登入后所使用的 Shell。不同系统默认值不同，有的为/bin/sh，有的是/bin/bash。

(13) -u：指定用户 ID 号。该值在系统中必须是唯一的。0～499 默认是保留给系统用户账号使用的，所以该值必须大于 499。

注意

useradd 命令可用来创建用户账号,账号创建好之后,再用 passwd 命令设定账号的密码。使用 useradd 命令所创建的用户账号实际上保存在/etc/passwd 文件中。

例 5.4 增加新用户 Jenny,自动建立用户的登录目录,并建立系统账户,其他选项使用默认值。

```
root@ubuntuhl:~# useradd Jenny -m -r -u 888 -c"JennyHuang"
root@ubuntuhl:~# ls -l /home/*
/home/Jenny:
总用量 12
-rw-r--r-- 1 Jenny Jenny 8980 4月  16  2018 examples.desktop

/home/shiephl:
总用量 260
drwxr-xr-x 2 shiephl shiephl  4096 10月  4 09:55 backup
-rw-rw-r-- 1 shiephl shiephl 51200 10月  4 09:30 backup.tar
drwxr-xr-x 2 shiephl shiephl  4096 9月  19 10:38 deeplearning
```

用命令 useradd 增加用户后,查看/home 目录下有无 Jenny 用户的家目录,例 5.4 运行结果显示有 Jenny 用户和 shiephl 的家目录。

例 5.5 查看例 5.4 增加的新用户的信息。

```
root@ubuntuhl:~# cat /etc/passwd
root:x:0:0:root:/root:/bin/bash
daemon:x:1:1:daemon:/usr/sbin:/usr/sbin/nologin
bin:x:2:2:bin:/bin:/usr/sbin/nologin
sys:x:3:3:sys:/dev:/usr/sbin/nologin
sync:x:4:65534:sync:/bin:/bin/sync

gdm:x:121:125:Gnome Display Manager:/var/lib/gdm3:/bin/false
shiephl:x:1000:1000:shiephl,,,:/home/shiephl:/bin/bash
vboxadd:x:999:1::/var/run/vboxadd:/bin/false
Jenny:x:888:888:JennyHuang:/home/Jenny:/bin/sh
root@ubuntuhl:~# _
```

这里只截取了重要的信息,最后一行是新增加的用户 Jenny 的信息。这里在增加用户时,用-u 设定用户 uid 为 888,没有设定用户登录后使用的 Shell,所以最后一项显示是/bin/sh,切换到该用户后,系统提示符变为只有一个 $ 的 sh 模式。笔者的两个 Ubuntu 系统的默认值不一样,以初始用户 liuhui 的英文版 Ubuntu 系统默认的新增用户的 Shell 是/bin/bash;而以初始用户 shiephl 的中文版 Ubuntu 系统默认的新增用户的 Shell 是/bin/sh。读者在使用时可以根据自己的系统进行选择,只要知道在/etc/passwd 文件中进行修改就可以了。

此时,新增的用户还没有自己的登录密码,第 1 次切换到新用户时也没有要求输入密码,是因为由 root 切换为任何一个用户都不需要输入密码,切换后系统提示符变为只有一个 $ 符,是因为在新增用户时没有设定 Shell,系统默认使用/bin/sh,可以让 root 用户修改这一项,使提示符变为任何需要的形式。由 root 用户切换为 Jenny 用户后,如果企图自己修改自己的密码,输入 passwd 命令,系统会提示操作错误,因为新增用户时并没有设置新用户的密码,所以提示输入当前 UNIX 密码时无法提供正确的密码,需要切换到 root 用户来修改用户 Jenny 的密码才可以成功。

例 5.6 新用户的第一次登录。

```
root@ubuntuhl:~# su Jenny

$ passwd
更改 Jenny 的密码。
（当前）UNIX 密码：
passwd：认证令牌操作错误
passwd：密码未更改

$ su -
密码：
root@ubuntuhl:~# passwd Jenny
输入新的 UNIX 密码：
重新输入新的 UNIX 密码：
passwd：已成功更新密码
root@ubuntuhl:~#
```

用户密码被激活后，就可以正常使用该用户了。现在再次回到 Jenny 用户登录状态下来修改自己的密码就可以了。

例 5.7 修改密码。

```
$ passwd
更改 Jenny 的密码。
（当前）UNIX 密码：
输入新的 UNIX 密码：
重新输入新的 UNIX 密码：
必须选择更长的密码
输入新的 UNIX 密码：
重新输入新的 UNIX 密码：
passwd：已成功更新密码
$ _
```

例 5.8 查看新用户的权限。

```
$ cd /home/Jenny
$ pwd
/home/Jenny
$ users
shiephl
$ whoami
Jenny
$ touch myfile1
$ mkdir mydir
$ ls -l
总用量 16
-rw-r--r-- 1 Jenny Jenny 8980 4月   16  2018 examples.desktop
drwxrwxr-x 2 Jenny Jenny 4096 10月 10 21:26 mydir
-rw-rw-r-- 1 Jenny Jenny    0 10月 10 21:08 myfile
-rw-rw-r-- 1 Jenny Jenny    0 10月 10 21:26 myfile1
$ ls -l /home/shiephl
总用量 260
drwxr-xr-x 2 shiephl shiephl  4096 10月  4 09:55 backup
-rw-rw-r-- 1 shiephl shiephl 51200 10月  4 09:30 backup.tar
```

例 5.8 运行结果表明，切换到新用户 Jenny 后，可以进行常规操作，如更换目录，在自己的家目录下新建文件和子目录，查看自己的目录下的内容，还可以查看同组用户 shiephl 的家目录。但是，用 users 命令查看登录用户时，仍然只显示 shiephl 用户，这个用户是在进入 Linux 系统时的登录用户；在终端中用命令 su 只是切换了用户，但是没有登录 Linux 系统，而 users、w 等命令的作用是查看登录 Linux 系统的用户，所以用 users、w 命令都不能显示 su 命令切换的用户。

2. 删除用户

命令 userdel 可以删除用户账号，和 deluser 命令功能一样，其语法格式如下。

```
userdel [ 选项]  用户账号
```

userdel命令还可以删除与用户账号相关的文件，若不加参数，则仅删除用户账号，而不删除相关文件，使用权限是root用户。

常用选项说明如下。

(1) -r：删除用户登录目录以及目录中的所有文件。

(2) -f：强制删除用户(甚至当用户已经登录Linux系统时此选项仍旧可以生效)。

如果新用户创建后没有设置密码，也就是没有激活该用户，或者设置了新密码，但是没有切换到该用户，也即要删除的用户没有登录终端，那么用userdel命令可以直接将其删除。

例5.9 删除没有登录终端的用户Jenny。

```
root@ubuntuhl:~# useradd Jenny -m -r -u 888 -c "JennyHuang"
root@ubuntuhl:~# passwd Jenny
输入新的 UNIX 密码:
重新输入新的 UNIX 密码:
passwd: 已成功更新密码
root@ubuntuhl:~# useradd Jenny
useradd: 用户"Jenny"已存在
root@ubuntuhl:~# userdel Jenny
root@ubuntuhl:~# cat /etc/passwd
root:x:0:0:root:/root:/bin/bash
daemon:x:1:1:daemon:/usr/sbin:/usr/sbin/nologin
gdm:x:121:125:Gnome Display Manager:/var/lib/gdm3:/bin/false
shiephl:x:1000:1000:shiephl,,,:/home/shiephl:/bin/bash
vboxadd:x:999:1::/var/run/vboxadd:/bin/false
root@ubuntuhl:~#
```

删除成功后系统没有任何提示，查看passwd文件，文件中没有看到Jenny用户的信息，说明用户Jenny被删除了。

但是，如果已经成功切换到新用户，也即新用户已经在终端运行了，那么会有对应的进程占用这个用户，执行userdel命令时将无法成功删除。

例5.10 删除用户Jenny。

```
root@ubuntuhl:~# userdel Jenny
userdel: user Jenny is currently used by process 2222
root@ubuntuhl:~#
root@ubuntuhl:~# w
 20:24:29 up  1:33,  1 user,  load average: 0.06, 0.05, 0.01
USER     TTY      来自             LOGIN@   IDLE   JCPU   PCPU WHAT
shiephl  :0       :0               18:51   ?xdm?  49.86s  0.02s /usr/lib/gdm3/g
root@ubuntuhl:~# _
```

由例5.10运行结果可见，系统提示用户还处于登录状态，无法删除。此时需要先强制用户退出。

3. 强制已登录用户退出

要强制已登录用户退出，首先需要查看运行该用户进程的终端，可以用w命令或ps命令。

例5.11 查看要删除的用户的进程和终端。

```
root@ubuntuhl:~# userdel Jenny
userdel: user Jenny is currently used by process 1839
root@ubuntuhl:~# kill 1839
root@ubuntuhl:~# w
 10:00:04 up 2 min,  1 user,  load average: 0.97, 0.56, 0.22
USER     TTY      来自             LOGIN@   IDLE   JCPU   PCPU WHAT
shiephl  :0       :0               09:58   ?xdm?  11.87s  0.03s /usr/lib/gdm3/g
root@ubuntuhl:~# ps
  PID TTY          TIME CMD
 1838 pts/0    00:00:00 su
 1864 pts/0    00:00:00 su
 1865 pts/0    00:00:00 bash
 1950 pts/0    00:00:00 ps
root@ubuntuhl:~# userdel Jenny
userdel: user Jenny is currently used by process 1851
root@ubuntuhl:~# kill -t pts/0
```

例 5.11 运行结果表明，只杀死进程号还是不行，因为用户会又被新的进程占用，所以需要把占用该用户的终端杀掉才可以。

例 5.12 关闭当前终端。

```
root@ubuntuhl:~# userdel Jenny
userdel: user Jenny is currently used by process 2296
root@ubuntuhl:~# w
 10:31:10 up 33 min,  1 user,  load average: 0.04, 0.03, 0.06
USER     TTY      来自             LOGIN@   IDLE   JCPU   PCPU WHAT
shiephl  :0       :0               09:58   ?xdm?  33.73s  0.03s /usr/lib/gdm3/g
root@ubuntuhl:~# ps
  PID TTY          TIME CMD
 2044 pts/1    00:00:00 su
 2057 pts/1    00:00:00 bash
 2295 pts/1    00:00:00 su
 2305 pts/1    00:00:00 su
 2306 pts/1    00:00:00 bash
 2321 pts/1    00:00:00 ps
root@ubuntuhl:~# kill 2296
root@ubuntuhl:~# userdel Jenny
userdel: user Jenny is currently used by process 2296
root@ubuntuhl:~# pkill -kill -t pts/1
```

命令 pkill -kill -t pts/1 是把占用用户 Jenny 的终端关闭，这个命令一执行，当前终端就关闭。然后重新打开终端，切换到 root 用户，再次执行删除用户的操作，便可以删除成功。

例 5.13 查看例 5.12 中删除用户的结果。

```
shiephl@ubuntuhl:~$ users
shiephl
shiephl@ubuntuhl:~$ userdel Jenny
userdel: Permission denied.
userdel: 无法锁定 /etc/passwd，请稍后再试。
shiephl@ubuntuhl:~$ su -
密码:
root@ubuntuhl:~# userdel Jenny
root@ubuntuhl:~# cat /etc/passwd
root:x:0:0:root:/root:/bin/bash
daemon:x:1:1:daemon:/usr/sbin:/usr/sbin/nologin

gdm:x:121:125:Gnome Display Manager:/var/lib/gdm3:/bin/false
shiephl:x:1000:1000:shiephl,,,:/home/shiephl:/bin/bash
vboxadd:x:999:1::/var/run/vboxadd:/bin/false
root@ubuntuhl:~#
```

已经没有了Jenny用户的信息

在使用 userdel 命令删除用户时，默认只删除 4 个配置文件(/etc/password、/etc/group、/etc/shadow、/etc/gshadow)中有关用户的信息，而不会删除用户家目录/home/用户名，可以使用 userdel -r 用户名来删除用户以及和用户相关的所有文件。如果用户已经被删除，只余下用户的家目录，可以用 rm -r 命令来删除目录。如果用户已经登录到终端，则无法删除该用户，使用 userdel -f 用户名命令才能强制删除。

例 5.14 新建一个用户 tomcat，切换登录后再用 userdel -r -f 命令强制删除已经登录到终端的用户 tomcat 和用户的相关文件。

```
root@ubuntuhl:~# ls -l /home
总用量 8
drwxr-xr-x  2     888     888 4096 10月  11 10:30 Jenny
drwxr-xr-x 22 shiephl shiephl 4096 10月  11 09:59 shiephl
root@ubuntuhl:~# useradd tomcat -m -r -u 889 -c "tomcatliu"
root@ubuntuhl:~# ls -l /home
总用量 12
drwxr-xr-x  2     888     888 4096 10月  11 10:30 Jenny
drwxr-xr-x 22 shiephl shiephl 4096 10月  11 09:59 shiephl
drwxr-xr-x  2 tomcat  tomcat  4096 10月  11 11:06 tomcat
root@ubuntuhl:~# passwd tomcat
输入新的 UNIX 密码:
重新输入新的 UNIX 密码:
passwd: 已成功更新密码
root@ubuntuhl:~# su - tomcat
```

被删除用户的家目录仍存在

新增用户的家目录

```
$ touch catfile
$ su - root
密码:
root@ubuntuhl:~# userdel -r tomcat
userdel: user tomcat is currently used by process 2508
root@ubuntuhl:~# userdel -r -f tomcat
userdel: user tomcat is currently used by process 2508
userdel: tomcat 邮件池 (/var/mail/tomcat) 未找到
root@ubuntuhl:~# su - tomcat
没有用户"tomcat"的密码项
root@ubuntuhl:~# _
gdm:x:121:125:Gnome Display Manager:/var/lib/gdm3:/bin/false
shiephl:x:1000:1000:shiephl,,,:/home/shiephl:/bin/bash
vboxadd:x:999:1::/var/run/vboxadd:/bin/false
root@ubuntuhl:~# _
```

虽然提示被占用

仍然被删除了

5.3 密码管理

5.3.1 用户密码管理

passwd 文件记录了用户的基本信息,包括用户是否设置密码的信息,但是用户的密码并不保存在该文件中,而是保存在/etc/shadow 文件中。shadow 文件实际上是存放用户密码的数据库,普通用户无权查看。

例 5.15 查看 shadow 文件的后 5 行。

```
shiephl@ubuntuhl:~$ tail -5 /etc/shadow
tail: 无法打开'/etc/shadow' 读取数据: 权限不够
shiephl@ubuntuhl:~$ su - root
密码:
root@ubuntuhl:~# tail -5 /etc/shadow
gdm:*:18113:0:99999:7:::
shiephl:$6$KcrI0P56$RP39dhpYOUCDwSAWTzJQRwsaPD9bkxb4I.sDFHhLgIRDDHn
vh/Mcz7ASmGbZfJBCM9ctCHZEaKoCza3lzINiU0:18179:0:99999:7:::
vboxadd:!:18178::::::
Jenny:!:18180:0:99999:7:::
jerrymos:$6$TaG3.EJU$c62xamgGecAAirv91gOjwx6J8utjBb5u2.87frXoffdLJT
EKQPkHXZLZ/i/bljBBxxcJchBCAMh2RLQm5WofD1:18180::::::
root@ubuntuhl:~#
```

例 5.15 运行结果分 8 列显示,第 1 列是用户名,第 2 列是用户的密码,当然是加密后的密文。可以看出,root 用户和安装系统时设置的第 1 个用户 shiephl 的密码密文都很长;而系统创建的其他系统用户密码列都用一个 * 表示;用 useradd 命令增加的用户 Jenny,由于没有激活,没有设置密码,所以第 2 列用 ! 列出,表示没有设置密码;用 useradd 命令增加的用户 jerrymos,设置了密码并登录过终端,所以密码列也很长。仔细观察密码列可以发现,密码都以 6 开头,表示密码使用 SHA512 加密算法。

5.3.2 密码修改

passwd 命令可以修改用户的密码,可以激活新添加的用户(root@ubuntuhl:~# passwd 用户名),可以激活 root 用户(shiephl@ubuntuhl:~$ sudo passwd 或者 sudo passwd root)。另外,对于有些用户,系统管理员不知道是否设置了密码,怎么查看?怎么操作?这些都可以用 passwd 命令来是实现。

例 5.16 增加新用户 tomcat,设定 Shell 为/bin/bash。

```
root@ubuntuhl:~# useradd tomcat -m -r -s "/bin/bash"
root@ubuntuhl:~# tail -5 /etc/passwd
shiephl:x:1000:1000:shiephl,,,:/home/shiephl:/bin/bash
vboxadd:x:999:1::/var/run/vboxadd:/bin/false
Jenny:x:1001:1001::/home/Jenny:/bin/sh
jerrymos:x:998:998:jerrymouseusers:/home/jerrymos:/bin/sh
tomcat:x:997:997::/home/tomcat:/bin/bash
root@ubuntuhl:~# _
```

例 5.17 用 passwd -S 命令查看用户的密码状态。

```
root@ubuntuhl:~# passwd -S tomcat
tomcat L 10/11/2019 -1 -1 -1 -1
root@ubuntuhl:~# passwd -S jerrymos
jerrymos P 10/11/2019 -1 -1 -1 -1
root@ubuntuhl:~#
```

例 5.17 运行结果表明,已经激活正常使用的普通用户 jerrymos 的密码状态是 P,表明有密码状态;而新增用户 tomcat 的密码状态是 L,表明被锁定状态,因为是刚刚添加的用户,还没有激活该用户。

例 5.18 用 passwd -u 命令激活账户。

```
root@ubuntuhl:~# passwd -u tomcat
passwd: 解锁密码将产生一个没有密码的账户。
您应该使用 usermod -p 来为此账户设置密码并解锁。
root@ubuntuhl:~# passwd -uf tomcat
passwd: 不适用的选项 -- f
```

Linux 系统的某些版本可以强行设置某用户登录时不用输入密码,但在作者的两个 Ubuntu 系统上都无法实现。在此列出此方法,可以开阔读者的视野,给别有用心人的一点暗示。但是一般系统是不允许用户无密码登录的,所以需要激活用户并设置他的登录密码。

例 5.19 激活并设置新用户登录密码。

```
root@ubuntuhl:~# su - tomcat
tomcat@ubuntuhl:~$ passwd
更改 tomcat 的密码。
（当前）UNIX 密码:
passwd: 认证令牌操作错误
passwd: 密码未更改
tomcat@ubuntuhl:~$ su - root
密码:
root@ubuntuhl:~# passwd tomcat
输入新的 UNIX 密码:
重新输入新的 UNIX 密码:
passwd: 已成功更新密码
root@ubuntuhl:~# su - jerrymos
$ su - tomcat
密码:
tomcat@ubuntuhl:~$ _
```

例 5.19 运行结果表明,在没有激活新用户的情况下,可以从 root 用户直接切换到新用户 tomcat,但是新用户 tomcat 无法更改自己的密码,只有让 root 用户来激活新用户;通过 root 用户激活新用户后,借助另一个用户 jerrymos,从普通用户切换到普通用户,需要输入用户的密码,正确输入密码后就可进入该用户并进行相应的操作。

用户激活后再来查看他的密码状态,如例 5.20 所示。

例 5.20 查看用户自己和别人的密码状态。

```
tomcat@ubuntuhl:~$ passwd -S tomcat
tomcat P 10/12/2019 -1 -1 -1 -1
tomcat@ubuntuhl:~$ passwd -S jerrymos
passwd: 您不能查看或更改 jerrymos 的密码信息。
tomcat@ubuntuhl:~$ _
```

例 5.20 运行结果表明，普通用户可以查看自己的密码状态，不可以查看别人的密码状态，只有 root 用户才可以查看别人的信息。

5.4 群组管理

5.4.1 群组的文件

Linux 系统对用户的分组管理类似于学校把学生按照专业分班级管理一样，同一个班级成员有相同的专业课、相同的老师、相同的考试时间，学生可以使用的学校的公共资源也基本相同，并且同班同学之间的信息共享也方便。

Linux 系统中，每个用户一定隶属于至少一个群组，而每个群组都有一个 group 标识符，即 gid；群组和对应的 gid 都存放在/etc/group 文件中；系统创建用户时为每个用户创建一个同名的群组，并将该用户加入这个群组中，即每个用户至少会加入一个与它同名的群组中，也可以加入其他群组；如果有一个文件属于某个群组，那么该群组中的所有用户都可以访问这个文件。

/etc/group 文件中存放了所有群组的信息，它实际上是一个存放群组信息的数据库，每个群组占用一行记录，每个记录以冒号分隔成 4 个字段，每个字段中若有多个用户，每个用户名之间以逗号分隔。

例 5.21 查看群组信息文件 group。

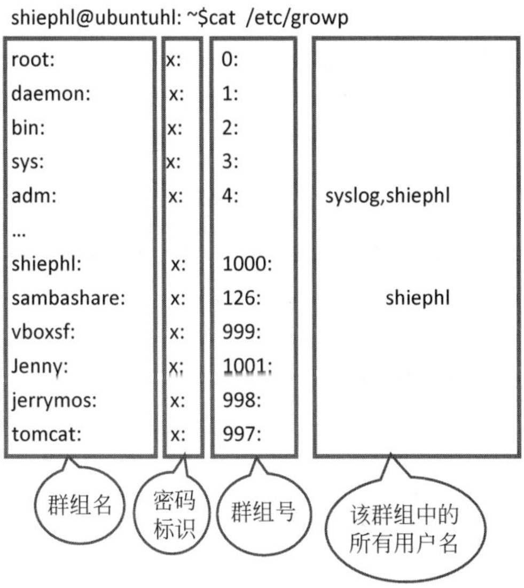

一个群组中可以有多个用户，有些系统下与群组同名的用户不显示。例如，笔者所用的两个系统的运行结果都没有把同名的用户名显示出来，有些系统会显示与群组同名的用户名。每次新增一个用户时都会自动创建一个同名的群组名，这个用户自然地包含在同名的群组中，如 root 组中一定有个 root 用户。一个用户可以属于多个群组，如安装系统时生成的那个特殊用户既属于 adm 组，也属于 sambashare 组，还属于其他一些组。如果某一个群组只有一个同名的用户，则用户信息中第 4 个字段会空缺。

Linux 系统对于群组的管理和对用户的管理一样，把群组基本信息放在 group 文件中，把密码放在另一个文件/etc/gshadow 中；使用权限也和对用户的管理一样，这个密码文件只有

root 用户才可以查看,其他用户无权查看。每个群组的密码信息占一行,每列用冒号分隔,共有 4 列,每个字段中若有多个用户,每个用户名之间以逗号分隔。

例 5.22 查看群组密码文件 gshadow。

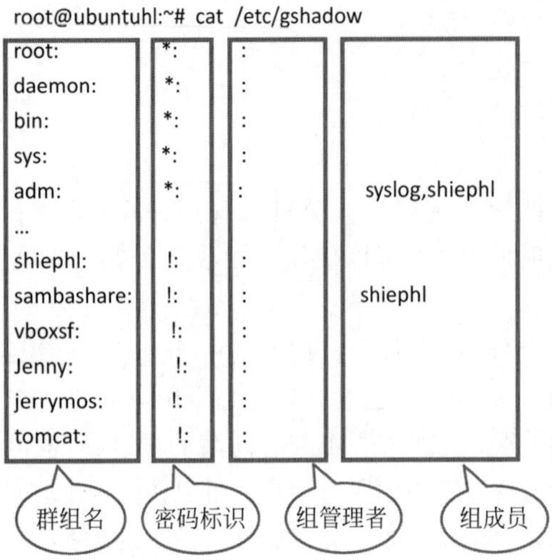

具体说明如下。

第 1 字段:用户组。

第 2 字段:用户组密码。这个字段可以是空或!,如果是空或!,表示没有密码;是 * 号则表示群组设有密码。

第 3 字段:用户组管理者。这个字段也可为空,如果有多个用户组管理者,用逗号分隔。

第 4 字段:组成员。如果有多个成员,用逗号分隔。

5.4.2 改变所有者和群组

用户拥有的文件和所属的群组都可以更改,使用系统提供的命令 chown 和 chgrp 即可改变文件的所有者和群组。

在更改文件的所有者或所属群组时,可以使用用户名称和用户识别码设置。普通用户不能将自己的文件改变成其他所有者,其操作权限为 root 用户。

1. chown 命令

chown 命令的语法格式如下。

```
chown [ - R] [账号名称] [文件或目录]
chown [ - R] [账号名称]:[群组名称] [文件或目录]
```

chown 命令必要参数说明如下。

(1) -c:显示更改的部分的信息。

(2) -f:忽略错误信息。

(3) -h:修复符号链接。

(4) -R:处理指定目录及其子目录下的所有文件。

(5) -v:显示详细的处理信息。

(6) -deference:作用于符号链接的指向,而不是链接文件本身。

例 5.23 将文件 jerrymos1 的所有者由 shiephl 更改为 tomcat，不更改所在的群组，将文件 myfil1 的所有者和群组都更改为 root，将目录 files 及目录下的所有文件都变更为 root:root。

```
shiephl@ubuntuhl:~$ chown tomcat jerrymos1
chown: 正在更改'jerrymos1' 的所有者: 不允许的操作
shiephl@ubuntuhl:~$ su -
密码:
root@ubuntuhl:~# chown tomcat /home/shiephl/jerrymos1
root@ubuntuhl:~# chown root:root /home/shiephl/myfil1
root@ubuntuhl:~# chown root:root /home/shiephl/files
root@ubuntuhl:~# ls -l /home/shiephl
总用量 80
drwxr-xr-x 2 shiephl shiephl 4096 10月 13 13:03 backup
drwxr-xr-x 2 shiephl shiephl 4096 9月  19 10:38 deeplearning
-rw-r--r-- 1 shiephl shiephl 8980 9月  18 19:14 examples.desktop
drwx------ 2 root    root    4096 10月 13 13:22 files
drwxr-xr-x 3 shiephl shiephl 4096 9月  25 19:22 hlprivacy
-rw-r--r-- 1 tomcat  shiephl   82 10月 10 10:01 jerrymos1
drwxr-xr-x 2 shiephl shiephl 4096 9月  17 10:29 linuxdata
-rw-r--r-- 1 shiephl shiephl 1918 9月  19 19:34 linuxlearn
-rw-r--r-- 1 root    root       0 10月  3 15:29 myfil1
```

例 5.23 运行结果表明，更改所有者和群组的操作只有 root 用户有权限；使用 chowm tomcat /home/shiephl/jerrymos1 命令把本属于 shiephl 用户的文件的所有权给了 tomcat 用户，但文件还属于 shiephl 群组；使用 chown root:root /home/shiephl/myfil1 命令就把 myfil1 的所有者和群组都给了 root 用户和 root 群组。

2. chgrp 命令

chgrp 命令为变更群组的命令，用于变更文件的群组。变更文件的群组也可用 chown 命令，但建议用 chgrp 命令。chgrp 命令语法格式如下。

```
chgrp [选项]  用户组 文件
chgrp [选项]   --reference=参考文件 文件
```

chgrp 命令用来改变指定文件或目录所属的用户组，群组名可以是用户组的 ID，也可以是用户组的组名；文件名可以是由空格分开的要改变属组的文件列表，也可以是由通配符描述的文件集合。如果用户不是该文件的所有者或 root 用户，则不能改变该文件的群组。chgrp 命令的常用选项说明如下。

(1) -c:或--changes，效果类似于-v 参数，但仅显示更改的部分。

(2) -f:或-quiet 或--silent，不显示错误信息。

(3) -h:或-no-dereference，只对符号连接的文件做修改，而不更改其他任何相关文件。

(4) -R:或--recursive，递归处理，将指令目录下的所有文件及子目录一并处理。

(5) -v:或--verbose，显示指令执行过程。

(6) -reference=<参考文件或目录>：把指定文件或目录的所属群组全部设成和参考文件或目录的所属群组相同。

注意

> 命令中被更改的目标群组名必须是真实存在的。

新建一个用户时，如果没有特别说明，系统会自动创建一个同名的群组，那么在用户 shiephl 名下的所有文件都属于群组 shiephl。

例 5.24 把 shiephl 群组下的文件 shiephlf1 更改为 jerrymos 群组。

```
shiephl@ubuntuhl:~$ ls -l shiep*
-rw-r--r-- 1 shiephl shiephl 0 10月  4 20:19 shiephlf1
-rw-r--r-- 1 shiephl shiephl 0 10月  4 20:19 shiephlf1.lnx
-rw-r--r-- 1 shiephl shiephl 0 10月  3 15:29 shiephlf2
shiephl@ubuntuhl:~$ chgrp jerrymos shiephlf1
chgrp: 正在更改'shiephlf1' 的所属组: 不允许的操作
shiephl@ubuntuhl:~$ sudo  chgrp jerrymos shiephlf1
shiephl@ubuntuhl:~$ ls -l shiep*
-rw-r--r-- 1 shiephl jerrymos 0 10月  4 20:19 shiephlf1
-rw-r--r-- 1 shiephl shiephl  0 10月  4 20:19 shiephlf1.lnx
-rw-r--r-- 1 shiephl shiephl  0 10月  3 15:29 shiephlf2
shiephl@ubuntuhl:~$
```

例 5.24 运行结果表明，chgrp 命令的使用权限是 root 用户，shiephl 用户把自己的文件的群组更改时，系统会提示不允许，所以使用 sudo 命令暂时行使 root 用户的权限，修改后用 ls 命令查看一下文件所属的群组可知确实变为了 jerrymos。

如果想让两个文件有相同的群组，但不知道目标群组的名字，可以直接用 chgrp 命令从文件中检索组信息，这可以通过--reference 命令行选项来操作，只是会要求指定引用文件的名称。

例 5.25 把文件 shiephlf1.lnx 和 shiephlf2 所属的群组更改为和 shiephlf1 的群组一样。

```
shiephl@ubuntuhl:~$ sudo chgrp --reference=shiephlf1 shiephlf2 shiephlf1.lnx
[sudo] shiephl 的密码:
shiephl@ubuntuhl:~$ ls -l shiep*
-rw-r--r-- 1 shiephl jerrymos 0 10月  4 20:19 shiephlf1
-rw-r--r-- 1 shiephl jerrymos 0 10月  4 20:19 shiephlf1.lnx
-rw-r--r-- 1 shiephl jerrymos 0 10月  3 15:29 shiephlf2
shiephl@ubuntuhl:~$
```

如果想把整个目录的群组都更改一下，可以使用 -R 参数让命令递归执行，从而实现对目录中所有文件群组的更改。

例 5.26 把 files 目录下所有文件的群组更改为 jerrymos 用户。

```
shiephl@ubuntuhl:~$ sudo ls -l files
总用量 0
-rw-r--r-- 1 shiephl shiephl 0 10月  3 15:29 myfil1
-rw-r--r-- 1 shiephl shiephl 0 10月  3 15:29 myfil2
-rw-r--r-- 1 shiephl shiephl 0 10月  4 20:19 shiephlf1.lnx
shiephl@ubuntuhl:~$ sudo chgrp -R jerrymos files
shiephl@ubuntuhl:~$ sudo ls -l files
总用量 0
-rw-r--r-- 1 shiephl jerrymos 0 10月  3 15:29 myfil1
-rw-r--r-- 1 shiephl jerrymos 0 10月  3 15:29 myfil2
-rw-r--r-- 1 shiephl jerrymos 0 10月  4 20:19 shiephlf1.lnx
shiephl@ubuntuhl:~$
```

例 5.26 运行结果表明，原本属于 shiephl 用户的文件和目录所属群组通过 chgrp 命令更改为了其他用户，而原有的所有者没有变化。

5.5 文件权限管理

Linux 是一个支持多用户、多任务的系统，这也是它最优秀的特性，即可能同时有很多人都在系统上进行工作，所以千万不要强制关机。同时，为了保护每个人的隐私和工作环境，针对某一个文档（文件、目录），Linux 系统定义了 3 种身份，分别是所有者（owner）、群组（group）、其他人（others），每一种身份又对应 3 种权限，分别是可读（readable）、可写（writable）、可执行（excutable），这样的设计可以保证每个使用者所拥有数据的隐秘性，保证数据的安全性，非法用户不可以随便更改别人的数据，同时又保证了数据的共享性，只有授权的用户才可以对别人的文件进行查看甚至修改。

5.5.1 文件权限的查询

每个文件(或目录)具有3种不同的使用者权限，即这个文件(或目录)的所有者的权限、与所有者用户在同一个群组的其他用户的权限、既不是所有者也不与所有者在同一个群组的其他用户的权限。

Linux系统的文件操作权限包括如下几种。

(1) r：表示read权限，既可阅读文件，也可以使用ls命令列出目录内容的权限。

(2) w：表示write权限，即可编辑文件或在一个目录中创建和删除文件的权限。

(3) x：表示execute权限，即可运行程序或使用cd命令切换到该目录以及使用带有-l选项的ls命令列出该目录中详细内容的权限等。

(4) -：表示没有相应的权限，与所在位置的r、w、或x相对应。

系统上的每个文件都一定属于一个用户(一般该用户就是文件的创建者)并与一个群组相关。通常一个用户可以操作属于自己的文件(或目录)，也可以访问其他同组用户共享的文件，但是一般是不能访问非同组的其他用户的文件。root用户并不受这个限制，root用户可以不受限制地访问Linux系统上的任何资源。

使用带有-l选项的ls命令可以查看一个用户对某些文件的使用权限。

例5.27 查看当前目录下文件和目录的操作权限。

```
shiephl@ubuntuhl:~$ ls -l
总用量 80
drwxr-xr-x 2 shiephl shiephl  4096 10月 13 13:03 backup
drwxr-xr-x 2 shiephl shiephl  4096 9月  19 10:38 deeplearning
-rw-r--r-- 1 shiephl shiephl  8980 9月  18 19:14 examples.desktop
drwx------ 2 root    jerrymos 4096 10月 13 13:22 files
drwxr-xr-x 3 shiephl shiephl  4096 9月  25 19:22 hlprivacy
-rw-r--r-- 1 tomcat  shiephl    82 10月 10 10:01 jerrymos1
drwxr-xr-x 2 shiephl shiephl  4096 9月  17 10:29 linuxdata
-rw-r--r-- 1 shiephl shiephl  1918 9月  19 19:34 linuxlearn
-rw-r--r-- 1 root    jerrymos    0 10月  3 15:29 myfil1
-rw-r--r-- 1 shiephl jerrymos    0 10月  4 20:19 shiephlf1
```

例5.27运行结果将每个文件的详细信息显示在一行上，每一行都有7方面的信息，以空格分隔，具体说明如下。

第1列：共10位，第1位表示文档类型，d表示目录，-表示文件，l表示链接文件，b表示可随机存取的设备(如U盘等)，c表示一次性读取设备(如鼠标、键盘等)。后9位依次对应3种身份所拥有的权限，身份顺序为owner、group、others，权限顺序为readable、writable、excutable。如-r-xr-x---的含义为当前文档是一个文件，所有者可读、可执行，同一个群组下的用户可读、可执行，其他人没有任何权限。

第2列：硬链接数i-node，表示有多少个文件链接到inode。硬连接数表示占用i-node数。i-node是文件内容的真实表达，而filename是inode上层的表示方法。因此，每个文件名只能对应一个i-node，一个i-node可以对应多个文件名。

第3列：表示所有者。

第4列：表示所属群组。

第5列：表示文档容量的大小，单位为字节。

第 6 列：表示文档的最后修改时间，不是文档的创建时间。

第 7 列：表示文档名称。以点(.)开头的是隐藏文档。

5.5.2 权限掩码的查看和更改

1. 权限掩码的查看

在 ls 命令显示的结果中，第 2～10 个字符定义了用户对文件的操作权限，每个字符的含义说明如下。

第 2～4 个字符为第 2 组，定义了文件所有者的权限，使用 u 代表所有者(owner)对文件的所有权限。

第 5～7 个字符为第 3 组，定义了文件所有者所在群组中其他成员所具有的权限，使用 g 代表这一组权限。

第 8～10 个字符为第 4 组，定义了其他用户对文件所具有的权限，使用 o 代表这一组(other)权限。

在第 2～4 组中，每组的第 1 个字符都是 r，表示具有读权限，若是 -，表示没有读权限；在第 2～4 组中，每组的第 2 个字符都是 w，表示具有写权限，若是 -，表示没有写权限；在第 2～4 组中，每组的第 3 个字符都是 x，表示具有执行权限，若是 -，表示没有执行权限。

那么，怎么知道一个文件在新建以后的默认权限呢？除了使用 ls 命令可以查看外，还可以使用 umask 命令可以查看，其语法格式如下。

```
umask: umask [-p] [-S] [模式]
    显示或设定文件模式掩码。

    设定用户文件创建掩码为 MODE 模式。如果省略了 MODE，则
    打印当前掩码的值。

    如果 MODE 模式以数字开头，则被当作八进制数解析；否则是一个
    chmod(1) 可接收的符号模式串。

    选项:
      -p        如果省略 MODE 模式，以可重用为输入的格式输入
      -S        以符号形式输出，否则以八进制数格式输出

    退出状态:
    返回成功，除非使用了无效的 MODE 模式或者选项。
```

权限掩码 umask 就是要屏蔽掉权限值，也即在原有权限的基础上去除 umask 的值代表的权限。简单来说，新建一个目录时对目录的执行权限就是可以进入该目录，因此对目录的预权限为 rwxrwxrwx，亦即 777；新建一个文件时，预设没有可执行(x)权限，亦即只有 rw- rw- rw-，也就是最大为 666。默认情况下，umask 值是 022，可以用 umask 命令查看，此时建立的目录的默认权限是(rwx rwx rwx)- (--- -w -w-)＝rwx r-x r-x，用数字表示就是 755(777－022)；建立文件的默认权限是(rw- rw- rw-)- (--- -w -w-)＝rw- r-- r--，用数字表示就是 644(666－022)。

例 5.28 查看所有文件的默认权限掩码。

```
shiephl@ubuntuhl:~$ umask
0022
shiephl@ubuntuhl:~$ umask -S
u=rwx,g=rx,o=rx
shiephl@ubuntuhl:~$ umask -p
umask 0022
```

例 5.28 中，系统默认的权限掩码是 022，即去除的权限为--- -w- -w-；用-S 参数输出的权限掩码以字符的形式表示，比较直观；用-P 参数输出的结果可以重用其他命令的输入。

例 5.29 新建目录和文件的默认权限。

```
root@ubuntuhl:~# mkdir testdir
root@ubuntuhl:~# ls -l
总用量 12
-rw-r--r-- 1 root root   82 10月 10 19:22 jryms
-rw-r--r-- 1 root root  831 10月 12 20:52 t2.txt
drwxr-xr-x 2 root root 4096 10月 17 15:30 testdir
root@ubuntuhl:~# touch rufile1
root@ubuntuhl:~# ls -l
总用量 12
-rw-r--r-- 1 root root   82 10月 10 19:22 jryms
-rw-r--r-- 1 root root    0 10月 17 15:30 rufile1
-rw-r--r-- 1 root root  831 10月 12 20:52 t2.txt
drwxr-xr-x 2 root root 4096 10月 17 15:30 testdir
```

例 5.29 运行结果表明，新建目录和文件的默认权限分别为 755 和 644。

例 5.30 暂时更改系统权限掩码。

```
root@ubuntuhl:~# umask 077   #临时更改权限掩码
root@ubuntuhl:~# umask -S    #用字符显示当前的权限掩码
u=rwx,g=,o=
root@ubuntuhl:~# mkdir hldir
root@ubuntuhl:~# ls -l #查看新创建的目录的权限, 777-077
总用量 20
drwx------ 2 root root 4096 10月 17 15:43 hldir
-rw-r--r-- 1 root root   82 10月 10 19:22 jryms
drwx------ 2 root root 4096 10月 17 15:38 mydir
-rw-r--r-- 1 root root    0 10月 17 15:30 rufile1
-rw-r--r-- 1 root root  831 10月 12 20:52 t2.txt
drwxr-xr-x 2 root root 4096 10月 17 15:31 testdir
root@ubuntuhl:~# touch hldata  #新建文件
root@ubuntuhl:~# ls -l     # 查看新建文件的权限 666-077
总用量 20
-rw------- 1 root root    0 10月 17 15:45 hldata
drwx------ 2 root root 4096 10月 17 15:43 hldir
-rw-r--r-- 1 root root   82 10月 10 19:22 jryms
drwx------ 2 root root 4096 10月 17 15:38 mydir
-rw-r--r-- 1 root root    0 10月 17 15:30 rufile1
-rw-r--r-- 1 root root  831 10月 12 20:52 t2.txt
drwxr-xr-x 2 root root 4096 10月 17 15:31 testdir
root@ubuntuhl:~# _
```

例 5.30 运行结果表明，更改了权限掩码为 077，即对文件的所有者不限制默认的权限，对群组和其他用户所有的权限全部被剥夺，这样新建的文件的初始权限就是 rw- --- ---，新建目录的初始权限就是 rwx--- ---。用字符表示的权限来进行计算也是正确的，把字符表示的权限转为数字表示，就是文件的权限是 600，目录的权限是 700，但是，用数字的计算，对于目录，初始权限是 rwx，即拥有全部权限，所以在权限掩码 077 的剥夺下，第 1 组的权限没有变化，后两组的权限全部剥夺，所以初始权限减去掩码权限，就是 700(777－077)，是正确的。但是对于文件来说，初始权限只有读写 rw，在权限掩码的剥夺下，第 1 组用户所有者权限不变，仍为读写 rw，而群组用户和其他用户原本就只有读写 rw 权限，现在要剥夺读写执行 rwx，只能剥夺读写 rw 权限，所以不能简单地用 666－077 来计算权限掩码，而应该是 600(666－066)。如此，用数字表示和用字符就一样了。

2. 永久更改文件权限掩码

用 umask 命令只能临时更改系统默认保留权限，当关闭 Shell 再重新打开时，就会重置。若要永久更改系统默认的权限掩码，需要修改配置文件。

1）修改配置文件

如果想在当前系统中长时间使用自己设置的权限掩码，可以 root 用户的身份来修改系统配置和 Shell 配置文件。

第 1 步：修改系统配置，以 root 用户的身份打开系统配置文件/etc/profile，在文件的最后加入如下语句。

```
if [ $UID -gt 199 ] %% [ "`/usr/bin/id -gn`" = "`/usr/bin/id -un `" ]
   then
       umask 002    #普通用户，修改umask的值为002;
   else
       umask 077    #超级用户，修改umask的值为077;
fi
```

第 2 步：修改 Shell 配置，以超级 root 用户的身份打开 Shell 配置文件/etc/bash. bashrc，在文件的最后加入如下语句。

```
if [ $UID -gt 199 ] %% [ "`/usr/bin/id -gn`" = "`/usr/bin/id -un `" ]
   then
       umask 002    #普通用户，修改umask的值为002;
   else
       umask 077    #超级用户，修改umask的值为077;
fi
```

2）使配置生效

文件修改完成后保存退出，这两个文件是在系统启动时才能生效的，所以可以使用 source 命令来使配置立即生效。

source 命令语法格式如下。

```
source FileName
```

source 命令（从 C Shell 而来）是 bash Shell 的内置命令。该命令通常用命令“.”来替代，用于重新执行刚修改的初始化文档，如. bash_profile 和. profile 等。例如，在登录后对 profile 中的权限掩码做了修改，则能够用 source 命令重新执行 profile 中的命令使修改生效，而不用注销并重新登录。

例 5.31 永久修改系统权限掩码。

```
root@ubuntuhl:~# gedit /etc/profile
root@ubuntuhl:~# gedit /etc/bash.bashrc
root@ubuntuhl:~# umask
0022
root@ubuntuhl:~# source /etc/profile
root@ubuntuhl:~# source /etc/bash.bashrc
root@ubuntuhl:~# umask
0077
root@ubuntuhl:~#
root@ubuntuhl:~# umask -S
u=rwx,g=,o=
root@ubuntuhl:~# █
```

3. 目录文件的权限更改

使用 chmod 命令可以更改文件的操作权限，其语法格式如下。

```
chmod [选项] mode 文件或目录名
```

1）常用选项

- -R：对目前目录下的所有档案与子目录进行相同的权限变更(即以递归的方式逐个变更)，不但要设置该目录权限，而且还要递归地设置该目录中所有文件和子目录的权限。
- -c：若该档案权限确实已经更改，才显示其更改动作。
- -f：若该档案权限无法被更改也不要显示错误信息。
- -v：显示权限变更的详细资料。
- --help：显示辅助说明。
- --version：显示版本。

2）mode权限设定字符串

语法格式如下。

```
[ugoa…][[+-=][rwxX]…][,…]
```

共有3组数值，第1组表示设定谁的权限，具体如下。

- u：表示所有者(owner)的权限。
- g：表示群组(group)的权限。
- o：表示既不是所有者(owner)，也不和所有者在同一个群组(group)的其他用户的权限。
- a：表示所有用户(all)的权限。

第2组是运算符，具体含义如下。

- +：加入权限。
- -：删除权限。
- =：设定权限。

第3组表示具体的权限值，具体如下。

- r：read，读的权限。
- w：write，写的权限。
- x：execute，执行的权限。

3）以字符表示文件操作权限

例5.32 用字符分别为每个用户更改文件的操作权限。

```
shiephl@ubuntuhl:~$ ls -l shi*
-rwxr-x-w- 1 shiephl jerrymos 0 10月  4 20:19 shiephlf1
-rw-r--r-- 1 shiephl jerrymos 0 10月  4 20:19 shiephlf1.lnx
-rw-r--r-- 1 shiephl jerrymos 0 10月  3 15:29 shiephlf2
shiephl@ubuntuhl:~$ chmod ug+x,o-r shiephlf2
shiephl@ubuntuhl:~$ chmod o+r shiephlf1
shiephl@ubuntuhl:~$ chmod a+x shiephlf1.lnx
shiephl@ubuntuhl:~$ ls -l shi*
-rwxr-xrw- 1 shiephl jerrymos 0 10月  4 20:19 shiephlf1
-rwxr-xr-x 1 shiephl jerrymos 0 10月  4 20:19 shiephlf1.lnx
-rwxr-x--- 1 shiephl jerrymos 0 10月  3 15:29 shiephlf2
shiephl@ubuntuhl:~$ _
```

u g+x，o−r
后的权限

先查看当前用户的工作目录下以shi开头的文件的权限，然后对u和g增加执行shiephlf2文件的权限，对o删除shiephlf2文件的读取权限；对文件shiephlf1，让o增加读取权限；对所有用户a增加对文件shiephlf1.lnx的执行权限。

注意

> 对多个用户增删不同的权限，用户名用逗号分隔；对多个用户增删相同的权限，用户名可以连写，后面紧跟增删的权限；命令中的u(所有者)是指当前登录的用户。

例 5.33 更改目录的操作权限。

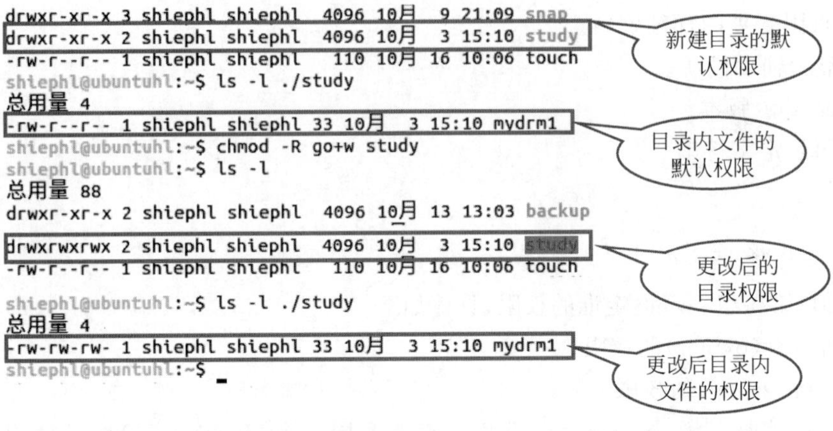

例 5.33 中，目录在创建时，系统默认为 3 组用户都分配了读取和执行权限，只有所有者有写的权限，目录的写权限实际是打开查看的权限；对于目录内的文件，默认所有者有读写权限，其他两组用户只有读取的权限。利用命令 chmod -R 递归更改后，目录和其下的文件的权限都发生了相同的变化。

4）以数字表示文件的操作权限

每个用户都有 3 种权限，每个用户的权限又由 3 个数字表示，分别如下所述。

- 4：表示具有读(read)权限。
- 2：表示具有写(write)权限。
- 1：表示具有执行(execute)权限。
- 0：表示没有相应的权限。

把拥有的权限对应的数字相加，就得到介于 0 和 7 之间的一个数字，而这个数字就是用户对文件的操作权限；对于所有者、群组和其他用户这三组用户，可以分别用 3 个数字表示他们各自的权限。如 7(4＋2＋1)代表拥有读写执行权限，3(2＋1)代表拥有写和执行的权限，5(4＋1)代表拥有读和执行的权限。

注意

> 这里面的 421 可以看作是八进制的数字，读取权限对应于 4，写入权限对应于 2，执行权限对应于 1。也可以用二进制的思想来考虑，对于每种权限，如果拥有就用二进制 1 表示，没有这种权限就用二进制 0 表示，则 3 种权限都有 rwx 就是二进制的 111，也即八进制的 7。不同进制数字表示权限的具体形式及含义如表 5.1 所示。

表 5.1 数字表示用户权限

权　限	八进制表示的数字	二进制的具体含义
rwx	7	111
rw-	6	110
r-x	5	101
r--	4	100
-wx	3	011
-w-	2	010
-x-	1	001
---	0	000

例 5.34 更改文件的操作权限。

```
shiephl@ubuntuhl:~$ ls -l shi*
-rwxr-xrw- 1 shiephl jerrymos 0 10月  4 20:19 shiephlf1
-rwxr-xr-x 1 shiephl jerrymos 0 10月  4 20:19 shiephlf1.lnx
-rwxr-x--- 1 shiephl jerrymos 0 10月  3 15:29 shiephlf2
shiephl@ubuntuhl:~$ chmod 400 shiephlf1
shiephl@ubuntuhl:~$ chmod 420 shiephlf1.lnx,shiephlf2
chmod: 无法访问'shiephlf1.lnx,shiephlf2': 没有那个文件或目录
shiephl@ubuntuhl:~$ chmod 420 shiephlf1.lnx  shiephlf2
shiephl@ubuntuhl:~$ ls -l shie*
-r-------- 1 shiephl jerrymos 0 10月  4 20:19 shiephlf1
-r---w---- 1 shiephl jerrymos 0 10月  4 20:19 shiephlf1.lnx
-r---w---- 1 shiephl jerrymos 0 10月  3 15:29 shiephlf2
shiephl@ubuntuhl:~$ _
```

先查看目前 3 组用户对 3 个文件的操作权限，然后使用数字分别对这 3 个文件更改权限，让所有者对文件 shiephlf1 只有读取权限，其他两组用户没有任何权限，就是 r-- --- ---，所以数字组合为 400；对于文件 shiephlf1. lnx 和 shiephlf1，让所有者只有读取权限，让群组只有写的权限，其他用户没有任何权限，就是 r-- -w- ---，所以使用数字 420。

注意

> 对多个文件同时更改，文件名之间用空格分隔。

例 5.34 运行结果表明，使用数字可以一次性设置 3 种用户的操作权限，比用字符更简捷。但数字含义不容易理解，使用字符更改权限，含义清晰简单，但操作复杂。两种方式各有所长。

例 5.35 更改目录的操作权限。

```
drwxr-xr-x 3 shiephl shiephl  4096 10月 16 12:04 linuxdata

shiephl@ubuntuhl:~$ chmod -R 721 linuxdata
shiephl@ubuntuhl:~$ ls -l
总用量 88
drwx-w---x 3 shiephl shiephl  4096 10月 16 12:04 linuxdata

shiephl@ubuntuhl:~$ ls -l ./linuxdata
总用量 12
drwx-w---x 2 shiephl shiephl 4096 9月  25 19:20 hldata
-rwx-w---x 1 shiephl shiephl    0 9月  17 10:40 jerrymos1
-rwx-w---x 1 shiephl shiephl  266 9月  22 13:23 play.txt
-rwx-w---x 1 shiephl shiephl  116 9月  22 13:40 tomcat
shiephl@ubuntuhl:~$ _
```

三组用户的权限变为721

先查看目录 Linuxdata 的权限信息，权限为 rwxr-xr-x，使用 chmod -R 命令递归地对目录及其下的文件更改权限，让所有者拥有 rwx 权限，群组拥有写(w)权限，其他用户拥有读取的权限，更改后再查看目录及内部文件的权限，权限掩码都更改成了 721。

注意

通过以上例子的运行可以看到,使用 chmod 命令可以针对某一个文件或目录来更改某一组用户的操作权限,一次只能针对特定的文件来更改权限。使用 umask 命令可以更改系统对后续新建的所有文件和目录的权限掩码,设置了 umask 的值以后再新建的文件和目录都被剥夺了 umask 定义的权限。umask 命令从全局上控制了所有用户对后续新建的所有文件和目录的操作权,在目前的 umask 权限掩码的限制下,新建的文件和目录的权限修改,只能用 root 用户或文件的所有者的身份使用 chmod 命令来修改。

5.6 用户的安全管理

Linux 系统是一个真正的多用户操作系统,那么多的用户在一个系统上工作,是否会出现越权的操作?会不会窃取或私自删除别人的文件?对于这些问题系统设计者早就考虑到了,并做了严格的控制,首先就是对用户进行严格的审查,并分别给不同的用户以不同的操作权限;其次就是用户身份的确认,坚决杜绝不合法用户的存在,对于可疑的用户要坚决删除,遵循“宁可错杀千人,不可放过一人”的原则;再次就是加强密码的管理,防止别有用心的人破解合法用户的密码。

常见的用户安全管理措施如下所述。

(1) 只有超级用户 root 才可以新增用户。

(2) 新增用户的权限很小,无法直接登录 Linux 系统,只能在授权用户登录后使用 su 命令切换到新增的用户。

(3) 每一个用户都属于某一个群组,群组的权限在创建群组时赋予。

(4) 用户信息和密码分别放置在不同的文件中,不同的用户有不同的权限。用户基本信息在/etc/passwd 文件中,一般用户可以查看,不可以修改;root 用户可以查看和修改/etc/passwd 文件。密码文件存放在/etc/shadow 中,一般用户无权查看,root 用户可以查看和修改。

(5) 普通用户只可以操作属于自己的文件,被其他用户授权的权限有严格限制。

(6) root 用户拥有最高的权限,使用时一定要小心,密码一定要保存好,千万不能泄露。

上机实验:Linux 中用户的安全管理

1. 实验目的

(1) 理解 Linux 系统中用户的安全管理策略。

(2) 理解所有者、群组、其他用户的权限设置。

(3) 掌握用户信息的存放文件和密码文件。

(4) 掌握群组的管理方法。

(5) 掌握文件权限的管理策略。

2. 实验任务

（1）用户信息管理和用户的增删。
（2）用户的密码管理文件和密码修改命令。
（3）用户群组文件和所属群组的更改。
（4）文件权限的管理。

3. 实验环境

装有Windows系统的计算机；虚拟机安装VirtualBox＋ Linux Ubuntu操作系统。

4. 实验题目

任务1：用户信息管理和用户的增删。

查看用户信息，并在信息文件中对用户信息进行修改；使用root用户身份增减用户并设置其相应的权限。

任务2：用户的密码管理文件和密码修改命令。

查看密码管理文件，使用passwd命令修改密码。

任务3：用户群组文件和所属群组的更改。

查看用户所属的群组，并使用chgrp命令更改群组；使用chown命令更改文件的所有者。

任务4：文件权限的管理。

查看用户对文件的操作权限，并使用umask命令修改系统权限。

5. 实验心得

总结上机中遇到的问题及解决问题过程中的收获和心得体会等。

第6章 Linux系统的进程控制

6.1 进程的基本概念

6.1.1 进程的启动

进程是正在执行中的程序，终端执行命令时，Linux 系统就会建立一个进程；程序执行完成时，这个进程就被终止了。

Linux 系统是一个多任务操作系统，允许多个用户使用计算机系统、多个进程并发执行。

Linux 系统环境下启动进程有两种主要途径，即手工启动和调度启动。在程序中可以使用 fork()函数手工创建一个进程，操作系统通过复制调用进程创建一个新的子进程。虽然它复制父进程的代码，但是有自己的数据。

1. 手工启动

手工启动一个进程的最常用方式是前台启动。一般地，当用户输入一个命令，如 gedit 时，就已经启动了一个进程，并且是一个前台进程。

用户在终端输入一个命令时，在命令末尾加上一个 & 符号，可在后台启动进程。例如，用户要启动一个需要长时间运行的文本编辑器，可输入命令 gedit test &，表示这个进程在后台运行。在终端中显示的[1] 4513 字样表示在后台运行的进程数及进程号。进程在后台运行的同时，终端中仍可以运行其他进程。

2. 调度启动

有时，系统需要进行一些比较费时而且占用资源的维护工作，并且这些工作适合在深夜无人值守的时候进行，这时用户就可以事先进行调度安排，指定任务运行的时间或者场合，到时候系统就会自动完成相关的一切工作。

例 6.1 计划让系统在 2019 年 10 月 28 日 19:53 执行调度：在工作目录下新建一个目录 test，然后把当前用户家目录下文件名以 hl 开头的文件备份到 test 目录中。

```
liuhui@liuhui-VirtualBox:~$ at 19:53 10/28/2019
warning: commands will be executed using /bin/sh
at> mkdir test
at> cp hl* ./test
at> <EOT>
job 2 at Mon Oct 28 19:53:00 2019
liuhui@liuhui-VirtualBox:~$ 
```

在输入调度命令结束时，按 Ctrl+D 快捷键退出 at 编辑状态，到了进程调度的时间，计算机自动启动进程。过了例 6.1 设置的时间点后来查看是否新建了目录 test，结果如图 6.1 所示。

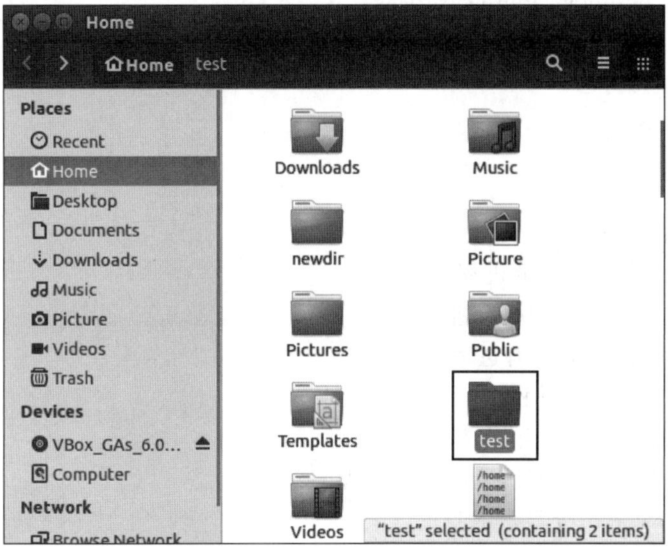

图 6.1 查看新建的目录

6.1.2 进程操作的基本命令

1. 进程查看

Linux 系统中的 ps(Process Status)命令用来列出系统中当前运行的进程。

要对进程进行监测和控制，首先必须要了解当前进程的情况，也就是需要查看当前进程的相关信息，而 ps 命令就是最基本的，同时也是非常强大的进程查看命令，使用该命令可以确定有哪些进程正在运行及其运行的状态、进程是否结束、进程有没有僵死、哪些进程占用了过多的资源等。总之，大部分信息都是可以通过执行该命令得到的。

注意

> ps 命令提供了进程的一次性查看，它所提供的查看结果并不是动态连续的。如果想对进程进行动态监控，应该用 top 命令。

1) 进程的状态

Linux 系统中的进程有如下所述 5 种状态。

(1) 运行：正在运行或在运行队列中等待。

(2) 中断：休眠中，受阻，在等待某个条件的形成或接收到信号。

(3) 不可中断：收到信号不唤醒和不可运行，进程必须等待直到有中断发生。

(4) 僵死：进程已终止，但进程描述符存在，直到父进程调用 wait()函数后才释放资源。

(5) 停止：进程收到 SIGSTOP、SIGSTP、SIGTIN、SIGTOU 信号，停止运行。

Linux 系统中进程的 5 种状态在 ps 命令的运行结果中分别对应的状态码如下。

(1) R：运行，runnable(on run queue)。

(2) S：中断，sleeping。

(3) D：不可中断，uninterruptible sleep (usually IO)。

(4) Z：僵死，a defunct (zombie)process。

(5) T：停止，traced or stopped。

2) ps 命令的使用方法

ps 命令格式如下。

```
ps [参数]
```

ps 命令常用的参数如下。

(1) a：显示同一个终端中的进程。

(2) -a：显示所有终端下的所有进程。

(3) T：显示当前终端的所有进程。

(4) u：指定用户的所有进程。

(5) -au：显示较详细的信息。

(6) -aux：显示包含其他使用者的所有进程。

例 6.2 运行 ps -t 命令显示信息的含义。

```
liuhui@liuhui-VirtualBox:~$ ps -t
  PID TTY      STAT   TIME COMMAND
 3111 pts/6    Ss     0:00 bash
 3162 pts/6    S      0:00 su -
 3163 pts/6    S      0:00 -su
 3926 pts/6    S      0:00 su - liuhui
 3927 pts/6    S      0:00 -su
 4063 pts/6    R+     0:00 ps -t
liuhui@liuhui-VirtualBox:~$ _
```

从例 6.2 运行结果可以看出，当前正在运行的命令是 ps -t，其他进程都进入了休眠 s 状态。PID 为进程编号；TTY 为当前正在使用的终端的编号；STAT 为进程在当前的状态；TIME 为进程运行的时间；COMMAND 为对应于该进程的命令。

例 6.3 列出目前所有正在内存当中的进程。

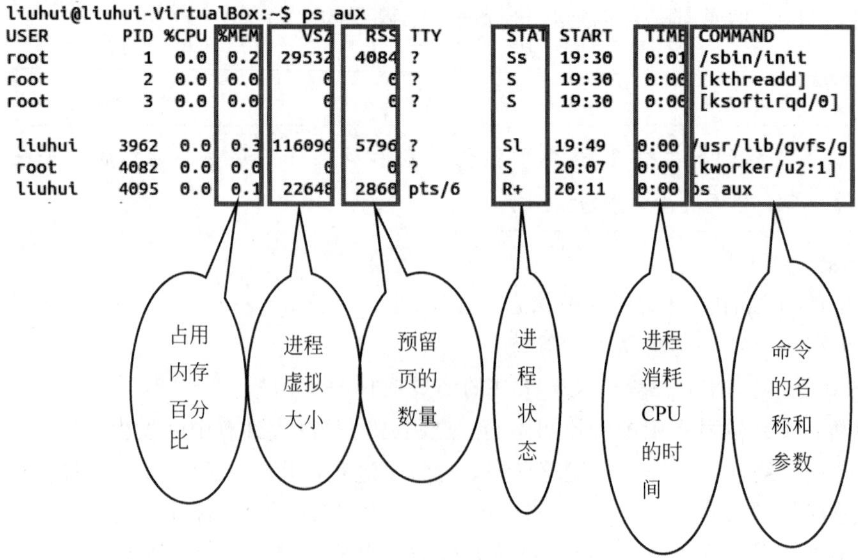

例 6.4 用管道和 more 命令将 ps 命令的运行结果链接起来分页查看。

```
liuhui@liuhui-VirtualBox:~$ ps -aux | more
USER       PID %CPU %MEM    VSZ   RSS TTY      STAT START   TIME COMMAND
root         1  0.0  0.2  29532  4084 ?        Ss   19:30   0:01 /sbin/init
root         2  0.0  0.0      0     0 ?        S    19:30   0:00 [kthreadd]

liuhui@liuhui-VirtualBox:~$ ps -aux > file1
liuhui@liuhui-VirtualBox:~$ more file1
USER       PID %CPU %MEM    VSZ   RSS TTY      STAT START   TIME COMMAND
root         1  0.0  0.2  29532  4084 ?        Ss   19:30   0:01 /sbin/init
root         2  0.0  0.0      0     0 ?        S    19:30   0:00 [kthreadd]
```

例 6.4 先利用管道和 more 链接起来，把 ps 命令的运行结果以分页的形式显示；再利用输出重定向符把运行结果输出到文件中；最后用 more 命令查看输出结果，按 Q 键可以退出查看。为了节省篇幅，这里把运行结果进行了剪切，只选取了一部分进行展示。

从例 6.3 和例 6.4 可以看出，参数 aux 前面可以有-，也可以没有。

例 6.5 ps 与 grep 常用组合用法，查找特定进程。

```
liuhui@liuhui-VirtualBox:~$ ps -aux |grep "corn"
liuhui    4158  0.0  0.1  13660  2448 pts/6    S+   20:48   0:00 grep --co
lor=auto corn
liuhui@liuhui-VirtualBox:~$ ps -ef | grep ssh
liuhui    4160  3927  0 20:49 pts/6    00:00:00 grep --color=auto ssh
liuhui@liuhui-VirtualBox:~$ ps -aux | egrep "corn|syslog"
syslog     724  0.0  0.1 255864  3068 ?        Ssl  19:31   0:00 rsyslogd
liuhui    2447  0.0  0.5 372588 10344 ?        S<l  19:31   0:00 /usr/bin/
pulseaudio --start --log-target=syslog
liuhui    4162  0.0  0.1  13664  2444 pts/6    S+   20:50   0:00 grep -E -
-color=auto corn|syslog
liuhui@liuhui-VirtualBox:~$
```

例 6.6 显示指定用户信息。

```
liuhui@liuhui-VirtualBox:~$ ps -u root
  PID TTY          TIME CMD
    1 ?        00:00:01 init
    2 ?        00:00:00 kthreadd
    3 ?        00:00:00 ksoftirqd/0
    5 ?        00:00:00 kworker/0:0H
```

例 6.7 显示当前用户的进程信息。

```
liuhui@liuhui-VirtualBox:~$ ps -l
F S   UID   PID  PPID  C PRI  NI ADDR SZ WCHAN  TTY          TIME CMD
0 S  1000  3111  3104  0  80   0   6726 wait   pts/6    00:00:00 bash
4 S  1000  3927  3926  0  80   0 - 6724 wait   pts/6    00:00:00 bash
0 R  1000  4165  3927  0  80   0 - 3554 -      pts/6    00:00:00 ps
liuhui@liuhui-VirtualBox:~$
```

例 6.7 运行结果中相关信息的含义说明如下。

- F：代表这个程序的标识（flag），4 代表使用者为 super user。
- S：代表这个程序的状态（STATE）。
- UID：进程的所有者编号 UID。
- PID：进程的 ID 编号。
- PPID：父进程的 ID 编号。
- C：CPU 使用的资源百分比。
- PRI：优先执行序，是 Priority 的缩写。
- NI：进程的优先级，即 Nice 值。
- ADDR：kernel function，指出该进程在内存的哪个部分。如果是个 running 的程序，一般就是“-”。

- SZ：使用的内存大小。
- WCHAN：目前这个进程是否正在运作当中，若为"-"，则表示正在运作。
- TTY：登入者的终端机位置。
- TIME：使用 CPU 的时间。
- CMD：所下达的指令。

在预设的情况下，ps 命令仅会列出与目前所在的 bash Shell 有关的 PID，所以使用 ps -l 命令的时候，运行结果中只有 3 个 PID。

2. 进程关闭

在 Windows 系统下，开发时常遇到的问题是集成开发工具卡死，或者浏览器卡死，常用的解决方法就是按 Ctrl＋Alt＋Delete 快捷键进入任务管理器来结束任务，也就是把运行的进程"杀掉"。或者 eclipse 启动 tomcat 没有正常关闭，再次启动时会告诉用户这个进程已经存在，阻止新的 tomcat 进程运行，这时也需要"杀掉"进程；等等。

在 Linux 系统中，这些问题也是存在的，要"杀掉"进程的原因一般包括：该进程占用了过多的 CPU 时间、该进程锁住了一个终端（使得其他前台进程无法运行）、运行时间过长（但是没有预期的效果）、产生了过多到屏幕或磁盘文件的输出、无法正常退出等。

Linux 系统中的 kill 命令可以用来终止指定进程的运行，是 Linux 系统下进程管理的常用命令。通常，终止一个前台进程可以使用 Ctrl＋C 快捷键，但是，后台进程就须用 kill 命令来终止。首先需要使用 ps、pidof、pstree、top 等命令获取进程 PID，然后使用 kill 命令来"杀掉"该进程。kill 命令是通过向进程发送指定的信号来结束相应进程的，默认情况下采用编号为 15 的 TERM 信号。TERM 信号将终止所有不能捕获该信号的进程。对于那些可以捕获该信号的进程就要用编号为 9 的 kill 信号强行"杀掉"。

kill 命令从字面意思来看就是用来"杀掉"进程的命令，但事实上，这个或多或少带有一定的误导性。从本质上讲，kill 命令只是用来向进程发送一个信号，至于这个信号是什么，是用户指定的。也就是说，kill 命令的执行原理是，kill 命令向操作系统内核发送一个信号（多是终止信号）和目标进程的 PID，然后系统内核根据收到的信号类型对指定进程进行相应的操作。

kill 命令的基本格式如下。

```
kill  [信号]  PID
```

kill 命令中默认的信号为 SIGTERM(15)，可将指定进程终止。若仍无法终止该程序，可使用 SIGKILL(9)信息尝试强制删除进程，即 kill -9。使用 ps 命令或者 jobs 命令可以查看进程号 PID。root 用户将影响所有用户的进程，非 root 用户只能影响自己的进程。

kill 命令中常用的信号参数如下所述。

- -l：信号编号，如果不加信号的编号参数，则使用"-l"参数会列出全部的信号名称。
- -a：当处理当前进程时，不限制命令名和进程号的对应关系。
- -p：指定 kill 命令只打印相关进程的进程号，而不发送任何信号。
- -s：指定发送信号。
- -u：指定用户。

注意

(1) kill 命令可以带信号编号选项,也可以不带。如果没有信号编号,kill 命令就会发出终止信号(15),这个信号可以被进程捕获,使得进程在退出之前可以清理并释放资源。也可以用 kill 命令向进程发送特定的信号,如 kill -2 123,它的效果等同于在前台运行 PID 为 123 的进程时按 Ctrl+C 快捷键。但是,普通用户只能使用不带信号参数的 kill 命令或最多使用-9 信号。

(2) kill 命令可以带有进程 ID 号作为参数。当用 kill 命令向这些进程发送信号时,执行操作的必须是这些进程的主人。如果试图撤销一个没有权限撤销的进程或撤销一个不存在的进程,就会得到一个错误信息。

(3) 可以向多个进程发信号来终止它们。

(4) 当 kill 命令成功地发送了信号后,Shell 会在屏幕上显示进程的终止信息。有时这个信息不会马上显示,只有当按 Enter 键使 Shell 的命令提示符再次出现时才会显示。

(5) 在命令中用信号参数使进程强制终止,常会带来一些副作用,如数据丢失或者终端无法恢复到正常状态。所以,发送信号时必须小心,只有在万不得已时才用 kill 信号(9),因为进程不能首先捕获它。

(6) 要撤销所有后台进程,可以输入 kill 0 命令。因为有些在后台运行的命令会启动多个进程,跟踪并找到所有要“杀掉”的进程的 PID 是件很麻烦的事。这时,使用 kill 0 可以终止所有由当前 Shell 启动的进程,是个有效的方法。

其实,kill 命令并不直接“杀掉”进程,相当于皇帝不满意某人,想杀他,但皇帝并不亲手杀人。kill 命令中的信号相当于皇帝发出的赐死旨意,将要被杀之人得到旨意后,可以采取自己任何中意的方式结束生命。例如,“kill -9 和绅”命令就相当于对和绅满门抄斩,诛杀九族,强制执行。

例 6.8 列出所有信号名称。

```
liuhui@liuhui-VirtualBox:~$ kill -l
 1) SIGHUP       2) SIGINT       3) SIGQUIT      4) SIGILL       5) SIGTRAP
 6) SIGABRT      7) SIGBUS       8) SIGFPE       9) SIGKILL     10) SIGUSR1
11) SIGSEGV     12) SIGUSR2     13) SIGPIPE     14) SIGALRM     15) SIGTERM
16) SIGSTKFLT   17) SIGCHLD     18) SIGCONT     19) SIGSTOP     20) SIGTSTP
21) SIGTTIN     22) SIGTTOU     23) SIGURG      24) SIGXCPU     25) SIGXFSZ
26) SIGVTALRM   27) SIGPROF     28) SIGWINCH    29) SIGIO       30) SIGPWR
31) SIGSYS      34) SIGRTMIN    35) SIGRTMIN+1  36) SIGRTMIN+2  37) SIGRTMIN+3
38) SIGRTMIN+4  39) SIGRTMIN+5  40) SIGRTMIN+6  41) SIGRTMIN+7  42) SIGRTMIN+8
43) SIGRTMIN+9  44) SIGRTMIN+10 45) SIGRTMIN+11 46) SIGRTMIN+12 47) SIGRTMIN+13
48) SIGRTMIN+14 49) SIGRTMIN+15 50) SIGRTMAX-14 51) SIGRTMAX-13 52) SIGRTMAX-12
53) SIGRTMAX-11 54) SIGRTMAX-10 55) SIGRTMAX-9  56) SIGRTMAX-8  57) SIGRTMAX-7
58) SIGRTMAX-6  59) SIGRTMAX-5  60) SIGRTMAX-4  61) SIGRTMAX-3  62) SIGRTMAX-2
63) SIGRTMAX-1  64) SIGRTMAX
liuhui@liuhui-VirtualBox:~$ _
```

说明:只有-9 信号(sigkill)才可以无条件终止进程,其他信号对进程都有权利忽略。如下是常用的信号。

- HUP:1 号,终端断线。
- INT:2 号,中断(同 Ctrl+C 快捷键功能)。
- QUIT:3 号,退出(同 Ctrl+\快捷键功能)。
- TERM:15 号,终止。
- KILL:9 号,强制终止。

- CONT：18 号，继续（与 STOP 相反，fg/bg 命令）。
- STOP：19 号，暂停（同 Ctrl＋Z 快捷键功能）。

注意

> “必杀技”：kill -9 PID。

当使用此命令之前，一定要通过 ps -ef 确认没有剩下任何僵尸进程。如果系统中有僵尸进程，并且其父进程是 init，而且僵尸进程占用了大量的系统资源，那么就需要在某个时候重启计算机以清除进程表。

例 6.9 杀死指定用户 liuhui 的所有进程。

```
liuhui@liuhui-VirtualBox:~$ kill -9 $(ps -ef | grep "liuhui" )
```

如果在这次命令运行之前，使用过其他用户操作终端，那么该命令执行后会提示“改命令被拒绝执行”，结果如下：

```
root@liuhui-VirtualBox:~# su - liuhui
liuhui@liuhui-VirtualBox:~$ kill -9 $(ps -ef |grep "liuhui")
-su: kill: avahi: arguments must be process or job IDs
-su: kill: (742) - Operation not permitted
-su: kill: (1) - Operation not permitted
root@liuhui-VirtualBox:~#
```

如果没有其他用户操作终端，那么该命令一旦按 Enter 键被执行，就会把用户 liuhui 的所有进程，包括 init 进程全部“杀掉”，正在运行命令的终端也会关闭，系统进入登录界面，用户需要重新登录系统。因为-9 信号的功能是强制终止进程，所以 init 进程也被强制终止，整个系统进入关闭状态。

init 是 Linux 系统操作中不可缺少的程序之一，是不可以被“杀掉”的。所谓的 init 进程，是一个由内核启动的用户级进程。内核自行启动（已经载入内存，开始运行，并已初始化所有的设备驱动程序和数据结构等）之后，就通过启动一个用户级程序 init 的方式完成引导进程。所以，init 始终是第一个进程，其进程编号始终为 1，其他所有进程都是 init 进程的子孙。

使用 kill 命令可以杀死指定 PID 的进程，需要使用 ps 和 grep 命令来查找要被“杀掉”的进程编号，然后使用 kill 命令来“杀掉”进程。如果进程启动了子进程，只“杀掉”父进程，那么子进程仍在运行，因此仍消耗资源。为了防止这些所谓的“僵尸进程”，应确保在“杀掉”父进程之前先“杀掉”其所有子进程。

6.2 Linux 系统中的 C 语言编程环境

6.2.1 编辑源程序

Linux 操作系统提供了非常丰富的编程环境，它支持多种语言，如经常使用的 C 语言和 Python 语言等。Linux 内核的大部分代码都是用 C 语言编写的。使用 C 语言，编程人员可以通过函数库和系统调用方便地实现系统服务。要编写 C 语言程序，可以使用 vi、vim、gedit 等 Linux 系统自带的编辑工具。

例 6.10 编写一个简单的 C 语言程序,实现输出 Hello, Linux world!,并进行简单的两个数的加法操作。

```
liuhui@liuhui-VirtualBox:~$ vi 610.c
```

```
/* 610.c: add two numbers  */
#include <stdio.h>
int main()
{ int a,b,c;
  printf("Hello, Linux world\n");
  printf("Input two numbers:\n");
  scanf("%d,%d", &a, &b);
  c = a + b ;
  printf("a=%d,b=%d,a+b=%d \n", a,b,c);
  return 0;
}
```

6.2.2 gcc 编译环境

gcc 是 GNU 项目中符合 ANSI C 标准的编译系统,能够编译用 C、C++和 Objective-C 等语言编写的程序。gcc 命令可以启动 C 编译系统,执行 gcc 命令,将完成预处理、编译、汇编和链接 4 个步骤,并最终生成可执行代码,产生的可执行程序默认保存为 a. out 文件。

1. gcc 命令

gcc 命令可以接收多种文件类型,并依据用户指定的命令行参数对它们做出相应处理。如果 gcc 命令无法根据一个文件的后缀确定它的类型,它将假定这个文件是一个目标文件或库文件。gcc 命令支持的可编译的文件后缀如表 6.1 所示。

表 6.1 gcc 支持的可编译文件

后　　缀	对应的语言	后　　缀	对应的语言
.c	C 源程序	.ii	已经过预处理的 C++源程序
.C	C++源程序	.s	汇编语言源程序
.cc	C++源程序	.S	汇编语言源程序
.cxx	C++源程序	.h	预处理文件(头文件)
.m	Objective-C 源程序	.o	目标文件
.h	已经过预处理的 C 源程序	.a/.so	编译后的库文件

gcc 命令语法如下。

```
gcc [参数] 要编译的文件 [参数] [目标文件]
```

gcc 命令中,目标文件可省略,默认生成可执行的文件为 a. out,如果想要生成自己命名的可执行文件,通常使用-o 参数。

例 6.11 编译例 6.10 编写的 C 程序。

```
liuhui@liuhui-VirtualBox:~$ vi 610.c
liuhui@liuhui-VirtualBox:~$ gcc 610.c -o 610
liuhui@liuhui-VirtualBox:~$ ./610
Hello, Linux world
Input two numbers:
2,6
a=2,b=6,a+b=8
liuhui@liuhui-VirtualBox:~$
```

这里使用了-o 参数，直接把 C 源程序编译生成了可执行程序。

gcc 编译器的主要参数如表 6.2 所示。

表 6.2 gcc 编译器的参数

参数	含义	参数	含义
-c	只编译，不链接，生成目标文件	-v	显示 gcc 的版本信息
-S	只编译，不汇编，生成汇编代码	-I dir	在头文件的搜索路径中添加 dir 目录
-E	只进行预处理	-L dir	在库文件的搜索路径中添加 dir 目录
-g	在可执行文件中含有调试信息	-static	链接静态库
-o file	生成可执行文件 file	-llibary	链接名为 library 的库文件

2. 编译流程

第 1 阶段：预处理。编译器把＃include < stdio. h >预处理中的 stdio. h 包含进来，用-E 参数可以只处理预处理语句。

例 6.12 用-E 参数编译 C 程序。

```
# 1 "/usr/include/x86_64-linux-gnu/bits/stdio_lim.h" 1 3 4
# 165 "/usr/include/stdio.h" 2 3 4



extern struct _IO_FILE *stdin;
extern struct _IO_FILE *stdout;
extern struct _IO_FILE *stderr;
 ...
extern void funlockfile (FILE *__stream) __attribute_
 ((__nothrow__ , __leaf__));
# 943 "/usr/include/stdio.h" 3 4

# 2 "610.c" 2
int main()
{ int a,b,c;
  printf("Hello, Linux world\n");
  printf("Input two numbers:\n");
  scanf("%d,%d", &a, &b);
  c = a + b ;
  printf("a=%d,b=%d,a+b=%d \n", a,b,c);
  return 0;
}
liuhui@liuhui-VirtualBox:~$
```

610. c 文件的内容非常多，这里只截取一部分；也可以在命令中不指定生成的文件，而把输出结果重定向到一个文件中，语句如下。

```
liuhui@liuhui-VirtualBox:~$ gcc -E 610.c > 610.txt
liuhui@liuhui-VirtualBox:~$ more 610.txt
# 1 "610.c"
# 1 "<built-in>"
# 1 "<command-line>"
# 1 "/usr/include/stdc-predef.h" 1 3 4
# 1 "<command-line>" 2
# 1 "610.c"
# 1 "/usr/include/stdio.h" 1 3 4
# 27 "/usr/include/stdio.h" 3 4
# 1 "/usr/include/features.h" 1 3 4
# 374 "/usr/include/features.h" 3 4
# 1 "/usr/include/x86_64-linux-gnu/sys/cdefs.h" 1 3 4
# 385 "/usr/include/x86_64-linux-gnu/sys/cdefs.h" 3 4
```

-E参数生成的文件非常长，这里只截取一部分内容，-E参数只处理了include预处理命令，把用到的头文件添加到源程序中。可以看出，这两种编译形式，生成的文件不相同，但它们都是进行了预处理命令，函数体部分的代码没有编译。

第2阶段：编译，用-S参数生成汇编代码，只激活预处理和编译，跳过汇编和链接阶段；检查代码有无语法错误，如果代码无误，则把代码翻译成汇编语言；如果有误，则给出错误提示，需要返回源代码进行修改，再次编译直到正确为止。

经过-E和-S参数生成的文件如图6.2所示。

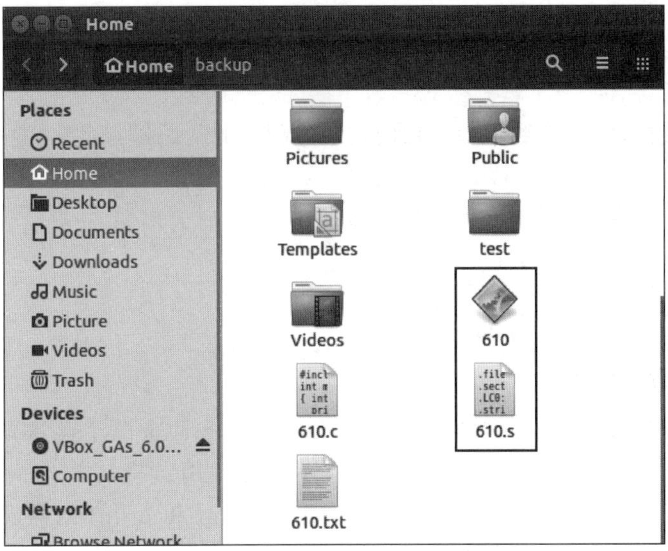

图6.2　参数-E和-S生成的文件

例6.13　用-S参数生成汇编代码，只激活预处理和编译，跳过汇编和链接阶段。

```
liuhui@liuhui-VirtualBox:~$ gcc -S 610.c
liuhui@liuhui-VirtualBox:~$ cat 610.s
        .file   "610.c"
        .section        .rodata
.LC0:
        .string "Hello, Linux world"
.LC1:
        .string "Input two numbers:"
.LC2:
        .string "%d,%d"
.LC3:
        .string "a=%d,b=%d,a+b=%d \n"
        .text
        .globl  main
        .type   main, @function
main:
.LFB0:
        .cfi_startproc
        pushq   %rbp
        .cfi_def_cfa_offset 16
        .cfi_offset 6, -16
        movq    %rsp, %rbp
        .cfi_def_cfa_register 6
        subq    $32, %rsp
        movq    %fs:40, %rax
```

第3阶段：汇编，用-c参数跳过链接，只激活预处理、编译和汇编，把第2阶段中生成的汇编代码.s文件生成.o文件。

例 6.14 只把汇编代码生成目标文件，但不链接。

```
liuhui@liuhui-VirtualBox:~$ gcc 610.s -o 610.o -c
liuhui@liuhui-VirtualBox:~$ ls -l 610.o
-rw-rw-r-- 1 liuhui liuhui 1928 10月 30 21:19 610.o
liuhui@liuhui-VirtualBox:~$ _
```

-c 参数不能单独使用，如 gcc 610.s -c 610.o 或 gcc -c 610.o 610.s 命令都会提示没有此文件，命令如下。

```
liuhui@liuhui-VirtualBox:~$ gcc 610.s -c 610.o
gcc: error: 610.o: No such file or directory
liuhui@liuhui-VirtualBox:~$ gcc -c 610.o 610.s
gcc: error: 610.o: No such file or directory
liuhui@liuhui-VirtualBox:~$ gcc -c 610.s 610.o
gcc: error: 610.o: No such file or directory
```

第 4 阶段：链接，用-o 参数把库函数的实现过程和源代码链接起来，这样程序才可以正常执行。

.o 文件是目标文件，但没有和库函数链接，直接执行时会出错。

例 6.15 直接执行目标文件。

```
liuhui@liuhui-VirtualBox:~$ chmod u+x 610.o
liuhui@liuhui-VirtualBox:~$ ./610.o
bash: ./610.o: cannot execute binary file: Exec format error
liuhui@liuhui-VirtualBox:~$
```

在 610.c 源程序中调用标准的库函数 scanf 和 printf，这两个函数的具体实现是通过 #include <stdio.h>把库函数包含进源代码，还需要使用链接功能把头文件 stdio.h 中的 libc.so 库文件连接进来，在库文件 libc.so 中，有函数 scanf 和 printf 的实现。gcc 命令默认查找路径是/usr/lib，libc.so 库文件就在这个路径下。

例 6.16 链接库文件。

```
liuhui@liuhui-VirtualBox:~$ gcc 610.o -o 610
liuhui@liuhui-VirtualBox:~$
```

通过-o 参数把库文件链接到目标文件.o 中，就可以生成可执行的二进制文件。

经过上述 4 个阶段，编译过程完成，由 C 源程序.c 生成了可执行的二进制文件，这时就可以通过二进制文件名来运行程序。如果在运行程序时系统提示该命令被拒绝，就说明当前用户没有执行权限，通过 chmod 命令给用户添加执行权限，然后输入文件名就可以运行了。

例 6.17 运行程序。

```
liuhui@liuhui-VirtualBox:~$ ./610
bash: ./610: Permission denied
liuhui@liuhui-VirtualBox:~$ chmod u+x 610
liuhui@liuhui-VirtualBox:~$ ./610
Hello, Linux world
Input two numbers:
26,9
a=26,b=9,a+b=35
liuhui@liuhui-VirtualBox:~$
```

注意

gcc 在编译时默认使用动态链接库，编译时并不把库文件的代码复制到源代码中，而是在程序执行时动态加载链接库，这样可以节省系统开销。

6.2.3 编译中的函数库

1. 指定文件-L dir

在用 gcc -o 命令链接函数库时,C 语言编译器只搜索标准的 C 语言函数库,这些标准的库文件一般存放在 Linux 文件系统的/lib 和/usr/lib 目录中;库文件必须遵循特定的命名规范,并且需要在命令行中明确指定。符合这两项规定,编译器才可以找到所需的头文件。

一个库文件中有多个头文件,一个头文件中有多个函数的实现代码。源代码中调用的是函数,在编译链接成可执行文件时,可执行文件通过动态链接的方式链接到函数的实现代码部分。库文件的名字总是以 lib 开头,随后的部分指明这是什么库(例如,c 代表 C 语言库,m 代表数学库)。文件名的最后部分以. 分隔,然后给出库文件的类型,.a 代表传统的静态函数库,.so 代表共享函数库,如 libm.a 为静态数学函数库。

所以,如果只使用标准库中的头文件,只需用#include 预处理语句把头文件包含到源代码中即可;同时要注意,#include 预处理语句中的<> 和“”是有区别的,<>表示在默认路径/usr/include 中搜索头文件,“” 表示在当前工作目录中搜索头文件。但有时使用的函数不在标准库中,怎么让编译器找到使用的函数呢?这时需要通过库依赖参数-I dir、-L dir 来指定使用的函数的存放位置。

当头文件与 gcc 不在同一目录下时,用-I dir 参数,dir 指出头文件所在的目录;而添加库文件时用-L dir,它指定库文件所在的目录,标准系统库文件一般存放在 Linux 文件系统的/lib 和/usr/lib 目录中。C 语言编译器需要知道要搜索哪些库文件,默认情况下,它只搜索标准 C 语言库。

例 6.18 在工作目录中自定义头文件 hl.h,把 stdio.h 和 string.h 两个标准头文件放在一起。编写 C 源程序,实现从键盘输入一个字符串,然后把这个字符串复制到另一个字符数组中。

hl. h 的代码如下。

```
#include <stdio.h>
#include <string.h>
```

618. c 的代码如下。

```
#include "hl.h"
int main()
{ int i = 0;
 char ch,s1[20],s2[20];
 printf("Input some chars:\n");
 while(( ch = getchar() ) != '\n' )
   { s1[i] = ch ;
     i++;
   };;
s1[i] = '\n' ;
strcpy(s2, s1) ;
printf("s1= %s; s2 = %s\n", s1, s2);
return 0;
}
```

```
liuhui@liuhui-VirtualBox:~$ gedit hl.h
liuhui@liuhui-VirtualBox:~$ gedit 618.c
liuhui@liuhui-VirtualBox:~$ gcc 618.c -o 618
618.c:1:10: error: #include expects "FILENAME" or <FILENAME>
 #include hl.h
          ^
618.c: In function 'main':
618.c:5:30: error: 'EOF' undeclared (first use in this function)
  while(( ch = getchar() ) != EOF )
```

这里在自定义头文件 hl. h 时没有指定目录，系统自动把创建的 hl.h 文件存放在工作目录/home/liuhui 下；程序中使用的是<>，编译器会到默认目录/lib 和/usr/lib 中查找 hl.h，因为找不到，所以编译失败，给出很多错误提示。有两种修改方法，一是使用-I dir 的方法编译，把 hl.h 的存放路径指出；二是修改源代码，＃include “hl.h”，编译器会到工作目录中查找 hl.h 文件。

例 6.19 使用-I dir 的方法编译命令添加路径。

```
liuhui@liuhui-VirtualBox:~$ gcc 618.c -o 618 -I /home/liuhui
liuhui@liuhui-VirtualBox:~$ ./618
Input some chars:
I love you,Hl!
s1= I love you,Hl!; s2 = I love you,Hl!
liuhui@liuhui-VirtualBox:~$ _
```

第 2 种方法修改源程序中的第 1 个预处理语句为＃include “hl. h”，其他语句不变。编译结果如下。

```
liuhui@liuhui-VirtualBox:~$ gcc 618.c -o 618
liuhui@liuhui-VirtualBox:~$ _
```

2. 指定库文件搜索目录

命令参数-L dir 只能指定库文件搜索目录，不能指定具体的文件名，所以不能在路径中包含文件名，如果要指定文件名，就要使用-llibrary file 参数来指定文件名。Linux 系统中的库文件命名时有一个规定，必须以 lib 开头，因此在用-l 指定链接库文件时可以直接省略 lib，只写文件名即可。如使用库文件-llibsunq 时只需写-lsunq；-llibmath 只需写-lm 就代表使用数学函数。也就是说，在 gcc 编译时，用“-L 搜索目录 ＋ -l 文件名”就可以指定搜索的路径和文件名。

例 6.20 输入一个数，计算它的正弦函数值 sin(x)。

源程序如下。

```
#include <stdio.h>
#include <math.h>
int main()
{ double x,y;
  printf("input a number:\n");
  scanf("%lf",&x);
  y= sin(x);
  printf("x= %.2lf,sin(x)=%.2lf\n",x,y);

  return 0;
}
```

```
liuhui@liuhui-VirtualBox:~$ gedit 620.c
liuhui@liuhui-VirtualBox:~$ gcc 620.c -o 620
/tmp/ccgdGcRp.o: In function `main':
620.c:(.text+0x45): undefined reference to `sin'
collect2: error: ld returned 1 exit status
liuhui@liuhui-VirtualBox:~$ _
```

例 6.20 的源程序编译时出错，提示没有定义 sin 函数。明明在 include 中把 math. h 数学函数包含进来了，为什么还找不到 sin 函数的定义呢？语句＃include < math. h > 只是把头文件 math. h 包含了进来，头文件中只有函数首部的声明部分，具体的定义部分在库文件 libmath 中，所以还需用-lm 把库函数 libmath 包含进来，这样编译器才知道该到哪里查找 sin 函数的定义实现。

例 6.21 直接指定链接的数学函数名 -lm。

```
liuhui@liuhui-VirtualBox:~$ gcc 620.c -o 620 -lm
liuhui@liuhui-VirtualBox:~$ ./620
input a number:
30
x= 30.00,sin(x)=-0.99
liuhui@liuhui-VirtualBox:~$ _
```

因为 math 数学库函数是标准库中的库文件,所以本例不用-L dir 指明搜索库的路径,只需指明函数名。如果要搜索的函数库不在标准路径中,则必须用-L dir -lfile 指明路径和函数名,如图形化窗口管理系统的库 X11,它位于/usr/openwin/lib 目录下,这个不是标准的库目录,所以在编译时需要指定搜索路径,如命令 gcc -o 620 620.c -L/usr//lib -lX11 就是用/usr/lib 目录中的 libX11 库来编译源程序。

注意

头文件和库文件的区别是,头文件对函数进行声明,库文件实现函数的定义。但是为什么有的文件编译的时候还要特意链接库呢?因为头文件中只有函数的声明,而在库文件中却有函数的定义,而这些库文件又不在默认的搜索路径中,所以需要-L dir 参数指定库文件的路径。

例如 printf 函数,使用时应包括 stdio.h 文件,打开 stdio.h 文件只能看到 printf 这个函数的声明,却看不到 printf 具体是怎么实现的,因为函数的实现在相应的 C 库文件中。而库文件一般是以二进制形式而不是 C 源文件形式提供给用户使用的。程序中包括了 stdio.h 这个头文件,链接器就能根据头文件中的信息到库文件的默认路径中查找 printf 这个函数的实现,并链接进这个程序代码段。如果在默认的库路径中找不到所需的函数实现,就要在编译命令中用-L dir 指定搜索路径。

3. 静态库

静态库也称作归档库(archive),Linux 静态库命名规范为必须是 lib[your_library_name]. a 的形式,lib 为前缀,中间是静态库名,扩展名为.a,如标准 C 语言函数库/usr/lib/libc. a 和数学函数库/usr/lib/libm.a。

例 6.22 创建和维护自己的静态库,步骤如下。

(1) 建立两个文件 proc1. c 和 proc2. c,分别定义函数 proc1()和 proc2()的实现代码。

(2) 用 gcc -c 参数只编译不链接这两个文件,生成目标文件 proc1. o 和 proc2. o。

(3) 建立 libhl1. h 头文件,对函数 proc1()和 proc2()做声明。

(4) 利用归档命令 ar 建立静态链接库 libhl1. a 文件。

(5) 编写程序 622. c,使用自己定义的库文件 libhl1. a。

(6) 编译时用 gcc -L dir -lhl1 命令指明到存放自定义的库文件的路径中查找 libhl1. a,链接到函数 proc1()和 proc2()的定义实现部分。

上机操作步骤如下。

(1) 定义两个函数的实现。

```
liuhui@liuhui-VirtualBox:~$ gedit proc1.c
liuhui@liuhui-VirtualBox:~$ gedit proc2.c
liuhui@liuhui-VirtualBox:~$ _
```

注意

在新建这两个函数时，没有指定目录路径，也就是这两个函数保存在工作目录/home/liuhui/下。

```
/* proc1.c 输入一个数字并返回到主调函数中 */

#include <stdio.h>
int proc1()
{ int a;
  printf("*****************************************\n");
  printf("这是proc1()函数的定义部分！ \n  ");
  printf("请输入你喜欢的数字:\n");
  scanf("%d" , &a );
  printf("This time we use dynamiclib to run\n");
  printf("the value of a will be retruned to main\n\n");
  printf("end of proc1\n");
  printf("*****************************************\n");
  return a ;
}
```

```
/* proc2.c 通过输入参数得到一个字符串，在该函数中输出该字符串*/
#include <stdio.h>
void proc2(char *arg)
{
  printf("##############################\n");
  printf("这是proc2()函数的定义部分！ \n ");
  printf("Hello,%s\n", arg);
  printf("end of proc2\n");
  printf("##############################\n");
  return ;
}
```

（2）分别编译这两个函数，生成目标文件 proc1.o 和 proc2.o，这两个目标文件就是库文件中的函数定义实现部分。只能使用 gcc -c 参数进行编译，因为这两个函数没有 main()函数，如果用-o 试图生成一个可执行的二进制文件就会出错。

```
liuhui@liuhui-VirtualBox:~$ gcc -c proc1.c proc2.c
liuhui@liuhui-VirtualBox:~$ ls pr*.o
proc1.o  proc2.o
liuhui@liuhui-VirtualBox:~$ _
```

（3）为库文件创建头文件 libhl1.h，在这个头文件中声明该库中的函数，以后有源程序需要使用该头文件时，就可以用＃include 语句包含 libhl1.h 了。

```
/* libhl1.h include proc1.c and proc2.c */
int proc1();
void proc2(char * );
```

（4）创建库文件 libtest. a。用 ar crv 命令把 proc1. o 和 proc2. o 归档为一个文件 libtest.a，归档成功后其他程序就可以使用该库文件中的函数具体实现来完成程序的功能了。

```
liuhui@liuhui-VirtualBox:~$ ar crv libtest.a proc1.o proc2.o
a - proc1.o
a - proc2.o
liuhui@liuhui-VirtualBox:~$
```

注意

使用 ar 命令时没有指定库文件 libtest.a 的存放位置，系统默认将其存放在工作目录/home/liuhui 下。

(5) 编写主程序,在主程序中用预处理语句#include "libhl1.h"声明自定义的函数,在函数体中调用这两个函数,执行时系统到库文件 libtest.a 中搜索函数的实现定义。

```
liuhui@liuhui-VirtualBox:~$ gedit 622.c
liuhui@liuhui-VirtualBox:~$ _
```

```
/*622.c 使用自定义的头文件和库文件，实现函数的调用 */
#include "libhl1.h"
#include <stdio.h>
int main()
{ int x;
  printf("\n---------------------------------------\n");
  printf("Here is main function\n");
  x= proc1();
  printf("The value of x is returned from proc1.c is %d \n",x );
  proc2("linux world!");
  printf("end of main\n");
  printf("---------------------------------------\n");
  return 0;
}
```

注意

主函数 main()中,语句#include "libhl1.h"用的是"",表示这个头文件要到工作目录下搜索,因为创建这个头文件 libhl1.h 时是把它存放在工作目录下的。如果使用< libhl1.h >,则在编译时系统会到默认头文件的目录/usr/include 中搜索,那一定是找不到的。

(6) 编译并运行文件 622。

```
liuhui@liuhui-VirtualBox:~$ gcc -o 622 622.c -L. -ltest
liuhui@liuhui-VirtualBox:~$ ./622

----------------------------------------
Here is main function
******************************************
这是proc1()函数的定义部分!
  请输入你喜欢的数字:
66
the value of a will be retruned to main

end of proc1
******************************************
The value of x is returned from proc1.c is 66
##############################
这是proc2()函数的定义部分!
 Hello,linux world!
end of proc2
##############################
end of main
----------------------------------------
liuhui@liuhui-VirtualBox:~$ ./622
```

注意

创建库文件 libtest.a 时没有指定库文件的存放位置,系统默认存放在工作目录/home/liuhui 下,所以在编译 gcc -o 生成的可执行文件时,需要链接库文件 libtest.a 中的函数 proc1. 0 和 proc2. 0 的实现部分,而这两个函数实现没有存放在链接库的默认搜索路径/lib 或者/usr/lib 中,所以需要用-L 参数明确指定搜索路径。本例中使用"."代表工作目录/home/liuhui,也可以直接写明 -L /home/liuhui,执行效果都一样。-ltest 是库文件 libtest.a 的缩写形式。

在链接阶段,会将汇编生成的目标文件.o 与引用到的库一起链接打包到可执行文件中。因此对应的链接方式称为静态链接。静态库与汇编生成的目标文件一起连接为可执行文件,那么静态库必定跟.o 文件格式相似。其实一个静态库可以简单看成是一组目标文件(.o/.obj 文件)的集合,即很多目标文件经过压缩打包后形成的一个文件。

静态库对函数库的链接是放在编译时期完成的;程序在运行时与函数库再无瓜葛,移植方便;浪费空间和资源,因为所有相关的目标文件与牵涉的函数库被链接合成一个可执行文件。

4. 共享库

静态库的一个缺点是,当同时运行多个应用程序,并且它们都使用来自同一个函数库的函数时,就会在内存中有同一函数的多份副本,在程序文件自身中也有多份同样的副本。这将消耗大量宝贵的内存和磁盘空间,这时可以用共享库来实现函数的动态链接。

Linux 系统支持共享库(动态连链库)。共享库的保存位置与静态库是一样的,但共享库有不同的文件名后缀。在典型的 Linux 系统中,标准数学库的共享库是/usr/lib/libm.so。

程序使用共享库时,它的链接方式是这样的,它本身不包含函数代码,在运行时访问共享的代码。当编译好的程序被装载到内存中执行时,函数引用被解析并产生对共享库的调用,如果有必要,共享库才被加载到内存中。

静态库的另一个问题是,不管是函数的定义发生了更改,还是对头文件进行了修改,抑或是对库文件的归档发生了更改,都需要对涉及的目标文件.o 或库文件.a 重新编译生成。

例如在例 6.22 中,最先定义 proc1()和 proc2()函数,然后生成目标文件.o,但是在定义 main()函数时对 proc1()和 proc2()函数不满意,重新做了修改,就需要把涉及的 proc1.o 和 proc2.o 都要重新编译;而 libtest.a 也是由 proc1.o 和 proc2.o 归档构成的,所以 libtest.a 也需要重新生成。如果是一个大型的项目,涉及的函数非常多,由不同的程序员书写,那么这个修改工作量会非常大。

动态库在程序编译时并不会被链接到目标代码中,而是在程序运行时才被载入。不同的应用程序如果调用相同的库,那么在内存里只需要有一份该共享库的实例,避免了空间浪费问题。动态库在程序运行时才被载入,也解决了静态库对程序的更新、部署和发布带来的麻烦,用户只需要更新动态库即可增量更新。

库文件在链接(静态库和共享库)和运行(仅限于使用共享库的程序)时被使用,其搜索路径是在系统中进行设置的。一般 Linux 系统把 /lib 和 /usr/lib 两个目录作为默认的库搜索路径,所以这两个目录中的库不需要设置搜索路径即可直接使用。对于处于默认库搜索路径之外的库,需要将库的位置添加到库的搜索路径之中。设置库文件的搜索路径可以有下列 3 种方式。

(1) 在环境变量 LD_LIBRARY_PATH 中指明库的搜索路径。

(2) 在/etc/ld.so.conf 文件中添加库的搜索路径。

(3) 在编译时使用-L 参数显式指定要使用的库文件所在的路径,gcc -L dir。因为用-L 设置的路径将被优先搜索,所以在链接的时候通常都会以这种方式直接指定要链接的库的路径。

将自己可能存放库文件的路径都加入/etc/ld.so.conf 中是明智的选择,添加方法也极其简单,将库文件的绝对路径直接写进去就可以了,一行书写一个绝对路径,如下示例。

```
/usr/X11R6/lib
/usr/local/lib
/opt/lib
```

注意

> 在第2种搜索路径的设置方法中，为了加快程序执行时对共享库的定位速度，避免使用搜索路径查找共享库的低效率，而系统会直接读取库列表文件/etc/ld.so.cache并从中进行搜索。/etc/ld.so.cache是一个非文本的数据文件，不能直接编辑，为了保证程序执行时对库的定位，/etc/ld.so.conf中进行了库搜索路径的设置之后，还必须要运行/sbin/ldconfig命令更新/etc/ld.so.cache文件。ldconfig命令的作用就是将/etc/ld.so.conf列出的路径下的库文件缓存到/etc/ld.so.cache以供使用，要以root权限执行。因此，当安装完一些库文件，或者修改ld.so.conf增加新的库路径后，需要运行/sbin/ldconfig命令使所有的库文件都被缓存到ld.so.cache中；如果没做，即使库文件明明就在/usr/lib下，也不会被使用，结果编译过程中报错，缺少库，但它就在那放着，这是因为没有把新增的路径添加到cache缓存中。

库搜索路径的设置有在环境变量LD_LIBRARY_PATH中设置以及在/etc/ld.so.conf文件中设置两种方式。其中，第2种设置方式需要root用户权限，以改变/etc/ld.so.conf文件并执行/sbin/ldconfig命令，还会出现程序更新造成的兼容性问题，所以一般采用第1种方式进行设置。这种设置方式不需要root用户权限，设置也简单，语句如下。

```
$ export LD_LIBRARY_PATH=/opt/gtk/lib:$LD_LIBRARY_PATH
```

用如下命令可以查看LD_LIBRARY_PATH的设置内容。

```
$ echo $LD_LIBRARY_PATH
```

前面两种设置搜索路径的方式一旦设置成功，就可以一直使用这个搜索路径；第3种设置库搜索路径的方式是需要在每次编译时都指明搜索路径，这适合使用次数较少的情况，如果某一个库文件需要多次使用，最好使用前两种方法修改文件，以达到永久有效的目的。

6.2.4 make文件

1. make命令

利用make工具可以自动完成编译工作，如果修改了某几个源文件，则只重新编译这几个源文件；如果某个头文件被修改了，则重新编译所有包含该头文件的源文件。利用这种自动编译可以大大简化开发工作，避免不必要的重新编译。

make工具通过一个称为makefile或Makefile的文件来完成并自动维护编译工作，多数Linux程序员使用Makefile，Makefile文件描述了整个工程的编译、链接规则，描述了系统中各个模块之间的依赖关系。系统中部分文件改变时，make工具根据这些关系决定一个需要重新编译的文件的最小集合。如果软件包括几十个源文件和多个可执行文件，这时make工具就特别有用。

make命令语法如下。

```
make [选项] [目标] [宏定义]
```

make 命令的常用选项如下所述。

(1) -d：显示调试信息。

(2) -f：文件，告诉 make 使用指定文件作为依赖关系文件。

(3) -n：不执行 Makefile 中的命令，只显示输出这些命令。

(4) -s：执行但不显示任何信息。

makefile 的默认文件名为 GNUmakefile、makefile 或 Makefile，当然也可以在 make 的命令行中指定为别的文件名。

2. make 规则

makefile 文件中包含一些规则来告诉 make 工具处理哪些文件以及如何处理这些文件。这些规则主要是描述这些文件(称为 target 目标文件，不要和编译时产生的目标文件相混淆)是从哪些别的文件(称为 dependency 依赖文件)中产生的，以及用什么命令(command)来执行这个过程。依靠这些信息，make 工具会对磁盘上的文件进行检查，如果目标文件的生成或被改动时的时间(称为该文件时间戳)至少比它的一个依赖文件还旧，make 工具就执行相应的命令，以更新目标文件。目标文件不一定是最后的可执行文件，可以是任何一个中间文件，并可以作为其他目标文件的依赖文件。

一个 makefile 文件主要含有一系列的 make 规则，每条 make 规则包含如下内容。

```
目标文件列表:依赖文件列表
<TAB>命令列表
```

目标文件列表即 make 命令最终需要创建的文件，中间用空格隔开，如可执行文件和目标文件；也可以是要执行的动作。

依赖文件列表是编译目标文件所需要的其他文件。

命令列表是 make 命令执行的动作，通常是把指定的相关文件编译成目标文件的编译命令，每个命令占一行，且每个命令行的起始字符必须为 Tab 字符。除非特别指定，否则 make 命令的工作目录就是当前目录。

例 6.23 设计一个程序，计算学生的总成绩和平均成绩，用 make 工具实现对编译过程的管理。

主函数 main()输入 n 个学生的成绩存放在数组中，调用 funsum()函数计算总成绩，调用 funavg()函数计算平均成绩。

(1) 编写 3 个函数的定义实现。

```
/* 623sum.c: funsum() function: sum the total score*/
#include <stdio.h>
float funsum(float sore[],int num)
{ float sum =  0.0;
  int i;
  printf("funsum() is to compute the total \n");
  for( i=0 ; i<num; i++)
    sum += sore[i];
  printf("over");
  return sum;
}
```

```
/*623avg.c: funavg() function is to averaging the score*/
#include <stdio.h>
float funavg(float sum,int num)
{ float avg;
  printf("funavg is to compute the average\n");
  avg = sum /num ;
  return avg ;
}

/* 623.c: using makefile to compile */
#include <stdio.h>
#include "libscore.h"
 int main()
{
  int n,i;
  float score[20],sum,avg;
  printf("input number of students:\n");
  scanf("%d", &n);
  printf("Input score:\n");
  for( i =0 ; i < n ; i++)
    scanf("%f", &score[i]);
  sum = funsum(score,n);
  printf("the total score is: %.2f\n" , sum);
  avg = funavg(sum,n);
  printf("the average score is: %.2f\n" , avg);

  return 0;
}
```

(2) 编写头文件,对 funsum()和 funavg()函数做声明。

```
*libscore.h ×
/* headfile: declare funsum() and funavg() */
float funsum(float var[], int n);

float funavg(float sun,int n);
```

(3) 编辑 Makefile 文件。

```
makefile623 ×
623:623.o 623sum.o 623avg.o
        gcc 623.o 623sum.o 623avg.o  -o 623
623.o:623.c libscore.h
        gcc 623.c  -c
623sum.o:623sum.c
        gcc 623sum.c  -c
623avg.o:623avg.c
        gcc 623avg.c  -c
```

(4) 用 make 命令编译程序。

```
liuhui@liuhui-VirtualBox:~$ make -f makefile623
gcc 623.c  -c
gcc 623sum.c  -c
gcc 623avg.c  -c
gcc 623.o 623sum.o 623avg.o  -o 623
liuhui@liuhui-VirtualBox:~$ _
```

这里没有使用默认的文件名 makefile 或 Makefile,所以 make 命令指明文件名为 makefiel623;如果是默认的文件名,make 命令就不需要指定文件名。

(5) 修改 funsum()函数,重新编译。

```
liuhui@liuhui-VirtualBox:~$ gedit 623sum.c
liuhui@liuhui-VirtualBox:~$ make -f makefile623
gcc 623sum.c  -c
gcc 623.o 623sum.o 623avg.o  -o 623
liuhui@liuhui-VirtualBox:~$ _
```

对 funsum()函数做修改，增加一个输出语句，其他函数不做更改。运行 make 命令时，只对 makefile 文件中与 fumsum()函数有关的部分(funsum()和 main())重新编译，而 funavg()与 funsum()函数无关，所以不再编译。

(6) 运行程序。

```
liuhui@liuhui - VirtualBox:~ $ ./623
input number of students:
5
Input score:
98
87  69  39  95
funsum()is to compute the total
the total score is: 388.00
funavg is to compute the average
the average score is: 77.60
liuhui@liuhui - VirtualBox:~ $
```

程序运行结果表明，虽然没有直接使用 gcc 编译命令，但是通过调用 make 工具使用 makefile 文件，实际上是调用了 gcc 编译器，把源程序编译成了可执行文件。例 6.23 的 makefile 文件中，目标文件包含可执行文件和中间目标文件(.o)。依赖文件是冒号后面的那些 C 文件和.h 文件，每一个.o 文件都有一组依赖文件，而这些.o 文件又是可执行文件的依赖文件。依赖关系的实质说明目标文件由哪些文件生成。换言之，目标文件是哪些文件更新的结果。在定义好依赖关系后，后续的代码定义如何生成目标文件的操作系统命令，这些命令一定要以 Tab 键作为开头。

在默认方式下，只输入 make 命令，make 会做如下工作。

(1) make 会在工作目录下查找名字为 makefile 或 Makefile 的文件，如果找到，它会找文件中的第一个目标文件。例 6.23 中，它会找到 623 这个文件，并把这个文件作为最终目标文件；如果 623 文件不存在或者 623 所依赖的.o 文件的修改时间要比 623 这个文件新，就会执行后面所定义的命令来生成 623 可执行文件。

(2) 如果 623 文件所依赖的.o 文件也存在，那么 make 命令会在当前文件中查找目标为.o 文件的依赖文件。如果找到，则会根据规则生成.o 文件。

(3) 如果.c 和.h 文件存在，make 命令会生成.o 文件，然后用.o 文件生成 make 命令的最终结果，也就是可执行文件。

这就是 make 工具的依赖性，make 会一层又一层地去找文件的依赖关系，直到最终编译出第一个目标文件，在找寻的过程中，如果出现错误，比如最后被依赖的文件找不到，make 命令就会直接退出并报错。而对于所定义的命令的错误或是编译不成功，make 不会处理。如果 make 找到了依赖关系之后，发现冒号后面的文件不存在，make 仍不工作。

3. makefile 文件中的变量

makefile 文件里的变量就像一个环境变量，事实上，环境变量在 make 中也被解释成 make 的变量。这些变量对大小写敏感，一般使用大写字母。makefile 文件中的变量是用一个字符串在 makefile 文件中定义的，这个字符串就是变量的值。定义变量的语法如下。

```
VARNAME = string
```

引用变量的值格式如下。

```
$ {VARNAME}
```

make 命令解释规则时，VARNAME 在等式右端展开为定义它的字符串。

变量一般都在 makefile 文件的前面部分定义。按照惯例，所有 makefile 变量都应该是大写。如果变量的值发生变化，就只需要在一个地方修改，从而简化了 makefile 文件的维护。

例 6.24 利用变量重写例 6.23 中的 makefile624。

```
OBJS1=623sum.o
OBJS2=623avg.o
OBJS=623.o ${OBJS1}  ${OBJS2}
CC=gcc
623:${OBJS}
        ${CC} -o 623 ${OBJS}
623.o:623.c libscore.h
        ${CC} 623.c -c
OBJS1:623sum.c
        ${CC} 623sum.c -c
OBJS2:623avg.c
        ${CC} 623avg.c -c
```

重写 makefile 文件后，如果原有的源程序没有改动，那么运行 make 命令后，新文件 makefile624 不会运行。为了演示变量的使用，这里把 3 个源程序都稍作修改，然后再运行 make 命令，程序如下。

```
liuhui@liuhui-VirtualBox:~$ make -f makefile624
gcc 623.c -c
gcc     -c -o 623sum.o 623sum.c
gcc     -c -o 623avg.o 623avg.c
gcc -o 623 623.o 623sum.o  623avg.o
liuhui@liuhui-VirtualBox:~$ ./623
input number of students:
3
Input score:
56
89
95
funsum() is to compute the total
the total score is: 240.00
funavg is to compute the average
the average score is: 80.00
liuhui@liuhui-VirtualBox:~$
```

这个简单的例子中，不但看不出使用变量的好处，反而会让人觉得使用变量是个累赘，但在实际的大型项目中，源程序中自定义的函数和头文件很多，在 gcc 命令中要多次使用函数名，如果定义了变量，就可以使用变量，不需要每次都写函数名，也便于保持修改的一致性。

6.2.5 调试工具 gdb

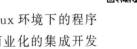

Linux 系统下的 gdb 调试器是一款 GNU 组织开发并发布的 UNIX/Linux 环境下的程序调试工具。虽然它没有图形化的友好界面，但是它强大的功能足以与很多商业化的集成开发工具相媲美。

1. gdb 主要功能

(1) 启动程序，可以按照自定义的要求随心所欲地运行程序。

(2) 可让被调试的程序在所指定的调试断点处停止。断点可以是条件表达式。

（3）当程序被暂停时，可以检查此时程序中所发生的事。

（4）找出程序中的错误，修正一个 BUG 产生的影响，从而测试其他 BUG。

2. gdb 命令

在进行应用程序的调试之前要注意，gdb 进行调试的是可执行文件，而不是如.c 这样的源代码文件。因此，需要先通过 gcc 命令编译生成可执行文件才能用 gdb 进行调试。

gdb 命令语法如下。

```
gdb [选项][可执行程序[core 文件|进程 ID]]
```

功能说明：跟踪指定程序的运行，给出它的内部运行状态，以助于定位程序中的错误；还可以指定一个程序运行错误产生的 core 文件，或者正在运行的程序进程 ID。

gdb 命令常用选项如下所述。

（1）-c core 文件：使用指定的 core 文件检查程序。

（2）-h：列出命令行选项的简要介绍。

（3）-n：忽略～/.gdbinit 文件中指定的执行命令。

（4）-q：禁止显示介绍信息和版权信息。

（5）-s 文件：使用保存在指定文件中的符号表。

gdb 启动时默认会读入～/.gdbinit 文件并执行里面的命令，使用-n 选项可以告诉 gdb 忽略此文件。要使用 gdb 调试程序，必须使用-g 参数重新编译源程序，生成包含符号表和调试信息的可执行文件。程序成功编译以后，就可以使用 gdb 调试它，注意 gdb 产生的(gdb)提示符。

```
gcc -g hello.c -o hello
gdb -q hello
…
(gdb)
```

3. gdb 常用的调试命令

（1）(gdb)help：查看命令帮助，具体命令查询在 gdb 中输入 help ＋ 命令，简写为 h。

（2）(gdb)run：重新开始运行文件，run-text 加载文本文件，run-bin 加载二进制文件，简写为 r。

（3）(gdb)start：单步执行，运行程序，停在第一执行语句。

（4）(gdb)list：查看源代码，list -n 表示从第 *n* 行开始查看代码，list＋ 函数名表示查看具体函数，简写为 l。

（5）(gdb)set：设置变量的值。

（6）(gdb)next：单步调试(逐过程，函数直接执行)，简写为 n。

（7）(gdb)step：单步调试(逐语句，跳入自定义函数内部执行)，简写为 s。

（8）(gdb)backtrace：查看函数调用的栈帧和层级关系，简写为 bt。

（9）(gdb)frame：切换函数的栈帧，简写为 f。

（10）(gdb)info：查看函数内部局部变量的数值，简写为 i。

（11）(gdb)finish：结束当前函数，返回到函数调用点。

(12) (gdb)continue：继续运行，简写为 c。

(13) (gdb)print：打印值及地址，简写为 p。

(14) (gdb)quit：退出 gdb，简写为 q。

(15) (gdb)break num：在第 num 行设置断点，简写为 b。

(16) (gdb)info breakpoints：查看当前设置的所有断点。

(17) (gdb)delete breakpoints num：删除第 num 个断点，简写为 d。

(18) (gdb)display：追踪查看具体变量值。

(19) (gdb)undisplay：取消追踪观察变量。

(20) (gdb)watch：被设置观察点的变量发生修改时，打印显示。

(21) (gdb)i watch：显示观察点。

(22) (gdb)enable breakpoints：启用断点。

(23) (gdb)disable breakpoints：禁用断点。

(24) (gdb)x：查看内存 x，20xw 显示 20 个单元，十六进制，4 字节每单元。

(25) (gdb)run argv[1] argv[2]：调试时命令行传参。

使用 quit 命令可以离开 gdb 环境并回到 Shell 提示符。

例 6.25 自定义一个函数，求出两个数中的最小值。在主程序中输入要判断的两个数。

(1) 编写源程序 625.c，把两个函数写在一个源程序 625.c 中，这样就省去了定义头文件。

```
/* call a function to find the minimum */
#include <stdio.h>
 int funmin(int x, int y);

int main()
{
  int a,b,min;
  printf("---------This is  the main() function ------\n");
  printf("Input two numbers:\n");
  scanf("%d%d", &a,&b);
  min = funmin(a,b);
  printf("The smaller of %d and %d is :%d\n", a,b, min);
  printf("--------End of main function----------\n");
  return 0 ;
}

/* define a function to find the minimum */
int funmin(int x,int y)
{ int z;
  printf("*******funmin() to find the minimum********\n");
  if( x > y )
    z = y ;
  else
    z = x ;
  printf("**********End of funmin***********\n");
  return z;
}
```

(2) 用 gcc 编译程序。在编译的时候要加上选项-g，这样编译出的可执行代码中才包含调试信息，否则之后 gdb 将无法载入该可执行文件。

```
gcc  625.c  -o  625   -g
```

(3) 进入 gdb 调试环境。gdb 进行调试的是可执行文件，因此要调试的是可执行文件 625，而不是源程序 625.c，输入如下。

```
liuhui@liuhui-VirtualBox:~$ gcc 625.c -o 625 -g
liuhui@liuhui-VirtualBox:~$ gdb 625
GNU gdb (Ubuntu 7.8-1ubuntu4) 7.8.0.20141001-cvs
Copyright (C) 2014 Free Software Foundation, Inc.
License GPLv3+: GNU GPL version 3 or later <http://gnu.org/licenses/gpl.html>
This is free software: you are free to change and redistribute it.
```

按 Enter 键即可进入 gdb 调试模式，运行结果会先显示一些 gdb 工具的信息，如版本号、版权等信息。

(4) 用 gdb 调试程序。

① 查看源文件。在 gdb 中输入 l(list)就可以查看程序源代码，一次显示 10 行。每一行源代码的最左边会有对应的行号显示，便于后面设置断点。

```
(gdb) l
1       /* 625.c: call a function to find the minimum*/
2       #include <stdio.h>
3
4       int funmin(int x , int y ) ;
5
6       int main()
7       { int a,b,min;
8         printf("----This is main function------\n");
9         printf("input two numbers:\n");
10        scanf("%d%d",&a,&b);
(gdb) █
```

② 设置断点。在 GDB 中设置断点的命令是 b(break)，后面跟行号或者函数名。如果想在 scanf()函数输入数值的地方暂停，就设置 b 10，这样后面使用 run 命令时就会在这里暂停，就可以体会程序的执行流程。接着再用 l 命令查看代码对应的行号，设置第 2 个断点在调用 funmin()函数的地方。

```
(gdb) b 10
Breakpoint 1 at 0x400681: file 625.c, line 10.
(gdb) l
11        min = funmin(a,b);
12        printf("The smaller of %d and %d is: %d \n", a,b,min);
13        printf("----End of main function.------\n");
14        return 0;
15      }
16
17      /* define a function to find the minimum */
18      int funmin(int x,int y)
19      {  int z ;
20         printf("***** funmin() to find the minimum******");
(gdb) b funmin()
Function "funmin()" not defined.
Make breakpoint pending on future shared library load? (y or [n]) y
```

因为还想在 funmin()函数内部查看 if 分支的判断情况，所以设置第 3 个断点。

```
(gdb) l
21         if (x > y )
22           z = y;
23         else
24           z = x ;
25         printf("*******End of funmin() *********\n");
26         return z;
27      }
28
29
30
(gdb) b 21
Breakpoint 3 at 0x400709: file 625.c, line 21.
(gdb)
```

③ 查看断点信息。用命令 info b(info break)查看断点信息。

```
(gdb) info b
Num     Type           Disp Enb Address            What
1       breakpoint     keep y   0x0000000000400681 in main at 625.c:10
2       breakpoint     keep y   <PENDING>          funmin()
3       breakpoint     keep y   0x0000000000400709 in funmin at 625.c:21
(gdb) █
```

④ 运行程序。断点信息设置完毕,就可以输入 r(run)开始运行程序,以观察程序的运行状态。

```
(gdb) r
Starting program: /home/liuhui/625
----This is main function------
input two numbers:

Breakpoint 1, main () at 625.c:10
10          scanf("%d%d",&a,&b);
(gdb)
```

程序运行到第 1 个断点处暂停,等待输入其他命令。因为第 1 个断点是输入数据的地方,这个语句还没有执行,所以再输入 n 命令让程序单步执行,此时需要输入两个整数存入 a、b 变量中。

```
(gdb) n
6 18
11          min = funmin(a,b);
(gdb) p a
$1 = 6
(gdb) p
$2 = 6
(gdb) b
Breakpoint 4 at 0x40069b: file 625.c, line 11.
(gdb) █
```

输入 a、b 变量的数值后,用 p a 命令查看 a 变量的值。

同时,由于误操作,输入了 b 命令,没有指定行号,系统自动在当前运行到的地方,即第 11 行又设置了第 4 个断点。这里可以使用 delete 命令删除断点。

```
(gdb) d 4
(gdb) info b
Num     Type           Disp Enb Address            What
1       breakpoint     keep y   0x0000000000400681 in main at 625.c:10
        breakpoint already hit 1 time
2       breakpoint     keep y   <PENDING>          funmin()
3       breakpoint     keep y   0x0000000000400709 in funmin at 625.c:21
```

删除断点以后,断点编号不会被再次使用。例如,4 号被删除后,再次设置断点时,系统会跳过 4 号而接着删除之前的顺序编号。

```
(gdb) b
Breakpoint 7 at 0x40069b: file 625.c, line 11.
(gdb)
```

⑤ 查看与设置变量值。程序运行到断点处会自动暂停,输入 p 变量名便可查看指定变量的值。

```
(gdb) p a
$3 = 6
(gdb) p b
$4 = 18
(gdb) █
```

⑥ 单步运行。在断点处输入 n(next)或者 s(step)可单步运行。它们之间的区别在于,若

有函数调用时，s 会进入该函数，而 n 不会进入该函数。

输入 n 命令，系统会直接运行到第 3 个断点处。

```
(gdb) n

Breakpoint 3, funmin (x=6, y=18) at 625.c:21
21          if (x > y )
(gdb) n
24            z = x ;
(gdb) n
25           printf("*******End of funmin() *********\n");
(gdb) ▌
```

再次使用 n 命令，验证程序分支是否正确，可以看到最小值取了 x 参数的值，说明 if 条件书写是正确的。

如果第⑥步中输入 s，深入自定义函数 funmin()内部执行，进入 funmin()函数内部后，仍要用 n 单步执行。

```
Breakpoint 2, main () at 625.c:11
11          min = funmin(a,b);
(gdb) s
funmin (x=6, y=18) at 625.c:20
20          printf("*******funmin() to find the minimum********\n");
(gdb) n
*******funmin() to find the minimum********

Breakpoint 3, funmin (x=6, y=18) at 625.c:21
21          if( x > y )
(gdb) ▌
```

用 s 命令进入内部后，可以看到 funmin()函数的内部细节。

⑦ 继续运行程序。在查看完变量或堆栈情况后，可以输入 c(continue)命令恢复程序的正常运行，把剩余的程序执行完，并显示执行结果。

```
(gdb) c
Continuing.
**********End of funmin***********
The smaller of 6 and 18 is :6
--------End of main function----------
[Inferior 1 (process 3035) exited normally]
(gdb) ▌
```

⑧ 退出 gdb 环境。要退出 gdb 环境，只要输入 q(quit)命令，按 Enter 键后即可退出 gdb 环境。

```
(gdb) q
liuhui@liuhui-VirtualBox:~$
```

注意

> 调试策略：无论进行何种调试工作，大体的调试策略都类似，使用二分法对错误地点进行定位；使用断点(breakpoint)，使程序运行至断点处时停止以便观察程序状态；使用单步执行，使程序运行一条指令后停止，观察数据的变化情况和程序控制流；对一个变量预设特定的值，跟踪其在程序运行中的变化规律；等等。根据二八定律，使用 20%的 gdb 指令，一般就可以解决 80%的程序 BUG。

6.3 进程的创建

6.3.1 进程的编号

在 Linux 系统中创建进程时，系统会分配一个唯一的数值给每个进程，这个数值就是 PID（进程标识符）。

在 Linux 系统中，进程标识有 PID 和 PPID（父进程号）。PID 和 PPID 都是非零的正整数。在 Linux 系统中，获得当前进程的 PID 和 PPID 的系统调用为 getpid() 和 getppid() 函数，其函数说明如表 6.3 和表 6.4 所示。

表 6.3 getpid()函数说明

所需头文件	#include <unistd.h>
函数原型	pid_t getpid(viod)
函数功能	获取当前进程的编号
函数输入参数	无
函数返回值	执行成功则返回当前进程的编号

表 6.4 getppid()的函数说明

所需头文件	#include <unistd.h>
函数原型	pid_t getppid(viod)
函数功能	获取当前进程的父进程编号
函数输入参数	无
函数返回值	执行成功则返回当前进程的父进程编号

例 6.26 设计一个程序，要求显示 Linux 系统分配给此程序的 PID 和它的 PPID。

(1) 编辑源程序 626.c，代码如下。

```
vim  626.c
```

```
#include <stdio.h>
#include<unistd.h>
int main()
{   printf("The process ID is: %d\n", getpid() );
    printf("The parents' process ID is: %d\n", getppid() );
    return 0 ;
}
```

(2) 用 gcc 编译程序。

```
gcc  626.c  -o  626
```

(3) 运行程序。

```
liuhui@liuhui-VirtualBox:~$ gedit 626.c
liuhui@liuhui-VirtualBox:~$ gcc 626.c -o 626
liuhui@liuhui-VirtualBox:~$ ./626
The process ID is: 3070
The parents' process ID is: 2777
liuhui@liuhui-VirtualBox:~$ ./626
The process ID is: 3071
The parents' process ID is: 2777
```

打开另一个终端，运行该程序。

```
liuhui@liuhui-VirtualBox:~$ ./626
The process ID is: 3120
The parents' process ID is: 3077
liuhui@liuhui-VirtualBox:~$ ./626
The process ID is: 3122
The parents' process ID is: 3077
liuhui@liuhui-VirtualBox:~$ █
```

从程序运行结果可以看出，在同一个终端中，父进程的编号是不变的，而子进程的编号在发生变化；在不同的终端，进程编号和父进程编号都不一样。

6.3.2 Linux C与进程相关的主要函数

Linux 系统中用 C 语言编写与进程相关的程序时，可以使用标准函数库中的函数，常用的函数如表 6.5 所示。

表 6.5 Linux C 与进程有关的函数

函数名	功能
getpid()	获得当前进程的编号
getppid()	获得当前进程的父进程编号
exec 函数族	在进程中启动另一个程序的执行
system()	调用一个命令并执行
fork()	创建一个进程
sleep()	进程暂停一段时间
exit()	终止进程
_exit()	终止进程
wait()	暂停父进程，等待子进程运行完成
waitpid()	暂停父进程，等待子进程运行完成

1. system()函数

system()函数的其原型为 int system(const char * string);，执行原理是 system()函数会调用 fork()函数产生子进程，由子进程调用/bin/sh -c string 来执行参数 string 字符串所代表的命令，此命令执行完后会随即返回原调用的进程。返回值为−1 表示出现错误；返回值为 0 表示调用成功但是没有出现子进程；返回值>0 表示成功并返回子进程的 PID。如果 system()函数在调用/bin/sh 时失败则返回 127，其他失败原因返回−1。若参数 string 为空指针(NULL)，则返回非零值。如果 system()函数调用成功，则最后会返回执行 Shell 命令后的返回值，但是此返回值也有可能为 system()函数调用/bin/sh 失败所返回的 127，因此最好能再检查 errno 以确保执行成功。

例如，在当前路径下存在一个名为 a.out 的可执行文件，那么在一个程序 main()函数中使用 system()函数执行这个 a.out 程序，则可以直接使用函数 system("./a.out");来运行 a.out 这个程序。

例 6.27 system()函数执行 Shell 命令，然后运行程序。

```
#include <stdio.h>
#include <stdlib.h>

int main(int argc, const char *argv[])
{
    int ret = 1;
```

```
    if(argc >= 2) printf("argv[1] = %s\r\n", argv[1]);
    else printf("argv[0] = %s\r\n", argv[0]);
    printf("display the files in current directory\n");
    ret = system("ls -l 6*.c");
    printf("ret = %d, Byebye...\r\n",ret);
    printf("run the program 626\n");
    system("./626");
    return 0;

}
```

```
liuhui@liuhui-VirtualBox:~$ ./627 a1 a3 a6
argv[1] = a1
display the files in current directory
-rw-rw-r-- 1 liuhui liuhui  235  3月 15 16:02 610.c
-rw-rw-r-- 1 liuhui liuhui  251  4月 15 10:15 618.c
-rw-rw-r-- 1 liuhui liuhui  183  7月 29 09:53 620.c
-rw-rw-r-- 1 liuhui liuhui  433  7月 29 09:56 622.c
-rw-rw-r-- 1 liuhui liuhui  210  7月 29 09:58 623avg.c
-rw-rw-r-- 1 liuhui liuhui  437  7月 29 09:58 623.c
-rw-rw-r-- 1 liuhui liuhui  267  7月 29 10:05 623sum.c
-rw-rw-r-- 1 liuhui liuhui  635 11月  4  2019 625.c
-rw-rw-r-- 1 liuhui liuhui  259 11月  4  2019 625min.c
-rw-rw-r-- 1 liuhui liuhui  188 11月  4  2019 626.c
-rw-rw-r-- 1 liuhui liuhui  407 11月  7  2019 627.c
-rw-rw-r-- 1 liuhui liuhui  478 11月  7  2019 628.c
-rw-rw-r-- 1 liuhui liuhui  498 11月  7  2019 629.c
-rw-rw-r-- 1 liuhui liuhui  608  6月 30 15:25 631.c
-rw-rw-r-- 1 liuhui liuhui 1173 11月  8  2019 632.c
-rw-rw-r-- 1 liuhui liuhui 1014 11月  9  2019 632cp.c
-rw-rw-r-- 1 liuhui liuhui  498 11月  9  2019 633.c
-rw-rw-r-- 1 liuhui liuhui  797  4月 16 09:11 634.c
-rw-rw-r-- 1 liuhui liuhui  882  4月 16 10:31 635.c
-rw-rw-r-- 1 liuhui liuhui 1065 11月  9  2019 635cp.c
-rw-rw-r-- 1 liuhui liuhui  658 11月 12  2019 637init.c
-rw-rw-r-- 1 liuhui liuhui  364 11月 12  2019 637main.c
-rw-rw-r-- 1 liuhui liuhui 1490 11月 13  2019 643.c
ret = 0, Byebye...
run the program 626
The process ID is: 3731
The parents' process ID is: 3730
liuhui@liuhui-VirtualBox:~$ _
```

例 6.27 运行结果表明，在程序中使用 system("ls -l 6＊.c")与在终端中使用命令 ls -l 6＊.c 的效果是一样的，都是列出工作目录下文件名类似 6＊.c 的文件；在程序中使用 system("./626")与在终端中使用命令 ./626 的效果是一样的，都是运行工作目录下的程序 626。

2. exec 函数族

exec 函数族可以在系统中创建一个进程，就是让该进程完成一定的功能，如需要一个进程执行一个程序的代码等。在源代码中通过语句来运行一个程序，可以使用 exec 函数族中的任一个。exec 函数族由多个函数组成，如表 6.6 所示，它们的参数形式不一样，但功能一样。

表 6.6 exec 函数族

所需头文件	#include <unistd.h>
函数原型	int execl(const char ＊path, const char ＊ arg,…)
	int execv(const char ＊path, char const ＊ arg[])
	int execle(const char ＊path, const char ＊ arg,…char ＊const envp[])
	int execve(const char ＊path, char ＊ const arg[], char ＊ const envp[])
	int execlp(const char ＊file, const char ＊ arg,…)
	int execvp(const char ＊file, char ＊ const arg,…)
函数返回值	−1：出错；否则正确执行参数中的命令

一个进程一旦调用 exec 类函数，它本身就"死亡"了，系统会把代码段替换成新的程序的代码，废弃原有的数据段和堆栈段，并为新程序分配新的数据段与堆栈段，唯一留下的就是进程号。也就是说，对系统而言还是同一个进程，不过已经是另一个程序了。

表 6.6 中，6 个函数名字不同，而且它们接收的参数也不同，实际上它们的功能都是差不多的，因为要用于接收不同的参数，所以要用不同的名字区分它们，因为 C 语言没有函数重载的功能，但是实际上它们的命名是有规律的，即 exec[l or v][p][e]。如果是 C++ 语言，就可以通过函数重载实现同一个函数名字而根据不同参数自动选择不同的功能实现。

exec 函数族的参数可以分成执行文件部分、命令参数部分、环境变量部分 3 个部分。例如要执行一个命令 ls -l /home/gateman，执行文件部分就是"/usr/bin/ls"，命令参数部分就是"ls","-l","/home/gateman",NULL，环境变量部分是一个数组，最后的元素必须是 NULL，例如 char * env[] = {"PATH=/home/gateman", "USER=lei", "STATUS=testing", NULL};。

1）函数名的命名规则

（1）e 后续，参数必须带环境变量部分，环境变量部分参数会成为执行 exec 函数期间的环境变量，比较少用。

（2）l 后续，命令参数部分必须以逗号相隔，最后一个命令参数必须是 NULL。

（3）v 后续，命令参数部分必须是一个以 NULL 结尾的字符串指针数组的头部指针。例如 char * pstr 就是一个字符串的指针，char * pstr[] 就是数组，分别指向各个字符串。

（4）p 后续，执行文件部分可以不带路径，exec 函数会在 $PATH 中搜索文件。

2）参数数据类型

（1）const char * ptr;：定义一个指向字符常量的指针，ptr 指向 char * 类型的常量，所以不能用 ptr 来修改所指向的内容。换句话说，* ptr 的值为 const，不能修改。但是 ptr 的声明并不意味着它指向的值实际上就是一个常量，而只是意味着对 ptr 而言这个值是常量。例如，ptr 指向 str，而 str 不是 const，可以直接通过 str 变量来修改 str 的值，但是却不能通过 ptr 指针来修改。

（2）char const * ptr;：此种写法和 const char * 等价。

（3）char * const ptr;：定义一个指向字符的指针常数，即 const 指针，不能修改 ptr 指针，但是可以修改该指针指向的内容。

注意

> exec 函数族会取代执行它的进程。也就是说，一旦 exec 函数族执行成功，它就不会返回了，因为调用进程的实体（包括代码段、数据段和堆栈等）都已经被新的内容取代，只留下进程 ID 等一些表面上的信息仍保持原样；但是，如果 exec 函数族执行失败，它会返回失败的信息，而且进程继续执行后面的代码。

例 6.28 使用 execv()函数。

```
#include <stdio.h>
#include <unistd.h>
#include <sys/types.h>
#include <sys/wait.h>
#include <stdlib.h>
```

```
int main()
{
int childpid;
int i;

if (fork() == 0)
   {
    //child process
    char * execv_str[] = {"echo", "executed by execv",NULL};
    if (execv("/bin/echo",execv_str) <0 )
       {
        perror("error on exec");
        exit(0);
       }
   }
else
  {
    //parent process
    wait(&childpid);
    printf("execv done\n\n");
  }
}
```

例 6.29 使用 execvp()函数。

```
#include <stdio.h>
#include <unistd.h>
#include <sys/types.h>
#include <sys/wait.h>
#include <stdlib.h>
int main()
{
int childpid;
int i;
char * execvp_str[] = {"echo", "executed by execvp",">>", "~/abc.txt",NULL};

if (fork() == 0)
   {
    //child process

    if (execvp("echo",execvp_str) <0 )
      {
        perror("error on exec");
        exit(0);
      }
   }

else
  {
    //parent process
    wait(&childpid);
    printf("execv done\n\n");
  }
}
```

```
liuhui@liuhui-VirtualBox:~$ gcc 629.c -o 629
liuhui@liuhui-VirtualBox:~$ ./629
executed by execvp >> ~/abc.txt
execv done

liuhui@liuhui-VirtualBox:~$ cat abc.txt
```

例 6.30 exec 函数族函数示例。

execve()函数：

```
char * execve_str[] = {"env",NULL};
char * env[] = {"PATH=/tmp", "USER=liuhui", "STATUS=testing", NULL};
execve ( "/usr/bin/env",execve_str,env)  <0  )
execl 函数：
execl ( "/usr/bin/echo","echo","executed by execl" ,NULL)
execlp函数：
execlp ( "echo","echo","executed by execlp" ,NULL)
execle函数：
char * env[] = {"PATH=/home/liuhui", "USER=liuhui", "STATUS=testing", NULL};
execle ( "/usr/bin/env","env",NULL,env)
```

6.3.3 创建子进程

在程序中可以手工使用 fork()函数创建一个进程，操作系统通过复制调用进程创建一个新的子进程，它复制父进程的代码，却有自己的数据。

fork()函数说明如表 6.7 所示。

表 6.7 fork()函数的说明

所需头文件	#include <unistd.h>
函数功能	新建一个进程
函数原型	pid_t fork(void)
函数输入参数	无
函数返回值	执行成功，则在子进程中返回 0；在父进程中返回新建子进程的编号。执行失败，则返回－1，失败原因存在 errno 中

那么，根据返回值可分辨出父子进程。

(1) 对于父进程来说：fork()函数返回值是子进程的 PID；创建子进程失败则返回－1。

(2) 对于子进程，也就是新建进程成功，fork()函数返回值是 0。

进程调用 fork()函数创建一个新进程，由 fork()函数创建的新进程称为子进程(child process)。该函数被调用一次，但返回两次，两次返回的区别是子进程的返回值是 0，而父进程的返回值则是新子进程的 PID。

子进程和父进程继续执行 fork()函数之后的指令，子进程是父进程的复制品，通常父、子进程共享代码段，但各有自己的数据段。

例 6.31 在一个程序中新建一个子进程，子进程中给变量 n 赋值 3，父进程中给变量 n 赋值 6。

(1) 编写源程序。

```
631.c ×
/* 631.c: fork a new childprocess */
#include <stdio.h>
#include <stdlib.h>
#include <sys/types.h>
#include <unistd.h>
int main()
{ pid_t pid;
  char *messg;
  int n;
  pid = fork();
  if(pid < 0)
  {  /* failed to create a childprocess */
     perror("fork failed");
     exit(1);
   }
  if( pid == 0 )
    { /*this is childprocess */
      messg = "This is the child.\n";
      n = 3;
    }
   else
     {  messg = "This is the parent.\n";
        n = 6;
      }
```

```
    /* output the message and n,according to pid */
     for( ; n>0 ; n--)
      { printf("%s" , messg);
        sleep(1);
       }
     return 0 ;
  }
```

(2) 用 gcc 编译程序。

```
gcc  631.c  -o  631
```

(3) 运行程序。

```
liuhui@liuhui-VirtualBox:~$ gcc 631.c -o 631
liuhui@liuhui-VirtualBox:~$ ./631
This is the parent.
This is the child.
This is the parent.
This is the child.
This is the parent.
This is the child.
This is the parent.
This is the parent.
This is the parent.
liuhui@liuhui-VirtualBox:~$ _
```

如果修改源程序,在子进程中 $n=6$,父进程中 $n=3$,那么编译运行结果如下。

```
liuhui@liuhui-VirtualBox:~$ gcc 631.c -o 631
liuhui@liuhui-VirtualBox:~$ ./631
This is the parent.
This is the child.
This is the parent.
This is the child.
This is the parent.
This is the child.
liuhui@liuhui-VirtualBox:~$ This is the child.
This is the child.
This is the child.
ls -l 63*.c
-rw-rw-r-- 1 liuhui liuhui 608 11月  8 20:02 631.c
liuhui@liuhui-VirtualBox:~$
```

由于父进程只打印 3 次,子进程打印 6 次,当父进程终止时 Shell 进程认为命令执行结束了,于是打印 Shell 提示符,而事实上子进程这时还没结束,所以子进程的消息打印到了 Shell 提示符后面。最后光标停在 This is the child 的下一行,这时用户仍然可以输入命令(如输入 ls -l),即使命令不是紧跟在提示符后面,Shell 也能正确读取。

【思考】 把程序中的 sleep(1);去掉,查看程序的运行结果如何改变。

注意

(1) fork()函数用于创建一个子进程,该子进程几乎是父进程的副本,而有时用户希望子进程去执行另外的程序,exec 函数族就提供了一个在进程中启动另一个程序执行的方法。它可以根据指定的文件名或目录名找到可执行文件,并用它来取代原调用进程的数据段、代码段和堆栈段,在执行完之后,原调用进程的内容除了 PID 外,其他将全部被新程序的内容替换。

(2) 一般来讲,在一个普通的 C 程序中,从开始运行这个程序直到程序结束,系统只会分配一个 PID 给这个程序,也就是说,系统里只会有一条关于这个程序的进程,但是执行了 fork()这个函数就不同了,fork 这个英文单词为"分叉"的意思,fork()函数的作用是复制当前进程(包括进程在内存里的堆栈数据)为一个新的镜像,然后这个新的镜像和旧的进程同时执行下去,相当于本来一个进程,遇到 fork()函数后就分叉成两个进程同时执行,而且这两个进程互不影响。所以,fork()函数实际上有返回值,而且在两个进程中的返回值是不同的。在主进程里,fork()函数会返回新建子进程的 PID,而在子进程里会返回 0。所以,可以根据 fork()函数的返回值来判断当前到底是在哪个进程中,进而执行不同的代码。

6.3.4 进程的终止

1. 正常终止

(1) 在 main()函数内执行 return 语句,等效于调用 exit()函数。

(2) 调用 exit()函数。此函数由 ANSI C 定义,其操作包括调用各终止处理程序,然后关闭所有标准 I/O 流等,其函数说明如表 6.8 所示。

表 6.8 exit()函数的说明

所需头文件	#include <stdlib.h>
函数功能	正常终止进程
函数原型	void exit(int status);
函数输入参数	整数值,一般 0 代表正常结束,1 或 -1 代表其他状态
函数返回值	无
备注	exit()函数用来正常终止进程的执行,并把参数 status 返回给父进程,而进程中的所有缓冲区数据会自动写回,并关闭未关闭的文件,也就是进行善后处理

(3) 调用_exit 系统调用函数,此函数由 exit 命令调用,其函数说明如表 6.9 所示。

表 6.9 _exit()函数的说明

所需头文件	#include <unistd.h>
函数功能	终止进程执行
函数原型	void _exit(int status);
函数输入参数	整数值,一般 0 代表正常结束,1 或 -1 代表其他状态
函数返回值	无
备注	_exit()函数用来立即终止进程的执行,把参数 status 返回给父进程,并关闭未关闭的文件,但不会处理进程中所有的缓冲区数据,也就是不进行善后处理。

2. 异常终止

(1) 调用 abort。

(2) 由一个信号终止(就是 kill 命令)。

例 6.32 设计一个程序,打开一个已经存在的文件,新建一个子进程,在父子进程中分别显示各自的 PID 和 fork()函数的返回值,希望父进程和子进程都在文件的末尾加入一个字符串,分别用 exit()和_exit()函数终止进程。最后根据运行结果分析 exit()和_exit()函数的执行原理。

```
632.c ×
/* 632.c call the exit and _exit */
#include <stdio.h>
#include <stdlib.h>
#include <sys/types.h>
#include <unistd.h>
#include <string.h>
int main()
{FILE *fp;
 char msg[80];
 pid_t pd ,pid,ppid;
 if( (fp = fopen("632cp.c", "a+") ) == NULL)
  {  printf(" failed to open the file\n");
     exit(-1);
   }
  pid = getpid();
  ppid = getppid();
  pd = fork();
  if( pd < 0 )
  {  perror("faile to create a child\n");
     exit(-1) ;
  }
  else if ( pd ==0 )
      {
        printf("this is child,the ID is : %d \n", getpid());
        printf("the return of fork is: %d\n" , pd);
        strcpy(msg ," This is child. Write the message to file. \n" ) ;
        fwrite(msg, strlen(msg),1,fp);
        printf("use _exit to over\n");
        _exit(0);
      }
     else
      {
        printf("this is parent,the ID is : %d \n", pid);
        printf("The grandparent, i.e. this process's parent is :%d\n" , ppid);
        printf("the return of fork is: %d\n" , pd);
        strcpy(msg, " This is parent. Write the message to file. \n" ) ;
        fwrite(msg, strlen(msg),1,fp);
        printf("use exit to over\n");
        exit(0);
      }
  fclose(fp);
  return 0;
}
liuhui@liuhui-VirtualBox:~$ gcc 632.c -o 632
liuhui@liuhui-VirtualBox:~$ ./632
this is parent,the ID is : 3506
The grandparent, i.e. this process's parent is :2781
the return of fork is: 3507
use exit to over
liuhui@liuhui-VirtualBox:~$ this is child,the ID is : 3507
the return of fork is: 0
use _exit to over

liuhui@liuhui-VirtualBox:~$
```

父进程中没有让父进程等待子进程完成任务，所以父进程结束，出现了 Shell 系统提示符，然后子进程的运行结果才出现；同时可以看出，在父子进程中，pd=fork()这个语句得到的结果是不一样的；子进程的代码没有完全执行，打开添加内容的目标文件 632cp. c，发现最后只有父进程写进去的一个字符串，子进程计划写入的字符串没有执行，进程就被_exit()强制结束了。

3. 函数对比

exit()函数的功能就是退出，传入的参数是程序退出时的状态码，0 表示正常退出，其他表示非正常退出，一般都用－1 或者 1。_exit()在 Linux 函数库中的原型是＃include void _exit (int status);，和 exit()函数比较，exit()函数定义在 stdlib.h 中，而_exit()定义在 unistd.h 中，从名字上看，stdlib.h 似乎比 unistd.h 高级一点。那么，它们之间到底有什么区别呢？

_exit()函数的作用最为简单，直接使进程停止运行，清除其使用的内存空间，并销毁其在内核中的各种数据结构；exit()函数则在这些基础上做了一些包装，在执行退出之前增加了若干道工序，也是因为这个原因，有些人认为 exit 已经不能算是纯粹的系统调用。

exit()函数与_exit()函数最大的区别就在于 exit()函数在调用 exit 系统调用之前要检查文件的打开情况，把文件缓冲区中的内容写回文件，就是“清理 I/O 缓冲”。exit()函数在结束调用它的进程之前，要进行如下步骤。

(1) 调用 atexit()注册的函数(出口函数)，按 ATEXIT 注册时相反的顺序调用所有由它注册的函数，这使得用户可以指定在程序终止时执行自己的清理动作。例如，保存程序状态信息于某个文件，解开对共享数据库上的锁等。

(2) cleanup()函数是关闭所有打开的流，写所有缓冲区的输出，删除用 TMPFILE 函数建立的所有临时文件。

(3) 最后调用_exit()函数终止进程。

简单地说，exit()函数将终止调用进程，在退出程序之前，关闭所有文件，将刷新定义缓冲区输出内容，并调用所有已刷新的“出口函数”(由 atexit 定义)。

_exit()该函数是由 Posix 定义的，不会运行 exit handler 和 signal handler，在 UNIX 系统中不会清洗标准 I/O 流。简单地说就是，_exit 终止调用进程，但不关闭文件，不清除输出缓存，也不调用出口函数。

exit()函数和_exit()函数的共同点是，不管进程是如何被终止的，内核都会关闭进程打开的所有文件描述符，释放进程使用的内存。

6.4 孤儿进程和僵尸进程

1. 孤儿进程和僵尸进程

由于子进程的结束和父进程的运行是一个异步的过程，即父进程永远无法预测子进程什么时候结束，所以就产生了孤儿进程和僵尸进程。

父进程退出后，它的一个或多个子进程还在运行，那么这些子进程叫作孤儿进程。如果子进程退出，但是父进程没有调用 wait 或 waitpid 获取子进程的状态信息，那么虽然子进程结束，但其进程描述符 PID 仍然保存在系统中，则该子进程叫作僵尸进程。

2. 进程处理

(1) 孤儿进程将会被 1 号进程 init 进程收养，并且由 init 进程完成对它们的状态的收集，并释放它们在系统中占用的资源。

(2) 对于僵尸进程，子进程调用 exit()函数后，首先内核会释放进程(调用了 exit 系统调用)所使用的所有存储区，关闭所有打开的文件等，但内核为每个终止子进程保存了一定量的信息，诸如进程 ID、进程的终止状态以及该进程使用的 CPU 时间等，当终止子进程的父进程调用 wait()(阻塞等待)或 waitpid()函数(非阻塞等待)时就可以获得子进程的终止状态，回收子进程的资源。

每个进程结束的时候,系统都会扫描当前系统中运行的所有进程,看看有没有哪个进程是刚刚结束的这个进程的子进程。如果有,就由 init 进程来接管它,成为它的父进程,从而保证每个进程都会有一个父进程。而 init 进程会自动等待其子进程,因此被 init 接管的所有进程都不会变成僵尸进程。

每个 UNIX 进程在进程表里都有一个进入点(entry),核心进程执行该进程时使用到的一切信息都存储在进入点。调用 fork()函数建立一个新的进程后,核心进程就会在进程表中给这个新进程分配一个进入点,然后将相关信息存储在该进入点所对应的进程表内。这些信息中有一项就是其父进程的识别码。

wait()函数用于使父进程阻塞,直到一个子进程终止或者该进程接到了一个指定的信号为止,其函数说明如表 6.10 所示。如果该父进程没有子进程,或者它的子进程已经终止,则 wait()函数就会立即返回。

表 6.10　wait()函数的说明

所需头文件	#include <sys/types.h>, #include <sys/wait.h>
函数功能	等待子进程中断或结束
函数原型	pid_t wait(int * status);
函数输入参数	status:子进程状态
函数返回值	执行成功则返回子进程的进程号(PID);如果失败则返回-1,失败原因存在于 errno 中
备注	wait()函数会暂停目前进程的执行,直到有信号来到或子进程终止

waitpid()函数的作用和 wait()函数一样,但它并不一定要等待第 1 个终止的子进程,它还有若干选项,也能支持进程控制,其函数说明如表 6.11 所示。实际上,wait()函数只是 waitpid()函数的一个特例,在 Linux 系统内部实现 wait()函数时直接调用的就是 waitpid()函数。

表 6.11　waitpid()函数的说明

所需头文件	#include <sys/types.h>, #include <sys/wait.h>
函数功能	等待子进程中断或结束
函数原型	pid_t waitpid(pid_t pid, int * status, int options);
函数输入参数	pid 为子进程编号;status 为子进程状态;options 为 0 或 WNOHANG WUNTRACED。0 表示不使用该选项;WNOHANG 表示如果没有任何已终止的子进程则马上返回,不予等待;WUNTRACED 表示如果子进程进入暂停执行状态则马上返回,但对终止状态不予处理
函数返回值	执行成功则返回子进程的进程号(PID);如果失败则返回-1,失败原因存在于 errno 中
备注	waitpid()函数会暂停目前进程的执行,直到有信号来到或子进程终止

3. 进程状态

status 为子进程状态,如果不关心子进程为什么退出,也可以传入空指针。Linux 提供了一些非常有用的宏来获取子进程的状态,如表 6.12 所示,这些宏都定义在 sys/wait.h 头文件中。一般情况下,程序中也可使用语句 wpid=waitpid(pid,&status,0);,子进程的结束状态返回后存于 status,然后使用宏判别子进程的结束情况。

表 6.12 获取 status 状态的宏

宏 名	说 明
WIFEXITED(status)	如果子进程正常结束,它就返回 true;否则返回 false
WEXITSTATUS(status)	如果 WIFEXITED(status)为 true,则可以用该宏取得子进程 exit()返回的结束代码
WIFSIGNALED(status)	如果子进程因为一个未捕获的信号而终止,它就返回 true;否则返回 false
WTERMSIG(status)	如果 WIFSIGNALED(status)为 true,则可以用该宏获得导致子进程终止的信号代码
WIFSTOPPED(status)	如果当前子进程被暂停了,则返回 true;否则返回 false
WSTOPSIG(status)	如果 WIFSTOPPED(status)为 true,则可以使用该宏获得导致子进程暂停的信号代码

例 6.33 僵尸进程的产生。

```
*633.c ×
#include <stdio.h>
#include <stdlib.h>
#include <unistd.h>
#include <sys/types.h>
#include <sys/wait.h>
int main()
{
  pid_t pd;
  pd = fork();
  if (pd < 0)
    { perror("failed to fork.\n");
      exit(1);
    }
  else  if (pd == 0 )
        {/* sleep(20);  */
          printf("This is child process with pid is :%d\n", getpid() );
         }
        else
          {  sleep(20);
             printf("This is parent process with pid is :%d\n", getpid() );
           }
   exit(0);
 }
```

```
liuhui@liuhui-VirtualBox:~$ gcc 633.c -o 633
liuhui@liuhui-VirtualBox:~$ ./633
This is child process with pid is :3470
This is parent process with pid is :3469
liuhui@liuhui-VirtualBox:~$ _
```

看到子进程的编号后,立即在另一个终端查看子进程的状态,代码如下。

```
liuhui@liuhui-VirtualBox:~$ ps 3470
  PID TTY      STAT   TIME COMMAND
 3470 pts/8    Z+     0:00 [633] <defunct>
liuhui@liuhui-VirtualBox:~$ _
```

此例中,父进程睡眠 20s,在这期间子进程已经结束了,父进程没有结束;等到父进程醒来,子进程已经结束,但是它占用的资源还没有被父进程释放,子进程成为僵尸进程,在另一个终端可以看到子进程的状态是 z。那么,这个僵尸进程会一直停留在系统中吗?再次运行 ps -t 命令,发现两个父子进程都消失了。这是因为当父进程序也退出后,成为僵尸的子进程又变为了孤儿进程,这个孤儿进程又被一个特殊进程 init 接管,init 进程会自动清理所有它继承的僵尸进程。

虽然系统会自动处理僵尸进程,但还是尽量不要产生僵尸进程,利用 wait()函数获取已经结束的子进程信息,尽早释放子进程占用的资源。wait()函数的原理是,进程调用 wait()函数，阻塞自己，然后寻找僵尸子进程，找到后则销毁子进程然后返回，没有找到则一直阻塞，直到找到僵尸进程为止。

例 6.34 在父进程中使用 wait()函数及时释放先结束的子进程的资源。

```
/*   634.c    */
#include <stdio.h>
#include <stdlib.h>
#include <unistd.h>
#include <sys/types.h>
#include <sys/wait.h>

int main()
{
    pid_t pid=fork();

    if(pid<0)
    {
        perror("fork error\n");
        exit(0) ;
    }
    else if(pid>0)
    {
        printf("in parente process\n" );

        int status=-1;
        pid_t pr=wait(&status);

        if(WIFEXITED(status))
        {
            printf("the child process exit normal\n") ;
            printf("the child return code is : %d\n" , WEXITSTATUS(status) ) ;
        }
        else
        {
           printf("the child process exit  abnormal,pid is:%d\n ", pr) ;
        }
    }
    else if(pid==0)
    {
        printf("in child process,PID: %d,PPID: %d\n", getpid(),getppid() ) ;
        exit(6);
    }
    return 0;
}
```

```
liuhui@liuhui-VirtualBox:~$ gedit 634.c
liuhui@liuhui-VirtualBox:~$ gcc 634.c -o 634
liuhui@liuhui-VirtualBox:~$ ./634
in parate process
in child process,PID: 2953,PPID: 2952
the child process exit normal
the child return code is : 6
liuhui@liuhui-VirtualBox:~$
```

例 6.35 在父进程中使用 waitpid()函数及时释放先结束的子进程的资源，接收到子进程结束的信号后，父进程结束等待。

```
#include <stdio.h>
#include <stdlib.h>
#include <unistd.h>
#include <sys/types.h>
#include <sys/wait.h>
int main()
{
    pid_t pid=fork();
    pid_t pr;
    if(pid<0)
    {
        printf("fork error! \n");
        exit(0) ;
    }
    else if(pid>0)
    {  /*parent process */
        printf("in parente process\n");
```

```
        do
        {
            pr=waitpid(pid,NULL,WNOHANG);
            if(pr==0)
            {
                printf("no child exit! \n ") ;
                sleep(1);
            }
        } while(pr==0);
        if(pr==pid)
        {
            printf("successfuly get child %d\n ",pid ) ;
        }
        else
           printf("some error occured\n");
    }

    else if(pid==0)  /* child proces*/
    {
        printf("in child process,PID:%d,ppid is :%d \n",getpid(),getppid());
        sleep(10);
        exit(11);
    }
    return 0;
}
```

程序运行过程如下。

```
liuhui@liuhui-VirtualBox:~$ gedit 635.c
liuhui@liuhui-VirtualBox:~$ gcc 635.c -o 635
liuhui@liuhui-VirtualBox:~$ ./635
in parate process
no child exit!
in child process,PID:3045,ppid is :3044
 no child exit!
 no child exit!
 no child exit!
 no child exit!
 no child exit!
 no child exit!
 no child exit!
 no child exit!
 no child exit!
 successfuly get child 3045
 liuhui@liuhui-VirtualBox:~$
```

waitpid()函数采用了 WNOHANG 参数，所以 waitpid 不会停留在那里等待。也就是说，父进程不会阻塞在那里等待子进程返回，它会立即返回，然后去做自己的事情。为了让父进程等待以获取子进程的编号，需要加个循环，直到等到获取了子进程编号为止。

上机实验：Linux 系统中进程的查看及控制管理

1. 实验目的

(1) 掌握进程的常用终端命令。

(2) 掌握用 system()函数、exec 函数族、fork()函数创建进程。

(3) 掌握 waitpid()函数的应用。

2. 实验任务

(1) 使用进程的常用终端命令。

(2) 使用 C 语言编译器 gcc 和调试工具 gdb 进行 C 语言程序的运行。

(3) 用 execl()函数创造进程，应用 fork()函数创建子进程。

(4) 应用 fork()函数创建子进程,在父子进程中执行不同的任务。

(5) waitpid()函数的应用。

3. 实验环境

装有 Windows 系统的计算机;虚拟机安装 VirtualBox+ Linux Ubuntu 操作系统。

4. 实验题目

任务 1:(1)学习 at 指令的使用。写出 at 指令的使用格式。在当前时间 2min 后,通过 at 指令运行命令 ls -l.

(2) 使用 kill 命令,显示 Linux 环境下的信号,分析这些信号的特点。

任务 2:学习 gcc 编译器的使用,使用 gdb 调试 C 语言程序。

编写程序,用 execl()函数创造进程 ls -l,用 execvp()函数创造进程 ps -ef。

提示

显示当前目录下的文件信息,可使用以下语句。

```
execl("/bin/ls", "ls", "-al", NULL);
char *arg[] = {"ps", "-ef", NULL};
execvp("ps", arg);
```

任务 3:调试下列程序,改正程序中存在的少量的错误,写出程序的功能与程序的运行结果。

```
#include<stdio.h>           /*文件预处理,包含标准输入输出库*/
#include<stdlib.h>          /*文件预处理,包含 system()、exit()等函数*/
#include<signal.h>          /*文件预处理,包含 kill()、raise()等函数*/
#include<sys/types.h>       /*文件预处理,包含 waitpid()、kill()、raise()等函数*/
#include<sys/wait.h>        /*文件预处理,包含 waitpid()函数*/
#include<unistd.h>          /*文件预处理,包含进程控制函数*/
int main ()                 /*C 程序的主函数,开始入口*/
{
pid_t result;
int ret;
result = fork();            /*调用 fork()函数,复制进程,返回值存在变量 result 中*/
int newret;
if(result<0)            /*通过 result 的值来判断 fork()函数的返回情况,这里进行出错处理*/
{
        perror("创建子进程失败");
        exit(1);
}
else if (result == 0)       /*返回值为 0 代表子进程*/
{
        raise(SIGSTOP);     /*调用 raise()函数,发送 SIGSTOP 使子进程暂停*/
        exit(0);
}
else                        /*返回值大于 0 代表父进程*/
{
```

```
        printf("子进程的进程号(PID)是: %d\n",result);
        if((waitpid(NULL,WNOHANG)) == 0)
        {
         if(ret = kill(result,SIGKILL)!= 0)
         /* 调用 kill()函数,发送 SIGKILL 信号结束子进程 result */
         printf("用 kill 函数返回值是: %d,发出的 SIGKILL 信号结束进程的进程号: %d\n",ret,
result);
         else{ perror("kill 函数结束子进程失败");}
        }
}
}
```

5. 实验心得

总结上机中遇到的问题及解决问题过程中的收获、心得体会等。

第7章 Linux文件系统安全

7.1 Python 语言环境

7.1.1 Python 组件的安装

Linux 系统支持多种编程语言，如支持用 C 语言编程实现一些进程管理的常用功能；支持用 Python 来编程，实现 Linux 系统的文件系统管理。截至 2019 年 11 月，Python 语言有 Python 2 和 Python 3 两种版本，这是两种非常流行的编程版本，Python 2. x 是过去的版本，解释器的名称是 Python；Python 3. x 是现在和未来主流的版本，解释器名称是 Python 3。

1. 检验 Python 的安装

在 Linux 操作系统安装的时候，默认安装 Python 2 和 Python 3。

例 7.1 检查系统是否成功安装 Python 编程环境。

打开终端，在命令行下输入 Python 程序。

```
shiephl@shiephl-Virtualbox:~$ python

Command 'python' not found, but can be installed with:

sudo apt install python3
sudo apt install python
sudo apt install python-minimal

You also have python3 installed, you can run 'python3' instead.

shiephl@shiephl-Virtualbox:~$ ls -l /usr/bin/pyth*
lrwxrwxrwx 1 root root       9 11月 14 11:52 /usr/bin/python3 -> python3.6
-rwxr-xr-x 2 root root 4526456 10月  7 20:59 /usr/bin/python3.6
-rwxr-xr-x 2 root root 4526456 10月  7 20:59 /usr/bin/python3.6m
lrwxrwxrwx 1 root root      10 11月 14 11:52 /usr/bin/python3m -> python3.6m
shiephl@shiephl-Virtualbox:~$ python3
Python 3.6.8 (default, Oct  7 2019, 12:59:55)
[GCC 8.3.0] on linux
Type "help", "copyright", "credits" or "license" for more information.
>>> quit
Use quit() or Ctrl-D (i.e. EOF) to exit
>>> quit()
shiephl@shiephl-Virtualbox:~$ _
```

本系统只安装了 Python 3，Python 2 没有安装。在需要使用 Python 2 时可以手动安装，系统提示使用 sudo apt install python 或者 sudo apt-get install python 即可轻松安装。在安装 Linux 系统时默认 Python 2 和 Python 3 都安装。

Linux 系统的目录是有统一规范的，这个规范的作用是保证任何一个软件都能找到任何另一个软件、文件，一般可执行的文件放在/bin 或者/usr/bin 目录下，库文件放在/lib 或/usr/lib 目录下，头文件放在/usr/include 目录中，其余文件也都有自己的默认存放路径。先到/usr/bin 中查看是否有 Python 3 的可执行文件，例 7.1 运行结果显示本系统只安装了 Python 3，没有安装 Python 2，所以在终端命令提示符下输入 python，系统提示找不到 Python 2，输入 python3，提示已经安装并可以输入 python 语句了；输入 quit()，可以退出 Python 3 编程环境。

如果系统没有安装 Python 2 和 Python 3，则在终端命令提示符下输入安装命令 apt-get install python 可安装 Python 2，输入 apt-get install python 3 可安装 Python 3，安装过程很简单，只需保证网络连通即可。

2. 采用 pip 方式导入常用的库函数

Python 语言得到广泛应用的一个重要原因是 Python 编译器拥有丰富的第三方库和软件，日常生活中的常用功能都可以通过第三方库来直接调用函数实现，无须自己编程实现。例如目前常用的机器学习库文件、numpy 数组库文件、matplotlib 图形操作库文件等，第三方库文件都提供了丰富的库函数，程序员直接调用即可。这些库函数不是 Python 的标准库函数，使用之前需要手工导入。

那么，怎么知道在 Linux 系统里面是否已经安装好了第三方库呢？方法就是打开终端，在 Python 环境下输入“import 库文件名”命令，如果能够显示，就说明这个库已经安装成功；如果显示库文件没有安装，那么可以使用 Python 中的 pip 命令或者 Linux 系统的安装命令 apt-get install 来安装。

例 7.2 检验 numpy 库是否已经安装。

```
shiephl@shiephl-Virtualbox:~$ python3
Python 3.6.8 (default, Oct  7 2019, 12:59:55)
[GCC 8.3.0] on linux
Type "help", "copyright", "credits" or "license" for more information.
>>> import numpy
Traceback (most recent call last):
  File "<stdin>", line 1, in <module>
ModuleNotFoundError: No module named 'numpy'
```

例 7.2 运行结果表明目前没有导入 numpy 库，可以使用 pip 命令导入。pip 是一个用来安装和管理 Python 包的工具，第 1 次使用 pip 命令，系统会提示没有安装 pip 命令，同时提示安装 pip 命令的方法。

例 7.3 第 1 次使用 pip 命令，需要安装。

```
shiephl@shiephl-Virtualbox:~$ pip install numpy

Command 'pip' not found, but can be installed with:

sudo apt install python-pip

shiephl@shiephl-Virtualbox:~$ sudo apt-get install python-pip
[sudo] shiephl 的密码:
正在读取软件包列表... 完成
正在分析软件包的依赖关系树
正在读取状态信息... 完成
将会同时安装下列软件:
  build-essential dpkg-dev fakeroot g++ g++-7 libalgorithm-diff-perl
```

保证网络连通，系统会自动安装对应的程序，安装完成后可以导入所需要的库文件。

例 7.4 安装库文件 numpy。

```
shiephl@shiephl-Virtualbox:~$ pip install numpy
Collecting numpy
  Downloading https://files.pythonhosted.org/packages/d7/b1/3367ea1f372957f
97a6752ec725b87886e12af1415216feec9067e31df70/numpy-1.16.5-cp27-cp27mu-many
linux1_x86_64.whl (17.0MB)
    100% |████████████████████████████████| 17.0MB 15kB/s
Installing collected packages: numpy
Successfully installed numpy-1.16.5
```

numpy 是 Python 中的维度数组和矩阵运算的库文件,为数组运算提供了大量的数学函数库。numpy 包安装成功后,可以在 Python 环境下导入库文件。

例 7.5 导入库文件。

```
shiephl@shiephl-Virtualbox:~$ python3
Python 3.6.8 (default, Oct  7 2019, 12:59:55)
[GCC 8.3.0] on linux
Type "help", "copyright", "credits" or "license" for more information.
>>> import numpy
Traceback (most recent call last):
  File "<stdin>", line 1, in <module>
ModuleNotFoundError: No module named 'numpy'
>>> quit()
shiephl@shiephl-Virtualbox:~$ python2
Python 2.7.15+ (default, Oct  7 2019, 17:39:04)
[GCC 7.4.0] on linux2
Type "help", "copyright", "credits" or "license" for more information.
>>> import numpy
>>> sample = r'this is a sentence!'
>>> sample
'this is a sentence!'
>>> quit()
shiephl@shiephl-Virtualbox:~$ _
```

例 7.5 运行结果表明无法在 Python 3 中导入 numpy 库,但可以在 Python 2 中导入,然后可使用 show 命令查看安装包的信息。

例 7.6 查看安装包信息。

```
shiephl@shiephl-Virtualbox:~$ pip  show numpy
Name: numpy
Version: 1.16.5
Summary: NumPy is the fundamental package for array computing with Python.
Home-page: https://www.numpy.org
Author: Travis E. Oliphant et al.
Author-email: None
License: BSD
Location: /home/shiephl/.local/lib/python2.7/site-packages
Requires:
shiephl@shiephl-Virtualbox:~$ _
```

例 7.6 运行结果表明例 7.4 中安装的库文件存放在 Python 2 的目录下,故此在 Python 3 中无法导入。例 7.1 中打开 Python 时提示无法使用,用 ls 查看 Python 2 可执行文件时发现没有安装 Python 2;导入 numpy 后,发现 numpy 库文件安装在了 Python 2 目录下。

例 7.7 查看/usr/lib 目录下是否有 Python 2 的可执行文件。

```
shiephl@shiephl-Virtualbox:~$ ls -l /usr/bin/pyth*
lrwxrwxrwx 1 root root       9 4月  16  2018 /usr/bin/python -> python2.7
lrwxrwxrwx 1 root root       9 4月  16  2018 /usr/bin/python2 -> python2.7
-rwxr-xr-x 1 root root 3641704 10月  8 01:39 /usr/bin/python2.7
lrwxrwxrwx 1 root root      33 10月  8 01:39 /usr/bin/python2.7-config -> x86_64
-linux-gnu-python2.7-config
lrwxrwxrwx 1 root root      16 4月  16  2018 /usr/bin/python2-config -> python2.
7-config
lrwxrwxrwx 1 root root       9 11月 14 11:52 /usr/bin/python3 -> python3.6
```

```
-rwxr-xr-x 2 root root 4526456 10月  7 20:59 /usr/bin/python3.6
-rwxr-xr-x 2 root root 4526456 10月  7 20:59 /usr/bin/python3.6m
lrwxrwxrwx 1 root root      10 11月 14 11:52 /usr/bin/python3m -> python3.6m
lrwxrwxrwx 1 root root      16 4月  16  2018 /usr/bin/python-config -> python2.7
-config
shiephl@shiephl-Virtualbox:~$ python
Python 2.7.15+ (default, Oct  7 2019, 17:39:04)
[GCC 7.4.0] on linux2
Type "help", "copyright", "credits" or "license" for more information.
>>> 
```

例7.7运行结果表明，发现Python 2安装成功了，这是在导入numpy时安装的，并且把numpy包默认安装在了Python 2的目录下。所以例7.5中在Python 3环境下无法导入numpy包。

3. 采用源码安装库文件

以numpy函数库的安装为例，采用pip方式下载太慢，耗时较长，可以使用下载源码直接安装的方式来安装库文件。

采用源码安装库文件的操作步骤如下。

(1) 下载源码包。通过wget命令下载Python源码包。

```
$ wget http://jaist.dl.sourceforge.net/project/numpy/NumPy/1.9.0/numpy-1.9.0.zip
```

下载成功后，把文件复制到当前工作目录下即可。

(2) 解压。

```
unzip numpy-1.9.0.zip
```

(3) 进入解压目录。

```
cd numpy-1.9.0
```

(4) 运行解压目录里的setup.py文件（需要root用户权限），输入命令python setup.py install进行安装。

例7.8 本地安装库文件。

```
$ wget http://jaist.dl.sourceforge.net/project/numpy/NumPy/1.9.0/numpy-1.9.0.zip
unzip numpy-1.9.0.zip
cd numpy-1.9.0
python setup.py install
```

(5) 测试是否安装成功。

例7.9 使用库文件。

```
shiephl@shiephl-Virtualbox:~$ python2
Python 2.7.15+ (default, Oct  7 2019, 17:39:04)
[GCC 7.4.0] on linux2
Type "help", "copyright", "credits" or "license" for more information.
>>> from  numpy import *
>>> eye(4)
array([[1., 0., 0., 0.],
       [0., 1., 0., 0.],
       [0., 0., 1., 0.],
       [0., 0., 0., 1.]])
>>> 
```

在执行 import 命令时，如果执行结果没有任何提示，说明导入成功。然后直接调用库函数 eye()，便可生成一个二维矩阵。

4. 查看 Python 的安装路径

搜索文件的常用命令有 find、grep、locate、whereis 和 which。find 是最常见也最强大的查找命令，可以用它找到任何想找的文件。

locate 命令其实是 find-name 的另一种写法，但是要比后者快得多，原因在于它不搜索具体目录，而是搜索一个数据库(/var/lib/locatedb)，这个数据库中含有所有本地文件信息。Linux 系统会自动创建这个数据库，并且每天自动更新一次，所以使用 locate 命令查不到最新变动过的文件。

whereis 命令只能用于程序名的搜索，而且只搜索二进制文件(参数-b)、man 说明文件(参数-m)和源代码文件(参数-s)。如果省略参数，则返回所有信息。和 find 命令相比，whereis 命令的查找速度更快，这是因为 Linux 系统会将系统内的所有文件都记录在一个数据库文件中，当使用 whereis 和 locate 命令时，会从数据库中查找数据，而不是像 find 命令通过遍历硬盘来查找那样效率很高。但是，该数据库文件并不是实时更新，默认情况下是每天更新一次，因此，在用 whereis 和 locate 命令查找文件时，有时会找到已经被删除的数据，或者刚刚建立的文件却无法查找到，原因就是因为数据库文件没有被更新。为了避免出现这种情况，可以在使用 whereis 和 locate 命令之前先使用 updatedb 命令手动更新数据库。

whereis 命令可以定位可执行文件、源代码文件、帮助文件在文件系统中的位置。这些文件的属性应属于原始代码、二进制文件或是帮助文件。另外，whereis 命令还具有搜索源代码、指定备用搜索路径和搜索不寻常项的功能。

which 命令的作用是在 PATH 变量指定的路径中搜索某个系统命令的位置，并且返回第一个搜索结果。也就是说，使用 which 命令就可以看到某个系统命令是否存在，以及执行的到底是哪一个位置的命令。

例 7.10 查看 Python 可执行文件的安装位置。

方法 1：whereis python　查看所有 Python 的路径，不止一个。

方法 2：which python　查看当前使用的 Python 路径。

```
shiephl@shiephl-Virtualbox:~$ whereis python
python: /usr/bin/python2.7-config /usr/bin/python3.6 /usr/bin/python2.7 /usr/
bin/python /usr/bin/python3.6m /usr/lib/python3.6 /usr/lib/python2.7 /usr/lib
/python3.7 /etc/python3.6 /etc/python2.7 /etc/python /usr/local/lib/python3.6
 /usr/local/lib/python2.7 /usr/include/python3.6 /usr/include/python2.7 /usr/
include/python3.6m /usr/share/python /usr/share/man/man1/python.1.gz
shiephl@shiephl-Virtualbox:~$ which python
/usr/bin/python
shiephl@shiephl-Virtualbox:~$ _
```

7.1.2 常用的 Python 编辑器

使用 vim 编写 Python 代码时，需要安装一些辅助插件才能够更加高效轻松地编写 Python 代码，减少代码中的不规范行为，使用 PyCharm 编写 Python 代码，则几乎不用进行任何配置，因为 PyCharm 本身就是一个功能齐全的编辑器，推荐在 Linux 系统下使用 vim 编写 Python 代码，在 Windows 系统下使用 PyCharm 编写 Python 代码。

1. vim 编辑器

vim 是一个功能强大、高度可定制的文本编辑器，与 emacs、gedit 一起称为 Linux 系统下最著名的文本编辑器。这些工具都是 Linux 默认安装的，在终端输入可执行文件名 vi、vim、emacs 或者 gedit 等，即可打开编辑器书写程序。

2. PyCharm 编辑器

PyCharm 编辑器不是 Linux 系统默认安装的软件，使用时需要安装，安装方法可参照 7.1.1 节中安装库文件的第 2 种方法，先下载安装包，然后用./pycharm. sh 命令安装 PyCharm 程序，安装完成后运行 PyCharm，运行界面如图 7.1 所示。

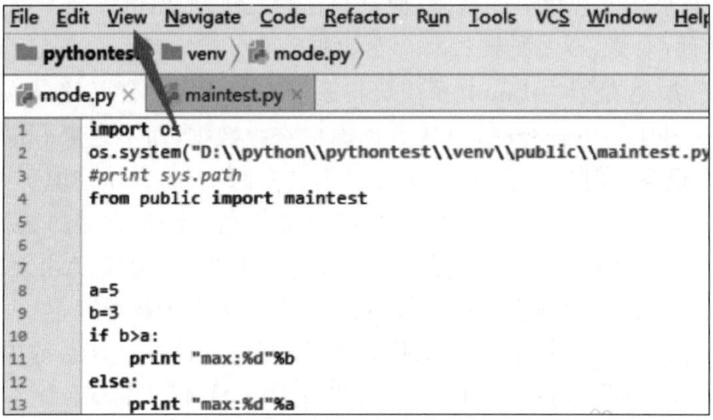

图 7.1 PyCharm 编辑器的运行界面

3. IPython 编辑器

不管是 Python 2 还是 Python 3，它们的内核都是标准的 Python Shell，都是交互式的编程模式，也就是每输入一条指令，按 Enter 键就可以直接执行。但是，标准的 Python Shell 有一些局限，例如没有语法高亮、不会自动补全命令、没有自动缩进等，于是出现了增强型的 Python Shell，即 IPython。IPython 功能丰富，不可避免会导致软件变得庞大复杂，因此 IPython 4.0 对 IPython 进行了拆分，分离成 IPython Shell 和 jupyter notebook 两个组件，这两个组件需要分别安装。

按照行业惯例，本书中将 IPython Shell 简称为 IPython，是一个交互式的解释器，类似于 Python 3；jupyter notebook 简称为 jupyter，是一个带有图形界面的集成开发环境，但也是输入命令，直接执行命令。

IPython 是一个第三方工具，因此在使用之前需要先安装，可以直接使用操作系统的包管理工具或 pip 命令进行安装，安装完成以后，在命令终端输入 IPython 后按 Enter 键就可进入 IPython 的交互式编程界面。

4. jupyter 编译器

jupyter 是个带有图形界面的交互式编译器，是 Linux 系统的第三方库，需要手工安装。

例 7.11 用 pip 命令和 apt install 命令执行 jupyter 的安装。

```
shiephl@shiephl-Virtualbox:~$ pip  install jupyter
Collecting jupyter
  Downloading https://files.pythonhosted.org/packages/83/df/0f5dd132200728a86190

shiephl@shiephl-Virtualbox:~$ jupyter
usage: jupyter [-h] [--version] [--config-dir] [--data-dir] [--runtime-dir]
               [--paths] [--json]
               [subcommand]
jupyter: error: one of the arguments --version subcommand --config-dir --data-di
r --runtime-dir --paths is required

shiephl@shiephl-Virtualbox:~$ whereis jupyter
jupyter: /home/shiephl/.local/bin/jupyter
shiephl@shiephl-Virtualbox:~$
shiephl@shiephl-Virtualbox:~$ jupyter --paths
config:
    /home/shiephl/.jupyter
    /usr/etc/jupyter
    /usr/local/etc/jupyter
    /etc/jupyter
data:
    /home/shiephl/.local/share/jupyter
    /usr/local/share/jupyter
    /usr/share/jupyter
runtime:
    /home/shiephl/.local/share/jupyter/runtime
shiephl@shiephl-Virtualbox:~$ _

shiephl@shiephl-Virtualbox:~$ jupyter notebook

Command 'jupyter' not found, but can be installed with:

sudo apt install jupyter-core

shiephl@shiephl-Virtualbox:~$ sudo apt install jupyter
[sudo] shiephl 的密码:
正在读取软件包列表... 完成
正在分析软件包的依赖关系树
正在读取状态信息... 完成
将会同时安装下列软件:
  build-essential dh-python dpkg-dev fakeroot fonts-font-awesome fonts-mathjax
  g++ g++-7 javascript-common jupyter-client jupyter-console jupyter-core
```

使用 pip 命令时,默认选择的语言是 Python 2,并且有一些文件放置在~/python 2.7 的目录下。如果希望 jupyter 默认选择 Python 3 作为编程语言,需要使用 pip3 命令。

例 7.12 安装 pip3,使用 pip3 安装 jupyter。

```
shiephl@shiephl-Virtualbox:~$ sudo pip3 jupyter
[sudo] shiephl 的密码:
sudo: pip3: 找不到命令
shiephl@shiephl-Virtualbox:~$ sudo apt-get install python3-pip
正在读取软件包列表... 完成
正在分析软件包的依赖关系树
正在读取状态信息... 完成
将会同时安装下列软件:
  dh-python libpython3-dev python3-dev python3-setuptools python3-wheel
  python3.6-dev

shiephl@shiephl-Virtualbox:~$ pip3 install jupyter
Collecting jupyter
  Using cached https://files.pythonhosted.org/packages/83/df/0f5dd132200728a8619
0397e1ea87cd76244e42d39ec5e88efd25b2abd7e/jupyter-1.0.0-py2.py3-none-any.whl
Collecting ipywidgets (from jupyter)

shiephl@shiephl-Virtualbox:~$ whereis jupyter
jupyter: /usr/bin/jupyter /bin/jupyter /home/shiephl/.local/bin/jupyter
shiephl@shiephl-Virtualbox:~$ jupyter notebook
[I 11:56:42.751 NotebookApp] 把notebook 服务cookie密码写入 /home/shiephl/.local/
share/jupyter/runtime/notebook_cookie_secret
[I 11:56:43.009 NotebookApp] 启动notebooks 在本地路径: /home/shiephl
[I 11:56:43.009 NotebookApp] 本程序运行在: http://localhost:8888/?token=b3637a69
66989b73b54ab11bf11505a05954217a52c7a77d
[I 11:56:43.009 NotebookApp]  or http://127.0.0.1:8888/?token=b3637a6966989b73b5
4ab11bf11505a05954217a52c7a77d
```

jupyter notebook 开发环境安装成功后，在终端输入命令 jupyter notebook，即可打开图形化的开发工具 jupyter notebook。

例 7.13 打开 jupyter notebook。

```
shiephl@shiephl-VirtualBox:~$ jupyter notebook
[I 19:19:05.005 NotebookApp] 启动notebooks 在本地路径: /home/shiephl
[I 19:19:05.005 NotebookApp] 本程序运行在: http://localhost:8888/?token=
64f6f76485850ae51dd75c0f2a60ee5b6e2534acf4f68070
[I 19:19:05.005 NotebookApp]  or http://127.0.0.1:8888/?token=64f6f76485
850ae51dd75c0f2a60ee5b6e2534acf4f68070
[I 19:19:05.005 NotebookApp] 使用control-c停止此服务器并关闭所有内核(两
次跳过确认).
[C 19:19:05.152 NotebookApp]

    To access the notebook, open this file in a browser:
        file:///home/shiephl/.local/share/jupyter/runtime/nbserver-2296-
open.html
```

命令运行成功后，系统会自动打开网页浏览器显示 jupyter notebook 的图形化界面，如图 7.2 所示。

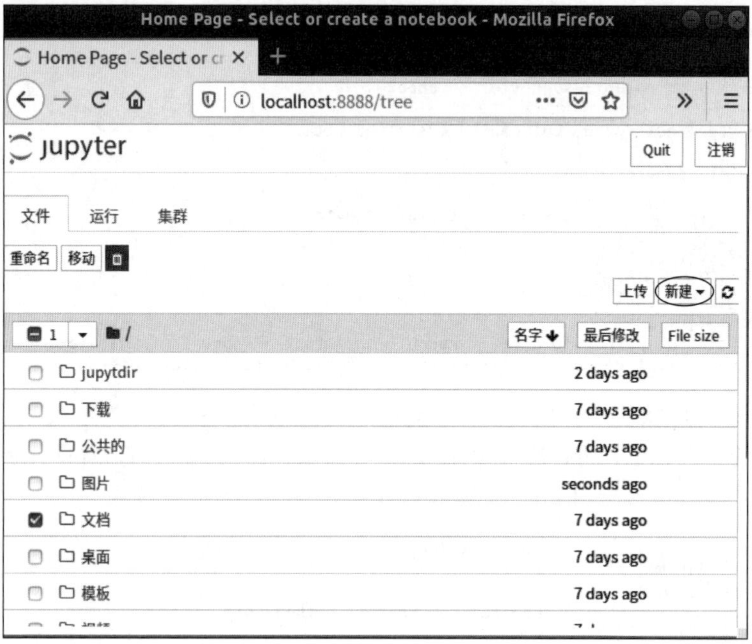

图 7.2　jupyter notebook 运行界面

运行界面右侧中部有个"新建"按钮，在下拉列表中选择 Python 3，就可以编写 Python 3 程序了；也可以在"文件"菜单中选择"新建"子菜单命令后进行后续操作，如图 7.3 所示。

在每个编辑框中可以实现一个模块功能，代码书写完毕后单击"运行"按钮，可查看运行结果，也可以使用快捷键 Ctrl+Enter 运行目前所有代码，或者使用快捷键 Shift+Enter 运行当前 cell 中的代码。选择"文件"→"保存"命令可以保存代码，选择"文件"→"重命名"命令可以更改默认的文件名。

7.1.3 Python 调试器

调试程序是开发人员必须具备的一项非常重要的技能，以便查看程序的运行过程，准确定位

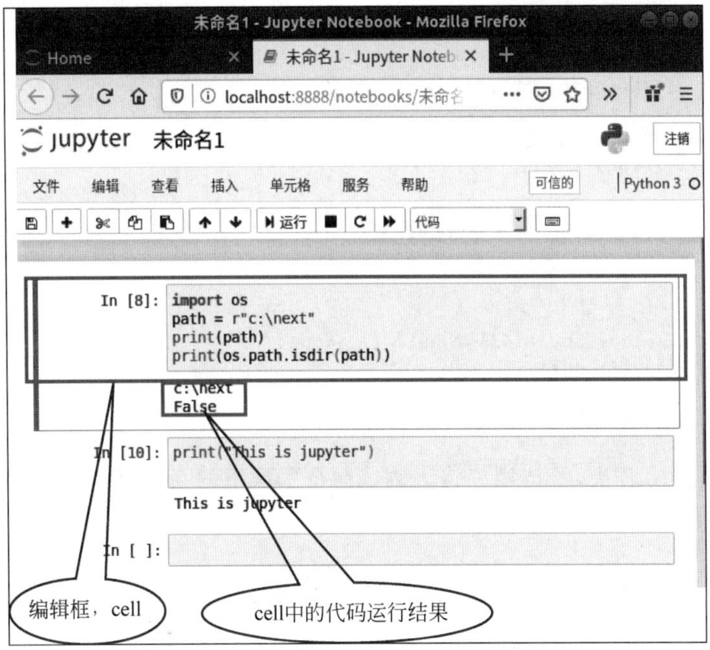

图 7.3　jupyter notebook 的运行界面

程序中的错误。pdb 是 Python 自带的一个库，为 Python 程序提供了一种交互式的源代码调试工具，具有现代调试器应用的常用功能，包括设置断点、单步调试、查看源码、查看程序堆栈等。

启动 Python 调试器有两种不同的方法，一种是直接在命令行使用参数-m 指定使用 pdb 模式。

例 7.14　调试图 7.3 中的第 1 个 Python 程序。

```
shiephl@shiephl-VirtualBox:~$ python -m pdb 714py.ipynb
> /home/shiephl/714py.ipynb(1)<module>()
-> {
(Pdb) l
  1  -> {
  2       "cells": [
  3        {
  4         "cell_type": "code",
  5         "execution_count": 8,
  6         "metadata": {},
  7         "outputs": [
  8          {
  9           "name": "stdout",
 10           "output_type": "stream",
 11           "text": [
(Pdb) list
 12            "c:\\next\n",
 13            "False\n"
 14           ]
 15          }
 16         ],
 17         "source": [
 18          "import os\n",
 19          "path = r\"c:\\next\"\n",
 20          "print(path)\n",
 21          "print(os.path.isdir(path))"
```

```
 22          ]
(Pdb) b 19
Breakpoint 1 at /home/shiephl/714py.ipynb:19
(Pdb) c
> /home/shiephl/714py.ipynb(19)<module>()
-> "path = r\"c:\\next\"\n",
(Pdb) n
> /home/shiephl/714py.ipynb(20)<module>()
-> "print(path)\n",
(Pdb) r
--Return--
> /home/shiephl/714py.ipynb(43)<module>()->None
-> "execution_count": null,
(Pdb) q
shiephl@shiephl-VirtualBox:~$ 
```

调试指令以(pdb)开头，等待用户输入调试命令。这里的命令和C语言的GDB调试工具中的命令非常相似，具体参看表7.1。

表7.1 pdb调试命令

命令	缩写	说明	命令	缩写	说明
break	b	设置断点	list	l	打印源代码
continue	cont/c	继续执行至下一个断点	up	u	移动到上一层堆栈
next	n	继续执行至下一行，如果下一行是子程序，则不会进入子程序内部	down	d	移动到下一层堆栈
step	s	继续执行至下一行，如果下一行是子程序，则会进入子程序内部	restart	run	重新开始调试
where	bt/w	打印堆栈轨迹	args	a	打印函数的参数
enable		启用之前禁用的断点	clear	cl	清除所有断点
disable		禁用启用的断点	return	r	执行到当前函数结束
pp/p		打印变量或表达式的值			

另一种方法是在Python代码中调用pdb模块的set_trace方法设置一个断点，当程序运行至断点时将会暂停执行，并打开pdb调试器。

例7.15 在程序源代码中设置函数调用启用调试程序。

```
#716py 在程序源代码中设置函数调用启用调试程序
#/usr/bin/python
from __future__ import print_function
import pdb

def sum_num(n):
    s = 0
    for i in range(n):
        pdb.set_trace()
        s += i
        print(s)

if __name__ == '__main__':
    sum_num(5)
```

源程序输入完毕后保存，运行该代码到set_trace()函数处便会停下，等待调试命令，代码如下。

```
> <ipython-input-7-4281d1c60732>(9)sum_num()
-> s += i
(Pdb) list
  4
  5     def sum_num(n):
  6         s = 0
  7         for i in range(n):
  8             pdb.set_trace()
  9  ->         s += i
 10             print(s)
 11
 12     if __name__ == '__main__':
 13         sum_num(5)
 14
(Pdb) n
> <ipython-input-7-4281d1c60732>(10)sum_num()
-> print(s)
(Pdb) 8
8
(Pdb) p i
0
(Pdb) n
0
> <ipython-input-7-4281d1c60732>(7)sum_num()
-> for i in range(n):
(Pdb) p n
5
(Pdb) n
> <ipython-input-7-4281d1c60732>(8)sum_num()
-> pdb.set_trace()
(Pdb) p i
1
(Pdb) p s
0
(Pdb) n
> <ipython-input-7-4281d1c60732>(9)sum_num()
-> s += i
(Pdb) p s
0
(Pdb) n
> <ipython-input-7-4281d1c60732>(10)sum_num()
-> print(s)
(Pdb) n
1
> <ipython-input-7-4281d1c60732>(7)sum_num()
-> for i in range(n):
```

这些调试命令也是在 cell 中输入，然后按 Enter 键即可执行。调试命令参照表 7.1，可以使用全称，也可以使用命令的缩写形式。

7.2 Python 处理文本的函数库

Linux 系统本身有许多与文本处理相关的工具，如 grep、awk、sed、wc、tr、cut 及 cat 等。但这些命令在 Linux 系统使用时有一定的局限性，利用 Python 语言中包含的文本处理函数可以灵活处理复杂的问题。

7.2.1 字符串常量

1. 字符串的定义

Python 语言不区分字符和字符串，所有字符都是字符串，所以 Python 可以使用单引号或双引号来定义字符串，示例如下。

```
str1 = 'Hello, Python world!'
str2 =  "Hello, Python world!"
```

在用单引号定义字符串时，如果字符串本身也包含一个单引号，那么怎么知道字符串到哪里结束呢？一般来说，Python 认为字符串在遇到第 2 个单引号的时候就结束，剩下的则是无效的字符。由于字符串中可以用单引号也可以用双引号，所以可以对有单引号的字符串用双引号来定义，有双引号的字符串用单引号来定义。

例 7.16 用单双引号定义字符串。

```
In [1]: str3 = "He's a teacher."
        str4 = 'Mary said to me:"Let us go to cinema."'
        print(str3)
        print(str4)

        He's a teacher.
        Mary said to me:"Let us go to cinema."
```

2. 使用转义字符来处理特殊字符

如果字符串中既含有单引号，又含有双引号，又该怎么定义呢？Python 提供了两种处理方法，第 1 种是使用转义字符。转义字符是一种特殊的字符，这些字符一般都是一些不能显示的 ASCII 码字符，使用反斜杠加上一个可以显示的字符来定义。

例 7.17 使用转义字符处理特殊字符。

```
In [2]: str5 = "Mary said to me:'Let\'s go to cinema"
        str5
Out[2]: "Mary said to me:'Let's go to cinema"
```

Python 在遇到反斜杠\时，会认为这是一个转义字符，Python 会将反斜杠与随后的一个字符一起处理，大部分情况下都可以解决问题，但是如果处理 Windows 系统下的路径，则需要特别注意，因为 Windows 系统下的路径分隔符是反斜线\。因此，在处理 Windows 系统下的路径时，应该使用转义字符\对路径的分隔符\进行转义。

例 7.18 路径中含有\n 字样，系统认为是转义字符。

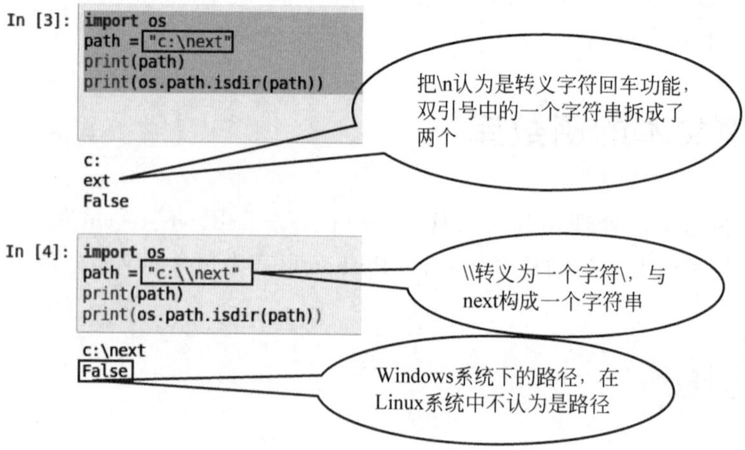

3. 原始字符串标识 r

第 2 种处理特殊字符最简单的方法是使用原始字符串(raw string),原始字符串就是在字符串的前面加上一个字符标识 r。原始字符串 r 会阻止所有转义,即使是反斜杠也原样显示。因此对于希望书写的所有字符保持原样输出,就在字符串的最左边加 r 标识。

例 7.19 原始字符串标识 r 的使用。

```
In [7]: str6 = r"c:\next is a window's path"
        str6

Out[7]: "c:\\next is a window's path"
```

4. 三引号

在 Python 中定义字符串时,如果含有单引号、双引号、换行符,还有制表符等特殊字符,可以通过转义的方式来定义字符串。但是,如果字符串比较长,或者需要转义的字符比较多,处理起来比较麻烦,这个时候就可以使用 Python 语言的三引号来定义字符串,可以用 3 个单引号来定义,也可以用 3 个双引号来定义。

例 7.20 使用三引号处理含有复杂字符的字符串。

```
In [1]: mess = '''Type "coptright","credits" or "license" for more information
         object?  --> Detail about 'object', use it for more information'''
        mess

Out[1]: 'Type "coptright","credits" or "license" for more information
        \n object?  --> Detail about \'object\', use it for more information'

In [2]: mess2 = """Type "coptright","credits" or "license" for more information
         object?  --> Detail about 'object', use it for more information"""
        print(mess2)

        Type "coptright","credits" or "license" for more information
         object?  --> Detail about 'object', use it for more information

In [3]: mess2 = """Type "coptright","credits" or "license" for more information
        object?  --> Detail about 'object', use it for more information"""
        mess2

Out[3]: 'Type "coptright","credits" or "license" for more information  \nobjec
        t?  --> Detail about \'object\', use it for more information'
```

定义字符串 mess 和 mess2 时,在行结尾用 Enter 键来换行。第 1 次用 3 个单引号'''定义字符串时,输出变量的值使用的是变量名,运行结果在字符串的开始和结尾的地方都添加了单引号',里面的换行符 Enter 键的字符标识\n 也显示出来;同样,在第 2 次用 3 个双引号"""定义字符串时,输出变量的值使用的是变量名,运行结果同样在字符串的开始和结尾的地方都添加单引号',里面的换行符 Enter 键的字符标识\n 也显示出来。但是,如果使用函数 print(mess)来输出变量的值,则字符串就是三引号里面的内容,Enter 键的字符标识\n 不会显示出来。

三引号定义的字符串一般称为多行字符串,多行字符串的开始和结尾都以三个引号标识,在三层引号之间,所有引号、换行符、制表符等特殊字符都被认为是普通字符,是字符串的一部分,多行字符串也不受代码块缩进规则的限制,因为它本身就不是代码,而是普通的字符串。

通过上述多个例题的演示可以看出,在输入单元中直接使用变量名,然后运行该单元格,输出结果会在字符串的两边添加单引号或双引号,使用 print()函数输出的变量值不会添加引号。但是,以原字符 r 定义的字符串则保留原定义的形式输出结果。

7.2.2 字符串的切片

Python 语言中只有字符串常量,没有字符变量,所以定义了一个字符串,就不能再对它进行修改。但是,有时需要取字符串中的一部分字符,这就要用到 Python 中字符串切片的操作。也就是在[ ]中指定要显示的字符的下标,下标用冒号分隔,计数从 0 开始。

例 7.21 从左到右提取字符串中的字符。

```
In [9]: msg = "Hello world"
        msg[0:5]    # get the first 5 characters
Out[9]: 'Hello'

In [10]: msg[5:]  # get the characters from 5th
Out[10]: ' world'
```

例 7.22 中,[0:5]表示取出第 0～4 个字符;[5:]表示从第 5 个字符到字符串的结束全部取出。在本例的字符串中第 5 个字符是个空格,方括号中第 1 个冒号后边的那个下标都不包括在内。

如果想从右向左取字符,则下标用负数表示。

例 7.22 从右向左取出字符。

```
In [15]: msg[-3]   #"取出倒数第3个字符"
Out[15]: 'r'

In [12]: msg[::-1]   #"从右向左每次取一个字符"
Out[12]: 'dlrow olleH'

In [16]: msg[11:0:-1] #"从第11个字符向左, 每次取出一个字符, 直到第1个"
Out[16]: 'dlrow olle'
```

例 7.23 按指定步长[1: 6: 2]取出字符。

```
In [21]: msg2 = "abcdefg"   #"从左向右, 从第1个字符到第6个字符, 每隔2个字符取一个"
         msg2[1:6:2]
Out[21]: 'bdf'

In [23]: msg2[-1::-3]   #"从右向左, 从第-1个字符到第1个字符, 每隔3个字符取一个"
Out[23]: 'gda'
```

7.2.3 字符串函数

1. 通用操作

Python 提供的与字符串处理相关的方法可以分为两大类: 一类是可用于多种类型的通用类型的操作,以内置函数或表达式的方式来提供; 另一类是只作用于字符串的特定类型的操作,以方法调用的形式提供。

通用类型的操作中,除前文介绍的下标和切片的操作之外,还有求字符串长度和判断一个字符串是否存在于另一个字符串中的操作。

例 7.24 字符串和列表的通用操作。

```
In [4]: s1 = "Nice day!"
        len(s1)  #"求字符串的长度"

Out[4]: False

In [5]: "Nice" in s1  #"判断子串是否在指定的字符串中"

Out[5]: True

In [6]: "Nice" not in s1   #"判断子串是否不在指定的字符串中"

Out[6]: False

In [7]: lit1 = [1,2,3,4]
        len(lit1)  #"求列表的长度，即元素个数"

Out[7]: 4

In [8]: 2 in lit1  #"判断值是否在指定的列表中"

Out[8]: True
```

在Python语言中，字符串、列表和元组具有一些共性，即它们都是元素的有序集合。Python语言将有共性的操作提炼成了通用类型的操作。因此，下标访问、序列切片、求长度和判断元素是否存在于集合中等操作都是通过更加通用的函数和表达式提供支持。

2. 字符的大小写操作

与字符串大小写相关的处理函数如下所述。

(1) upper：将字符串转换为大写。

(2) lower：将字符串转换为小写。

(3) isupper：判断字符串是否都为大写。

(4) islower：判断字符串是否都为小写。

(5) swapcase：字符串中的大写转换成小写，小写转化为大写，即交换大小写。

(6) capitalize：将首字母转化为大写。

(7) istittle：判断字符串是不是一个标题。

般来说，Python中的函数命名都遵循见名知意的原则，通过名字就知道函数的作用，如果通过名字无法知道函数的具体作用，可以使用help、? 和?? 获取函数的帮助信息。

3. 判断类的方法

字符串的操作方法中，很多是以is开头的方法，这些方法都是一些判断类的方法，如istitle、isupper、islower都是判断方法。常用的判断方法如下所述。

(1) s.isalpha：如果字符串中只含有字母，并且非空，则返回true；否则返回false。

(2) s.isalnum：如果字符串包含字母和数字，并且非空，则返回true；否则返回false。

(3) s.isspace：如果字符串包含空格、制表符、换行符，并且非空，则返回true；否则返回false。

(4) s.isdecimal：如果字符串只包含数字字符，并且非空，则返回true；否则返回false。

4. 字符串方法

startswith和endswith也是两个判断类的字符串方法，分别用来判定方法的参数是否为字符串的前缀或后缀。

例 7.25 字符串常用函数的使用。

```
In [3]: msg = "i am learning linux python! "
        msg.capitalize()  #"把首字母变为大写"
Out[3]: 'I am learning linux python! '

In [4]: msg.islower()  #"判断是否全是小写字母"
Out[4]: True

In [5]: msg.isalpha()  #"判断是否全是字母"
Out[5]: False

In [6]: "169.83".isdecimal()  #"判断常量169.83是否全是数字"
Out[6]: False

In [8]: "61".isdecimal()  #"判断常量61是否全是数字"
Out[8]: True

In [9]: msg.startswith("i")  #"判断字符串msg是否以字符i开头"
Out[9]: True
```

5. 查找类函数

查找类函数都是用来查找子串出现在字符串中的位置，返回值都是一个具体的下标值，它们之间的区别可能是查找的方向不同，也可能是以不同的方式处理异常情况。

(1) find：查找子串出现在字符串中的位置，如果查找失败，返回－1。

(2) index：查找子串出现在字符串中的位置，如果查找失败，抛出 ValueError 异常。

(3) rfind：与 find 类似，区别是从后向前查。

(4) findex：与 index 类似，区别是从后向前查。

例 7.26 查找类函数的使用。

```
In [5]: str7 = r"""Diligence is the path to the mountain of knowledge,
        hard-working is the boat to the endless sea of learning."""
        str7.find('the')  #"查找第一次出现the的下标值"
Out[5]: 13

In [6]: str7.find('the' , 16)  #"从第16个位置开始查找第一次出现the的下标值"
Out[6]: 25

In [7]: "the" in str7  #" 判断the是否在字符串str7中"
Out[7]: True

In [8]: str7.rindex("of") #"从右向左开始查找of的出现位置"
Out[8]: 96
```

6. 字符串的连接与拆分

join()函数可以把参数中的列表序列以指定的字符连接成一个字符串；split()函数可以把字符串以参数中指定的符号作为分隔拆分成若个字符串。例如，经常使用的/etc/passwd 文件，其中列出了系统中所有用户的信息，以冒号作为各个数据列的分隔符。给每一个用户的信息所在行前面添加＃＃＃，可以把每一行的数据分隔成多个字符串。

例 7.27 字符串的连接和拆分。

```
with open('/etc/passwd') as f:
    print("###".join(f))    #"只截取部分运行结果"
```

```
root:x:0:0:root:/root:/bin/bash
###daemon:x:1:1:daemon:/usr/sbin:/usr/sbin/nologin
###bin:x:2:2:bin:/bin:/usr/sbin/nologin
###sys:x:3:3:sys:/dev:/usr/sbin/nologin
###sync:x:4:65534:sync:/bin:/bin/sync
###games:x:5:60:games:/usr/games:/usr/sbin/nologin
###man:x:6:12:man:/var/cache/man:/usr/sbin/nologin
```

```
msg = 'root:x:0:0:root:/root:/bin/bash'
print(msg.split(':'))    #"以：作为分隔，把原字符串拆分成多个字符串"
```

```
['root', 'x', '0', '0', 'root', '/root', '/bin/bash']
```

```
print(msg)    #"查看原字符串是否发生变化"
```

```
root:x:0:0:root:/root:/bin/bash
```

7.3 正则表达式

7.3.1 语法构成

Python 语言的函数库对字符串的处理能力非常强大，包含了很多有用的字符串处理函数，但是对一些比较复杂的问题，例如现在需要同时使用冒号(:)和逗点(.)来进行字符串的切分(split)，对于 Python 内置的字符串函数来说就比较难以处理，这时可以使用更具有表达能力的正则表达式。

正则表达式是个处理文本的强大工具，在文本处理程序中被广泛使用，正则表达式在 Linux 系统命令行中使用更加广泛，大部分文本处理工具都支持正则表达式。正则表达式与 Linux 命令中的文本通配符很类似，正则表达式是过滤文本的模式。

1. 常用符号

表 7.2 所示为正则表达式的基本组成。

表 7.2 正则表达式的常用符号

正则表达式符号	描　　述	示　　例
^	行起始标志	^imp:匹配以 imp 起始的行
$	行尾标志	sport$:匹配以 sport 结尾的行
.	匹配任意一个字符	只能匹配单个字符，可以匹配任意单个字符，如 liu.，则 liuh 和 liul 都可以匹配成功
[ ]	匹配包含在[]中的任意字符	coo[kl]:匹配 cook、cool；[a-zA-Z0-9]：匹配任意一个小写或大写字母或数字
[^]	匹配[]之外的任意字符	9[^01]:可以匹配 92、93 等，但是 90 和 91 都不匹配；[^0-9]：匹配除数字外的任意一个字符
[-]	匹配[]范围内的任意一个字符	[1-5]：匹配 1～5 之间的任一个数字；[a-z]:匹配所有小写字母

续表

正则表达式符号	描　　述	示　　例
?	匹配前面项的1次或0次	hel? o:匹配hello或helo,但不匹配helllo
+	匹配前面项的1次或多次	hel+o:匹配hello、helllo,但不匹配helo
*	匹配前面项的0次或多次	hel*o:匹配helo、hello、helllo
{n}	匹配前面项的*n*次	[0-9]{3}:匹配3位数
{n,}	之前的项至少需要匹配*n*次	[0-9]{n,}:匹配3位及以上的数字
{n,m}	指定之前的项所必须匹配的最小次数和最大次数	[0-9]{2,5}: 匹配2～5位数

2. 特殊字符类

(1) .:如[.\n],匹配除\n之外的任意字符。

(2) \d: digit-(数字),匹配一个数字字符,等价于[0-9]。

(3) \D: 匹配一个非数字字符,等价于[^0-9]。

(4) \s: space(广义的空格:空格、\t、\n、\r),匹配单个任何的空白字符。

(5) \S: 匹配除了单个任何的空白字符。

(6) \w: 字母数字或者下画线,[a-zA-Z0-9_]。

(7) \W: 除了字母数字或者下画线,[^a-zA-Z0-9_]。

7.3.2 利用re库处理正则表达式

在Python中可以通过内置的re库来使用正则表达式,它提供了所有正则表达式的功能。该模块中的常用函数如下。

1. re.match()

语法形式如下。

```
re.match(pattern, string, flags = 0)
```

功能说明:从字符串的起始位置匹配,匹配成功则返回一个匹配的对象,否则返回None。函数参数说明如下。

(1) pattern: 匹配的正则表达式。

(2) string: 要匹配的字符串。

(3) flags: 标志位,用于控制正则表达式的匹配方式,如是否区分大小写、多行匹配等,其标志位的取值如表7.3所示。

表7.3　flags标志位的取值

标　志　位	含　　义
re.I	匹配时不区分大小写
re.L	做本地化识别匹配

续表

标 志 位	含 义
re. M	多行匹配,影响^和 $
re. S	使原点(.)匹配包括换行在内的所有字符
re. U	根据 Unicode 字符集解析字符。这个标志影响 \w、\W、\b、\B
re. X	详细模式。这个模式下正则表达式可以是多行,忽略空白字符,并可以加入注释

例 7.28 匹配 str 字符串是否以 what 字符串开头。

```
In [1]: # methods of  re
        import re
        str = "What is the difference between python 2.7.13 and python 3.6.0?"
        re.match('What' , str )

Out[1]: <_sre.SRE_Match object; span=(0, 4), match='What'>

In [2]: re.match('Not What', str)

In [5]: if re.match('Not What', str):
            print(True)    # print(true) is error,the "t" must be upper
        else :
                print(False)

        False
```

例 7.29 判断一个字符串是否以数字开头。

```
In [8]: rst= re.match('\d+', '888 is liked by businessman')

In [9]: rst.start()
Out[9]: 0

In [11]: rst.re
Out[11]: re.compile(r'\d+', re.UNICODE)

In [13]: rst.string
Out[13]: '888 is liked by businessman'

In [14]: rst.group()
Out[14]: '888'
```

例 7.29 中\d+表示任意多个数字,match 的返回值赋值给 rst 变量,这是一个 SRE_Match 类型的对象,成员变量 re 可以取出原命令的编译的正则表达式;compile()函数是对正则表达式进行编译,返回的是一个匹配对象,它单独使用就没有任何意义,需要和 findall()、search()、match()函数搭配使用。

2. re.compile()函数

编译的正则表达式适合处理数据量大的字符串,通过事先的编译再进行匹配可以提高匹配速度。例如,使用 seq 命令产生 1000 万个整数保存到 data.txt 文件中,数据文件的大小约为 76MB,尝试使用编译匹配和不编译匹配对每行匹配数字[0-9]+,使用 time 工具来计时,可以比较两种匹配方式的工作效率。

例 7.30 re.compile()函数的使用。

```
In [ ]: #编译的正则表达式
        import re
        def main():
```

```
    pat = "[0-9]+"
    re_obj = re.compile(pat)
    with open('/home/shiephl/data.txt') as f:
        for line in f:
            re_obj.findall(line)

if __name__ == '__main__' :
    main()
```

```
In [2]: #非编译的正则表达式
import re
def main():
    pat = "[0-9]+"
    with open('/home/shiephl/data.txt') as f:
        for line in f:
            re.findall(pat,line)

if __name__ == '__main__' :
    main()
```

```
shiephl@shiephl-Virtualbox:~$ seq 10000000 > data.txt
shiephl@shiephl-Virtualbox:~$ time python  731nocomplpy.ipynb
Traceback (most recent call last):
  File "731nocomplpy.ipynb", line 35, in <module>
    "execution_count": null,
NameError: name 'null' is not defined

real    0m0.645s
user    0m0.059s
sys     0m0.013s
shiephl@shiephl-Virtualbox:~$ time python  731comppy.ipynb
Traceback (most recent call last):
  File "731comppy.ipynb", line 5, in <module>
    "execution_count": null,
NameError: name 'null' is not defined

real    0m0.070s
user    0m0.023s
sys     0m0.007s
```

例 7.30 程序运行时提示 NameError：name 'null' is not defined，这表明 Python 无法处理 null 这样的字符串，所以报错。因为源代码在 jupyter notebook 中书写，而运行时直接在终端调用 Python，所以出现了 Python 不认识 null 的警告，可以在源代码添加语句，把 null 全部转换为 Python 认识的 none；也可以不理会这个警告，比较 compile 正则表达式的执行效率，只看最后的运行结果就可以了。如果放在 jupyter notebook 中运行，就不会有警告信息了，语句如下。

```
shiephl@shiephl-Virtualbox:~$ time jupyter notebook 731comppy.ipynb


[I 20:26:06.214 NotebookApp] Kernel shutdown: 4be0469a-00a9-4a7f-8b27-3e261619e00c

real    0m16.461s
user    0m1.390s
sys     0m0.149s
shiephl@shiephl-Virtualbox:~$ _
```

运行结果可以表明，使用编译的正则表达式可使运行时间大大缩短。

3. 系统 seq 和 time 命令

seq 命令可以产生从某个数到另外一个数之间的所有整数，并且可以对整数的格式、宽度、分隔符号进行控制。其语法形式有如下 3 种。

（1）seq［选项］　尾数

（2）seq［选项］　首数　尾数

(3) seq [选项] 首数 增量 尾数

seq 命令的常用选项如下。

(1) -f: --format=格式。

(2) -s: --separator=字符串,使用指定的字符串分隔数字(默认使用个"\n"分割)。

(3) -w: --sequal-width: 在列前添加 0,使得宽度相同。

例 7.31 使用 seq 产生 10 个整数。

```
shiephl@shiephl-Virtualbox:~$ seq 1 10
1
2
3
4
5
6
7
8
9
10
shiephl@shiephl-Virtualbox:~$ _
```

例 7.32 用-f 参数指定格式,显示的数据以 str 开头,每个整数占 5 列,从 8 开始顺序生成整数。

```
shiephl@shiephl-Virtualbox:~$ seq -f "str%05g" 8  12
str00008
str00009
str00010
str00011
str00012
shiephl@shiephl-Virtualbox:~$ █
```

例 7.33 用 5 个空格分隔生成整数。

```
shiephl@shiephl-Virtualbox:~$ seq -s"     " 6  10
6     7     8     9     10
shiephl@shiephl-Virtualbox:~$ █
```

time 命令可以测量指令执行时所需消耗的时间及系统资源等信息,其最基本的使用形式如下。

```
time [ - p] command [arguments...]
```

命令行执行结束时,标准输出中打印执行该命令行的时间统计结果,统计结果中包含以下数据。

(1) 实际时间(real time): 从 command 命令行开始执行到运行终止的时间。

(2) 用户 CPU 时间(user CPU time): 命令执行完成花费的用户 CPU 时间,即命令在用户态中执行时间总和。

(3) 系统 CPU 时间(system CPU time): 命令执行完成花费的系统 CPU 时间,即命令在核心态中执行时间的总和。

其中,用户 CPU 时间和系统 CPU 时间之和为 CPU 时间,即命令占用 CPU 执行的时间总和。实际时间要大于 CPU 时间,因为 Linux 是多任务操作系统,往往在执行一条命令时,系统还要处理其他任务。

另外一个需要注意的问题是即使每次执行相同的命令,但所花费的时间也是不一样的,这是与系统运行相关的。

例 7.34 在工作目录中查找以 ipynb 为后缀的文件花费的时间。

```
shiephl@shiephl-Virtualbox:~$ time find *py.ipynb
714py.ipynb
716py.ipynb
720py.ipynb
723py.ipynb
725py.ipynb
726py.ipynb
727py.ipynb
728py.ipynb
730py.ipynb
731comppy.ipynb
731nocomplpy.ipynb

real	0m0.006s
user	0m0.004s
sys	0m0.000s
shiephl@shiephl-Virtualbox:~$
```

4. re.search()函数

re.search()函数可以扫描整个字符串并返回第一个成功的匹配对象，否则返回 None。函数语法如下。

```
re.search(pattern, string, flags = 0)
```

参数说明如下。

(1) pattern：正则表达式中的模式字符串。

(2) string：要被查找替换的原始字符串。

(3) flags：标志位，用于控制正则表达式的匹配方式，如是否区分大小写、多行匹配等。

例 7.35 search 方法的使用。

```
In [27]: import re
         re.search(r'book{1,2}' , "book1 is python")

Out[27]: <_sre.SRE_Match object; span=(0, 4), match='book'>

In [28]: str =  "This is a beautiful gardon!"
         mat = 'is'
         rest = re.search(mat,str)

In [29]: print(rest)
         print(rest.group())
         print(rest.groups())

         <_sre.SRE_Match object; span=(2, 4), match='is'>
         is
         ()

In [31]: content = 'Hello 1275432,this is just a 632test to  457'
         rest = re.search('(\d+).*?(\d+).*', content)  # find two digit
         print(rest)
         print(rest.group())
         print(rest.groups())

         <_sre.SRE_Match object; span=(6, 44), match='1275432,this is just a 632test to  457'>
         1275432,this is just a 632test to  457
         ('1275432', '632')
```

例 7.36 中，要查找的字符串以正则表达式的形式定义为：'(\d+). * ? (\d+). * '，就是查找有两个数字形式，中间可以有若干个其他字符组成的字符串，通过 groups()命令取出这两个数字。

可以看到 match()和 search()函数返回的是 match 对象(即匹配对象)，可以通过 group()函数获得匹配内容。group()函数同 group(0)函数就是匹配正则表达式整体结果，也就是所有匹配到的字符。

re.match 与 re.search 的区别是，re.match 只匹配字符串的开始，如果字符串开始不符合正则表达式，则匹配失败，函数返回 None；而 re.search 匹配整个字符串，直到找到一个匹配。

5. re.findall()

re.findall()函数可以在字符串中找到正则表达式所匹配的所有子串，并将匹配的字符串以列表的形式返回；如果没有找到匹配的，则返回空列表。

注意

> match()函数和 search()函数是匹配一次，而 findall()函数匹配所有。

例 7.36 在一个目标字符串中查找所有含有数字的字符串。

```
In [2]: import re
        content = 'Hello 123456789 Word_This 521is just a test 666 Test'
        results = re.findall('\d+', content)
        print(results)

        ['123456789', '521', '666']

In [4]: re.findall(r'\d{2}','21c34d566e78')
Out[4]: ['21', '34', '56', '78']
```

例 7.36 中，\d 表示匹配一个数字，+表示重复一次及以上；\d{2}表示匹配两个数字。

例 7.37 目标字符串中含有括号的匹配。

```
In [5]: import re

        string="apple  orange  strawberry watermelon "

        #带括号与不带括号的区别
        #不带括号
        regex1=re.compile("\w+\s+\w+")
        print(regex1.findall(string))

        #带一个括号
        regex2=re.compile("(\w+)\s+\w+")
        print(regex2.findall(string))

        #带两个括号
        regex3=re.compile("((\w+)\s+\w+)")
        print(regex3.findall(string))

        ['apple  orange', 'strawberry watermelon']
        ['apple', 'strawberry']
        [('apple  orange', 'apple'), ('strawberry watermelon', 'strawberry')]
```

例 7.37 运行结果表明，第 1 个正则表达式 regex1 中不带有括号，其输出的内容就是整个表达式所匹配到的内容。第 2 个正则表达式 regex2 中带有一个括号，其输出的内容就是括号匹配到的内容，而不是整个表达式所匹配到的结果。第 3 个正则表达式 regex3 中带有两个括号，其输出是一个 list，其中包含两个 tuple。

compile()函数中的参数的含义说明如下。

(1) \s：匹配任何不可见字符，包括空格、制表符、换页符等。

(2) \S：匹配任何可见字符，通常用[/s/S]可匹配任意字符。

(3) [\s\S]*?：匹配懒惰模式的任意字符。

(4) \w：匹配包括下画线的任何字符，等价于[A-Za-z0-9_]。

6. re.split()

根据正则表达式中的分隔符把字符分隔为一个列表，并返回成功匹配的列表。

例 7.38 字符串的拆分。

```
import re
'ab   c d'.split(' ')
# b和c之间原来有3个空格，现在以一个空格作为分隔符，拆分为多个字符串
```

```
['ab', '', '', 'c', 'd']
```

```
re.split(r'\s+', 'a b   c d')
# \s+ 表示匹配一个或多个空白符(\s表示匹配空白符，+表示重复1次或1次以上)
```

```
['a', 'b', 'c', 'd']
```

```
match = re.split(r"\.|-",'hello-world.data')
#使用 . 或 - 作为字符串的分隔符
match
```

```
['hello', 'world', 'data']
```

```
text = "My sql slave binlog position: master \
'10.49.4.9' ,filename 'mysql-bin.0002',position '3478'"
re.split(r"[':,\s']+" , text)  #以,':或空格作为分隔符
```

```
['My',
 'sql',
 'slave',
 'binlog',
 'position',
 'master',
 '10.49.4.9',
 'filename',
 'mysql-bin.0002',
 'position',
 '3478',
 '']
```

由例 7.38 可见，单纯用字符串的 split()方法无法识别连续的空格，使用正则表达式，可以匹配一个或多个空白符，\s 表示匹配空白符，+表示重复一次及一次以上。

注意

> Python 中的分行输入：用反斜杠连接多行代码，输入\再按 Enter 键即可把两行数据连在一起；用圆括号括起多行字符，系统会认为是同一行字符串；用 3 个单引号或者双引号只针对字符串有用。

7. re.sub()

re.sub()函数用于替换字符串中的匹配项。

re 是 regular expression 的所写，表示正则表达式；sub 是 substitute 的缩写，表示替换。re.sub()对于符合正则表达式的字符串进行替换，语法形式如下。

```
re.sub(pattern, repl, string, count = 0)
```

函数参数说明如下。

(1) pattern：正则表达式中的模式字符串。

(2) repl：替换的字符串，也可为一个函数。

（3）string：要被查找替换的原始字符串。

（4）count：模式匹配后替换的最大次数，默认 0 表示替换所有。

汉语的语义很丰富，不同的词语表达的意思是一样的，在机器学习中，对于训练集的定义，要考虑日常生活中的各种表达形式。如触摸屏，屏幕可以认为是显示屏的同义词，可以进行替换，这样可以减少进入训练模型的特征纬度，如例 7.39 所示。

例 7.39 字符串的替换，把 string 中含有 pattern 的字符替换为 repl 字符串。

```
In [3]: import re
        pattern = "(触摸屏|屏幕)"
        comment = "广告说这款触摸屏很好，店员也说这个显示屏好，但我不喜欢这样的屏幕"
        re.sub(pattern,"屏幕",comment)
Out[3]: '广告说这款屏幕很好，店员也说这个显示屏好，但我不喜欢这样的屏幕'

In [7]: pat = "zsh|hash"
        comt = "This should detect hash and zsh, which have a zsh command forget zsh."
        re.sub(pat,"bash",comt,count = 2 )
Out[7]: 'This should detect bash and bash, which have a zsh command forget zsh.'
```

例 7.39 中，第 1 次没有指定 count 的值，默认把所有符合要求的字符串全部替换；第 2 次指定 count=2，限制最大的匹配次数为两次，超过两次的字符串不再替换。

8. 匹配中忽略大小写

书写代码时，很多时候会出现大小写混合的情况，在匹配时可以指定忽略大小写。

例 7.40 通过 flags 命令指定忽略大小写。

```
In [3]: import re
        text = "UPPER case, lower CASe, both are character case!"
        re.findall('CASE' , text, flags = re.IGNORECASE)
Out[3]: ['case', 'CASe', 'case']

In [4]: re.sub('case','character',text,flags = re.IGNORECASE)
Out[4]: 'UPPER character, lower character, both are character character!'
```

9. 贪婪匹配和非贪婪匹配

在正则表达式的字符串匹配中，有贪婪匹配和非贪婪匹配之分。贪婪匹配总是匹配到最长的那个字符串，非贪婪匹配是指匹配到最小的字符串，默认都是贪婪匹配。如果要使用非贪婪匹配，可在要匹配的字符串末尾加上“?”。对于两个不同长度的字符串，使用不同的匹配策略，得到的结果不一样。

例 7.41 贪婪匹配和非贪婪匹配。

```
import re
text = "Beautiful is better than ugly.\
Explicit is better than implicit."
re.findall('Beautiful*' , text)
#只指定匹配字符串的首部，没有指定结束字符
['Beautiful']

re.findall('Beautiful*?' , text)
#要匹配的字符串末尾加上?
#只指定匹配字符串的首部，没有指定结束字符
['Beautifu']
```

```
re.findall('Beautiful.*' , text)
```

['Beautiful is better than ugly.Explicit is better than implicit.']

```
re.findall('Beautiful.*\.' , text)
#\.指定结束字符
```

['Beautiful is better than ugly.Explicit is better than implicit.']

```
re.findall('Beautiful*?\.' , text)
#要匹配的字符串末尾加上?;beautiful后没有.则无法找到匹配的字符串
```

[]

```
re.findall('Beautiful.*?\.' , text)
#要匹配的字符串末尾加上?;beautiful后添加.则可以找到匹配的
```

['Beautiful is better than ugly.']

7.4 字符及编码

7.4.1 字符及编码的基本概念

1. 字符

在计算机和信息技术中，一个字符是一个单位的字形、类字形单位或符号的基本信息。即一个字符可以是一个中文汉字、一个英文字母、一个阿拉伯数字、一个标点符号等。

2. 字符集

字符集是多个字符的集合。例如，GB 2312 是中国国家标准的简体中文字符集，收录了简化汉字(6763 个)及一般符号、序号、数字、拉丁字母、日文假名、希腊字母、俄文字母、汉语拼音符号及汉语注音字母共 7445 个图形字符。

3. 字符编码

字符编码即把字符集中的字符编码为(映射)指定集合中的某一对象(如比特模式、自然数序列、电脉冲)，以便文本在计算机中存储和通过通信网络进行传递。

例如，GBK 编码规范，根据这套编码规范，计算机就可以在中文字符和二进制数之间相互转换，而使用 GBK 编码就可以使计算机显示中文字符。

UTF-16 是 Unicode 最开始的编码方案，笼统地用两字节表示一个字符，不能解决空间浪费的问题。

UTF-8 是网络每次传输 8 位、可变长度的编码方案，可由 1～4 字节表示一个字符，增加标识符以多少字节表示一个字符，更加自由，解决了空间浪费问题。但也存在问题，有些文字由于增加了多个标识符，导致需要多字节表示，如一个汉字字符需要 3 字节表示。

7.4.2 常见编码字符集

1. ASCII

ASCII 是最先出现的编码字符集，包含了大小写的字母从 A 到 Z 和常用的各种符号，用 8

位二进制数表示为 00000000～01111111，共有 128 个可以显示的字符。可以看出，ASCII 码只需要 1 字节的存储空间，最高位为 0。它没有特定的编码方式，直接使用地址对应的二进制数来表示，可以称为 ASCII 编码方式。

后来，随着计算机在其他欧美国家开始使用，标准的 ASCII 得以扩展，最高位也用来表示字符，这样可以表示 $2^8=256$ 个字符集。如果只有英语体系的语言，那么这 256 个字符足够表示常见的各种字符和符号了。

常用 ASCII 值如表 7.4 所示。

表 7.4 常用 ASCII 值

ASCII 值	字 符	ASCII 值	字 符
10	LF	65	A
13	CR	90	Z
48	0	97	a
49	1	122	z
57	9		

2. GB 2312 和 GBK

当中国开始使用计算机表示汉字时，ASCII 已经没有空间可以给汉字字符填充，况且汉字数量非常多，常用的就有 6000 多个，所以采用扩展 ASCII 的编码空间进行编码，一个汉字占用 2 字节，每字节的最高位为 1，这个方案称为 GB 2312；GB 2312 只有简体中文，当用到繁体中文和古文中的地名、人名时便无法表示，于是出现了 GBK 编码。GBK、GB 2312 等与 UTF-8 之间都必须依据 Unicode 编码规范相互转换。

中国最常用的是 GB 18030 编码，除此之外还有 GBK、GB 2312，这几个编码方式中，最早制定的汉字编码是 GB 2312，包括 6763 个汉字和 682 个其他符号；1995 年重新修订了编码，命名为 GBK 1.0，共收录了 21886 个符号；之后又推出了 GB 18030 编码，共收录了 27484 个汉字，同时还收录了藏文、蒙文、维吾尔文等主要的少数民族文字，现在 Windows 必须支持 GB 18030 编码。

3. ISO-8859-1 系统要求

ISO-8859-1 编码收录的字符除 ASCII 收录的字符外，还包括西欧语言、希腊语、泰语、阿拉伯语、希伯来语对应的文字符号。

4. Unicode

Unicode：当计算机技术在全世界广泛应用时，出现了许多编码字符集，各个编码字符集之间无法相互识别，若同时出现在同一篇文档中则会出现乱码。编码是给各个字符一个唯一的数字，但不同的语言体系各自有自己的编码方案，当多个语言体系同时出现时，会出现显示不准确的情况。因此，国际标准组织（ISO）出台了一套 16 位的字符编码规范，以总括现有的各个编码字符集，称为 Unicode。在互联网出现之后，ISO 规定了每次传输 16 位的编码方式称为 UTF-16。

Unicode包含了全世界所有的字符。Unicode最多可以保存4字节容量的字符。也就是说,要区分每个字符,每个字符的地址需要4字节。这是十分浪费存储空间的,于是,程序员就开发了UTF-8、UTF-16、UTF-32等几种字符编码方式。其中,最广为程序员使用的就是UTF-8,UTF-8是一种变长字符编码。

注意

UTF-8不是编码规范,而是编码方式。UTF-8的编码规则如表7.5所示。

表7.5 UTF-8编码规则表

unicode符号范围(十六进制)	UTF-8编码方式(二进制)
0000 0000～0000 007F	0xxx xxxx
0000 0080～0000 07FF	110x xxxx 10xx xxxx
0000 0800～0000 FFFF	1110 xxxx 10xx xxxx 10xx xxxx
0001 0000～0010 FFFF	1111 0xxx 10xx xxxx 10xx xxxx 10xx xxxx

如表7.5所示,对于只需要1字节的字符,UTF-8采用ASCII码的编码方式,最高位以补0表示,例如01000001就是用01000001来表示,可以说对于1字节的字符,其实就是直接使用地址表示。

而对于n字节的字符($n>1$),即大于一字节的字符,则是第一字节(从左边起第1字节)前n位补1,第$n+1$位填0,后面字节的前两位一律设为10,剩下的没有提及的二进制位全部为这个符号的Unicode码。

例7.42 取出一个汉字的Unicode码,然后编码成UTF-8格式输出。

在Python 2和Python 3环境下编程,操作如下。

```
shiephl@shiephl-VirtualBox:~$ python
Python 2.7.17 (default, Jul 20 2020, 15:37:01)
[GCC 7.5.0] on linux2
Type "help", "copyright", "credits" or "license" for more information.
>>> name = u'严'
>>> print(name)
严
>>> name
u'\u4e25'
>>> name.encode('utf-8')
'\xe4\xb8\xa5'
>>> quit()
shiephl@shiephl-VirtualBox:~$ python3
Python 3.6.9 (default, Jul 17 2020, 12:50:27)
[GCC 8.4.0] on linux
Type "help", "copyright", "credits" or "license" for more information.
>>> name = u'严'
>>> print(name)

严
>>> name
'严'
>>> name.encode('utf-8')
b'\xe4\xb8\xa5'
>>> name.encode('unicode_escape')
b'\\u4e25'
>>> quit()
```

在 jupyter 中用 Python 3 内核编程，操作如下。

```
name=u'严'
name
```

```
'严'
```

```
name.encode("utf-8")
#获取utf-8格式的编码
```

```
b'\xe4\xb8\xa5'
```

```
new = name.encode('unicode_escape')
#获取字符的unicode编码
print(new)
```

```
b'\\u4e25'
```

汉字“严”的 Unicode 码是 4E25，转换成二进制就是 01001110 00100101，共 15 位，根据表 7.5 可知使用 UTF-8 字符编码后占 3 字节，因此从左边数前 3 位是 1，第 4 位（$n+1$ 位）是 0，后面 2 字节中每字节的前两位都是 10，即 1110 xxxx 10 xxxxxx 10xxxxxx，填充进去后就变成了 1110 0100 10 111000 10 100101，共计 24 位，占 3 字节。

3 种方式的运行结果不太一样。jupyter 使用的是 Python 3 内核，所以运行结果和 Python 3 一样，只是通过变量名无法取出 Unicode 码，必须通过编码 encode()函数，参数为 'utf-8'可以取出 UTF-8 的存储形式，参数为 unicode_escape 可取出 Unicode 编码。Python 2 使用 u 来定义字符串，通过变量名可以直接输出它的 Unicode 码。

由此可见，英文在 UTF-8 字符编码后只占 1 字节，中文占 3 字节。虽然 UTF-8 编码没有 GBK 编码占的空间小，但 UTF-8 面向全世界，通用性更好。

7.4.3 编码与解码

1. 解码

一串二进制数使用一种编码方式转换成字符的过程称为解码。就像解开密码一样，程序员可以选用任意的编码方式进行解码，但往往只有一种编码方式可以解开密码显示正确的字符，而使用错误的编码方式，就会产生其他不合理的字符，就是通常说的乱码。

2. 编码

一串已经解码后的字符也可以选用任意类型的编码方式重新转换成一串二进制数，这个过程就是编码，也可以称为加密过程。无论使用哪一种编码方式进行编码，最终都是产生计算机可识别的二进制数，但如果编码规范的字库表不包含目标字符，则无法在字符集中找到对应的二进制数，这将导致不可逆的乱码。例如，ISO-8859-1 的字库表中不包含中文，因此哪怕将中文字符使用 ISO-8859-1 进行编码后再使用 ISO-8859-1 进行解码后也无法显示正确的中文字符。

例 7.43 中文字符的编码和解码示例。

```
name='刘辉'
name
```

```
'刘辉'
```

```
u'name'
```

```
'name'
```

```
new = name.encode('utf-8')
#获取utf-8格式的编码
print(new)
```

```
b'\xe5\x88\x98\xe8\xbe\x89'
```

```
t=new.decode('utf-8')
#把 utf-8格式的存储形式解码为可读的字符
print(t)
```

```
刘辉
```

```
name.encode('unicode_escape')
#获取字符的unicode编码
```

```
b'\\u5218\\u8f89'
```

例 7.43 运行结果表明,对于汉字“刘辉”,使用 UTF-8 的加密方式生成编码为\xe5\x88\x98\xe8\xbe\x89,其中\x 表示是十六进制表示;如果使用 unicode_escape 的加密方式生成编码,则为\\u5218\\u8f89,其中\\是转义字符,是为了取出字符 u;然后对这个密文\xe5\x88\x98\xe8\xbe\x89 再用密钥 UTF-8 进行解码,便可以恢复为原来的汉字“刘辉”。

7.4.4 编码中的常见问题

1. Python 2 中字符的存储及使用

目前 Python 2 和 Python 3 并存,拥有用户数量相当,但是 Python 3 摒弃了 Python 2 中的很多东西,两者很多知识不兼容。尤其在处理中文字符的时候,不同版本的 Python 编写的程序运行结果不相同。Python 2 中默认的字符编码是 ASCII,也就是说 Python 2 在处理数据时,只要没有指定它的编码类型,Python 2 就默认将其当作 ASCII 来进行处理。这个问题最直接的表现为如果编写的 Python 文件中包含中文字符,在运行时就会提示出错。

在 jupyter notebook 开发环境中编程时,可以选择使用 Python 2 和 Python 3,或者直接在 Linux 终端运行 Python 2 或 Python 3。

例 7.44 在终端直接调用 Python 2 编程时,先定义一个中文字符串,然后通过各种不同形式输出 name 变量的值。

```
shiephl@shiephl-VirtualBox:~$ python
Python 2.7.17 (default, Jul 20 2020, 15:37:01)
[GCC 7.5.0] on linux2
Type "help", "copyright", "credits" or "license" for more information.
>>> name = '刘民崇'
>>> name
'\xe5\x88\x98\xe6\xb0\x91\xe5\xb4\x87'
>>> print name
```

```
刘民崇
>>> len(name)
9
>>> name[:1]
'\xe5'
>>> print(name[:2])
��
>>> print(name)
刘民崇
>>> name[0:2]
'\xe5\x88'
>>> quit()
```

例7.44运行结果表明，在Python 2中，通过name变量名可以输出汉字字符串的UTF-8编码，这说明Python 2的默认字符编码是ASCII，通过print(name)命令可以输出name变量的汉字字符串的值；但在切片操作中，用print()函数不能取出正确的汉字；直接使用变量的list切片可以取出存储的UTF-8编码。

例7.45 指定以Unicode的方式存储汉字。

```
shiephl@shiephl-VirtualBox:~$ python
Python 2.7.17 (default, Jul 20 2020, 15:37:01)
[GCC 7.5.0] on linux2
Type "help", "copyright", "credits" or "license" for more information.
>>> name = u'刘民崇'
>>> name
u'\u5218\u6c11\u5d07'
>>> name[:2]
u'\u5218\u6c11'
>>> print(name[:2])
刘民
>>> with open('testcode','w') as f:
...     f.write(name)
...     f
...
```

在定义字符串时，显式应用u指明存储为Unicode，则通过变量名就可以直接输出变量的UTF-8编码。切片操作也可以取出正确的汉字字符。

注意

> 在定义变量时，u'刘民崇'各字符之间没有空格。

这里使用的系统安装的Python 2的版本较高，有些较低版本的Python 2在执行写入操作时，会提示被写入的文件testcode的编码是ASCII，而写入的name变量的值是Unicode，无法写入。这时使用f.write(name.encode('utf-8'))指定编码格式就可以解决问题了。

例7.46 向文件中多次写入内容。

```
shiephl@shiephl-VirtualBox:~$ python
Python 2.7.17 (default, Jul 20 2020, 15:37:01)
[GCC 7.5.0] on linux2
Type "help", "copyright", "credits" or "license" for more information.
>>> name = u'刘民崇'
>>> name
u'\u5218\u6c11\u5d07'
>>> with open('testcode','w') as f:
...     f.write(name)
...     f
...
```

```
Traceback (most recent call last):
  File "<stdin>", line 2, in <module>
UnicodeEncodeError: 'ascii' codec can't encode characters in position 0-2:
 ordinal not in range(128)
>>> with open('testcode','w') as f:
...     f.write(name.encode('utf-8'))
...     f
...
<open file 'testcode', mode 'w' at 0x7f41f6139c90>
>>> nm = '刘国崇'
>>> with open('testcode','a+') as f:
...     f.write(nm)
...     f
...
<open file 'testcode', mode 'a+' at 0x7f41f6139c00>
>>> with open('testcode','r') as f:
...     data  = f.read()
...     data
...     data.decode('utf-8')
...
'\xe5\x88\x98\xe6\xb0\x91\xe5\xb4\x87\xe5\x88\x98\xe5\x9b\xbd\xe5\xb4\x87'
u'\u5218\u6c11\u5d07\u5218\u56fd\u5d07'
```

通过 write()函数写入数据时,发现多写入了一个字符,但直接打开文件,又看不到这些字符。仔细比对,发现两个写入输入后都有一个不可显示的字符,编码是\xe5\xb4\x87,经查对,是写入后的结束符号 EOF;转换为 UTF-8 后,这个字符又没有了。

在书写代码时,需要注意 Python 代码块的要求,相同的缩进表示是一个整体。如在 with open()函数代码块中,系统会自动出现…标识,如果不输入任何内容,按 Enter 键就会跳出这个块。

【总结】

(1) Python 2 中默认的字符编码是 ASCII。

(2) Python 2 中字符串有 str 和 Unicode 两种类型。str 有各种编码的区别,Unicode 没有编码的标准形式。

(3) Python 2 中可以直接查看到 Unicode 的字节串。

(4) Python 2 中对于字符编码的转换要以 Unicode 作为"中间人"。

(5) 知道所用系统的字符编码(Linux 系统默认 UTF-8,Windows 系统默认 GB 2312)后,可对症下药。

所以,需要操作系统正确地输出一个字符时,除了要知道该字符的字符编码,也要知道所用系统使用的字符编码。如果系统使用的是 UTF-8 编码,处理的却是 GB 2312 的字符,就会出现所谓的"乱码"。

2. Python 3 中的字符存储及使用

在 Python 3 中,字符编码有了很大改善,最主要表现在以下两点。

(1) Python 3 的源码. py 文件的默认编码方式为 UTF-8,所以在 Python 3 中可以不用在 py 脚本中写 coding 声明,并且系统传递给 Python 的字符不再受系统默认编码的影响,统一为 Unicode 编码。

(2) Python 3 将字符串和字节序列做了区别,字符串 str 是字符串的标准形式,与 Python 2. x 中的 Unicode 类似,bytes 类似于 Python 2. x 中的 str。bytes 通过解码转换成 str,str 通过编码转换成 bytes。

Python 3 下的字符串操作比较简单，不存在编码的不一致问题。

例 7.47　把两个字符串连接成元组。

```
shiephl@shiephl-Virtualbox:~$ python3
Python 3.6.9 (default, Nov  7 2019, 10:44:02)
[GCC 8.3.0] on linux
Type "help", "copyright", "credits" or "license" for more information.
>>> region = 'HK'
>>> road = '四川北路'
>>> s1=[region,road]
>>> s1
['HK', '四川北路']
```

例 7.48　把一个字符串写入文件中。

```
shiephl@shiephl-Virtualbox:~$ python3
Python 3.6.9 (default, Nov  7 2019, 10:44:02)
[GCC 8.3.0] on linux
Type "help", "copyright", "credits" or "license" for more information.
>>> name='刘民崇'
>>> with open('/home/shiephl/testcode','w',encoding='utf-8') as f:
...     f.write(name)
...     f.read()
...
3
Traceback (most recent call last):
  File "<stdin>", line 3, in <module>
io.UnsupportedOperation: not readable
>>> with open('testcode','r') as f2:
...     f2.read()
...
'刘民崇'
>>>
```

把 Unicode 字符表示成二进制数的方法很多，最常见的编码方式是 UTF-8 编码。Unicode 是表现形式，UTF-8 是存储形式。UTF-8 是使用最广泛的编码，但它仅仅是 Unicode 的一种存储形式。在 Python 3 中，通过编码方法可以把 Unicode 字符转换为二进制数据；使用解码方法可以把二进制数据转换为 Unicode 字符。一般来说，在 Python 编程中，应该把编码和解码操作放在程序的外围来处理，程序的核心部分都使用 Unicode。

注意

本节中的代码都是在终端中直接调用 Python 2 或者 Python 3 输入 Python 语句来处理数据的，这些操作完全可以放在 jupyter notebook 开发环境中，在新建代码时，选择使用 Python 2 或者 Python 3 语句，两者的效果是一样的。但要注意，在 jupyter notebook 开发环境中编写的代码可以保存起来，以便后续使用，但是调用 jupyter 需要时间；而在终端中直接调用 Python 2 或者 Python 3 输入 Python 语句编写的代码却无法保存起来，但是直接调用 Python 内核，速度很快，无须等待就可以输入语句，并且支持键盘上下键选择曾使用过的语句。

7.5　文件读写

文件由很多字符组成，这些字符构成了文本。有了前文介绍的字符、正则表达式和文本的处理知识，就可以对文件进行操作了。文件常见的操作有创建、打开、读、写等。

7.5.1 创建和打开文件

1. 创建文件

例 7.49 用 makedirs()创建目录。

```
import os

def mkdir(path):

    folder = os.path.exists(path)
    if not folder:#判断是否存在文件夹如果不存在则创建为文件夹
        os.makedirs(path)
        #makedirs 创建文件时如果路径不存在会创建这个路径
        print( "---  new folder: " ,path, "---" )
        print( "---  OK  ---")

    else:  # 已存在该目录，则输出目录已存在
        print( "---  The folder existed!  ---")

file = "/home/shiephl/pyth"
mkdir(file)               #调用函数
```

```
---  new folder:  /home/shiephl/pyth ---
---  OK  ---
```

```
folder = "pyth"
if not os.path.exists(folder):
    os.makedirs(folder)
else:
    print("exist")
```

```
exist
```

例 7.49 中展示了两种判断文件夹(目录)存在的书写形式,效果都是一样的。

例 7.50 新建一个文件。

```
import os

file = open('/home/shiephl/pyth/' + 'fila' + '.txt','w')
# open a file for writing and create it if not exist
for i in range(3):
    file.write("append line %d\n"  %(i+1) )
      # write some digit in the file

#close the fiel handle when done
file.close()
```

2. 打开文件

用 open()函数可以打开一个已经存在的文件,如果该文件不存在,则新建一个文件。open()函数语法形式如下。

```
文件句柄 = open('文件路径', '打开模式',编码模式)。
```

文件路径主要有两种,一种是绝对路径,按照给出的路径查找文件;另一种是相对路径,如果参数中的文件名不带路径,就是使用相对路径,open()函数会在 Python 程序运行的工作目录中寻找该文件,如果在工作目录下没有找到该文件,open()函数抛出 IOError 错误。

文件的打开模式如表 7.6 所示。

表 7.6 文件的打开模式

命令	描述
r	以只读方式打开文件,这是默认模式。使用这种模式时,文件必须存在,不存在则抛出错误
rb	以二进制格式打开一个文件用于只读
r+	打开一个文件用于读写。文件指针将会放在文件的开头,读完就追加
w	打开一个文件只用于写入。如果该文件已存在,则将其原有内容覆盖;如果该文件不存在,则创建新文件
w+	打开一个文件用于读写。如果该文件已存在,则将其覆盖;如果该文件不存在,则创建新文件
a	打开一个文件用于追加。如果该文件已存在,文件指针将会放在文件的结尾。也就是说,新的内容将会被写入已有内容之后;如果该文件不存在,创建新文件后进行写入
a+	打开一个文件用于读写。如果该文件已存在,文件指针将会放在文件的结尾,打开时是追加模式;如果该文件不存在,创建新文件后用于读写

注意

> 后面有带 b 的模式不需要考虑编码方式。带+号的,表示可读可写。

3. 关闭文件

文件使用完毕后,要关闭文件。因为读取文件是把文件读取到内存中,如果不关闭它,它就会一直占用系统资源,而且还可能导致其他安全隐患。另外,每打开一个文件,就会占用一个文件句柄,而一个进程拥有的文件句柄数量是有限的。所以,文件使用完毕,需要使用 close()函数及时关闭文件。第 2 种方法是使用上下文管理器"with open()as f:",该方法会在文件使用完毕自动关闭文件。

例 7.51 使用上下文管理器操作文件。

```
import os
open("714py.ipynb" ,'r+') as f:
    f.read()
```

```
print(f)
f.close()
```

```
<_io.TextIOWrapper name='714py.ipynb' mode='r+' encoding='UTF-8'>
```

```
f = open("714py.ipynb")
f.close()
f
```

```
<_io.TextIOWrapper name='714py.ipynb' mode='r' encoding='UTF-8'>
```

```
with open("714py.ipynb" ,'r+') as f:
    f.read()
print(f)
```

```
<_io.TextIOWrapper name='714py.ipynb' mode='r+' encoding='UTF-8'>
```

使用上下文管理器,可以不用 close()函数,系统会做自动处理。运行结果表明,open()函数的返回值可以显示文件的打开模式,可以显示编码模式。

7.5.2 读写文件

1. read()

read()方法表示从文件当前位置起读取 size 字节，若无参数 size，则表示读取至文件结束为止，其语法形式如下。

```
read([size])
```

例 7.52 在当前用户的家目录下有文件 letitgo，打开该文件，读取里面的内容。

```
#在jupyter中，用python3编写代码

f = open('/home/shiephl/letitgo' , 'r')
t= f.read() #读取至文件结束为止
print(t)
```

```
Let It Go
The snow glows white on the mountain tonight
Not a footprint to be seen
A kingdom of isolation
And it looks like I'm the Queen
The wind is howling like this swirling storm inside
Couldn't keep it in, heaven knows I've tried
Don't let them in, don't let them see
Be the good girl you always have to be
```

```
t= f.read(10) #企图读取10字节
print(t)
```

```
f.close()
f = open('/home/shiephl/letitgo' , 'r')
t= f.read(10) #读取10字节
print(t)
```

```
Let It Go
```

第一次打开文件，从文件头读取到结尾，但是没有使用 close()关闭文件指针；再次执行 read(10)企图从当前位置读取 10 字节的内容，但是已经到文件的结尾了，故此没有读出内容。所以，需要重新打开文件，再读取内容。在没有使用上下文管理器的情况下，一定要关闭文件指针。

2. readline()

readline()方法可每次读出一行内容，该方法返回一个字符串对象。读取时占用内存小，比较适用于大文件。

也就是说，调用一次 readline()方法，就会读取一行，行末的换行符也会被读取。如果想用 readline()方法输出全部内容，可以采用循环语句。

例 7.53 一行一行读取文件内容。

```
#在jupyter中，用python3编写代码
# readline()
f= open('/home/shiephl/letitgo','r')
fr = f.readline()
print(fr)
#读取一行，以print的方式输出
```

```
Let It Go
```

```
fr #以变量名的形式输出读取的数据行，包括换行符
```

'Let It Go\n'

```
fr = f.readline()
print(fr)  #以print输出读取的数据行，不包括换行符
```

The snow glows white on the mountain tonight

```
fr = f.readline()
print(fr)
#再读取一行并打印出来
```

Not a footprint to be seen

```
fr  # #以变量名的形式输出读取的数据行，包括换行符
#f.close() #如果直接关闭文件指针，则无法输出fr变量的值
```

'Not a footprint to be seen\n'

```
f.close()
with open('/home/shiephl/letitgo','r') as f:
    for i in f :
        fr = f.readline()
        print(fr)
```

The snow glows white on the mountain tonight

A kingdom of isolation

The wind is howling like this swirling storm inside

Don't let them in, don't let them see

仔细观察例7.54运行结果，和原文件内容做比较，发现for循环语句执行后，原文内容并没有全部输出，而是每隔一行输出一行。问题在于：for循环每执行一次，文件指针自动移向下一行，循环体内语句再执行读取一行readline的操作，共读取两行。第1个循环体内语句print()就打印最后一次的指针指向的内容。所以，for和readline()两个语句同时被执行，相当于每个循环中读取两行，输出结果是跳行输出的。

为了解决这个问题，可以设置循环体内的语句不要读取文件，直接打印输出。

例7.54 修改例7.53程序，正确读取数据。

```
In [2]: with open('/home/shiephl/letitgo','r') as f:
            for i in f :
        #       fr = f.readline()    #去掉重复的读取操作
                print(i)
```

Let It Go

(Verse:)

The snow glows white on the mountain tonight

Not a footprint to be seen

A kingdom of isolation

And it looks like I'm the Queen

The wind is howling like this swirling storm inside

Couldn't keep it in, heaven knows I've tried

Don't let them in, don't let them see

本例只截取部分运行结果,可以看出是把原文内容原样输出的。

3. readlines()

readlines()方法可以读取整个文件的所有行,保存在一个列表(list)变量中,该列表可以由 Python 的 for…in 结果进行处理,每行作为一个元素,但读取大文件会比较占用内存。

例 7.55 读取所有行,处理后输出。

```
In [11]: with open('/home/shiephl/letitgo', 'r') as f:
             #以读方式打开文件
             result = list()
             for line in f.readlines():      #依次读取每行
                 line = line.strip()         #去掉每行头尾空白
                 if not len(line) or line.startswith('#'):
                     #判断是否是空行或注释行
                     continue        #是的话，跳过不处理
                 result.append(line)  #非空和非注释行连接成字符串
         print(result)  #输出 result字符串
         #result  #以变量名可以分行输出列表元素

         ['Let It Go', '(Verse:)', 'The snow glows white on the mountain 
         olation', "And it looks like I'm the Queen", 'The wind is howlin
         n, heaven knows I've tried", "Don't let them in, don't let them 
         l, don't feel, don't let them know", 'Well, now they know', 'Let
         it go, let it go;', 'Turn away and slam the door;', "I don't car
         'The cold never bothered me anyway;', "It's funny how some dista
         nce controlled me can't get to me at all;", "It's time to see wh
         'No right, no wrong, no rules for me;']
```

```
In [8]: with open('/home/shiephl/letitgo', 'r') as f:
            for i in f.readlines():
                print(i)

        Let It Go

        (Verse:)

        The snow glows white on the mountain tonight

        Not a footprint to be seen

        A kingdom of isolation
```

这里对运行结果稍作处理,只截取了一部分显示。

4. write()

write()方法用于文件的写入操作。

1) 写模式 w

(1) 只能写,不能读。

(2) 写的时候会把原来文件的内容清空。

(3) 当文件不存在时,会创建新文件。

2) 写读模式 w+

(1) 可以写,也可以读。

(2) 写的时候会把原来文件的内容清空。

(3) 当文件不存在时,会创建新文件。

3) 追加模式 a

(1) 不能读。

(2) 可以写,是追加写,即在原内容末尾添加新内容。

(3) 当文件不存在时,创建新文件。

4）追加读 a+

（1）可读可写。

（2）写的时候是追加写，即在原内容末尾添加新内容。

（3）当文件不存在时，创建新文件。

详细的读写模式参见表 7.6。

例 7.56 向文件写入数据。

```
#write()的 W模式
filename = 'wtfile.txt'
with open(filename,'w') as file_object:
    file_object.write("I love you \n")
    file_object.write("thank you \n")  # 加上\n可以一行一行的加入
#一次打开，可以写入多行数据
```

```
with open(filename,'r') as file_object:
    for i in file_object:
        ft = file_object.readline()
        print(ft)
#在使用了 for语句后，再使用readline()读取数据，发现是跳行读取
```

```
thank you
```

```
with open(filename,'r') as file_object:
    for i in file_object:
      #  ft = file_object.readline()
        print(i)
#for循环已经读取一行, readline()再读取一行,
#两个语句同时执行，相当与每一个循环中读取两行,所以输出结果是跳行输出的
```

```
I love you

thank you
```

```
#a模式
filename = 'wtfile.txt'
with open(filename,'a') as file_object :
    file_object.write(" you are cute \n")
    file_object.write("i love you \n") # 加上\n可以一行一行的加入
#第二次打开，以a的方式，可以在末尾追加内容，原有内容保留
```

```
with open(filename,'r') as file_object:
    for i in file_object.readlines():
        print(i)
```

```
I love you

thank you

 you are cute

i love you
```

7.6 文件路径管理

Python 标准库 os 模块对操作系统的 API 进行了封装，并且使用统一的 API 访问不同操作系统的相同功能。os 模块包含与操作系统的系统环境、文件系统、用户数据库以及权限进行交互的函数，充分利用 os 模块，就能编写出跨平台的程序。例如，Linux 系统下的路径分隔符是/，而 Windows 系统下的路径分隔符是\，如果在程序中手动拼接路径，则无法同时满足 Linux 和 Windows 系统的需求，这个时候可以使用 os.path 模块下的 join()函数来拼接目录，

也可以使用 os.sep 来表示不同平台的路径分隔符。

os 模块包含了各种不同功能的函数，要获取 os 模块的函数列表，可以使用 print(dir(os))。本章主要介绍与文件路径相关的一些函数，首先介绍 os 模块的子模块 os.path。

7.6.1 使用 os.path 模块管理路径和文件

1. 拆分路径

os.path 模块可以对路径和文件进行管理，其中包含很多用于拆分路径的函数，常用函数如表 7.7 所示。

表 7.7 常用的拆分路径的函数

函 数 名	功 能 说 明
split(path)	把路径分隔成 dirname(路径)和 basename(文件名)，返回一个元组
dirname(path)	返回文件的路径
basename(path)	返回文件的名称
splitext(path)	返回一个二元组，[除去文件扩展名的文件名，扩展名]

例 7.57 拆分路径函数的使用。

```
import os
mypath = "/home/shiephl/pyth/data.txt"
os.path.split(mypath)
# 返回文件的路径和文件名
```

```
('/home/shiephl/pyth', 'data.txt')
```

```
os.path.dirname(mypath)
#返回文件的路径
```

```
'/home/shiephl/pyth'
```

```
os.path.basename(mypath)
#返回文件的名称
```

```
'data.txt'
```

```
os.path.splitext(mypath)
#(除去文件扩展名的文件名, 扩展名)
```

```
('/home/shiephl/pyth/data', '.txt')
```

2. 构建路径

os.path 模块中用于构建路径的函数如表 7.8 所示。

表 7.8 构建路径的函数

函 数 名	功 能 说 明
expanduser(path)	把 path 中包含的～和～user 转换成用户目录
abspath(path)	获取文件或路径的绝对路径
join(path)	根据不同的操作系统平台，使用不同的路径分隔符拼接路径
isabs(path)	判断路径是不是绝对路径

例 7.58 构建路径函数的使用。

```
import os
os.getcwd() #获取工作目录
```

'/home/shiephl'

```
os.path.expanduser('~')
```

'/home/shiephl'

```
os.path.expanduser('~/pyth/')
#把工作目录和参数提供的目录拼接成一个新目录
```

'/home/shiephl/pyth/'

```
os.path.abspath('.')
#工作目录的绝对路径
```

'/home/shiephl'

```
os.path.abspath('..')
#工作目录的父目录的绝对路径
```

'/home'

```
os.path.join(os.path.expanduser('~/pyth/'), 'temp' , 'test.py')
#取出工作目录, 和pyth、temp、test.py共同构建一个新目录
```

'/home/shiephl/pyth/temp/test.py'

```
os.path.isabs('/home/shiephl/pyth/')
```

True

3. 获取文件属性信息

os.path 模块中有若干个函数可以用于获取文件的属性信息,包括文件的创建时间、修改时间、文件的大小等信息;还有一些文件类型的判断函数,分别如表 7.9 和表 7.10 所示。

表 7.9 获取文件属性信息的函数

函 数 名	功 能 说 明
getatime(path)	返回最近访问时间(浮点型秒数)
getmtime(path)	返回最近文件修改时间
getctime(path)	返回文件 path 创建时间
getsize(path)	返回文件大小,如果文件不存在就返回错误

表 7.10 文件类型判断函数

函 数 名	功 能 说 明
exists(path)	如果路径 path 存在,返回 True;如果路径 path 不存在,返回 False。
isfile(path)	判断路径是否为文件
isdir(path)	判断路径是否为目录
islink(path)	判断路径是否为链接
ismount(path)	判断路径是否为挂载点

例 7.59 获取文件属性信息。

```
import os
os.path.exists("/home/egon")
#测试指定文件是否存在
```

False

```
os.path.exists("/usr/bin/python")
```

```
True
```

```
#获取所有信息
os.stat("/home/shiephl/letitgo")
```

```
os.stat_result(st_mode=33188, st_ino=290129, st_dev=64768,
st_nlink=1, st_uid=1000, st_gid=1000, st_size=827, st_atim
e=1575596981, st_mtime=1575596363, st_ctime=1575596363)
```

```
#得到指定文件最近一次的访问时间
os.path.getatime("/home/shiephl/letitgo")
```

```
1575596981.1859372
```

```
#得到指定文件最近一次的改变时间
os.path.getctime("/home/shiephl/letitgo")
```

```
1575596363.6813393
```

```
#得到指定文件最近一次的修改时间
os.path.getmtime("/home/shiephl/letitgo")
```

```
1575596363.6733353
```

```
#得到得到文件的大小
os.path.getsize("/home/shiephl/letitgo")
```

```
827
```

例 7.60 判断文件类型。

```
In [1]: import os
        #测试指定参数是否是目录名
        os.path.isdir("/etc/sysconfig/selinux")
Out[1]: False

In [2]: #测试指定参数是否是一个文件
        os.path.isfile("/home")
Out[2]: False

In [3]: os.path.isfile("/home/shiephl/letitgo")
Out[3]: True

In [7]: #测试指定参数是否是一个软链接
        os.path.islink("/etc/localtime")
Out[7]: True

In [8]: #测试指定参数是否是挂载点
        os.path.ismount("/mnt/")
Out[8]: False

In [11]: #在另一个打开的终端中把U盘挂载，然后查看是否是挂载点
         os.path.ismount("/mnt/")
Out[11]: True
```

使用 Ctrl+Alt+T 快捷键打开一个终端，在新打开的终端中把 U 盘挂载，然后在终端中调用 Python 查看是不是挂载点，程序示例如下。

```
shiephl@shiephl-Virtualbox:~$ sudo  mount -t vfat /dev/sdb1 /mnt/
shiephl@shiephl-Virtualbox:~$ python3
Python 3.6.9 (default, Nov  7 2019, 10:44:02)
[GCC 8.3.0] on linux
Type "help", "copyright", "credits" or "license" for more information.
>>> import os
>>> os.path.ismount("/mnt")
True
>>>
```

运行结果表明，U 盘挂载成功，可以在 jupyter 中使用 ismount 命令查看 U 盘是否挂载成功。

7.6.2 使用 os 模块管理文件和目录

Linux 系统提供了很多命令（例如 ls、cd 等）用于管理文件与目录。Python 中的 os 模块提供了大量管理文件与目录的方法，可以实现包括检验权限、权限操作、管理目录、管理文件、文件读写、设备管理、链接管理等功能。本节只介绍一些管理目录与文件的 os 方法，如表 7.11 所示。

表 7.11 os 模块中用于管理文件和目录的函数

函数名	功能说明
os.getcwd()	返回工作目录
os.getcwdu()	返回一个工作目录的 Unicode 对象
os.chdir(path)	改变工作目录
os.mkdir(path)	创建目录
os.makedirs(name)	递归创建多层目录
os.remove(path)	删除路径为 path 的文件。如果 path 是一个文件夹，会抛出 OSError 错误
os.removedirs(path)	递归删除目录
os.walk()	遍历 top 路径下的所有子目录，返回一个包含 3 个元素的元组(dirpath, dirnames, filenames)
os.curdir	指定工作目录('.')
os.pardir	指定上一级目录('..')
os.sep	返回路径分隔符(Windows 为'\', Linux 为'/')
os.chflags(path, flags)	设置路径的标记为数字标记
os.chown(path, uid, gid)	改变文件所有者
os.chroot(path)	改变当前进程的根目录
os.close(fd)	关闭文件描述符
os.closerange(fd_low, fd_high)	关闭所有文件描述符，从 fd_low(包含)到 fd_high(不包含)，错误会忽略
os.dup(fd)	复制文件描述符 fd
os.dup2(fd, fd2)	将一个文件描述符 fd 复制到另一个 fd2
os.fchdir(fd)	通过文件描述符改变工作目录
os.listdir(path)	返回 path 指定的文件夹包含的文件或者文件夹名字列表
os.open(file, flags[, model])	打开一个文件夹，并且设置需要打开的首选项，model 参数是可选的
os.name	返回当前操作系统名称('posix', 'nt', 'os2', 'mac', 'ce', 'riscos'), Windows 为'nt', Linux 为'posix'
os.extsep	返回文件名和文件扩展名之间的分隔符'.'
os.linesep	返回换行分隔符，Linux 是'\n', Windows 是'\r\n'
os.pathsep	返回目录分隔符

例 7.61 os 模块中对文件和目录的操作。

```
In [1]: import os
        os.getcwd()#获取工作目录路径
Out[1]: '/home/shiephl'
```

```
In [15]: os.name
Out[15]: 'posix'

In [16]: os.pathsep
Out[16]: ':'

In [7]: #取出工作目录，并连接到下一级目录myth
        os.chdir(os.path.expanduser('~/pyth'))
        os.getcwd()
Out[7]: '/home/shiephl/pyth'

In [9]: ls  #列举工作目录下的所有文件
        714py.ipynb  data.txt  fila.txt  makefile  testcode  wtfile2.txt  wtfile.txt

In [10]: #在工作目录下创建新目录mydir
         os.mkdir('mydir')

In [11]: ls
         714py.ipynb  fila.txt  mydir/    wtfile2.txt
         data.txt     makefile  testcode  wtfile.txt
```

由例 7.61 可以看出，os 模块中的很多函数功能与 Linux 系统的命令功能一样，名称也很相似，这为 Python 的学习提供了很大的便利。

7.6.3 使用 Counter 模块搜索历史命令

在 Linux 系统终端上输入的命令都保存在当前用户的家目录下的隐藏文件.bash_history 中，按 Ctrl+Alt+T 快捷键打开一个终端，输入命令 cat 可以查看该文件的内容。

例 7.62 查看历史命令。

```
shiephl@shiephl-Virtualbox:~$ cat  ~/.bash_history
gedit ./download/101.c
gedit 101.c
make
sudo apt-install make
sudo apt install make
make
gcc 101.c -o 101
su -
sudo passwd
su -
```

例 7.62 运行结果表明，使用过的命令都在这个文件中。除此之外，也可以在终端使用 Ctrl+R 快捷键来搜索曾经执行过的命令，选中某一个命令按 Enter 键即可重新执行。

例 7.63 在 jupyter 中编写程序来搜索使用过的命令，打开命令历史文件 bash_history，每次读取一行数据，先用 strip 方法去掉命令前后的空格，然后以空字符作为分隔依据，确定每一个命令的名字，以每一个命令的名字作为 counter 的计数依据，统计每一个命令的使用次数，最后以 most_common 参数找出计数次数最大的 10 个命令。

```
In [3]: import os
        from collections import Counter
        c = Counter()
        with open(os.path.expanduser('~/.bash_history')) as f:
            for line in f:
                cmd = line.strip().split()
                #分隔每一个命令
                if cmd:
                    c[cmd[0]] +=1    # 对同一个命令计数

        c.most_common(10)
        #最常用的10条
```

```
Out[3]: [('jupyter', 37),
         ('sudo', 36),
         ('python3', 15),
         ('python', 14),
         ('pip', 14),
         ('ls', 13),
         ('time', 12),
         ('gedit', 11),
         ('whereis', 10),
         ('python2', 9)]
```

7.7 文件内容管理

系统管理员在管理服务器时，经常会遇到这样的问题，如两个目录中的文件到底有什么差别？系统中有多少重复文件存在？如何找到并删除系统中的重复文件？Python 丰富的第三方库可以解决这些问题。

7.7.1 目录和文件的比较

Python 中的 filecmp 模块可以实现文件、目录对比功能，可以遍历子目录的差异。Python 自带 filecmp 模块，无须安装。对于目录和文件比较，filecmp 提供了 cmp(单文件对比)、cmpfiles(多文件对比)、dircmp(目录对比)3 个操作方法。

表 7.12 文件和目录比较函数

函数名	功能说明
filecmp.cmp(f1,f2[,shallow])	shallow 参数默认为 True，只对 os.stat()方法返回的文件属性信息进行对比。例如，最近访问时间、最近修改时间、最近状态改变时间等，会忽略文件内容的对比；当 shallow 为 False 时，则 os.stat()与文件内容同时进行校验。f1、f2 是要比较的文件名，如果比较的内容相同，则返回 True；不同则返回 False
filecmp.cmpfiles(dir1,dir2,common[,shallow])	比较两个目录 dir1 和 dir2 内的指定文件是否相等，参数 dir1、dir2 指定要比较的目录名，参数 common 指定要比较的文件名列表。该函数返回包含 3 个 list 元素的元组，分别是匹配、不匹配以及错误的文件列表。错误的文件指的是不存在的文件，或文件被锁定不可读，或没权限读文件，或者由于其他原因无法访问该文件。该函数中 shallow 参数的意义同 cmp()函数
filecmp.dircmp(a, b, ignore=None, hide=None)	构建一个新的目录比较对象，用于比较目录 a 和 b。ignore 为一个需要被忽略的名称列表，默认为 filecmp.DEFAULT_IGNORES。hide 位是一个需要隐藏的名称列表，默认为[os.curdir, os.pardir]。dircmp()函数进行文件比较是通过执行如 filecmp.cmp()函数中的 shallow()比较而实现的

cmpfiles()函数用来同时比较两个目录下的文件，也可以比较两个目录，但是在比较两个目录时需要通过参数指定所有可能的文件，比较烦琐，相比之下 dircmp()函数更适用于比较目录。

调用 dircmp()函数后会返回一个 dircmp 类的对象，该对象保存了目录的很多属性，可以通过读取这些属性来对比目录的差异，如表 7.13 所示。

表 7.13　dircmp 类对象的属性

属　性　名	功 能 说 明
left	左目录，如类定义中的 a
right	右目录，如类定义中的 b
left_list	左目录中的文件及目录列表
right_list	右目录中的文件及目录列表
common	两边目录共同存在的文件或目录
left_only	只在左目录中的文件或目录
right_only	只在右目录中的文件或目录
common_dirs	两边目录中都存在的子目录
common_files	两边目录中都存在的子文件
common_funny	两边目录中都存在的不同目录类型或 os. stat()记录的错误子目录
same_files	匹配的文件
diff_files	不匹配的文件
funny_files	两边目录中都存在，但无法比较的文件
subdirs	将 common_dirs 目录名映射到新的 dircmp 对象，格式为字典类型

dircmp()函数提供了如下 3 个输出报告的方法。

- report()：比较当前指定目录中的内容。
- report_partial_closure()：比较当前指定目录及其第一级子目录中的内容。
- report_full_closure()：递归比较所有指定目录的内容。

在当前用户 shiephl 的家目录下需要有 pyth 和 hldir 两个目录。

例 7.64　查看两个要比较的目录下的内容。

```
shiephl@shiephl-Virtualbox:~$ ls -l ~/pyth
总用量 77080
-rw-r--r-- 1 shiephl shiephl     1168 11月 21 15:28 714py.ipynb
-rw-r--r-- 1 shiephl shiephl      827 12月 13 18:48 c
-rw-r--r-- 1 shiephl shiephl 78888897 11月 24 20:54 data.txt
-rw-r--r-- 1 shiephl shiephl       42 12月  4 20:39 fila.txt
-rw-r--r-- 1 shiephl shiephl      827 12月 13 18:56 letitgo
-rw-rw-r-- 1 shiephl shiephl      143 11月 14 15:26 makefile
drwxr-xr-x 2 shiephl shiephl     4096 12月 12 20:54 mydir
-rw-r--r-- 1 shiephl shiephl        9 12月  5 16:30 testcode
-rw-r--r-- 1 shiephl shiephl       15 12月  6 10:26 wtfile2.txt
-rw-r--r-- 1 shiephl shiephl       50 12月  6 10:52 wtfile.txt
shiephl@shiephl-Virtualbox:~$ ls -l ~/hldir
总用量 12
-rw-r--r-- 1 shiephl shiephl    0 12月 13 15:57 a.txt
-rw-r--r-- 1 shiephl shiephl    0 12月 13 15:57 b.txt
-rw-r--r-- 1 shiephl shiephl  390 12月 13 18:55 c
-rw-r--r-- 1 shiephl shiephl  827 12月 13 16:11 letitgo
drwxr-xr-x 2 shiephl shiephl 4096 12月 13 15:57 subdir1
shiephl@shiephl-Virtualbox:~$ _
```

例 7.64 运行结果表明，两个目录 pyth 和 hldir 下有相同的文件名 c、letitgo，两个文件 c 的大小不一样，两个文件 letitgo 的大小相同，说明两个文件 c 的内容不一样，两个文件 letitgo 的内容是一样的。

例 7.65　用 filecmp 比较文件是否相同。

```
import filecmp
#比较同一目录下的两个文件是否相同
filecmp.cmp('/home/shiephl/pyth/c' , '/home/shiephl/pyth/letitgo')
```

```
True
```

```
#比较同一目录下的两个文件是否相同
#filecmp.cmp('~/pyth/fila.txt' , '~/pyth/data.txt')
# 路径名不正确
#filecmp.cmp('/home/shiephl/pyth/c' , '/home/shiephl/pyth/data.txt')
# 路径名正确
filecmp.cmp('./pyth/c' , './pyth/data.txt')
# 路径名正确
```

```
False
```

```
filecmp.cmpfiles('./pyth' , './hldir' , \
                ['c','letitgo','data.txt', 'fila.txt','a.txt'])
#结果是个三元组：[相同的文件],[不同的文件],[无法比较的文件]
```

```
(['letitgo'], ['c'], ['data.txt', 'fila.txt', 'a.txt'])
```

例 7.65 运行结果表明，cmpfiles()函数只对两个目录中文件名相同的文件进行比较，两个目录中都有文件 c 和 letitgo，但 c 文件的内容不同。

例 7.66　dircmp()函数返回值的属性使用。

```
#dircmpdircmp类的属性的使用
import filecmp
d = filecmp.dircmp('./pyth','./hldir')
d.report() #两个目录的完整比较结果
```

```
diff ./pyth ./hldir
Only in ./pyth : ['714py.ipynb', 'data.txt', 'fila.txt', 'makefile',
'mydir', 'testcode', 'wtfile.txt', 'wtfile2.txt']
Only in ./hldir : ['a.txt', 'b.txt', 'subdir1']
Identical files : ['letitgo']
Differing files : ['c']
```

```
d.left_list #左目录中的文件及目录列表
```

```
['714py.ipynb',
 'c',
 'data.txt',
 'fila.txt',
 'letitgo',
 'makefile',
 'mydir',
 'testcode',
 'wtfile.txt',
 'wtfile2.txt']
```

```
d.right_only #只在右目录中的文件或目录
```

```
['a.txt', 'b.txt', 'subdir1']
```

```
d.same_files #两个目录中内容相同的文件
```

```
['letitgo']
```

通过上述示例程序的运行，利用 filecmp 模块提供的函数进行文件内容的比较，不仅可以大大减少系统管理员的工作量，还可以清晰地看出文件之间的异同。

7.7.2　MD5 校验和比较

如果要查看工作目录及其子目录下的文件是否相同，或者比较不同计算机上的文件是否相同，就需要使用校验码的方式对文件进行比较。

校验码是通过散列函数计算得到的，是一种从任何数据中创建小的数字指纹的方法。它通过一个函数把任意长度的数据转换为一个长度固定的字符串(通常是十六进制的字符串)。MD5 是目前使用最广泛的加密算法，速度很快，生成结果是固定的 128 字节的二进制数据，通常用一个 32 位的十六进制字符串表示。理论上，一个 MD5 散列值可以对应无限个文件，但从现实的角度来看，两个不同的文件几乎不可能有相同的 MD5 散列值，对一个文件的任何恶意修改都会导致其 MD5 散列值改变，因此 MD5 值一般用于文件的完整性检验。

MD5 算法之所以能指出数据是否被篡改过，就是因为散列函数是一个单向函数，计算 f(data)很容易，但通过 digest 反推 data 却非常困难。而且，对原始数据做任何一个位的修改，都会导致计算出的 MD5 散列值完全不同。

要在 Linux 系统下计算一个文件的 MD5 散列值，只需要以文件名作为参数调用 md5sum 命令即可。如对用户信息文件 passwd 计算其 MD5 散列值，可以使用如下命令。

```
shiephl@shiephl-Virtualbox:~$ md5sum /etc/passwd
eca5b4b0e240fb1b99311aeff634ae19  /etc/passwd
shiephl@shiephl-Virtualbox:~$ _
```

也可以在 jupyter notebook 中用 Python 语言计算 MD5 散列值，需要调用 hashlib 模块。hashlib 涉及安全散列和消息摘要，提供了多个不同的加密算法接口，如 SHA1、SHA224、SHA256、SHA384、SHA512 及 MD5 等。

例 7.67 使用 MD5 加密算法对字符串加密。

```
In [1]: import hashlib
        d = hashlib.md5() #利用空字符串创建一个MD5算法的对象
        with open('/etc/passwd') as f:
            for line in f:
                d.update(line.encode("utf-8")) #添加文件中的一行字符的密文
                #update()必须指定要加密的字符串的字符编码
        d.hexdigest()     #生成的密文以十六进制输出

Out[1]: 'eca5b4b0e240fb1b99311aeff634ae19'
```

```
In [2]: m=hashlib.md5('你'.encode('utf-8'))
        #可以利用一个字符串创建一个MD5算法的对象，要求是bytes类型
        m.update('好呀！'.encode('utf-8'))
        print(m.hexdigest())

        9e49eb8e75b9a87424e388b862ea5f83
```

```
In [3]: # 对密码进行加盐 (暗号)处理----------进一步加强密码的安全性
        password=input('>>>>>:').strip() #运行时从键盘输入数据
        import hashlib
        m=hashlib.md5() #利用空字符串创建一个MD5算法的对象
        m.update('一行白鹭上青天'.encode('utf-8')) #对密码加盐'一行白鹭上青天'
        m.update(password.encode('utf-8')) #添加的盐与输入的密码共同生成密文
        print(m.hexdigest())

        >>>>>:52378
        836dbf398feb98596ee36fb22a8a2db7
```

另外一种常见的加密算法是 SHA1，调用 SHA1 和调用 MD5 完全类似，区别只是 SHA1 的结果是 160 字节的二进制数据，通常用一个 40 位的十六进制字符串表示。

例 7.68 分别使用 SHA1 和 SHA256 加密算法对字符串加密。

```
In [1]: import hashlib          #(hash库)

        # # 1.用字符串'898oaFs09f'生成SH256的加密算法对象
        hash = hashlib.sha256('898oaFs09f'.encode('utf8'))
        #同一种hash算法得到的长度是固定的
        # # 2.把字符串'alvin'添加到原字符串的密文中
        hash.update('alvin'.encode('utf8'))
        #所有字符串都是bytes类型
        # # 3. 产出hash值，以十六进制输出
        print(hash.hexdigest())

        e79e68f070cdedcfe63eaf1a2e92c83b4cfb1b5c6bc452d214c1b7e77cdfd1c7
```

```
In [2]: import hashlib          #(hash库)

        # # 1. 用原始空字符串进行SHA1加密，先生成SHA1加密算法的对象
        hash = hashlib.sha1()
        #同一种hash算法得到的长度是固定的
        # # 2. 把文件中读取的字符串添加到原字符串的密文中
        with open('/etc/passwd') as f:
            for line in f:
                hash.update(line.encode('utf8'))
        #所有字符串都是bytes类型
        # # 3. 产出hash值，以十六进制输出
        print(hash.hexdigest())

        9d7c1dd938a1a8349419de10c8015bbef9c896d1
```

注意

同一种算法生成的密文长度都是一样的，不同的加密算法生成的密文长度不一样，生成密文的过程都一样，只是使用的加密算法不同。

7.8 文件的安全管理

7.8.1 磁盘分区和文件系统

1. 磁盘分区

在介绍文件系统之前，先看一下数据是如何存储在磁盘上的。

在购买了一块新的硬盘后，如果只是把硬盘安装在计算机上，在操作系统上是无法看到该硬盘的，必须先将硬盘分成几个逻辑区，然后把每个分区格式化成可以存储文件的文件分区系统，最后操作系统才可以识别它，并在各个分区上存储数据。

1) Windows 系统磁盘分区

Windows 操作系统常用的分区格式为 FAT 和 NTFS。

FAT(File Allocation Table，文件配置表)，主要格式为 FAT12、FAT16、FAT32 等文件系统，甚至后来还出现了 FAT64 的文件系统。在今天，FAT 已经不是 Windows 系统的主流文件系统，但是它在 U 盘、闪存以及很多嵌入式设备上还是很常见。最通用的是 FAT32，很多 U 盘的文件系统都是 FAT32 格式，有时向 U 盘复制大文件时会发现复制不进去，实际上就是因为这个 U 盘是 FAT32 格式的，允许单个文件最大为 4GB。

NTFS(New Technology File System，新技术文件系统)是 Windows NT 环境的文件系统，Windows 2000 之后版本的 Windows 系统默认文件系统都是 NTFS 格式，而且这些 Windows 系统只能够安装在 NTFS 格式的磁盘上。

FAT 和 FAT32 格式没有考虑安全性方面的更高需求，例如无法设置用户访问权限等；NTFS 是 Windows 系统中的一种较安全的文件系统，管理员或用户可以分别设置每个文件夹的访问权限，从而限制一些用户和用户组的访问，以保障数据的安全。

2) Linux 系统磁盘分区

Linux 操作系统里有 Ext2、Ext3、Linux swap 和 VFAT 4 种文件系统格式。

Ext2 是 GNU/Linux 系统中标准的文件系统，是 Linux 系统中使用最多的一种文件系

统，专门为 Linux 设计，拥有极快的速度和极小的 CPU 占用率。Ext2 既可以用于标准的块设备（如硬盘），也可以应用在 U 盘等移动存储设备上。

Ext3 是 Ext2 的下一代，在 Ext2 的格式上增加了日志功能。Ext3 是一种日志式文件系统（Journal File System），最大的特点是它会将整个磁盘的写入动作完整地记录在磁盘的某个区域上，以便有需要时回溯追踪。当某个过程中断时，系统可以根据这些记录直接回溯并重整被中断的部分，而且重整速度相当快。该分区格式被广泛应用在 Linux 系统中。

Linux swap 是 Linux 系统中的一种专门用于交换分区的文件系统。Linux 使用这一整个分区作为交换空间。一般这个 swap 格式的交换分区是主内存的 2 倍。在内存不够时，Linux 系统会将部分数据写到交换分区上。

VFAT 为长文件名系统，是一个与 Windows 系统兼容的 Linux 文件系统，支持长文件名，可以作为 Windows 与 Linux 交换文件的分区。

把一个分区格式化为文件系统就是将磁盘的分区划分成许多大小相同的小单元，并将这些小单元顺序地编号，而这些小单元称为块（block）。Linux 系统默认的块大小为 4KB。Linux 系统上块是存储数据的最小单位，每个块最多只能存储一个文件，如果一个文件的大小超过 4KB，就会占用多个块。

2. i 节点

i 节点（inode）是一个数据结构，它存放了普通文件、目录或其他文件系统对象的基本信息。当一个磁盘被格式化成文件系统时，系统将自动生成一个 i 节点表，在该表中包含了所有文件元数据的列表。每个文件和目录都会对应于一个唯一的 i 节点，i 节点是用一个 i 节点号来标识的。在多数类型的文件系统中，i 节点的数目是固定的，并且在创建文件系统时生成。在一个典型的 UNIX 或 Linux 文件系统中，i 节点所占用的空间大约是整个文件系统的 1%。每个 i 节点由两部分组成，第 1 部分是有关文件的基本信息（如图 7.4 所示的左边部分），第 2 部分是指向存储文件信息的数据块的指针（如图 7.4 所示的最后一列）。

inode-No	file type	permission	link count	UID	GID	size	time stamp			pointer
							acess time	modify time	change time	
1	-	644	1	500	500					
2	d	755	1	0	0					
3	l	666	2	0	0					
4	-	421	3	500	500					
5	-	777	1	500	500					

图 7.4　i 节点索引节点的构成

i 节点包含文件的元信息，具体来说有以下内容。

（1）inode-No：i 节点号。在文件系统中，每一个 i 节点都有一个唯一的节点号。

（2）file type：文件的类型，就是运行 ls -l 命令看到的运行结果的第一列数据，常用的类型有-、file、d、l 等。

（3）permission：拥有者、群组、其他用户的读、写、执行权限，以数字表示。

（4）link count：硬连接的数目。

（5）UID：文件拥有者的 User ID。

（6）GID：文件的 Group ID。

(7) size：文件的字节数。

(8) time stamp：时间戳，细分为如下所述3个时间。

① modify time 指文件内容上一次变动的时间。

② access time 指文件上一次存取的时间。

③ change time 指 i 节点中这个文件的任何一列的元数据发生变化的时间。

i 节点还有很多其他字段，这里不做介绍。但要记住，i 节点中的所有属性都是用来描述文件的，没有包含文件的内容。那么文件的内容存放在什么地方？内容存放在 i 节点的最后一列 pointer 指针所指向的数据块中。

例如，如果修改了文件的读取权限，则 permission 字段会发生变化，change time 字段也会发生变化。如果要修改文件，首先要打开文件，所以 modify time 字段要变化，而 access time 和 change time 字段也会随之变化。

其实 i 节点就像图书的目录，其中包含本书的内容检索、作者信息、出版日期、页数等基本信息。读者一般是先快速地搜索图书目录，并且通过目录中的摘要信息来决定是否继续深入阅读这本书。

注意

> 文件名是访问和维护文件时最常使用的基本信息；i 节点是系统用来记录有关文件信息的对象。每一个文件都必须有一个名字，并且名字与 i 节点相关联。通常系统通过文件名就可以确定 i 节点，然后通过 i 节点中的指针就可以定位存储数据的数据库。

7.8.2 文件、目录与节点

1. 文件与节点

在 Linux 系统中，文件由元数据和数据块组成。数据块就是多个连续的扇区(sector)，扇区是存储数据的最小单位(每扇区 512 字节，即 2^9B)。块(block)的大小，最常见的是 4KB(4×2^{10}B)，也就是由连续的 8 个扇区组成($4\times 2^{10}/2^9=8$)，用来存储文件数据和目录数据。而元数据用来记录文件的创建者、创建日期、大小等，这种存储文件元数据信息的区域叫作节点。

在硬盘格式化的时候，操作系统就会将硬盘分为两个区，即数据区和节点区。每个节点的大小一般为 128B 或者 256B，节点的总数在格式化文件系统的时候就已经确定。节点区记录文件的基本属性信息，数据区记录文件的具体的内容。那么谁来记录节点信息和文件的数据信息呢？Linux 提供一个超级区块(supper block)来记录这些信息。超级区块记录的信息具体如下所述。

(1) superblock：记录此 filesystem 的整体信息，包括 inode/block 的总量、使用量、剩余量以及文件系统的格式与相关信息等。

(2) inode：记录文件的属性信息，可以使用 stat 命令查看 inode 信息。

(3) block：实际文件的内容，如果一个文件大于一个块，那么将占用多个 block，但是一个块只能存放一个文件。

节点用来指向数据块，只要找到节点，再由节点找到块编号，实际数据就能被找出来。

每个文件必须具有一个名字(文件名)，并且与一个 i 节点相关，系统通过文件名可以确定

i 节点，之后通过 i 节点中的指针就可以定位存储数据的数据块。普通文件可以存储 ASCII 数据、中文字符、二进制数据、数据库数据(如 Oracle)、与应用程序相关的数据等。

2. 目录与 i 节点

引入目录的目的主要是方便文件的管理和维护，同时也可以加快文件或目录的查询速度。目录中并没有存放其他文件，只存放了逻辑上能够在目录中找到那些文件的记录。

在 UNIX/Linux 系统中，目录也是一种文件，打开目录，实际上就是打开目录文件。目录文件的结构非常简单，就是一系列目录项(dirent)的列表，每个目录项由两部分组成，即所包含文件的文件名以及该文件名对应的节点号码。

如果要查看文件的详细信息，就必须根据节点号码访问节点读取信息。目录文件的读权限(r)和写权限(w)都是针对目录文件本身。由于目录文件内只有文件名和节点号码，所以如果只有读权限，则只能获取文件名，无法获取其他信息，因为其他信息都存储在节点中，而读取节点内的信息需要目录文件的执行权限(x)。

使用 ls 命令可以列出目录文件中的所有文件名，使用 ls -i 命令可以列出整个目录文件，即文件名和节点号码。

```
shiephl@shiephl-Virtualbox:~$ ls -i
 21476 101.c              291297 749py.ipynb      326754 cmdhistry
290816 714py.ipynb        327686 750py.ipynb      326936 data.txt
326757 716py.ipynb        327570 751py.ipynb      293905 examples.desktop
326876 720py.ipynb        327694 752py.ipynb      331977 hldir
326909 723py.ipynb        290131 753py.ipynb      317673 jupytdir
326987 725py.ipynb        291181 754py.ipynb      290129 letitgo
```

7.8.3 文件操作与节点

1. cp 命令如何操作节点

cp 命令发出时，系统要进行如下操作。

(1) 找到一个空闲的 i 节点，把新增文件元数据写入该空闲 i 节点中，并将这个新记录放入节点表中。

(2) 产生一条目录记录，并将新增文件名对应到这个空的节点号码。

(3) 做完以上操作之后，系统将文件的内容复制到新增的文件中。

2. mv 命令如何操作节点

mv 命令发出时，系统要进行如下操作。

(1) 如果源文件与移动后的目的位置在同一个文件系统上，系统首先产生一个新的目录，并把新的文件名对应到源文件的 i 节点。

(2) 删除带有旧文件名的原有的目录记录。

(3) 系统除了更新时间戳之外，并没有真正移动数据，不对原有的节点表中的数据做修改。

(4) 如果要移动的文件的源位置与目的位置在不同的文件系统上，mv 命令的行为是复制和删除两个动作。

3. rm 命令如何操作节点

rm 命令发出时，系统进行如下操作。

（1）系统首先会将该文件的连接数减 1。如果减 1 后该文件的连接数小于 1，说明该节点可以释放，系统便会释放其 i 节点以便重用。

（2）释放存储该文件内容的数据块，即将这些数据块标记为可以使用。

（3）删除记录这个文件名和 i 节点号的目录记录。

（4）系统并未真正删除这一文件中的数据，只有当需要使用这些已经释放的数据块时，这些数据块中原有的数据才会被覆盖。

4. 查找命令如何操作节点

如图 7.5 所示，例如要查找/var/log/faillog 文件，具体过程如下。

（1）首先根目录（目录也是个文件，不是容器；也可以理解为路径的映射表）会自动引用节点表，查找到节点表中对应的信息。

（2）节点表中对应的信息指向根目录对应的块，其中有 var 目录对应的信息和节点号。

（3）系统根据 var 目录的节点号找到节点表中 var 目录对应的条目。

（4）根据 var 目录对应的块信息找到对应的块，其中有 log 目录对应的信息和节点号。

（5）系统又根据 log 目录节点号在节点表中找到其对应的条目。

（6）根据 log 目录对应的块信息找到对应的块，其中有 faillog 文件。

（7）根据 faillog 文件的节点号在节点表中找到其对应的条目。

（8）最后系统根据 faillog 对应的条目信息获取 faillog 文件对应了多少块，最后呈现的就是所看到的数据。

操作过程如图 7.5 所示。

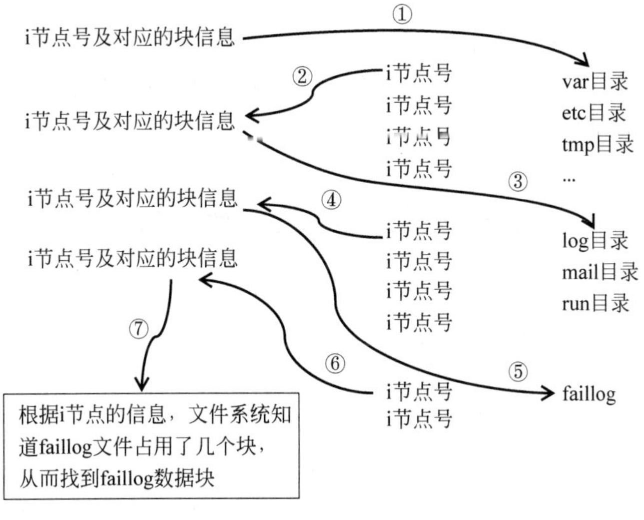

图 7.5　查找文件的操作

5. 创建文件

创建文件的操作过程如图 7.6 所示，例如新建文件/home/shiephl/test. txt，具体操作如下。

(1) 首先扫描节点位图,找空闲的节点号,找到之后占用。

(2) 根目录自引用找到节点表中对应的记录,并根据条目找到对应的块。

(3) 依据根目录对应的块中 shiephl 目录对应的节点号,回头找到节点表中记录。

(4) 根据节点表中记录找到对应的块,在这个块的 dentry 中新建一个文件 test.txt。

(5) 把最开始扫描占用的节点号分配给此 test.txt 文件。

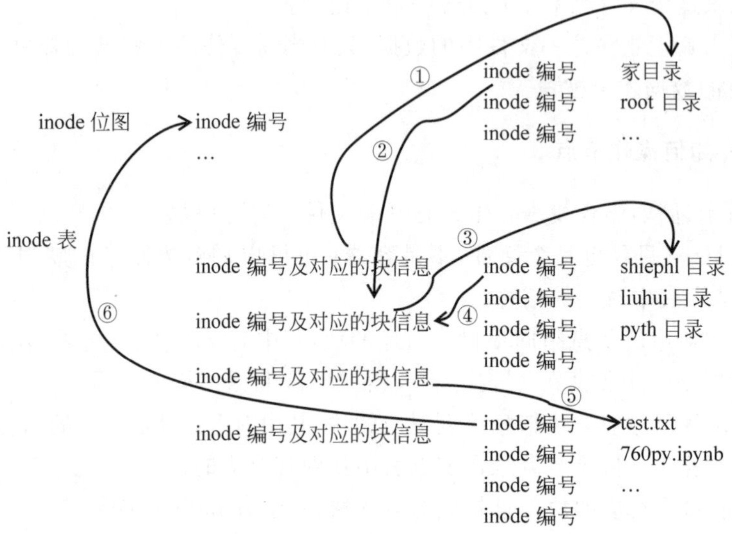

图 7.6 新建文件

由上述过程演示的文件操作时内部文件系统的节点的操作,可以得出以下结论。

(1) 在对数据文件和日志文件进行搬移时,尽量使用 cp 和 rm 命令,不要使用 mv 命令,因为 mv 命令并未真正地将物理数据搬移到指定的位置,而只是做了节点的新指向。

(2) 一些数据恢复软件就是利用了 rm 命令的操作特性来恢复被误删除文件的。rm 命令并没有将原有数据删除,只是将文件名和对应的节点的关联删除,原有数据仍旧存在。只有当新数据要使用这些数据块时,原有数据才会被覆盖。

上机实验:Linux 系统中文件系统的安全操作

1. 实验目的

(1) 掌握 Linux 系统中 Python 语言的使用。

(2) 掌握正则表达式和字符编码的原理。

(3) 掌握 Linux 系统中文件的路径和内容管理。

2. 实验任务

(1) 在 Linux 系统中安装 Python 语言开发工具。

(2) 使用 Python 中的文本处理函数。

(3) 进行 Linux 系统中文件的读写操作。

(4) 进行 Linux 系统中文件的路径管理。

(5) 进行 Linux 系统中的文件内容的比较。

3. 实验环境

装有 Windows 系统的计算机；虚拟机安装 VirtualBox+ Linux Ubuntu 操作系统。

4. 实验题目

任务 1：在 Linux 系统下安装 jupyter notebook 开发工具，进行 Python 中第三方库的导入操作，使用 Python 实现 Linux 中文件的管理工作。

任务 2：熟练掌握 Python 中字符串的定义和使用 Python 中字符串的切片函数。

在 Python 中定义一个字符串，数值为学号、姓名、专业＋自己喜欢的语句，以 3 种不同的形式定义，使用切片函数分别取出学号＋自己喜欢的语句作为第 1 个字符串，再取出姓名作为第 2 个字符串。

任务 3：在 Python 中创建一个新文件，以学号命名，通过文件写的方式向文件输入内容；再创建第 2 个新文件，打开第 1 个文件，从第 1 个文件中按行读取数据并写入第 2 个文件。

任务 4：文件路径的管理。

从键盘输入一个字符串，判断是不是目录路径，如果是，则对目录路径进行拆分，分为目录部分和文件名部分；列出取得的目录路径中的所有文件，对上述目录中的两个文件进行比较，判断内容是否相同。

任务 5：对当前用户的家目录中的文件进行校验。

找出家目录中的文件和下一级子目录中的一个文件，使用不同的加密算法进行校验，判断内容是否一样。

5. 实验心得

总结上机中遇到的问题及解决问题过程中的收获、心得体会等。

第8章 Linux的网络系统安全

8.1 网络设置

8.1.1 识别网络设备

开机时 Linux 系统会读取/etc/modprobe. conf 文件(不同的 Linux 系统版本,文件的位置和名称稍有不同),并根据这些设定文件决定载入哪些网卡的驱动程序模块,为了方便系统的管理和维护,网络设定文件和脚本中都会使用网卡的逻辑名来引用网卡,例如系统中第 1 个网卡的逻辑名是 eth0; 然后在/etc/modprobe. d/文件中将该网卡的逻辑名对应到系统所监测到的特定网卡,这样做的优点是,如果更换了网卡,不必更换所有相关的系统配置文件和脚本中的网卡名,可以减轻管理员管理和维护系统的工作量。

网卡种类与逻辑别名的对应关系如下。

(1) Ethernet 卡: Eth 为字首时后跟数字编号作为逻辑名。

(2) Token Ring 卡: TR 为字首时后跟数字编号作为逻辑名。

(3) FDDI 卡: FDDI 为字首时后跟数字编号作为逻辑名。

(4) PPP 卡: PPP 为字首时后跟数字编号作为逻辑名。

每个网卡上都有唯一的编号,该编号由网卡制造商编号和网卡出厂时的序列号两部分组成。

8.1.2 查看和配置网络设备命令 ifconfig

ifconfig(interfaces config)命令用来查看和配置网络设备,当网络环境发生改变时,可通过此命令对网络进行相应的配置。通常需要以 root 用户身份登录或使用 sudo 来运行 ifconfig 命令。

注意

用 ifconfig 命令配置的网卡信息,在网卡重启或机器重启后就消失了,网卡信息又恢复原来的数值。要想将配置信息永远存在计算机里,需要修改网卡的配置文件。

1. 查看网卡信息

例 8.1 使用 ifconfig 命令获取所有正在启用的网卡的信息。

```
liuhui@liuhui-VirtualBox:~$ ifconfig
eth0      Link encap:Ethernet  HWaddr 08:00:27:9a:21:99
          inet addr:10.0.2.15  Bcast:10.0.2.255  Mask:255.255.255.0
          inet6 addr: fe80::a00:27ff:fe9a:2199/64 Scope:Link
          UP BROADCAST RUNNING MULTICAST  MTU:1500  Metric:1
          RX packets:71 errors:0 dropped:0 overruns:0 frame:0
          TX packets:122 errors:0 dropped:0 overruns:0 carrier:0
          collisions:0 txqueuelen:1000
          RX bytes:39984 (39.9 KB)  TX bytes:14737 (14.7 KB)

lo        Link encap:Local Loopback
          inet addr:127.0.0.1  Mask:255.0.0.0
          inet6 addr: ::1/128 Scope:Host
          UP LOOPBACK RUNNING  MTU:65536  Metric:1
          RX packets:169 errors:0 dropped:0 overruns:0 frame:0
          TX packets:169 errors:0 dropped:0 overruns:0 carrier:0
          collisions:0 txqueuelen:0
          RX bytes:12039 (12.0 KB)  TX bytes:12039 (12.0 KB)

liuhui@liuhui-VirtualBox:~$
```

例 8.1 命令运行结果中，HWadd 为 Hardware Address(硬件地址)，紧跟其后的 6 组由冒号分隔的十六进制数字为该网卡的硬件地址，详细信息说明如下。

(1) eth0：网卡的代号，也有 lo 这个 loopback。

(2) HWaddr：网卡的硬件地址，习惯称为 MAC。

(3) inet addr：IPv4 的 IP 地址，后续的 Bcast、Mask 分别代表的是 Broadcast 与 Netmask。

(4) inet6 addr：IPv6 版本的 IP。

(5) RX：那一行代表的是网络由启动到目前为止的数据包接收情况，packets 代表数据包数，errors 代表数据包发生错误的数量，dropped 代表数据包由于有问题而遭丢弃的数量等。

(6) TX：与 RX 相反，为网络由启动到目前为止的发送情况。

(7) collisions：代表数据包碰撞的情况，如果发生太多次，表示网络状况不太好。

(8) txqueuelen：代表用来传送数据的缓冲区的存储长度。

(9) RX Bytes、TX Bytes：总接收、传送的字节总量。

通过观察运行结果，可以大致了解所使用的网络情况，尤其是 RX、TX 内的 error 数量以及是否发生严重的 collisions 情况，都是需要注意的。

2. 维护网络

例 8.2 用 ifconfig 命令修改 eth0 网卡的 IP 地址和其他相关信息。

```
root@liuhui-VirtualBox:~# ifconfig eth0 192.168.177.68 netmask 255.255.255.0
broadcast  192.168.177.254  #把当前的网络设置更改为给定的值
root@liuhui-VirtualBox:~# ifconfig eth0   #验证一下是否更改成功
eth0      Link encap:Ethernet  HWaddr 08:00:27:9a:21:99
          inet addr:192.168.177.68  Bcast:192.168.177.254  Mask:255.255.255.0
          inet6 addr: fe80::a00:27ff:fe9a:2199/64 Scope:Link
          UP BROADCAST RUNNING MULTICAST  MTU:1500  Metric:1
          RX packets:71 errors:0 dropped:0 overruns:0 frame:0
          TX packets:145 errors:0 dropped:0 overruns:0 carrier:0
          collisions:0 txqueuelen:1000
          RX bytes:39984 (39.9 KB)  TX bytes:18747 (18.7 KB)

root@liuhui-VirtualBox:~#
```

ifconfig 命令后面跟的参数就是要设置的数值，运行后系统没有提示，可以再次使用不带参数的 ifconfig 命令查看当前的网卡信息，以做验证。

3. 修改 MAC 地址

例 8.3 用 hw ether 参数修改 MAC 地址。

```
root@liuhui-VirtualBox:~#  ifconfig eth0 down
root@liuhui-VirtualBox:~# ifconfig eth0 hw ether 00:AA:BB:CC:DD:EE
root@liuhui-VirtualBox:~# ifconfig eth0
eth0      Link encap:Ethernet  HWaddr 00:aa:bb:cc:dd:ee
          BROADCAST MULTICAST  MTU:1500  Metric:1
          RX packets:71 errors:0 dropped:0 overruns:0 frame:0
          TX packets:149 errors:0 dropped:0 overruns:0 carrier:0
          collisions:0 txqueuelen:1000
          RX bytes:39984 (39.9 KB)  TX bytes:19115 (19.1 KB)

root@liuhui-VirtualBox:~#
root@liuhui-VirtualBox:~# ifconfig eth0 up
root@liuhui-VirtualBox:~# ifconfig eth0
eth0      Link encap:Ethernet  HWaddr 00:aa:bb:cc:dd:ee
          inet6 addr: fe80::2aa:bbff:fecc:ddee/64 Scope:Link
          UP BROADCAST RUNNING MULTICAST  MTU:1500  Metric:1
          RX packets:71 errors:0 dropped:0 overruns:0 frame:0
          TX packets:169 errors:0 dropped:0 overruns:0 carrier:0
          collisions:0 txqueuelen:1000
          RX bytes:39984 (39.9 KB)  TX bytes:22862 (22.8 KB)

root@liuhui-VirtualBox:~#
```

例 8.3 结果做了删减，运行结果表明，通过参数 hw ether 可以暂时更改 MAC 地址。

4. 在原有网卡上绑定少量 IP 地址

有时需要在一个网卡上设置几个 IP 地址(一般不超过 5 个)，可使用虚拟网卡技术——即为这个网卡设置具有别名的另一个配置文件，然后在这个网卡上绑定多个 IP 地址。如只需在一个网卡上绑定少量 IP 地址，可为每个 IP 地址创建一个网络配置文件。这些网络配置文件的文件名必须以 ifcfg-开始，后跟网卡的逻辑名，之后是冒号紧跟数字表示这是第几个虚拟网卡，即网络配置文件名格式为 ifcfg-ethN:nnn。其中，N 是自然数，表示第几个网卡；nnn 也是自然数，表示在这个网卡上的第几个虚拟网卡。

有了网络配置文件名，接下来要生成虚拟网卡的网络配置文件 ifcfg-eth0:0 的具体内容，也就是把 eth0 的配置文件复制一份，重命名为 ifcfg-eth0:0，语句如下。

```
root@liuhui-VirtualBox:~#  cp ifcfg-eth0 ifcfg-eth0:0
```

再使用 vi 命令编辑该虚拟网卡配置文件 ifcfg-eth0:0，语句如下。

```
root@liuhui-VirtualBox:~# vi  ifcfg-eth0:0
```

将第 1 行的设备名改为 eth0:0(一定与相应文件名-之后的部分一样)，将 IP 地址改为 192.168.177.168，程序如下。

```
DEVICE=eth0:0   # 这是需要更改的网卡逻辑名
  BOOTPROTO=none
  BROADCAST=192.168.177.255
  HWADDR=00:0C:29:CA:28:0D
  IPADDR=192.168.177.168   # 这是需要修改的IP地址
  NETMASK=255.255.255.0
  NETWORK=192.168.177.0
  ONBOOT=yes
  TYPE=Ethernet
```

修改完成之后存盘退出 vi 编辑器，使用 ifdown 和 ifup 命令重新启动 eth0 网卡，以让新的网络设置生效，语句如下。

```
root@liuhui - VirtualBox:~# ifdown eth0
root@liuhui - VirtualBox:~# ifup eth0
```

切换到另一台主机，使用 ping 命令测试这台主机是否能与 192.168.177.168 的主机进行网络通信，语句如下。

```
root@liuhui - VirtualBox:~# ping 192.168.177.168 -c 2
```

5. 一个网卡上批量绑定 IP 地址

如果需要在一个网卡上批量绑定 IP 地址，可通过创建 ifcfg 范围文件的方法来快速而方便地实现这一目的，ifcfg 范围文件名必须以 ifcfg-开头，之后加上所对应的网卡-，最后是 rang 加编号，格式即 ifcfg-ethN-rangeN，其中 N 为自然数，是网卡的编号。

例如，在 eth0 上绑定 8 个 IP 地址，可以新增加一个名为 ifcfg-eth0-range0 的网络配置文件，然后在这个文件中设置 IP 地址的范围，生成虚拟网卡范围的网络配置文件 ifcfg-eth0-range0，语句如下。

```
cp ifcfg - eth0:0 ifcfg - eth0 - range0
```

再用 vi 命令编辑虚拟网卡范围的配置文件 ifcfg-eth0-range0，语句如下。

```
root@liuhui - VirtualBox:~# vi ifcfg - eth0 - range0
```

```
DEVICE=eth0-range0      # 网卡编号的范围
BOOTPROTO=none
BROADCAST=192.168.177.255
HWADDR=00:0C:29:CA:28:0D
IPADDR_START=192.168.177.200   #设置IP地址的范围
IPADDR_END=192.168.177.208
TYPE=Ethernet
```

例 8.4　在逻辑名为 eth0 的网卡上新增一个 IP 地址。

```
root@liuhui-VirtualBox:~# ifconfig eth0:0 192.168.56.56
root@liuhui-VirtualBox:~# ifconfig
eth0      Link encap:Ethernet  HWaddr 08:00:27:9a:21:99
          inet addr:10.0.2.15  Bcast:10.0.2.255  Mask:255.255.255.0
          inet6 addr: fe80::a00:27ff:fe9a:2199/64 Scope:Link
          UP BROADCAST RUNNING MULTICAST  MTU:1500  Metric:1
          RX packets:2367 errors:0 dropped:0 overruns:0 frame:0
          TX packets:1470 errors:0 dropped:0 overruns:0 carrier:0
          collisions:0 txqueuelen:1000
          RX bytes:1543059 (1.5 MB)  TX bytes:231022 (231.0 KB)

eth0:0    Link encap:Ethernet  HWaddr 08:00:27:9a:21:99
          inet addr:192.168.56.56  Bcast:192.168.56.255  Mask:255.255.255.0
          UP BROADCAST RUNNING MULTICAST  MTU:1500  Metric:1

lo        Link encap:Local Loopback
          inet addr:127.0.0.1  Mask:255.0.0.0
          inet6 addr: ::1/128 Scope:Host
          UP LOOPBACK RUNNING  MTU:65536  Metric:1
          RX packets:293 errors:0 dropped:0 overruns:0 frame:0
          TX packets:293 errors:0 dropped:0 overruns:0 carrier:0
          collisions:0 txqueuelen:0
          RX bytes:20707 (20.7 KB)  TX bytes:20707 (20.7 KB)

root@liuhui-VirtualBox:~# _
```

例 8.4 运行结果表明，新增加的虚拟 IP 的硬件信息与原有 IP 的信息都相同，因为它们是同一个网卡，只是网址和广播地址不同。

例 8.5 关闭虚拟 IP。

```
root@liuhui-VirtualBox:~# ifconfig eth0:0 down
root@liuhui-VirtualBox:~# ifconfig
eth0      Link encap:Ethernet  HWaddr 08:00:27:9a:21:99
          inet addr:10.0.2.15  Bcast:10.0.2.255  Mask:255.255.255.0
          inet6 addr: fe80::a00:27ff:fe9a:2199/64 Scope:Link
          UP BROADCAST RUNNING MULTICAST  MTU:1500  Metric:1
          RX packets:2377 errors:0 dropped:0 overruns:0 frame:0
          TX packets:1481 errors:0 dropped:0 overruns:0 carrier:0
          collisions:0 txqueuelen:1000
          RX bytes:1543851 (1.5 MB)  TX bytes:231899 (231.8 KB)

lo        Link encap:Local Loopback
          inet addr:127.0.0.1  Mask:255.0.0.0
          inet6 addr: ::1/128 Scope:Host
          UP LOOPBACK RUNNING  MTU:65536  Metric:1
          RX packets:305 errors:0 dropped:0 overruns:0 frame:0
          TX packets:305 errors:0 dropped:0 overruns:0 carrier:0
          collisions:0 txqueuelen:0
          RX bytes:21499 (21.4 KB)  TX bytes:21499 (21.4 KB)

root@liuhui-VirtualBox:~# ifconfig eth0:0
eth0:0    Link encap:Ethernet  HWaddr 08:00:27:9a:21:99
          UP BROADCAST RUNNING MULTICAST  MTU:1500  Metric:1

root@liuhui-VirtualBox:~# _
```

例 8.5 运行结果表明，执行这个 down 命令后，绑定的 IP 地址就关闭了，使用 ifconfig eth0:0 显示的信息是硬件网卡的信息，没有 IP 地址之类的信息了。

使用 ifconfig 命令可以暂时用手动来设置或修改某个适配卡的相关功能，并且也可以通过 eth0:0 这种虚拟的网络接口来设置一张网卡上面的多个 IP。手动的方式比较简单，而且设置错误也没有关系，因为可以重新启动整个网络接口进行修正，只是之前手动的设置数据会全部失效。另外，要启动某个网络接口，但又不想让它具有 IP 参数时，直接给它应用 ifconfig eth0 up 命令即可。这个操作经常在无线网卡当中进行，因为需要启动无线网卡让它去检测 AP 存在与否。

6. 启动、关闭指定网卡

例 8.6 网卡启停。

```
root@liuhui-VirtualBox:~# ifconfig eth0 down
root@liuhui-VirtualBox:~# ifconfig
lo        Link encap:Local Loopback
          inet addr:127.0.0.1  Mask:255.0.0.0
          inet6 addr: ::1/128 Scope:Host
          UP LOOPBACK RUNNING  MTU:65536  Metric:1
          RX packets:313 errors:0 dropped:0 overruns:0 frame:0
          TX packets:313 errors:0 dropped:0 overruns:0 carrier:0
          collisions:0 txqueuelen:0
          RX bytes:21995 (21.9 KB)  TX bytes:21995 (21.9 KB)

root@liuhui-VirtualBox:~# ifconfig eth0 up
root@liuhui-VirtualBox:~# ifconfig
eth0      Link encap:Ethernet  HWaddr 08:00:27:9a:21:99
          inet addr:10.0.2.15  Bcast:10.0.2.255  Mask:255.255.255.0
          inet6 addr: fe80::a00:27ff:fe9a:2199/64 Scope:Link
          UP BROADCAST RUNNING MULTICAST  MTU:1500  Metric:1
```

```
          RX packets:2379 errors:0 dropped:0 overruns:0 frame:0
          TX packets:1514 errors:0 dropped:0 overruns:0 carrier:0
          collisions:0 txqueuelen:1000
          RX bytes:1544501 (1.5 MB)  TX bytes:237252 (237.2 KB)

lo        Link encap:Local Loopback
          inet addr:127.0.0.1  Mask:255.0.0.0
          inet6 addr: ::1/128 Scope:Host
          UP LOOPBACK RUNNING  MTU:65536  Metric:1
          RX packets:314 errors:0 dropped:0 overruns:0 frame:0
          TX packets:314 errors:0 dropped:0 overruns:0 carrier:0
          collisions:0 txqueuelen:0
          RX bytes:22046 (22.0 KB)  TX bytes:22046 (22.0 KB)
```

例 8.6 运行结果表明，使用 ifconfig eth0 up 可以启动 eth0；使用 ifconfig eth0 down 可以关闭 eth0。

8.1.3 ifdown 和 ifup 命令

ifdown 命令用来停止系统上指定的网卡，ifup 命令用来启动系统上指定的网卡。这两个命令的语法格式如下。

```
ifdown 网卡逻辑名
```

ifup 网卡逻辑名，即只需在命令之后空一格加上要停用或启动的网卡名(逻辑名)。当使用 ifup 命令启动一个网卡时，这个命令会先读取网卡的网络配置文件，当一个网卡的网络配置文件被修改以及网卡的网络配置文件中新增或删除了某些设定之后，都要使用 ifdown 和 ifup 命令重新启停这个网卡。

ifup 与 ifdown 这两个命令的执行就是直接到/etc/ sysconfig/network-scripts 目录下搜索对应的配置文件，如 ifup eth0，它会找出 ifcfg-eth0 这个文件的内容，然后加以设置。不过，由于这两个程序主要是搜索设置文件(ifcfg-ethx)来进行启动与关闭，因此在使用前需确认 ifcfg-ethx 是否真正存在于正确的目录内，否则可能会启动失败。另外，如果以 ifconfig eth0 来设置或者是修改了网络接口，就无法再以 ifdown eth0 的方式来关闭了。因为 ifdown 命令会分析比较目前的网络参数与 ifcfg-eth0 是否相符，如果不符的话，就会放弃这次操作。所以，使用 ifconfig 命令修改完毕后，应该要以 ifconfig eth0 down 才能够关闭该接口。

也就是说，如果是通过 ifconfig 命令暂时修改网卡信息，那么关闭该网卡使用 ifconfig eth0 down 命令；如果是通过修改配置文件的来长久修改网卡信息，那么关闭该网卡使用 ifdown eth0 命令。

8.1.4 使用 netstat 检测网络状况

1. 网络连接情况

netstat 命令可用于显示与 IP、TCP、UDP 和 ICMP 相关的统计数据，一般用于检验本机各端口的网络连接情况。其语法格式如下。

```
netstat  [参数]
```

常用参数说明如下。

(1) netstat -ano：显示协议统计信息和 TCP/IP 网络连接。

(2) netstat -t/-u/-l/-r/-n：显示网络相关信息，-t：TCP，-u：UDP，-l：监听，-r：路由，-n：显示 IP 地址和端口号。

(3) netstat -tlun：查看本机监听的端口。

(4) netstat -an：查看本机所有的网络。

(5) netstat -rn：查看本机路由表。

(6) netstat -a：列出所有端口。

(7) netstat -at：列出所有的 TCP 端口。

(8) netstat -au：列出所有的 UDP 端口。

(9) netstat -l：列出所有处于监听状态的 socket。

(10) netstat -lt：列出所有监听 TCP 端口的 socket。

(11) netstat -lu：列出所有监听 UDP 端口的 socket。

(12) netstat -ap | grep ssh：找出程序运行的端口。

(13) netstat -an | grep ':80'：找出运行在指定端口的进程。

默认 Ubuntu 和 CentOS 都没有安装 netstat，需要手工安装。sudo apt install net-tools，net-tools 是一个网络工具包，里面包含的工具除了 netstat 外，还有 arp、ifconfig、rarp、nameif 和 route。

例 8.7 查看 net-tools 包的 info。

```
liuhui@liuhui-VirtualBox:~$ netstat -antup
(Not all processes could be identified, non-owned process info
 will not be shown, you would have to be root to see it all.)
Active Internet connections (servers and established)
Proto Recv-Q Send-Q Local Address           Foreign Address         State
PID/Program name
tcp        0      0 127.0.1.1:53            0.0.0.0:*               LISTEN
-
tcp        0      0 127.0.0.1:631           0.0.0.0:*               LISTEN
-
tcp6       0      0 ::1:631                 :::*                    LISTEN
-
tcp6       1      0 ::1:52327               ::1:631                 CLOSE_WAIT
-
udp        0      0 127.0.1.1:53            0.0.0.0:*
-
udp        0      0 0.0.0.0:68              0.0.0.0:*
```

例 8.7 运行结果并没有显示全部网络信息，非本用户的进程信息无法显示。如果要监听当前系统所有的端口，需要使用 root 用户权限。

说明：

(1) 0.0.0.0 代表本机上可用的任意地址。例如，0.0.0.0:68 表示本机上所有地址的 68 端口，这样多 IP 计算机就不用重复显示了。

(2) TCP 0.0.0.0:80 表示在所有可用接口上监听 TCP80 端口。

(3) 0.0.0.0 为默认路由，即要到达不在路由表里面的网段的包都走 0.0.0.0 这条规则。

(4) 127.0.0.1 表示本机 IP 地址。

(5) UDP 的外部链接怎么都是 * : * 呢？ * : * 是网址的通配符，就是 192.168.15.12 这个类型的整体描述。

2. 较复杂的检测功能

(1) 查找请求数前 20 的 IP(常用于查找攻击来源),语句如下。

```
root@liuhui-VirtualBox:~# netstat -anlp|grep 80|grep tcp|awk '{print $5}'|awk
-F: '{print $1}'|sort|uniq -c|sort -nr|head -n20
root@liuhui-VirtualBox:~# netstat -ant | awk '/:80/{split( $5,ip,":"); ++A[ip[
1]]} END {for(i in A) print A[i],i}' |sort -rn | head -n20
root@liuhui-VirtualBox:~#
```

(2) 用 tcpdump 命令嗅探 80 端口的访问,找出访问量最大的,语句如下。

```
root@liuhui-VirtualBox:~# tcpdump -i eth0 -tnn dst port 80 -c 1000 | awk -F
"."  '{print $1"."$2"." $3"."$4}' | sort | uniq -c | sort -nr | head -20
tcpdump: verbose output suppressed, use -v or -vv for full protocol decode
listening on eth0, link-type EN10MB (Ethernet), capture size 262144 bytes
■
```

(3) 查找较多 time_wait 连接,语句如下。

```
root@liuhui-VirtualBox:~# netstat -n | grep TIME_WAIT | awk '{print $5}'
| sort | uniq -c | sort -rn | head -n 20
root@liuhui-VirtualBox:~#
```

(4) 找查较多的 SYN 连接,语句如下。

```
root@liuhui-VirtualBox:~# netstat -an | grep SYN | awk '{print $5}' |
awk -F: '{print $1}' | sort | uniq -c | sort -nr | more
root@liuhui-VirtualBox:~#
```

(5) 根据端口列进程,语句如下。

```
root@liuhui-VirtualBox:~# netstat -ntlp | grep 80 | awk '{print $7}'
| cut -d/ -f1
root@liuhui-VirtualBox:~#
```

8.2 Linux 系统的网络配置工具

8.2.1 网卡的配置文件

网卡的配置文件都放在/etc/sysconfig/network-scripts 目录中,每张网卡的配置文件的文件名都以 ifcfg-开始,-之后就是这个网卡的逻辑名,如 eth0 网卡的配置文件名是 ifcfg-eth0。

例 8.8 查看网络配置文件。

```
root@liuhui-VirtualBox:~#  cat  /etc/sysconfig/network-scripts/ifcfg-eth0

DEVICE=eth0
BOOTPROTO=none
BROADCAST=192.168.221.255
HWADDR=00:0C:29:F5:B4:79
IPADDR=192.168.221.38
NETMASK=255.255.255.0
NETWORK=192.168.221.0
ONBOOT=yes
TYPE=Ethernet
```

8.2.2 netconfig 网络配置工具

netconfig 是一个命令行网络配置工具，可用来创建和编辑网络配置文件，但所做变更不会立即生效，必须使用 ifdown 和 ifup 命令重新启动网卡才会生效。

1. 启动命令行网络配置工具重新配置网络

语句如下。

```
root@shiephl - VeirtualBox ～: # netconfig
```

默认 netconfig 将配置 eth0 这个网卡。

如配置的网卡不是 eth0，需要在 netconfig 命令中使用--device 选项指定要配置的网卡的逻辑名，即 netconfig --device eth1。

配置完成后将生成或更改 ethn 网卡所对应的网络配置文件 ifcfg-ethn，n 为自然数，代表第几个网卡。

例 8.9 查看网卡配置文件。

网卡 eth2 对应/etc/sysconfig/network-scripts/ifcfg-eth2，网卡 eth0 对应/etc/sysconfig/network-scripts/ifcfg-eth0，根据网卡名称找对应的文件名称即可，语句如下。

```
root@shiephl-VeirtualBox ~: # cat /etc/sysconfig/
network-scripts/ifcfg-eth2

HWADDR=00:0c:29:E4:35:5D
TYPE=Ethernet
BOOTPROTO=none
IPADDR=192.168.25.133
PREFIX=24
GATEWAY=192.168.25.2
DNS1=192.168.25.2
DEFROUTE=yes
IPV4_FAILURE_FATAL=yes
IPV6INIT=no
NAME="eth2"
UUID=6e6f9829-0737-4943-ab21-61d6173ba8c4
ONBOOT=yes
LAST_CONNECT=1438160743
DEVICE=eth2
USERCTL=no
```

例 8.10 更改网卡的硬件信息。

网卡出现乱序，多是因为 MAC 和网卡名称不一致导致，需要更改此网卡的硬件信息，可以使用如下命令打开硬件信息文件。

```
root@shiephl-VeirtualBox ~: #cat /etc/udev/rules.d/70-persistent-
net.rules

# This file was automatically generated by the /lib/udev/
write_net_rules
# program, run by the persistent-net-generator.rules rules file.
#
# You can modify it, as long as you keep each rule on a single
# line, and change only the value of the NAME= key.
```

```
# PCI device 0x1022:0x2000 (vmxnet)
#SUBSYSTEM=="net", ACTION=="add", DRIVERS=="?*", ATTR{address}
=="00:0c:29:cc:16:f0", ATTR{type}=="1", KERNEL=="eth*",
NAME="eth0"

# PCI device 0x1022:0x2000 (vmxnet)
SUBSYSTEM=="net", ACTION=="add", DRIVERS=="?*", ATTR{address}
=="00:0c:29:e4:35:5d", ATTR{type}=="1", KERNEL=="eth*",
NAME="eth2"
```

文件中的“ATTR{address}=="00:0c:29:e4:35:5d",”“NAME="eth2"”就是硬件地址和网络逻辑名,如果两者不一致,用户可以修改这些值。

2. 网络配置文件

Ubuntu 系统的网络配置文件主要有 IP 地址配置文件、主机名称配置文件、DNS 配置文件。

IP 地址配置文件为/etc/network/interfaces,打开后可设置 DHCP 或手动设置静态 IP。auto eth0 就是让网卡开机自动挂载。

例 8.11 以 DHCP 方式配置网卡。

编辑文件/etc/network/interfaces,语句如下。

```
sudo vi /etc/network/interfaces
```

用如下语句来替换有关 eth0 的行。

```
# The primary network interface - use DHCP to find our address
auto eth0
iface eth0 inet dhcp
```

用如下命令使网络设置生效。

```
sudo /etc/init.d/networking    restart
```

也可以在命令行下直接输入如下命令获取地址。

```
sudo dhclient eth0
```

例 8.12 为网卡配置静态 IP 地址。

编辑文件/etc/network/interfaces,语句如下。

```
sudo vi /etc/network/interfaces
```

用如下行来替换有关 eth0 的行。

```
# The primary network interface
auto eth0
iface eth0 inet static
address 192.168.3.90
gateway 192.168.3.1
netmask 255.255.255.0
```

用如下命令使网络设置生效。

```
sudo /etc/init.d/networking restart
```

例 8.13 设定第 2 个 IP 地址(虚拟 IP 地址)。

编辑文件/etc/network/interfaces：sudo vi /etc/network/interfaces，在该文件中添加如下语句。

```
auto eth0:1
iface eth0:1 inet static
address 192.168.1.60
netmask 255.255.255.0
network x.x.x.x
broadcast x.x.x.x
gateway x.x.x.x
```

根据实际情况填写所有诸如 address、netmask、network、broadcast 和 gateway 等信息。

用如下命令使网络设置生效。

```
sudo /etc/init.d/networking restart
```

例 8.14 主机名称配置。

使用如下命令来查看当前主机的主机名称。

```
sudo /bin/hostname
```

使用如下命令来设置当前主机的主机名称。

```
sudo /bin/hostname newname
```

系统启动时，它会从/etc/hostname 来读取主机的名称。

例 8.15 DNS 配置。

要访问 DNS 服务器来进行查询，需要设置/etc/resolv.conf 文件，语句如下。

```
sudo vi /etc/resolv.conf
nameserver 202.96.128.68
nameserver 61.144.56.101
nameserver 192.168.8.220
```

重新设置网络，以启用新设置。

```
sudo /etc/init.d/networking restart
```

8.3 网络文件系统配置

网络文件系统(Network File System，NFS)用于在不同的 UNIX(Linux)系统之间分享彼此的网络资源，分享 NFS 资源的计算机称为 NFS Server(服务器)。在搭建网络文件系统之前，需先确保 Windows 与虚拟机内的 Linux 系统可以互相 ping 通，查看方法为：Linux 系统使用 ifconfig 查看 IP 地址；Windows 系统使用 ipconfig 查看 IP 地址；互相 ping 一下，看能否 ping 通；如果不行，则尝试在该虚拟机设置中把网络适配器中的网络从 NAT 模式改为桥接模式。

(1) 创建 Linux 的 NFS 服务端，选择安装适合自己操作系统的服务软件。

```
ubuntu 操作系统：#sudo apt-get install nfs-kernel-server
centos/redhat 操作系统：#sudo yum install nfs-utils rpcbind
```

(2) 在当前目录下创建共享目录,并赋予最大权限。

```
mkdir -p share
chmod 777 share
```

(3) 配制文件 sudo gedit /etc/exports(也可以用其他的文本编辑器打开文件),在最后一行添加如下语句。

```
/home/liuhui/share  *(rw,sync,no_root_squash)
```

参数解释如下。

- liuhui:登录的用户名字。
- * :模糊匹配,也就是允许所有 IP 连入,也可以设固定的 IP,例如:

```
/home/liuhui/share  10.50.93.40(rw,sync,no_root_squash)
```

或某个网段的 IP,例如:

```
/home/liuhui/share 192.168.1.*(rw,sync,no_root_squash);
```

- (rw,sync,no_root_squash):给出可以进行的操作,如 ro/rw,挂载为只读/读写,async/sync 异步写入/同步写入磁盘。
- no_root_squash:登入 NFS 主机使用分享目录的使用者,如果是 root 的话,那么对于这个分享的目录来说,它就具有 root 的权限(具有对根目录的完全管理访问权限),这个设置极不安全,不建议使用!本实验仅测试是否可以顺畅地向 Linux 共享目录下添加文件,所以用这个 root 权限。测试以后需更改为普通用户。
- root_squash:登入 NFS 主机,使用共享目录的使用者如果是 root 时,那么这个使用者的权限将被压缩成为匿名使用者,通常它的 UID 与 GID 都会变成 nobody 那个系统账号的身份。
- no_subtree_check:不检查父目录的权限。

sync 适用在通信比较频繁且实时性比较高的场合。如果设置为 async,当执行大型网络通信程序如 gdbserver 与 client 之类时,系统会无响应,并报一些"NFS is not responding"之类的错误。当然并非 sync 就比 async 好,如果在远程挂载点处进行大批量数据生成,如解压一个大型 tar 包,使用 sync 模式速度会非常慢,性能严重受到影响。

但当改成 async 后,在客户端解压只需 4 分多钟,虽然比服务器端慢一些,但性能已得到很大改善。所以,当涉及很多零碎文件操作时,选用 async 性能更高。

(4) 开启 NFS 服务 sudo /etc/init.d/nfs-kernel-server restart。

restart:重启服务。

start:开启服务。

stop:停止服务。

运行 restart 命令,结果如下,则说明成功启动服务。

```
[ ok ] Starting nfs-kernel-server (via systemctl): nfs-kernel-server.service.
```

(5) 查看 NFS 状态 netstat -lt。如果运行结果有如下第二条语句,则说明 NFS 服务配置成功。

```
tcp      0     0 *:54912       *:*        LISTEN
tcp      0     0 *:nfs         *:*        LISTEN
tcp      0     0 *:40004       *:*        LISTEN
```

(6) 测试文件系统。在虚拟机里 mount 一下,前提是在前面配置文件时,有允许 192.168.1.10(或者 192.168.1.*)连接本机,192.168.1.10 是 Linux 虚拟机的 IP 地址。如果没有报错,则表示 NFS 服务器已经搭建好了。

```
sudo mount -t nfs 192.168.1.10:/home/liuhui/share /mnt
```

(7) Windows 系统下启动 NFS 服务。

打开"控制面板"窗口,选择"程序"→"打开或关闭 Windows 功能"→"NFS 客户端",把 Windows 系统的 NFS 客户端功能打开。

注意

Windows 10 系统可以在小娜那里直接搜"启用或者关闭 Windows 功能"。但是家庭版是没有 NFS 功能的。企业(或旗舰)版才有 NFS 功能。Win10 Creators Update 前只有 Windows 10 企业版可以挂载 NFS, Creators Update 后专业版也可挂载 NFS 了。windows 7 可以安装 Service For UNIX(win10 不支持)来启动 NFS。

(8) 挂载 NFS。

按快捷键 Win+R 运行 cmd,输入如下命令。

```
mount 192.168.1.128:/home/liuhui/share x:
```

注意

192.168.1.128 是虚拟机里 Linux 系统的 IP 地址; /home/liuhui/share 是要挂载的文件目录; x:是作为 x: 盘使用。

挂载成功,NFS 文件传送系统配置成功后,即可进行文件的传送操作。

在设置 Windows 系统时,如果有中文显示的乱码问题,可以使用如下步骤来解决。

(1) 打开设置,找到区域和语言设置。

(2) 选择其他日期、时间和区域设置。

(3) 或者打开"控制面板"窗口,选择"时钟和区域"→"区域"。

(4) 再选择"管理"。

(5) 选中"Bata 版:使用 Unicode UTF-8 提供全球语言支持"复选框,如图 8.1 所示。

(6) 重启计算机,目录就可以正常显示中文了。

(7) 目前发现的缺点是,选中"Bata 版:使用 Unicode UTF-8 提供全球语言支持"复选框之前,NFS 文件夹内原有的记事本文件打开后是乱码,但新建的不受影响。

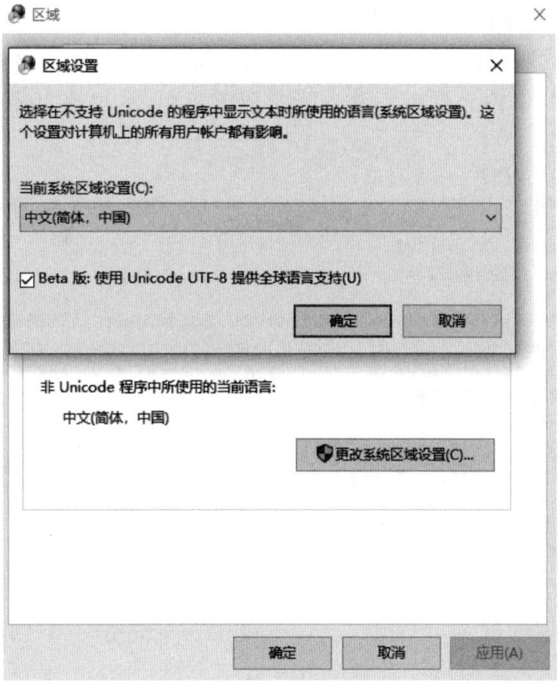

图 8.1 Windows 系统中的 UTF-8 编码设置

8.4 文件传输协议配置

文件传输协议(File Transfer Protocol,FTP)命令使用标准的 FTP 在不同的系统之间传输文件,这些系统既可以是相似的,也可以是不相似的。其使用方法说明如下。

(1) 安装 vsftpd 和 xinetd 包,语句如下。

```
sudo apt - get install vsftpd
sudo apt - get install xinetd
```

```
skti@ubuntu:~$ sudo apt-get install vsftpd
[sudo] skti 的密码:
正在读取软件包列表... 完成
正在分析软件包的依赖关系树
正在读取状态信息... 完成
vsftpd 已经是最新版 (3.0.3-9build1)。
升级了 0 个软件包，新安装了 0 个软件包，要卸载 0 个软件包，有 22 个软件包未被升级。
skti@ubuntu:~$ sudo apt-get install xinetd
正在读取软件包列表... 完成
正在分析软件包的依赖关系树
正在读取状态信息... 完成
xinetd 已经是最新版 (1:2.3.15.3-1)。
升级了 0 个软件包，新安装了 0 个软件包，要卸载 0 个软件包，有 22 个软件包未被升级。
skti@ubuntu:~$
```

(2) 设置 vsftpd. conf,语句如下。

```
skti@ubuntu:~$ su
密码:
root@ubuntu:/home/skti# cd
root@ubuntu:~# gedit /etc/vsftpd.conf
```

将 listen=YES 和 listen_ipv6=YES 中的 YES 改为 NO，anonymous_enable=YES 设置是否允许匿名访问。这里要注意 write_enable，默认是注释掉并且值为 NO 的，需要去掉注释，并将值设为 YES。其他内容保持不变。为了节省篇幅，这里重点显示修改的部分。

```
#vsftpd.conf的文件内容：
# Example config file /etc/vsftpd.conf
# The default compiled in settings are fairly paranoid. This sample file
# loosens things up a bit, to make the ftp daemon more usable.
# daemon started from an initscript.
listen=NO    #原来是YES，现在修改为NO
#
# This directive enables listening on IPv6 sockets. By default, listening
# on the IPv6 "any" address (::) will accept connections from both IPv6
# and IPv4 clients. It is not necessary to listen on *both* IPv4 and IPv6
listen_ipv6=NO  #原来是YES，现在修改为NO
#
# Allow anonymous FTP? (Disabled by default).
anonymous_enable=YES   #原来是NO，现在修改为YES
local_enable=YES
# Uncomment this to enable any form of FTP write command.
write_enable=YES   #需要去掉注释，并将值设为YES
# Default umask for local users is 077. You may wish to change this to 022
```

(3) 在/etc 目录下创建子目录 xinetd. d，并在/etc/xinetd. d 下创建文件 vsftpd，内容如图 8.2 所示。

图 8.2　创建 vsftpd 文件

(4) 停止 vsftpd 服务，重启 xinetd 服务，语句如下。

```
service vsftpd stop
service xinetd restart
```

```
root@ubuntu:/etc/xinetd.d# service vsftpd stop
root@ubuntu:/etc/xinetd.d# service xinetd restar
Usage: /etc/init.d/xinetd {start|stop|reload|force-reload|restart|status}
root@ubuntu:/etc/xinetd.d# service xinetd restart
root@ubuntu:/etc/xinetd.d# 
```

(5) 在用户目录/home/skti 下创建子目录 file，然后赋予 skti 用户对 file 目录的所有权限，语句如下。

```
root@ubuntu:/home/skti# chown -R skti file
root@ubuntu:/home/skti# chmod -R 777 file
root@ubuntu:/home/skti# 
```

（6）在虚拟机中设置 IP 由路由器动态分配，保证 Windows 的 IP 和虚拟机 IP 地址在同一网段，各选项设置如图 8.3 和图 8.4 所示。nat 到桥接，不共享本机 IP，这样可以 ping 通。

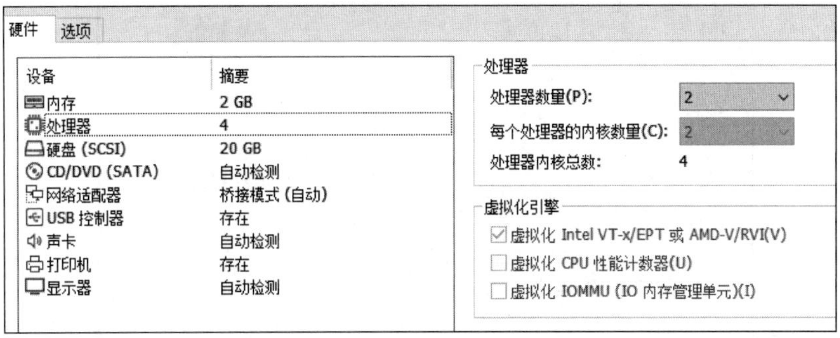

图 8.3 打开虚拟机的硬件设置

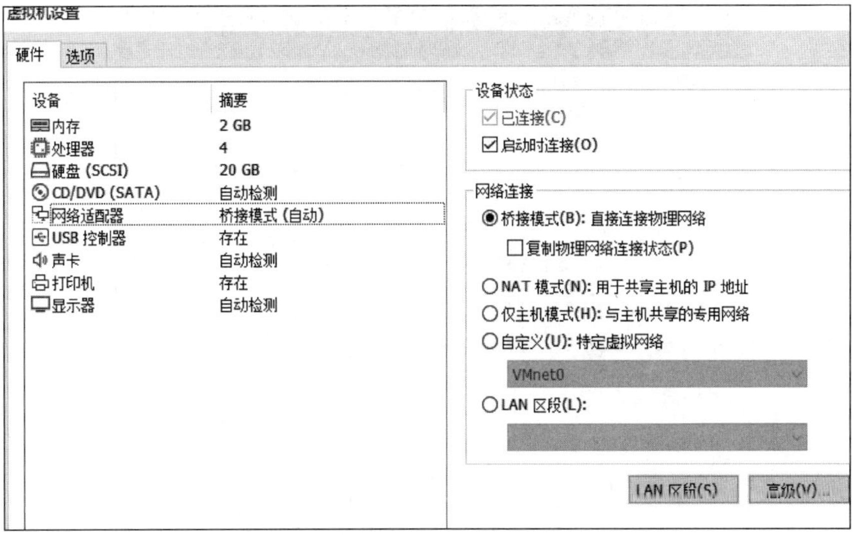

图 8.4 设置虚拟机

（7）Windows 系统环境设置，各相关选项设置如图 8.5～图 8.7 所示。

（8）在 Windows 系统下 ping 通虚拟机的 Linux 系统中设置的 IP。Linux 系统中的 IP 地址为 192.168.0.113。通过 ping 命令可以确认 Windows 和 Linux 是否通过网络连通的，如图 8.8 所示。

（9）在 Windows 系统中通过 FTP 连接 Linux 系统，使用 ls 命令就可以显示 Linux 虚拟机中的分享文件，如图 8.9 所示。

（10）在 Windows 系统的资源管理器中也可以通过 FTP 连接 Linux，如图 8.10 所示。

经过上述步骤的设置后，Linux 系统作为 FTP 服务器已经配置成功，在 Windows 系统中可以连接 Linux 来上传和下载文件。

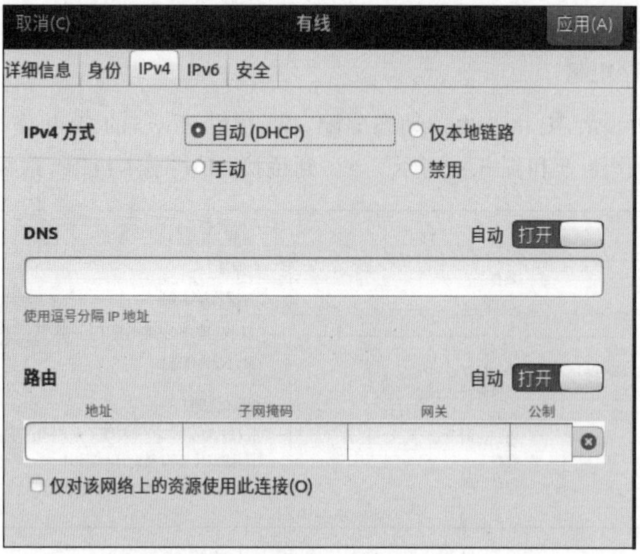

图 8.5 Windows 系统下的网络连接方式

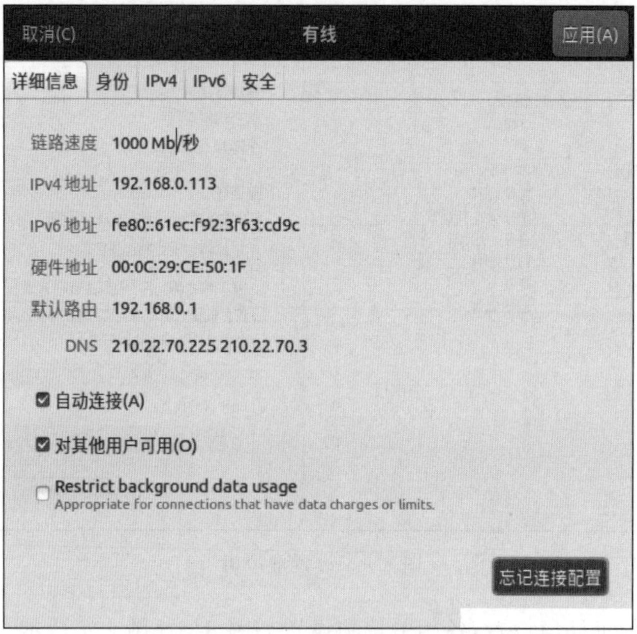

图 8.6 Windows 系统中的 IP 地址设置

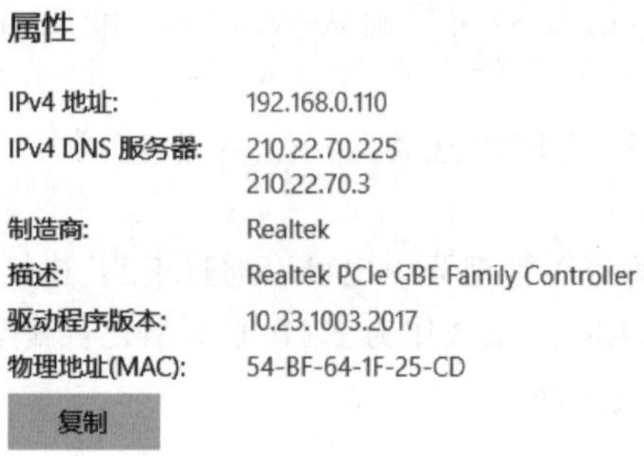

图 8.7 查看网络属性

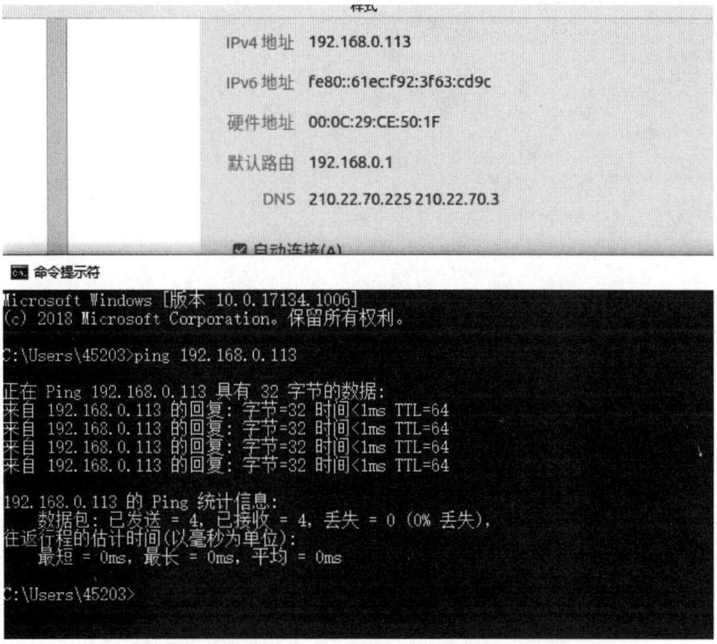
IPv4 地址 192.168.0.113
IPv6 地址 fe80::61ec:f92:3f63:cd9c
硬件地址 00:0C:29:CE:50:1F
默认路由 192.168.0.1
DNS 210.22.70.225 210.22.70.3
命令提示符
Microsoft Windows [版本 10.0.17134.1006]
(c) 2018 Microsoft Corporation。保留所有权利。
C:\Users\45203>ping 192.168.0.113
正在 Ping 192.168.0.113 具有 32 字节的数据:
来自 192.168.0.113 的回复: 字节=32 时间<1ms TTL=64
来自 192.168.0.113 的回复: 字节=32 时间<1ms TTL=64
来自 192.168.0.113 的回复: 字节=32 时间<1ms TTL=64
来自 192.168.0.113 的回复: 字节=32 时间<1ms TTL=64
192.168.0.113 的 Ping 统计信息:
数据包: 已发送 = 4, 已接收 = 4, 丢失 = 0 (0% 丢失),
往返行程的估计时间(以毫秒为单位):
最短 = 0ms, 最长 = 0ms, 平均 = 0ms
C:\Users\45203>

图 8.8　Windows 系统向 Linux 系统连通

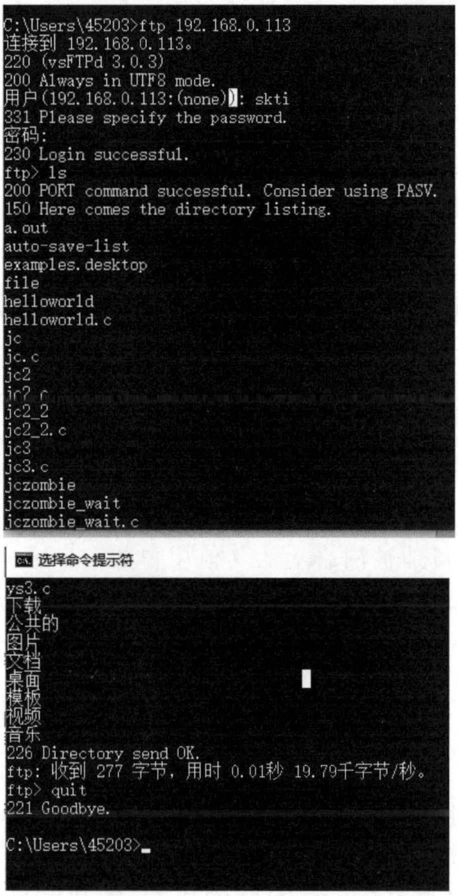
C:\Users\45203>ftp 192.168.0.113
连接到 192.168.0.113。
220 (vsFTPd 3.0.3)
200 Always in UTF8 mode.
用户(192.168.0.113:(none)): skti
331 Please specify the password.
密码:
230 Login successful.
ftp> ls
200 PORT command successful. Consider using PASV.
150 Here comes the directory listing.
a.out
auto-save-list
examples.desktop
file
helloworld
helloworld.c
jc
jc.c
jc2
jc2.c
jc2_2
jc2_2.c
jc3
jc3.c
jczombie
jczombie_wait
jczombie_wait.c
选择命令提示符
ys3.c
下载
公共的
图片
文档
桌面
模板
视频
音乐
226 Directory send OK.
ftp: 收到 277 字节, 用时 0.01秒 19.79千字节/秒。
ftp> quit
221 Goodbye.
C:\Users\45203>

图 8.9　从 Windows 连接 Linux

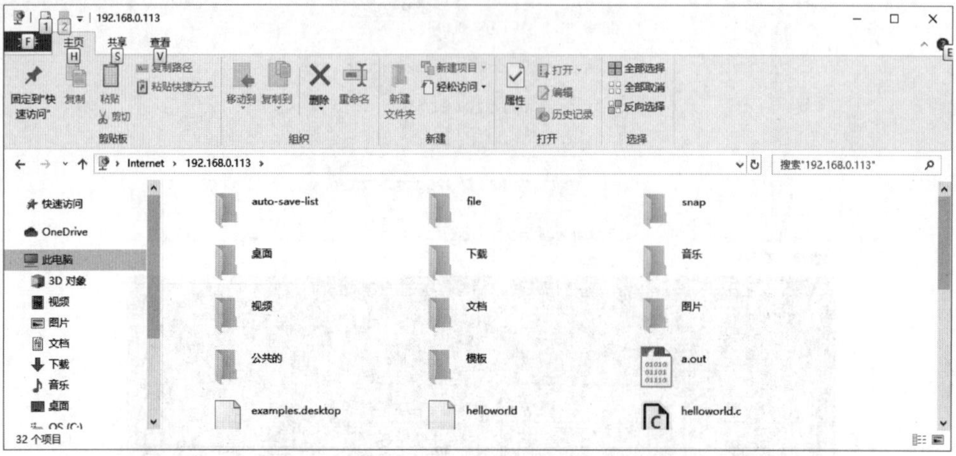

图 8.10　在资源管理器中连接 Linux 系统

(11) 上传文件,操作如下。

```
put LocalFile [RemoteFile]            # 不指定 RemoteFile, 则以原文件名保存到当前 FTP 目录
mput LocalFile [LocalFile … ]         # 上传多个本地文件, 默认以原文件名保存到当前 FTP 目录
```

(12) 下载文件操作如下。

```
get RemoteFile [LocalFile]            # 不指定 LocalFile, 则以原文件名保存到本地(默认保存到当前工
                                      # 作目录下)
mget RemoteFile [RemoteFile … ]       # 下载多个文件, 默认以原文件名保存到当前本地工作目录
```

8.5 网络安全措施

近年来,Linux 系统由于其出色的性能和稳定性、开放源代码的灵活性和可扩展性以及较低廉的成本,而受到计算机业界的广泛关注和应用。在安全性方面,Linux 内核提供了经典的 UNIX 自主访问控制,但是 Linux 也为了共享信息开放了很多网络功能,这些网络功能大部分使用明文的形式传送信息。基于密码学发展到今天的水平,用现今的眼光看明文传输数据,会觉得就这样是多么的不安全;从安全的角度出发,这里给出如下几条建议。

(1) 慎用 Telnet 服务。在 Linux 系统下用 Telnet 进行远程登录,用户名和用户密码是明文传输的。一个危险是,有可能被网络上的其他用户截获;另一个危险是,黑客可以利用 Telnet 登入系统。如果碰巧它又获取了 root 用户密码,则对系统的危害将是灾难性的。因此,如果不是特别需要,不要开放 Telnet 服务。如果一定要开放 Telnet 服务,应该要求用户用特殊的工具软件进行远程登录,这样就可以在网上传送加密过的用户密码,以免密码在传输过程中被黑客截获。

(2) 合理设置 NFS 服务。NFS 服务允许工作站通过网络共享一个或多个服务器输出的文件系统。但对于配置不好的 NFS 服务器来讲,用户不经登录就可以阅读或更改存储在 NFS 服务器上的文件,会使得 NFS 服务器很容易受到攻击。如果一定要提供 NFS 服务,就要确保基于 Linux 系统的 NFS 服务器支持 SecureRPC,以便利用 DES 加密算法和指数密钥交换技术验证每个 NFS 请求的用户身份。

(3) 小心配置 FTP 服务。FTP 服务和 Telnet 服务一样,用户名和用户密码也是明文传输的。因此,为了系统安全,必须通过对文件/etc/ftphosts 的配置,禁止特殊用户如 root、bin、daemo 等对 FTP 服务器进行远程访问。通过对文件/etc/ftphosts 的设定,限制某些主机连入 FTP 服务器;如果系统开放匿名 FTP 服务,则任何人都可以下载文件,还可以上载文件,因此除非特别需要,一般应禁止匿名 FTP 服务。

(4) 合理设置 POP-3 和 sendmail 等电子邮件服务。对一般的 POP3 服务来讲,电子邮件用户的口令是按明文方式传送到网络中的,黑客可以很容易截获用户名和用户密码。要想解决这个问题,必须安装支持加密传送密码的 POP-3 服务器,即 AuthenticatedPOP 命令。这样,用户在网络中传送密码之前,可以先给密码加密。

上机实验:Linux 网络系统安全的维护管理

1. 实验目的

(1) 掌握各种网络配置命令的使用。

(2) 掌握面向连接的 TCP 编程。

2. 实验任务

(1) 网络配置命令 ifconfig 的使用。

(2) 网络配置命令 netstat、netconfig 的使用。

(3) 客户端和服务器端的网络通信程序设计。

3. 实验环境

装有 Windows 系统的计算机;虚拟机安装 VirtualBox+ Linux Ubuntu 操作系统。

4. 实验题目

任务 1:查看当前系统的网络设备名称,使用 ifconfig 进行配置和修改。

任务 2:使用 netstat 检测网络状况。

任务 3:使用 netconfig 重新配置网络。

任务 4:服务器与客户端的信息交互。

编写服务器端、客户端程序,服务器通过 socket 连接后,在服务器上显示客户端 IP 地址或域名,从客户端读字符,然后把每个字符转换为大写并回送给客户端。服务器端发送字符串“连接上了”,客户端把接收到的字符串显示在屏幕上。

分别编写服务器和客户端的程序,并使用 makefile 文件编译。

5. 实验心得

总结上机中遇到的问题及解决问题的过程中的收获、心得体会等。

第9章 Linux系统监控

9.1 系统监控工具

9.1.1 系统性能监控

Linux 系统下的 top 命令有点类似 Windows 系统下的任务管理器，能够实时动态地监控并显示系统中各个进程的资源占用状况，是 Linux 系统下常用的性能监控和分析工具，可以列出系统状态，系统默认每 5s 刷新显示一下。

例 9.1 top 命令的使用。

```
shiephl@shiephl-Virtualbox:~$ top

top - 15:46:11 up  3:03,  1 user,  load average: 0.06, 0.02, 0.00
任务: 184 total,   1 running, 148 sleeping,   0 stopped,   0 zombie
%Cpu(s):  4.6 us,  0.7 sy,  0.0 ni, 94.7 id,  0.0 wa,  0.0 hi,  0.0 si,  0.0 st
KiB Mem :  1989612 total,   327856 free,   779764 used,   881992 buff/cache
KiB Swap:   999420 total,   998896 free,      524 used.  1033724 avail Mem

进�� USER      PR  NI    VIRT    RES    SHR � %CPU %MEM     TIME+ COMMAND
 1369 shiephl   20   0 3036376 295892 117336 S  4.3 14.9   0:20.55 gnome-shell
 1177 shiephl   20   0  414908  75948  44572 S  2.6  3.8   0:01.82 Xorg
 1589 shiephl   20   0  921920  59508  44576 S  1.7  3.0   0:02.23 nautilus-de+
 2650 shiephl   20   0   48916   3832   3212 R  0.7  0.2   0:00.13 top
 2632 shiephl   20   0  823036  43616  33356 S  0.3  2.2   0:00.27 gnome-termi+
    1 root      20   0  160032   9364   6784 S  0.0  0.5   0:01.98 systemd
    2 root      20   0       0      0      0 S  0.0  0.0   0:00.00 kthreadd
    3 root       0 -20       0      0      0 I  0.0  0.0   0:00.00 rcu_gp
    4 root       0 -20       0      0      0 I  0.0  0.0   0:00.00 rcu_par_gp
```

top 命令显示结果的含义说明如下。

第 1 行：top - 15:46:11 up 3:03 min，1 users 表示系统 15:46:11 开机，已开启 3min，目前系统上有 1 个用户；load average：0.06，0.02，0.00 表示过去 10min 内的系统平均负载，3 个数字分别代表现在、5min 前和 10min 前系统的平均负载。

该系统目前的平均负载是 0.06，5min 前系统平均负载是 0.02，而 10min 前系统平均负载是 0.00。因为本系统开启时间较短，所以 10min 的平均负载为 0。load average 为任务队列的平均长度。通常对于单 CPU 系统，1 以下数值表示系统大部分时间空闲，1～2 之间的数值表示系统正好以它的能力运行，2～3 之间的数值表示系统轻度负载，10 以上的数值表示系统已经严重过载。

第 2 行：任务数，即进程数目，分类显示运行中、休眠中、停止和僵死状态的进程数目。

第 3 行：CPU 的使用效率，分为用户空间 CPU 占比、内核空间 CPU 占比、用户进程空间内改变过优先级的进程占用 CPU 占比、空闲 CPU 占比、待输入输出 CPU 占比、硬中断(Hardware IRQ)CPU 占比及软中断(Software Interrupts)CPU 占比。

第 4 行：与内存有关的信息，分为总内存、使用中的内存、空闲的内存和缓冲区的大小。

第 5 行：交换区的相关信息，分为系统总的交换区大小、使用的交换区大小以及空闲的交换区大小。

第 6 行：类似一个图表的标签，实现进程号、用户名、优先级等各进程(任务)的状态监控。各列所代表的含义如下所述。

(1) PID：进程 ID。

(2) USER：进程所有者。

(3) PR：进程优先级。

(4) NI：nice 值，负值表示高优先级，正值表示低优先级。

(5) VIRT：进程使用的虚拟内存总量，单位为 KB，VIRT=SWAP+RES。

(6) RES：进程使用的、未被换出的物理内存大小，单位为 KB，RES=CODE+DATA。

(7) SHR：共享内存大小，单位为 KB。

(8) S：进程状态，D 表示不可中断的睡眠状态，R 表示运行状态，S 表示睡眠状态，T 表示跟踪/停止状态，Z 表示僵尸进程。

(9) %CPU：上次更新到现在的 CPU 时间占用百分比。

(10) %MEM：进程使用的物理内存百分比。

(11) TIME+：进程使用的 CPU 时间总计，单位 1/100s。

(12) COMMAND：进程名称(命令名/命令行)。

top 命令是一个交互式的命令，在运行中，输入 u，然后输入自己关注的用户名，按 Enter 键，可以高亮显示该用户的信息。

```
Which user (blank for all) shiephl
进◆◆ USER      PR  NI    VIRT    RES    SHR ◆ %CPU %MEM     TIME+ COMMAND
 1369 shiephl   20   0 3036376 296624 117336 S   2.3 14.9   0:30.34 gnome-shell
 1177 shiephl   20   0  414908  76184  44808 S   2.0  3.8   0:04.56 Xorg
```

按 B 键，可以打开或关闭运行中进程的高亮效果。

按 X 键，可以打开或关闭排序列的高亮效果。

按快捷键 Shift+>或 Shift+<，可以向右或左改变排序。

按 F 键，可以进入编辑要显示的字段的视图，有 * 号的字段显示，无 * 号不显示，也可根据页面提示选择或取消选择字段。

按 Q 键，可以退出交互模式，返回 top 命令的显示模式，再按 Q 键，就可以退出 top 命令，返回终端界面。

9.1.2 内存使用监控

使用 free 命令可以显示内存的使用状态，包括物理内存和虚拟内存(交换区)的使用情况。其语法格式如下。

```
free [选项] [ - s <间隔秒数>]
```

free 命令常用选项如下所述。

(1) -b：以 Byte 为单位显示内存使用情况。

(2) -k：以 KB 为单位显示内存使用情况。

(3) -m：以 MB 为单位显示内存使用情况。

(4) -h：以比较人性化的方式显示内存使用情况。

(5) -o：不显示缓冲区调节列。

(6) -s：<间隔秒数>：持续观察内存使用状况。

(7) -t：显示内存总和列。

(8) -V：显示版本信息。

(9) total：去掉为硬件和操作系统保留的内存后剩余的内存总量。

注意

> 购买内存时，通常容量都是整数，如 8GB 的内存，但是显示的容量往往是小于 8 的，是商家在骗消费者？抑或内存生产商造假？还是内存损坏？使用这个命令后就会明白，查看到的内存容量是去掉为硬件和操作系统保留的内存后剩余的内存总量，不管 Linux 系统还是 Windows 系统，都会有部分内存是保留给硬件和操作系统的。

free 命令运行结果信息含义说明如下。

(1) userd：当前已使用的内存总量。

(2) free：空闲的或可以使用的内存总量。

(3) shared：共享内存大小，主要用于进程间通信。

(4) buff(buffers)：主要用于块设备数据缓冲，例如记录文件系统的 metadata(目录、权限等信息)。

(5) cache：主要用于文件内容缓冲。

(6) available：可以使用的内存总量。

例 9.2 free 命令的使用。

```
shiephl@shiephl-Virtualbox:~$ free
          总计        已用        空闲        共享    缓冲/缓存      可用
内存:   1989612      820740      242944      18092      925928      970200
交换:    999420         524      998896
shiephl@shiephl-Virtualbox:~$ _
```

使用 free 命令，可以查看系统内存的使用情况，尤其在服务器上，当发现系统使用的内存非常庞大时，会怀疑系统是否被病毒攻击，这时可以使用 free 命令查看内存的详细使用情况。例如在一个服务器上，top 命令查看的结果为 mem：16124948K used，427424K free，表示内存被使用了 16GB，什么程序需要这么庞大的内存？更奇怪的是整个系统运行顺畅，没有迟钝的现象。于是使用 free 命令，相关的运行结果如下。

```
shared        buffers      cached
1710184       351321       13330324
```

free 命令的运行结果表明，共享内存 1.7GB，缓冲区内存 0.35GB，缓存内存 13GB，这个缓存是共享内存，而且可以被使用，这就解释了 top 命令中 16GB 被使用的内存的真正用途，是被缓存共享的，不是真正被占用。

这两个例子说明有时单独根据一个命令的运行结果很难做出准确的判断，这时就需要几个命令联合起来，以便做出综合的评判。

9.1.3 存储设备监控

vmstat 命令可用来显示进程、虚拟内存、交换区、I/O 以及 CPU 的工作状态，对系统的整体情况进行统计，不足之处是无法对某个进程进行深入分析。vmstat 命令的可执行文件所在路径为/usr/bin/vmstat，其语法形式为如下。

```
vmstat  [时间间隔] [显示的记录行数]
```

vmstat 命令打印的结果共分为 procs、memory、swap、io、system 及 cpu 6 部分。

1. procs 显示进程相关信息

参数说明如下。

(1) r：表示运行队列(就是说有多少个进程真正分配到 CPU)，当这个值超过了 CPU 数目，就会出现 CPU 瓶颈。这个也和 top 命令的负载有关系，一般负载超过 3 就比较高，超过 5 就高，超过 10 就不正常了，服务器的状态会很危险。top 命令的负载类似于每秒的运行队列，如果运行队列过大，表示 CPU 很繁忙，一般会造成 CPU 使用率很高。

(2) b：表示阻塞的进程，这列的值如果长时间大于 1，则需要关注一下运行的程序，应手工把对应的程序关闭。

2. memory 显示内存相关信息

参数说明如下。

(1) swpd：虚拟内存已使用的大小，如果大于 0，表示计算机物理内存不足，如果不是程序内存泄露，就是因为内存太小，需要升级，或者把耗内存的任务迁移到其他机器。

(2) free：空闲的物理内存的大小。

(3) buff：缓冲大小(即将写入磁盘的)。

(4) cache：缓存大小(从磁盘中读取的数据)，直接用来存储打开的文件。

3. swap 显示内存交换情况

参数说明如下。

(1) si：每秒从磁盘读入虚拟内存的大小，也即由交换区写入内存的数据量。如果这个值大于 0，表示物理内存不够用或者内存泄露了，要查找消耗内存太快的进程并把该进程杀死。

(2) so：每秒从虚拟内存写入磁盘的大小，也即由内存写入交换区的数据量。如果这个值大于 0，表示物理内存不够用或者内存泄露了，要查找消耗内存太快的进程并把该进程杀死。

4. io 显示磁盘使用情况

参数说明如下。

(1) bi：从块设备读取数据的量(读磁盘)，每秒从块设备接收到的块数，即读块设备。

(2) bo：从块设备写入数据的量(写磁盘)，每秒发送到块设备的块数，即写块设备。

5. system 显示采集间隔内发生的中断次数

参数说明如下。

(1) in：每秒 CPU 的中断次数，包括时间中断(表示在某一时间间隔中观测到的每秒设备中断数)。

(2) cs：表示每秒 CPU 产生的上下文切换次数。如调用系统函数，就要进行上下文切换和线程的切换，这个值越小越好，如果 cs 的值太大，则要考虑调低线程或者进程的数目，上下文切换次数过多，表示 CPU 大部分浪费在上下文切换上，导致 CPU 干正经事的时间少了，CPU 没有充分利用，是不可取的。

6. CPU 显示的使用状态

参数说明如下。

(1) us：执行用户代码所使用的 CPU 时间。

(2) sy：执行系统代码所使用的 CPU 时间，如果太高，表示系统调用时间长，例如可能是 I/O 操作频繁。

(3) id：表示 CPU 处于空闲状态的时间；一般来说，id＋us＋sy＝100。id 是空闲 CPU 使用率，us 是用户 CPU 使用率，sy 是系统 CPU 使用率。

(4) wa：表示 I/O 等待所占用 CPU 时间。

(5) st：表示被偷走的 CPU 时间(一般都为 0，不用关注)。

例 9.3 vmstat 命令的使用。

```
shiephl@shiephl-Virtualbox:~$ vmstat
procs -----------memory---------- ---swap-- -----io---- -system-- ------cpu-----
 r  b 交换 空闲 缓冲 缓存   si   so    bi    bo   in   cs us sy id wa st
 1  0    524 218144  97888 848124    0    0   443   258  106  385  3  1 92  5  0
shiephl@shiephl-Virtualbox:~$ _
```

例 9.4 使用 vmstat 命令监督系统的运行情况，3 表示每 3s 刷新一次显示信息，5 表示一共刷新 5 次。

```
shiephl@shiephl-Virtualbox:~$ vmstat 3  5
procs -----------memory---------- ---swap-- -----io---- -system-- ------cpu-----
 r  b 交换 空闲 缓冲 缓存   si   so    bi    bo   in   cs us sy id wa st
 0  0    524 213324  98064 848504    0    0   384   225  102  359  2  1 93  4  0
 0  0    524 213324  98064 848504    0    0     0     0   80  188  2  0 98  0  0
 0  0    524 213324  98064 848504    0    0     0     0   77  158  1  0 99  0  0
 0  0    524 213324  98064 848504    0    0     0     0   77  163  1  0 98  0  0
 0  0    524 213324  98064 848504    0    0     0     0   85  162  3  0 97  0  0
shiephl@shiephl-Virtualbox:~$ _
```

9.1.4 I/O 设备和 CPU 性能监控

监督系统 I/O 设备负载信息的常用工具还有 iostat，它除了可获取 I/O 设备性能方面的信息之外，还可获取 CPU 性能方面的信息。该工具显示结果的第 1 部分是从系统启动以来的统计信息，而接下来的部分就是从前一部分报告的时间开始算起的统计信息。iostat 命令的语法形式如下。

```
iostat  [选项] [时间间隔] [刷新显示信息的次数]
```

iostat 命令的常用选项如下。

(1) -d：显示硬盘所传输的数据和服务时间，d 是 disk 的第一个字母。

(2) -p：包含每个分区的统计信息，p 是 partition 的第一个字母。

(3) -c：只显示 CPU 的使用信息。

(4) -x：显示扩展的硬盘统计信息，x 是 extended 的缩写。

在使用 iostat 工具之前，需要先安装软件包 sysstat。

例 9.5 安装 iostat。

```
shiephl@shiephl-Virtualbox:~$ iostat

Command 'iostat' not found, but can be installed with:

sudo apt install sysstat

shiephl@shiephl-Virtualbox:~$ sudo apt-get install sysstat
[sudo] shiephl 的密码:
正在读取软件包列表... 完成
正在分析软件包的依赖关系树
正在读取状态信息... 完成
建议安装:
  isag
下列【新】软件包将被安装:
  sysstat
```

安装完成后即可使用 iostat 命令。

例 9.6 使用 iostat 命令。

```
shiephl@shiephl-VirtualBox:~$ iostat
Linux 5.4.0-42-generic (shiephl-VirtualBox)     2020年07月28日  _x86_64_
       (1 CPU)

avg-cpu:  %user   %nice %system %iowait  %steal   %idle
           6.29    0.02    1.58    2.30    0.00   89.81

Device             tps    kB_read/s    kB_wrtn/s    kB_read    kB_wrtn
loop0             0.00         0.00         0.00         44          0
loop1             0.00         0.00         0.00         46          0
loop2             0.00         0.01         0.00        110          0
loop3             0.00         0.03         0.00        337          0
```

例 9.6 运行结果的简单解释如下。

第一行是系统基本信息；第二行和第三行是 CPU 使用信息和监测时间，第四行以下的行显示设备的读取写入信息。

CPU 属性值说明如下。

(1) %user：CPU 处在用户模式下的时间百分比。

(2) %nice：CPU 处在带 NICE 值的用户模式下的时间百分比。

(3) %system：CPU 处在系统模式下的时间百分比。

(4) %iowait：CPU 等待输入输出完成时间的百分比。

(5) %steal：管理程序维护另一个虚拟处理器时，虚拟 CPU 的无意识等待时间百分比。

(6) %idle：CPU 空闲时间百分比。

注意

> 如果%iowait 的值过高，表示硬盘存在 I/O 瓶颈；%idle 值高，表示 CPU 较空闲；如果%idle 值高但系统响应慢，则有可能是因为 CPU 等待分配内存，此时应加大内存容量；%idle 值如果持续低于 10，那么表示系统的 CPU 处理能力相对较低，表明系统中最需要解决的资源是 CPU。

设备 Device 的信息如下。

(1) tps：是 transfers per second 的缩写，表示每秒钟传输的数量。

(2) kB_read/s：每秒钟从硬盘中读出数据的 KB 数。

(3) kB_wrtn/s：每秒写入硬盘数据的 KB 数。

(4) kB_read：从硬盘中读出数据的总 KB 数。

(5) kB_wrtn：写入硬盘数据的总 KB 数。

例 9.7 使用选项-c，每 2s 刷新一次，共刷新 3 次，显示 CPU 的使用信息。

```
shiephl@shiephl-VirtualBox:~$ iostat -c 2 3
Linux 5.4.0-42-generic (shiephl-VirtualBox)     2020年07月28日
  _x86_64_(1 CPU)

avg-cpu:  %user   %nice %system %iowait  %steal   %idle
           6.27    0.02    1.57    2.29    0.00   89.85


avg-cpu:  %user   %nice %system %iowait  %steal   %idle
          12.69    0.00    2.03    0.00    0.00   85.28


avg-cpu:  %user   %nice %system %iowait  %steal   %idle
           7.04    0.00    1.01    0.00    0.00   91.96


shiephl@shiephl-VirtualBox:~$
```

例 9.8 监督硬盘分区的运行状况。

```
shiephl@shiephl-VirtualBox:~$ iostat -d -p -k 3 2
Linux 5.4.0-42-generic (shiephl-VirtualBox)     2020年07月28日   _x86_64
_        (1 CPU)

Device             tps    kB_read/s    kB_wrtn/s    kB_read    kB_wrtn
loop0             0.00         0.00         0.00         44          0
loop1             0.00         0.00         0.00         46          0
loop2             0.00         0.01         0.00        110          0
```

实际工作中刷新时间间隔和刷新次数会很大，上述例题中为了减少显示篇幅，设置的时间数值较小，运行结果做了剪裁处理。使用参数来监督硬盘分区的运行状况，可以发现哪个硬盘分区是 I/O 瓶颈，然后做出清除处理。例如，Linux 操作系统上运行着数据库管理系统，消除 I/O 瓶颈是管理员的一项工作，如发现 sda1 分区的 I/O 访问量过大，可能是由于数据库的数据存放在这个分区上，此时可以通过将有 I/O 竞争的一些数据移动到不同的硬盘上从而缓解 sda1 分区的压力，达到优化数据库系统的目的。

9.1.5 系统中进程的监控

1. 查看进程信息

Linux 系统上运行每个程序都会在系统中创建一个相对应的进程，当一个用户登录 Linux 系统并启动 Shell 时，它就启动一个进程(Shell 进程)；当用户执行一个 Linux 命令或开启一个应用程序时，它也启动一个进程。由系统启动的进程称为守护进程，守护进程是在后台运行，并提供系统服务的一些进程，例如 HTTPD 守护进程就是提供 http 服务的。

那么，怎样才能知道系统中目前有哪些正在运行的进程呢？这时可以使用 ps 命令来列出所有在线调度运行的进程。对于每个进程，命令将显示 PID、终端标识符 TTY、累计执行时间和命令名。该命令有一些选项可以使用，不同的选项以不同的格式显示进程状态的信息，命令的语法格式如下。

```
ps [选项]
```

其中,选项可以是多个选项,在命令中经常使用的选项如下所述。

(1) -e: 显示系统上每个进程的信息,这些信息包括 PID、TTY、TIME、CMD。其中 e 是 every 的第 1 个英语字母。

(2) -f: 显示每一个进程的全部信息列表,除了-e 选项显示的信息之外,还额外增加了 UID、PPID、STIME。其中 f 是 full 的第 1 个英语字母。

ps 命令在本书 6.1.2 节中有详细的介绍,此处不做赘述。

例 9.9 搜索在命令中含有 tty 进程的状态信息。

```
shiephl@shiephl-VirtualBox:~$ ps -ef |grep tty
gdm       1522  1501  0 14:08 tty1     00:00:00 /usr/lib/gdm3/gdm-wayland-session
gnome-session --autostart /usr/share/gdm/greeter/autostart
gdm       1526  1522  0 14:08 tty1     00:00:00 /usr/lib/gnome-session/gnome-sessi
on-binary --autostart /usr/share/gdm/greeter/autostart
......
shiephl   2404  1759  0 14:17 tty2     00:00:00 /usr/lib/deja-dup/deja-dup-monitor
shiephl   3724  3707  0 17:03 pts/0    00:00:00 grep --color=auto tty
shiephl@shiephl-VirtualBox:~$
```

为了节省篇幅,例 9.9 对命令的运行结果做了剪裁。搜索命令中含有 tty 进程,可以看到运行结果中终端标识符为 tty 的进程信息都显示出来了。

2. 进程信息和搜索的合并

Linux 为了便于搜索,提供了把 ps 和 grep 结合起来的命令 pgrep。

pgrep 即 Process-ID Global Regular Expressions Print 可以查看当前正在运行的进程编号,语法格式如下。

```
pgrep (选项)(参数)
```

pgrep 命令常用选项说明如下。

(1) -l: 显示进程名称。

(2) -P: 指定父进程号。

(3) -g: 指定进程组。

(4) -t: 指定开启进程的终端。

(5) -u: 指定进程的有效用户 ID。

pgrep 命令的参数用于指明进程名称,指定要查找的进程名称,同时也支持类似 grep 命令中的匹配模式。

例 9.10 搜索命令中含有 gedit 的进程编号。

```
shiephl@shiephl-Virtualbox:~$ gedit a.txt
shiephl@shiephl-Virtualbox:~$ gedit testa
shiephl@shiephl-Virtualbox:~$ pgrep ged*
24
167
743
744
1226
1380
1930
shiephl@shiephl-Virtualbox:~$ ps -e
```

先输入以上命令，可以看到查找到的命令名中含有 gedit 的进程编号有 7 个，然后输入 ps -e 命令查看所有进程，可以比对一下这些进程编号对应的命令是什么。

例 9.11 查看 pgrep 命令搜索到的进程的详细信息。

```
[shiephl@shiephl-VirtualBox:~]$ ps  -e
PID  TTY          TIME     CMD
…
24    ?          00:00:00      khugepaged
…
167   ?          00:00:00     charger_manager
…
743   ?          00:00:00     ModemManager
…
1380  ?           00:00:05    packagekitd
…
1930  ?           00:00:03    gedit
```

例 9.11 运行结果非常多，查找自己关心的信息比较困难，可以使用 ps pid 命令分别查看每个进程。

例 9.12 以进程编号查看进程详细信息。

```
shiephl@shiephl-Virtualbox:~$ ps 24
  PID TTY       STAT   TIME COMMAND
   24 ?         SN     0:00 [khugepaged]
shiephl@shiephl-Virtualbox:~$ ps 167
  PID TTY       STAT   TIME COMMAND
  167 ?         I<     0:00 [charger_manager]
shiephl@shiephl-Virtualbox:~$ ps 1930
  PID TTY       STAT   TIME COMMAND
 1930 ?         Sl     0:06 gedit /home/shiephl/a.txt
shiephl@shiephl-Virtualbox:~$
```

以例 9.12 这样的形式查看进程信息时，需要分别 ps 每个搜索到的结果，管理模式效率太低，可以考虑使用 pgrep -l 命令配合通配符查询。

例 9.13 带-l 选项的 pgrep 命令配合通配符查询进程的信息。

```
shiephl@shiephl-Virtualbox:~$ pgrep -l ged
24 khugepaged
1930 gedit
shiephl@shiephl-Virtualbox:~$
```

如果只记得进程的名称含有 ngi，具体名字记不清楚了，可以使用 pgrep ngi * 或者 pgrep ngi 命令，二者的运行结果不一样。

例 9.14 知道进程名中的部分字符，搜索名称中含有字符的进程。

```
shiephl@shiephl-Virtualbox:~$ pgrep  ngi
1610
1642
shiephl@shiephl-Virtualbox:~$ pgrep  ngi*
19
1074
1399
1406
1610
1642
shiephl@shiephl-Virtualbox:~$ pgrep  ngi
```

```
1610
1642
shiephl@shiephl-Virtualbox:~$ pgrep -l ngi*
19 khungtaskd
1074 gnome-keyring-d
1399 gsd-sharing
1406 gsd-xsettings
1610 ibus-engine-sim
1642 ibus-engine-lib
shiephl@shiephl-Virtualbox:~$ pgrep -l ngi
1610 ibus-engine-sim
1642 ibus-engine-lib
shiephl@shiephl-Virtualbox:~$
```

对比上述示例运行结果可以发现,加-l 选项的运行结果更容易看懂。

综上所述,Linux 系统自带的实现系统监控功能的命令各自分别监控系统的不同信息,不同的命令监控的侧重点各不相同,实际操作进程中可以有选择地使用。

9.2 Python 语言编写的监控工具

Linux 下有许多使用 Python 语言编写的监控工具,常见的有 dstat、glances、inotify-sync 等。其中,dstat 是一个用 Python 语言实现的多功能系统资源统计工具,可以取代 Linux 中的 vmstat、iostat、netstat 和 ifstat 等命令,并且克服了这些命令的限制。dstat 命令可以在一个界面上展示全面的监控信息,因此在系统监控、基本测试和故障排除等应用场景下特别有用,并且可以结合不同的场景定制想要监控的资源。

dstat 命令的语法格式如下。

```
dstat [选项] [参数]
```

dstat 命令的参数部分可以指定刷新频率和刷新次数,常用的选项说明如下。

(1) -socket:显示网络统计数据。

(2) -tcp:显示常用的 TCP 统计。

(3) -udp:显示监听的 UDP 接口及其当前用户的一些动态数据。

(4) -c,--cpu:统计 CPU 状态,包括 usr(用户进程占用 CPU 时间比)、sys(内核占用时间比)、idl(空闲时间比)、wai(I/O 等待时间比)、hiq(硬件中断次数时间比)及 siq(软件中断次数时间比)。

(5) -d, --disk:统计磁盘读写状态。

(6) -g:统计换页活动次数。一般情况下,换页活动 in 和 out 的值是 0;如果不是 0,说明当前系统内存不够用,会严重影响应用程序的性能。

(7) -l, --load:统计系统负载情况,包括 1 分钟、5 分钟、15 分钟的平均值。

(8) -m, --mem:统计系统物理内存使用情况,包括 used、buffers、cache、free。

(9) -s, --swap:统计 swap 已使用量和剩余量。

(10) -n, --net:统计网络使用情况,包括接收和发送的数据。

(11) -p, --proc:统计进程信息,包括 runnable、uninterruptible、new。

(12) -y, --sys:统计系统信息,包括中断、上下文切换。

(13) -t:显示统计时间,对分析历史数据非常有用。

(14) --disk-util:显示某一时间磁盘的忙碌状况。

(15) --freespace：显示当前磁盘空间的使用率。

(16) --proc-count：显示正在运行的程序数量。

(17) --top-bio：指出块 I/O 最大的进程。

(18) --top-mem：显示占用最多内存的进程。

(19) --fs：统计文件打开数和 inodes 数。

监控工具 dstat 不是 Linux 系统的默认库，使用时需要手工安装，安装完成后即可使用。

例 9.15 安装 dstat。

```
shiephl@shiephl-Virtualbox:~$ dstat

Command 'dstat' not found, but can be installed with:

sudo apt install dstat

shiephl@shiephl-Virtualbox:~$ sudo apt-get install dstat
[sudo] shiephl 的密码:
正在读取软件包列表... 完成
正在分析软件包的依赖关系树
正在读取状态信息... 完成
下列【新】软件包将被安装:
  dstat
```

例 9.16 dstat 的使用示例。

```
shiephl@shiephl-Virtualbox:~$ dstat
You did not select any stats, using -cdngy by default.
--total-cpu-usage-- -dsk/total- -net/total- ---paging-- ---system--
usr sys idl wai stl| read  writ| recv  send|  in   out | int   csw
  3   1  92   4   0| 525k   71k|   0     0 |   0     0 | 113   507
  5   1  94   0   0|   0     0 |   0     0 |   0     0 | 114   251
  5   0  95   0   0|   0     0 |   0     0 |   0     0 | 114   298
  8   0  92   0   0|   0     0 |   0     0 |   0     0 | 225  1012
 12   1  87   0   0|   0    76k|   0     0 |   0     0 | 307  1087
 18   5  77   0   0|   0     0 |   0     0 |   0     0 | 327  1169
  6   2  90   2   0|   0    36k|   0     0 |   0     0 | 137   365
  4   0  96   0   0|   0     0 |   0     0 |   0     0 |  86   200
  4   1  95   0   0|   0     0 |   0     0 |   0     0 | 105   239
```

该命令可以一直监控系统的运行，直到按 Ctrl+C 快捷键停止执行。运行结果中包含如下信息。

- CPU 状态：竖线分隔开的第 1 列显示的就是 CPU 的使用率，依次为 usr(用户进程占用 CPU 时间百分比)、sys(内核占用)、idl(空闲)、wai(I/O 等待)、hiq(硬件中断次数)及 siq(软件中断次数)。如果 wai 一栏中的 CPU 的使用率很高，说明系统存在一些其他问题。
- 磁盘统计：竖线分隔开的第 2 列显示磁盘的读写数据的大小。
- 网络统计：竖线分隔开的第 3 列显示网络设备发送和接收的数据总数。
- 分页统计：竖线分隔开的第 4 列显示系统的分页活动。分页指的是一种内存管理技术，用于查找系统场景。较大的分页表明系统正在使用大量的交换空间，或者说内存非常分散，大多数情况下 page in(换入)和 page out(换出)的值都是 0，说明系统的内存使用正常。
- 系统统计：竖线分隔开的第 5 列显示的是中断(int)和上下文切换(csw)。这项统计仅在有比较基线时才有意义。如果这一栏中出现较高的统计值，通常表示大量的进程造成拥塞，需要对 CPU 进行关注。

默认情况下，dstat 命令每秒都会刷新数据。如果想退出 dstat，可以按 Ctrl+C 快捷键。

需要注意的是,报告的第1行,即--total-cpu-usage-- -dsk/total- -net/total- ---paging-----system--,通常这里所有的统计都不显示数值。这是由于dstat命令会通过上一次的报告来给出一个总结,所以第一次运行时没有平均值和总值的相关数据。

但是dstat命令可以通过传递两个参数来控制报告间隔和报告数量。例如,如果想要dstat命令输出默认监控,报表输出的时间间隔为3s,并且报表中输出10个结果,如例9.17所示。

例9.17 每3s刷新一次,共刷新10次。

```
^Cshiephl@shiephl-Virtualbox:~$ dstat 3 10
You did not select any stats, using -cdngy by default.
--total-cpu-usage-- -dsk/total- -net/total- ---paging-- ---system--
usr sys idl wai stl| read  writ| recv  send|  in   out | int   csw
  2   1  95   2   0| 272k   40k|   0     0 |   0     0 |  91   336
  3   1  96   0   0|   0     0 |   0     0 |   0     0 | 102   227
  3   0  97   0   0|   0     0 |   0     0 |   0     0 |  88   203
  3   1  97   0   0|   0  9557B|   0     0 |   0     0 |  93   209
  6   0  93   0   0|   0     0 |   0     0 |   0     0 | 200   743
 19   2  79   0   0|1365B    0 |   0     0 |   0     0 | 345  1329
  8   1  91   0   0|   0     0 |   0     0 |   0     0 | 147   531
  8   1  91   0   0|   0     0 |   0     0 |   0     0 | 112   319
 14   3  83   0   0|   0     0 |   0     0 |   0     0 | 214   715
 19   3  78   1   0|   0    29k|   0     0 |   0     0 | 374  1510
shiephl@shiephl-Virtualbox:~$ _
```

例9.17中的命令指定了刷新的次数,所以刷新10次后命令自动停止执行。如果不指定刷新的次数,命令会一直执行,需要按Ctrl+C键停止执行。例9.16就是按Ctrl+C快捷键停止执行的,所以在例9.17的系统提示符前有^C。

例9.18 查看占用内存最多的进程。

```
shiephl@shiephl-Virtualbox:~$ dstat -g -l -m -s --top-mem
Terminal width too small, trimming output.
---paging-- ---load-avg--- ------memory-usage----- ----swap--->
  in   out | 1m   5m  15m | used  free  buff  cach| used  free>
   0     0 |0.09 0.03 0.01| 851M  171M 58.7M  831M|   0   976M>
   0     0 |0.09 0.03 0.01| 851M  171M 58.7M  831M|   0   976M>
   0     0 |0.09 0.03 0.01| 851M  171M 58.7M  831M|   0   976M>
   0     0 |0.08 0.03 0.01| 851M  171M 58.7M  831M|   0   976M>
   0     0 |0.08 0.03 0.01| 851M  171M 58.7M  831M|   0   976M>
   0     0 |0.08 0.03 0.01| 851M  171M 58.7M  831M|   0   976M>
   0     0 |0.08 0.03 0.01| 851M  171M 58.7M  831M|   0   976M>
   0     0 |0.08 0.03 0.01| 851M  171M 58.7M  831M|   0   976M>
```

此例会每秒刷新一次,需要按Ctrl+C快捷键终止命令的执行。

例9.19 自动汇总占用内存最多的程序。

```
shiephl@shiephl-Virtualbox:~$ dstat  -l -m -s --top-mem 3 10
---load-avg--- ------memory-usage----- ----swap--- --most-expensive-
 1m   5m  15m | used  free  buff  cach| used  free|  memory process
0.01 0.02    0| 853M  168M 58.8M  831M|   0   976M|gnome-shell  296M
0.01 0.02    0| 853M  168M 58.8M  831M|   0   976M|gnome-shell  296M
0.01 0.02    0| 853M  168M 58.8M  831M|   0   976M|gnome-shell  296M
0.01 0.02    0| 853M  168M 58.8M  831M|   0   976M|gnome-shell  296M
0.01 0.02    0| 853M  168M 58.8M  831M|   0   976M|gnome-shell  296M
0.01 0.02    0| 853M  168M 58.8M  831M|   0   976M|gnome-shell  296M
0.01 0.02    0| 853M  168M 58.8M  831M|   0   976M|gnome-shell  296M
0.01 0.02    0| 853M  168M 58.8M  831M|   0   976M|gnome-shell  296M
0.01 0.02    0| 853M  168M 58.8M  831M|   0   976M|gnome-shell  296M
0.01 0.02    0| 853M  168M 58.8M  831M|   0   976M|gnome-shell  296M
shiephl@shiephl-Virtualbox:~$
```

去掉g参数,运行结果会自动汇总代价最昂贵的进程占用的内存大小。

例 9.20 查看 CPU 资源损耗。

```
shiephl@shiephl-Virtualbox:~$ dstat -c -y -l --proc-count --top-cpu
--total-cpu-usage-- ---system-- ---load-avg--- proc -most-expensive-
usr sys idl wai stl| int   csw | 1m   5m  15m |tota|  cpu process
  3   1  95   2   0|  97   333 |   0 0.15 0.14| 190|gnome-shell  1.2
  8   1  91   0   0| 182   507 |   0 0.15 0.14| 190|gnome-shell  5.0
 21   3  74   2   0| 384  1612 |   0 0.15 0.14| 190|gnome-shell  9.0
 11   2  87   0   0| 316  1475 |   0 0.15 0.14| 190|gnome-shell  6.0
  8   2  90   0   0| 127   272 |   0 0.15 0.14| 190|gnome-shell  4.0
  6   0  94   0   0| 129   276 |   0 0.15 0.14| 190|gnome-shell  2.0
```

dstat 命令的运行结果也可以保存到一个表格中，使用参数--output 指定目的地即可保存。在 Linux 系统中，表格的文件格式是 csv，可以使用 Linux 自带的文本编辑工具 Libreoffice Calc 打开查看，如例 9.21 所示。

例 9.21 把运行结果保存到当前目录下的文件 921.csv 中，统计 CPU 状态用-c 选项，统计磁盘读写状态用-d，统计网络使用情况(包括接收和发送数据)用-n。

```
shiephl@shiephl-Virtualbox:~$ dstat -cdn  --output ./921.csv 3 6
--total-cpu-usage-- -dsk/total- -net/total-
usr sys idl wai stl| read  writ| recv  send
  3   1  95   1   0| 186k   26k|   0     0
  5   0  95   0   0|   0     0 |   0     0
  4   1  94   1   0|   0  9557B|   0     0
  3   0  96   0   0|   0     0 |   0     0
  3   1  96   0   0|   0  4096B|   0     0
  3   1  97   0   0|   0     0 |   0     0
shiephl@shiephl-Virtualbox:~$ _
```

例 9.21 运行结束后，到文件系统中查看 921.csv 文件，双击打开，会弹出“文本导入”对话框，此处可以选择字符集、语言等，使用默认值，单击“确定”按钮，数据便会导入 Libreoffice Calc 中并自动打开，操作界面如图 9.1 和图 9.2 所示。

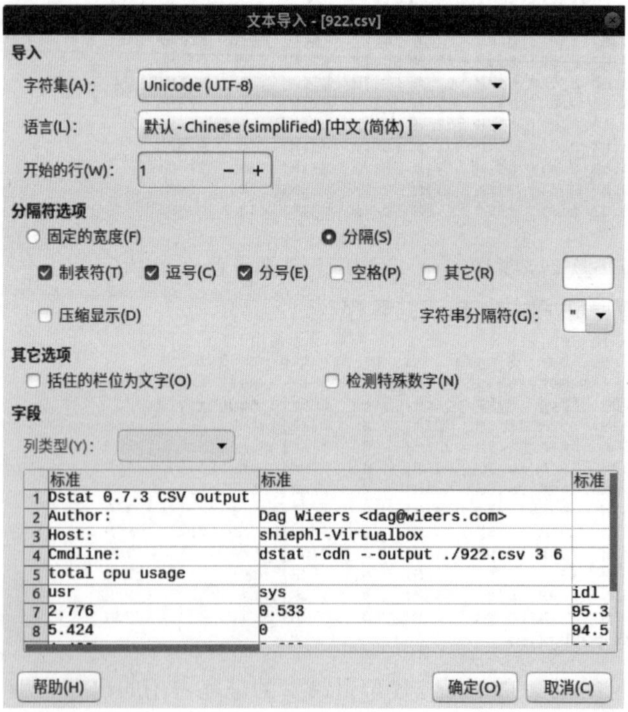

图 9.1 Linux 运行结果数据导入 LibreOffice Calc 中

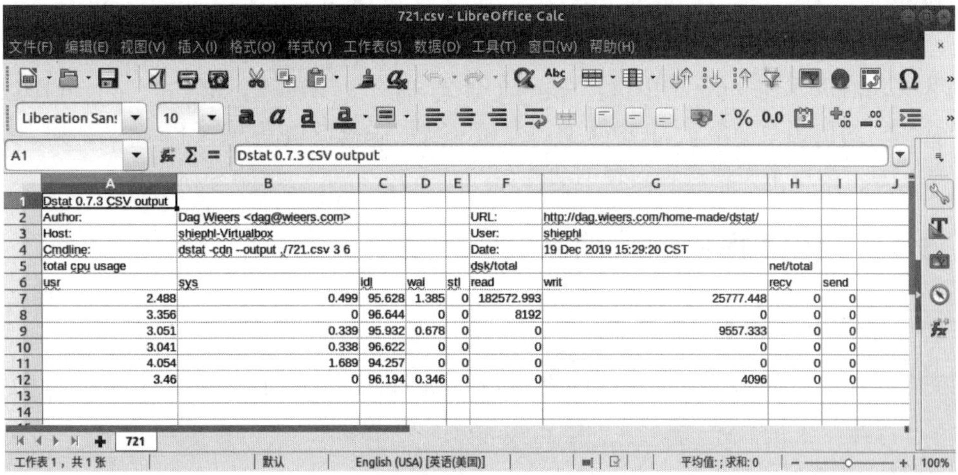

	A	B	C	D	E	F	G	H	I	J
1	Dstat 0.7.3 CSV output									
2	Author:	Dag Wieers <dag@wieers.com>				URL:	http://dag.wieers.com/home-made/dstat/			
3	Host:	shiephl-Virtualbox				User:	shiephl			
4	Cmdline:	dstat -cdn --output ./721.csv 3 6				Date:	19 Dec 2019 15:29:20 CST			
5	total cpu usage					dsk/total		net/total		
6	usr	sys	idl	wai	stl	read	writ	recv	send	
7	2.488	0.499	95.628	1.385	0	182572.993	25777.448	0	0	
8	3.356	0	96.644	0	0	8192	0	0	0	
9	3.051	0.339	95.932	0.678	0	0	9557.333	0	0	
10	3.041	0.338	96.622	0	0	0	0	0	0	
11	4.054	1.689	94.257	0	0	0	0	0	0	
12	3.46	0	96.194	0.346	0	0	4096	0	0	
13										
14										

图 9.2 LibreOffice Calc 打开 dstat 命令的运行结果

9.3 Python 中的监控工具 psutil

9.3.1 psutil 库简介

psutil 是一个开源且跨平台的库，其提供了便利的函数用来获取操作系统的信息，如 CPU、内存、磁盘、网络等信息。此外，psutil 还可以用来进行进程管理，包括判断进程是否存在、获取进程列表、获取进程的详细信息等。psutil 广泛应用于系统监控、进程管理、资源限制等场景。此外，psutil 还提供了许多命令行工具提供的功能，包括 ps、top、lsof、netstat、ifconfig、who、df、kill、free、nice、ionice、iostat、iotop、uptime、pidof、tty、taskset 及 pmap。

psutil 支持 Linux、Windows、OSX、SunSolaris、FreeBSD、OpenBSD 以及 NetBSD 等操作系统。同时，psutil 也支持 32 位与 64 位的系统架构，支持 Python 2.6 到 Python 3.6 之间所有版本的 Python。psutil 不但广泛应用于 Python 语言开发的开源项目中，还被移植到了其他编程语言中，如 Go 语言的 gopsutil、C 语言的 cpslib、Rust 语言的 rust-psutil、Ruby 语言的 posixpsutil 等。

psutil 是一个第三方的开源项目，因此，需要先安装才能够使用。打开 Python 的开发环境（开发环境非常多，常用的有 PyCharm、IPython、jupyter notebook 等），先使用 import psutil 命令验证是否已经安装 psutil 库，如果没有安装，输入命令安装即可。

例 9.22 安装 psutil。

先在 Python 的开发环境 jupyter 中导入 psutil，语句如下。

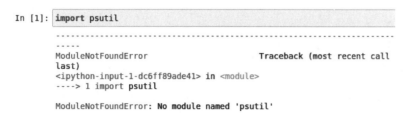

```
In [1]: import psutil

---------------------------------------------------------------------------
-----
ModuleNotFoundError                       Traceback (most recent call
last)
<ipython-input-1-dc6ff89ade41> in <module>
----> 1 import psutil

ModuleNotFoundError: No module named 'psutil'
```

系统提示没有 psutil 模块，此时需要返回终端界面输入 pip3 install psutil 命令安装 psutil。

安装成功后再回到 jupyter 中执行 import 命令，即可正确导入 psutil 库。psutil 库包含了若干异常、类、功能函数和常量，其中功能函数用来获取系统的信息，如 CPU、内存、磁盘、网络和用户的信息；类用来实现进程管理的功能。

9.3.2 psutil 提供的功能函数

1. 与 CPU 相关的功能函数

(1) cpu_count：默认返回 CPU 的个数，也可以指定 logical＝Flase 获取物理 CPU 的个数。

例 9.23 获取 CPU 个数。

```
import psutil
```

```
psutil.version_info #获取psutil版本信息
```

```
(5, 6, 7)
```

```
LogicalCpuCount = psutil.cpu_count() #返回cpu的个数
CpuCount = psutil.cpu_count(logical=False) #获取物理CPU的个数
print(LogicalCpuCount,CpuCount)
```

```
1 1
```

(2) cpu_percent：返回 CPU 的利用率。

通过 interval 参数可以阻塞式地获取 interval 时间范围内的 CPU 利用率，该函数默认获取上一次调用 cpu_percent 这段时间以来的 CPU 利用率，使用 percpu 参数可以指定获取每个 CPU 的利用率。

例 9.24 获取 CPU 的利用率。

```
import psutil
#获取CPU的整体利用率
psutil.cpu_percent()
```

```
0.0
```

```
psutil.cpu_percent(percpu = True) #当前cpu的利用率
```

```
[12.6]
```

```
psutil.cpu_percent(interval = 2 , percpu = True)
#时间范围内的CPU利用率
```

```
[12.3]
```

```
#获取CPU的时间花费
psutil.cpu_times()
```

```
scputimes(user=344.56, nice=1.65, system=67.38, idle=4462.
26, iowait=105.53, irq=0.0, softirq=0.88, steal=0.0, guest
=0.0, guest_nice=0.0)
```

(3) cpu_times：以命名元组的形式返回 CPU 的时间花费，也可以通过 percpu 参数指定获取每个 CPU 的统计时间。

(4) cpu_times_percent：与 cpu_times 类似，但是返回的是耗费时间的比例。

(5) cpu_stats：以命名元组的形式返回 CPU 的统计信息，包括上下文切换、中断、软中断和系统调用的次数。

例 9.25 功能函数的使用示例。

```
psutil.cpu_percent(interval = 2 , percpu = True)
#时间范围内的CPU利用率
```

```
[12.3]
```

```
#获取CPU的时间花费
psutil.cpu_times()
```

```
scputimes(user=344.56, nice=1.65, system=67.38, idle=4462.
26, iowait=105.53, irq=0.0, softirq=0.88, steal=0.0, guest
=0.0, guest_nice=0.0)
```

```
#获取CPU的时间花费
psutil.cpu_times_percent()
```

```
scputimes(user=11.4, nice=0.0, system=2.4, idle=86.1, iowa
it=0.1, irq=0.0, softirq=0.0, steal=0.0, guest=0.0, guest_
nice=0.0)
```

```
#获取CPU的统计信息
psutil.cpu_stats()
```

```
scpustats(ctx_switches=5256806, interrupts=949376, soft_in
terrupts=395619, syscalls=0)
```

2. 与内存相关的功能函数

(1) virtual_memory：以命名元组的形式返回内存的使用情况，包括总内存、可用内存、内存利用率、buffer 和 cached 等。

(2) swap_memory：以命名元组的形式返回 swap memory 的使用情况，包括页的换入和换出。

例 9.26 与内存相关的功能函数应用示例。

```
In [2]: import psutil
        psutil.virtual_memory()

Out[2]: svmem(total=2037362688, available=354217984, percent=82.6, used=148692
        5824, free=116527104, active=1327947776, inactive=417783808, buffers=2
        8004352, cached=405905408, shared=42377216, slab=73916416)

In [8]: def bytes2decimal(n):
            #symbols = ('h','a','p','p','y')
            symbols =('K','M','G','T','P','E','Z','Y') #字节的计数数量级
            prefix = {}
            for i, s in enumerate(symbols):   #获取symbols 字符串的index和value值
                prefix[s] = 1 << (i+1) * 10
            for s in reversed(symbols):   #转换成人容易识别的数量
                if n >= prefix[s]:
                    value = float(n) / prefix[s]
                    return '%.1f%s' % (value, s)
            return "%sB" % n

In [9]: bytes2decimal(psutil.virtual_memory().total)

Out[9]: '1.9G'

In [10]: bytes2decimal(psutil.swap_memory().total)
Out[10]: '976.0M'
```

3. 与磁盘相关的函数

(1) disk_partitions：返回所有已经挂载的磁盘，以命名元组的形式返回，命名元组包括磁盘名称、挂载点、文件系统类型等。

(2) disk_usage：获取磁盘的使用情况，包括磁盘容量、已经使用的磁盘容量、磁盘的空间利用率等，返回一个命名元组。

(3) disk_io_counters：以命名元组的形式返回磁盘 I/O 的统计信息，包括读的次数、写的次数、读取的字节数、写入的字节数等。有了 disk_io_counters，可省去解析/proc/diskstas 文件的麻烦。

例 9.27 利用 disk_partitions 的返回值中的挂载点，找到对应的设备名。

```
import psutil
psutil.disk_partitions()#返回所有已经挂载的磁盘信息
```

```
[sdiskpart(device='/dev/mapper/ubuntu--vg-root', mountpoint=
'/', fstype='ext4', opts='rw,relatime,errors=remount-ro'),
 sdiskpart(device='/dev/loop1', mountpoint='/snap/gnome-calc
ulator/406', fstype='squashfs', opts='ro,nodev,relatime'),
 sdiskpart(device='/dev/loop0', mountpoint='/snap/gnome-logs
/100', fstype='squashfs', opts='ro,nodev,relatime'),
```

```
def get_disk(mountpoint):
    disk = [item for item in psutil.disk_partitions()
            if item.mountpoint == mountpoint]
    return disk[0].device
#利用disk_partitions的返回值中的挂载点，找到对应的设备名
```

```
get_disk('/')
```

```
'/dev/mapper/ubuntu--vg-root'
```

```
get_disk('/snap/gnome-calculator/406')
#使用disk_partitions的返回值中的任一个挂载点
```

```
'/dev/loop1'
```

例 9.27 程序的运行结果中 disk_partitions 的返回值太多，为了节省篇幅，这里做了剪裁。

4. 与网络相关的功能函数

(1) net_io_counter：返回当前系统中网络 I/O 的统计信息，包括收发字节数、收发包的数量、出错情况与删包情况等，以命名元组的形式返回。该函数的运行结果与解析/proc/net/dev 文件的内容一致。

(2) net_connections：以列表的形式返回每个网络连接的详细信息，可以使用该函数查看网络连接状态，统计连接个数和处于特定状态的网络连接数。

(3) net_if_addrs：以字典的形式返回网卡的配置信息，包括 IP 地址和 mac 地址、子网掩码和广播地址。

(4) net_if_stats：返回网卡的详细信息，包括是否启动、通信类型、传输速度与 mtu。

例 9.28 网络相关的函数应用示例。

```
In [2]: import psutil
        psutil.net_io_counters()

Out[2]: snetio(bytes_sent=786863, bytes_recv=7832117, packets_sent=3788, pac
        kets_recv=7702, errin=0, errout=0, dropin=0, dropout=0)
```

```
In [2]: psutil.net_io_counters(pernic = True)
Out[2]: {'enp0s3': snetio(bytes_sent=195954, bytes_recv=1037012, packets_sen
        t=1665, packets_recv=2045, errin=0, errout=0, dropin=0, dropout=0),
         'lo': snetio(bytes_sent=1528605, bytes_recv=1528605, packets_sent=6
        336, packets_recv=6336, errin=0, errout=0, dropin=0, dropout=0)}

In [3]: con = psutil.net_connections()
        print(con)
...
In [7]: psutil.net_if_addrs()
Out[7]: {'lo': [snicaddr(family=<AddressFamily.AF_INET: 2>, address='127.0.
        0.1', netmask='255.0.0.0', broadcast=None, ptp=None),
          snicaddr(family=<AddressFamily.AF_INET6: 10>, address='::1', netma
        sk='ffff:ffff:ffff:ffff:ffff:ffff:ffff:ffff', broadcast=None, ptp=No
        ne),
          snicaddr(family=<AddressFamily.AF_PACKET: 17>, address='00:00:00:0
        0:00:00', netmask=None, broadcast=None, ptp=None)],
         'enp0s3': [snicaddr(family=<AddressFamily.AF_INET: 2>, address='10.
        0.2.15', netmask='255.255.255.0', broadcast='10.0.2.255', ptp=None),
          snicaddr(family=<AddressFamily.AF_INET6: 10>, address='fe80::b71c:
        37c9:97c8:2109%enp0s3', netmask='ffff:ffff:ffff:ffff::', broadcast=N
        one, ptp=None),
          snicaddr(family=<AddressFamily.AF_PACKET: 17>, address='08:00:27:d
        1:d2:77', netmask=None, broadcast='ff:ff:ff:ff:ff:ff', ptp=None)]}

In [8]: psutil.net_if_stats()
Out[8]: {'enp0s3': snicstats(isup=True, duplex=<NicDuplex.NIC_DUPLEX_FULL:
        2>, speed=1000, mtu=1500),
         'lo': snicstats(isup=True, duplex=<NicDuplex.NIC_DUPLEX_UNKNOWN:
        0>, speed=0, mtu=65536)}
```

5. 其他函数

(1) users：以命名元组的形式返回当前登录用户的信息，包括用户名、登录时间、终端与主机信息。

(2) boot_time：以时间戳的形式返回系统的启动时间。

例 9.29 获取登录信息。

```
In [7]: import psutil
        psutil.users() #获取当前登录用户的信息
Out[7]: [suser(name='shiephl', terminal=':0', host='localhost', started=157679
        8720.0, pid=1317)]

In [8]: psutil.boot_time() #获取系统的启动时间
Out[8]: 1576798599.0

In [9]: import datetime
        datetime.datetime.fromtimestamp(psutil.boot_time()) \
        .strftime("%Y-%m-%d  %H:%M:%S")
        #把启动时间转换为日期的格式
Out[9]: '2019-12-20  07:36:39'
```

例 9.30 利用前文学习的多个监控程序，使用 Python 编写一个监控程序，实现收集系统的监控信息，并通过邮件的形式发送给管理员的功能。

首先使用 psutil 库来收集 CPU 的信息，包括开机时间、内存信息、磁盘空间、磁盘 I/O 信息和网络 I/O 信息等信息。为了保障程序的可读性和可维护性，监控程序使用不同函数来收集不同维度的监控信息，并以字典的形式返回。

使用 Jinja2 进行 html 编写的方法是，首先创建一个包括{{ }}或{% %}等特殊符号的模板文件，然后用 Jinja2 的模板对象加载定义的模板文件，最后用上一步得到的变量值对该模板中的变量进行赋值，具体语句如下。

```
env = Environment(loader = FileSystemLoader(os.path.dirname(in_file_path)), keep_trailing_
newline = True)
    template = env.get_template(os.path.basename(in_file_path))
    output = template.render( ** kwargs)
```

具体代码可以参见 https://www.cnblogs.com/happy-king/p/8965119.html。

9.4 虚拟文件系统

9.4.1 /proc 虚拟文件系统

为了使内核管理和维护与文件系统管理和维护能够使用完全相同的方法，UNIX 操作系统引入了一个虚拟文件系统/proc，这样用户就可以使用在进行文件操作时已经熟悉的命令和方法进行内核信息的查询和配置。/proc 并不存在于硬盘上，而是一个存放在内存中的虚拟目录，该目录下保存的不是真正的文件和目录，而是一些运行时的信息，如系统内存、磁盘 I/O、设备挂载信息和硬件配置信息等。通过修改这个虚拟目录中的文件可以及时变更内核的参数。/proc 目录中包含了存放目前系统内核信息的文件，通过这些文件就可以列出目前内核的状态。

/proc 虚拟文件系统具有如下特点。

(1) 使用/proc 可以获取内核的配置信息，也可以对内核进行配置。

(2) /proc 是一个虚拟文件系统，所有文件只存储在内存中，不存放在硬盘上，所以系统一旦重启，原有的内容都会清空。

(3) 利用/proc 可以显示进程信息、内存资源、硬件设备、内核占用的内存等。

(4) /proc/PID/子目录中包含了所有进程的信息，PID 是以数字表示的进程号；/proc/sys 子目录中包含的是内核参数。

(5) 利用/proc/sys/子目录下的文件可以修改网络设置、内存设置或内核的参数。

(6) 所有对/proc 的设置修改都是立即生效。

例 9.31 查看/proc 目录下的内容。

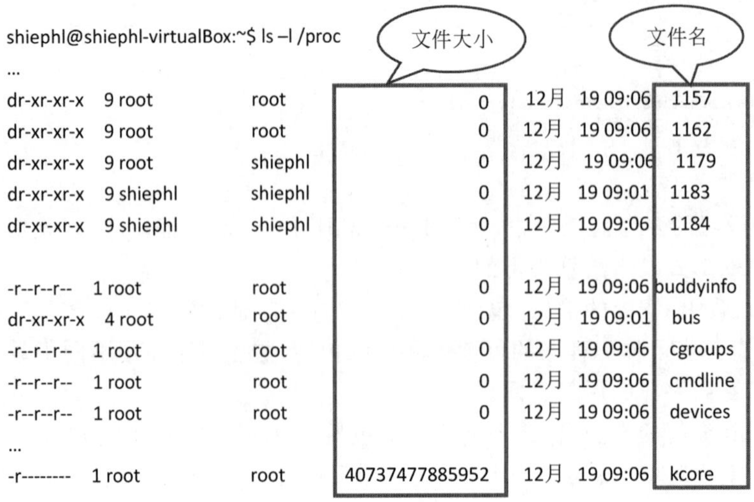
shiephl@shiephl-virtualBox:~$ ls –l /proc
文件大小
文件名
...
dr-xr-xr-x 9 root root 0 12月 19 09:06 1157
dr-xr-xr-x 9 root root 0 12月 19 09:06 1162
dr-xr-xr-x 9 root shiephl 0 12月 19 09:06 1179
dr-xr-xr-x 9 shiephl shiephl 0 12月 19 09:01 1183
dr-xr-xr-x 9 shiephl shiephl 0 12月 19 09:06 1184
-r--r--r-- 1 root root 0 12月 19 09:06 buddyinfo
dr-xr-xr-x 4 root root 0 12月 19 09:01 bus
-r--r--r-- 1 root root 0 12月 19 09:06 cgroups
-r--r--r-- 1 root root 0 12月 19 09:06 cmdline
-r--r--r-- 1 root root 0 12月 19 09:06 devices
...
-r-------- 1 root root 40737477885952 12月 19 09:06 kcore

为节省篇幅，这里对运行结果做了剪裁。可以看出，绝大多数文件的大小都是0KB，一部分是数字命名的，一部分是字母字符命名的。以数字命名的目录是进程信息的目录，一个数字目录与一个进程号相对应，可以通过这些目录查看进程的相关的信息；以字母字符命名的有目录和文件，它们都是一些系统目录或文件。

虽然这些目录或文件的大小为0KB，但还是可以通 cat 命令查看当前内存中保存的信息。

例 9.32 查看/proc 目录下的文件。

```
shiephl@shiephl-VirtualBox:~$ cat /proc/swaps
Filename                                Type            Size    Used    Priority
/dev/dm-1                               partition       999420  615888  -2
shiephl@shiephl-VirtualBox:~$ cat /proc/kcore
cat: /proc/kcore: 权限不够
shiephl@shiephl-VirtualBox:~$ su -
密码:
root@shiephl-VirtualBox:~# cat /proc/kcore
ELF[illegible]@8    [illegible]
SYMBOL(node_data)=ffffffff99a43ba0
LENGTH(node_data)=1024
KERNELOFFSET=17200000
NUMBER(KERNEL_IMAGE_SIZE)=1073741824
NUMBER(sme_mask)=0
^[[6~^C
root@shiephl-VirtualBox:~#
```

运行结果表明，用 ls 命令查看时显示大小为 0 的文件，可以用 cat 查看内存中的信息；kcore 文件是系统的内核程序，需要 root 用户才可以查看，并且 kcore 文件是一直有变动的，所以 cat 命令一直在运行，需要按 Ctrl+C 快捷键终止 cat 命令的执行。本系统中，kcore 文件的显示有一部分乱码，后面才是正常的字母字符。

使用 ls 命令查看 kcore 文件，发现该文件非常大。因为/proc/kcore 文件是物理内存的镜像文件，它会显示文件的大小，但不占用实际的磁盘空间。普通用户不可修改此类文件，只需要知道有这些系统文件的存在，这样操作系统才可以正常运转。

9.4.2 /proc 目录下的常用文件

(1) /proc/loadavg：保存系统负载的平均值，前 3 列分别表示最近 1 分钟、5 分钟和 15 分钟的平均负载，反映当前系统的繁忙情况。

(2) /proc/meminfo：由 free 命令统计当前内存使用信息，可以使用文件查看命令直接读取此文件，其内容显示为两列，第一列统计属性，第二列为对应的值。

(3) /proc/diskstats：磁盘设备的磁盘 I/O 统计信息列表。

(4) /proc/net/dev：网络流入流出的统计信息，包括接收包的数量、发送包的数量、发送数据包时的错误和冲突情况等。

(5) /proc/filesystems：查看当前系统支持的文件系统。

(6) /proc/cpuinfo：查看 CPU 的详细信息。

(7) /proc/cmdline：在启动时传递至内核的启动参数，通常由 grub 启动管理工具进行传递。

(8) /proc/devices：系统已经加载的所有块设备和字符设备的信息。

(9) /proc/mount：系统中当前挂载的所有文件系统。

(10) /proc/partitions：块设备每个分区的主设备号和次设备号等信息，同时包括每个分区所包含的块数目。

(11) /proc/uptime：系统自启动以来的运行时间。

(12) /proc/version：当前系统运行的内核版本号。

(13) /proc/vmstat：当前系统虚拟内存的统计数据。

9.4.3 进程目录下的常用文件

/proc 目录下有很多以数字命名的目录，这些数字目录的名称与 PID 一一对应，通过这些目录可以查看进程相关的信息。目录的名称随着进程的生命周期变化而不断出现和消失，当进程退出时，相应的目录也会消失。

例 9.33 打开进程/proc 目录中任何一个以数字命名的目录，查看里面的内容。

```
shiephl@shiephl-Virtualbox:~$ ls -l /proc/1179
ls: 无法读取符号链接'/proc/1179/cwd': 权限不够
ls: 无法读取符号链接'/proc/1179/root': 权限不够
ls: 无法读取符号链接'/proc/1179/exe': 权限不够
总用量 0
dr-xr-xr-x 2 root shiephl 0 12月 19 10:06 attr
-rw-r--r-- 1 root root    0 12月 19 10:06 autogroup
-r-------- 1 root root    0 12月 19 10:06 auxv
-r--r--r-- 1 root root    0 12月 19 10:06 cgroup
--w------- 1 root root    0 12月 19 10:06 clear_refs
-r--r--r-- 1 root root    0 12月 19 10:06 cmdline
-rw-r--r-- 1 root root    0 12月 19 10:06 comm
-rw-r--r-- 1 root root    0 12月 19 10:06 coredump_filter
-r--r--r-- 1 root root    0 12月 19 10:06 cpuset
lrwxrwxrwx 1 root root    0 12月 19 10:06 cwd
-r-------- 1 root root    0 12月 19 10:06 environ
lrwxrwxrwx 1 root root    0 12月 19 10:06 exe
dr-x------ 2 root root    0 12月 19 10:06 fd
dr-x------ 2 root root    0 12月 19 10:06 fdinfo
-rw-r--r-- 1 root root    0 12月 19 10:06 gid_map
-r-------- 1 root root    0 12月 19 10:06 io
-r--r--r-- 1 root root    0 12月 19 10:06 limits
-rw-r--r-- 1 root root    0 12月 19 10:06 loginuid
dr-x------ 2 root root    0 12月 19 10:06 map_files
-r--r--r-- 1 root root    0 12月 19 10:06 maps
```

以数字命名的目录是一个进程的相关信息，该目录下包含的主要内容如下所述。

(1) cmdline：保存当前进程的启动命令。

(2) cwd：是一个符号链接，指向进程的运行目录。

(3) exe：是一个软链接，指向启动进程的可执行文件，通过/proc/[pid]/exe 目录可以启动当前进程的一个副本。

(4) environ：包含与进程相关联的环境变量，变量名用大写字母表示，对应的值用小写字母表示。

(5) fd：fd 目录包含了进程打开的每个文件的文件描述符，这些文件描述符是指向实际文件的一个符号链接。fd 目录下的文件与真实文件一一对应，通过 fd 目录下的文件个数可以统计当前进程打开的文件句柄数，也可以直接读取文件的内容，就像读取真实文件一样。

(6) limits：保存进程使用资源的限制信息，包括软限制、硬限制及取值的单位等。

(7) task：task 目录下包含了当前进程所运行的每个线程的相关信息，每个线程的相关信息文件均保存在一个由线程号命名的目录中。

9.4.4 恢复被误删除的文件

例 9.34 利用/proc 目录恢复误删除的文件。

误删除的文件存在如下两种情况，一种是删除以后在进程中存在删除信息；另一种是删除以后进程也关闭，如果无法找到进程号，那么就只有借助于工具还原，这种恢复方法本书不做介绍，只介绍第一种情况下通过/proc 目录恢复文件的方法。

在 Linux 系统中，如果删除了一个较大的文件，虽然在文件系统中找不到该文件，但是用 df 命令查看时，可以发现磁盘空间并没有因为文件的删除而变大。很有可能是因为某个进程正在使用该文件，执行删除命令不会马上删除该文件，占用的磁盘空间也不会被立即释放。这种被误删的文件，可以通过/proc 目录找到存在的信息，实现恢复原文件的目的。

注意

> 在终端输入 lsof 命令即可显示系统打开的文件，因为 lsof 需要访问核心内存和各种文件，所以必须以 root 用户的身份运行它才能够充分发挥其功能。

(1) 打开一个终端 1，对一个测试文件做 cat 追加操作，语句如下。

```
root@shiephl-Virtualbox:~# echo "this is delete file test." >> 395deltest.txt
root@shiephl-Virtualbox:~# echo " add some lines to the file" >> 395deltest.txt
root@shiephl-Virtualbox:~# cat 395deltest.txt
this is delete file test.
 add some lines to the file
root@shiephl-Virtualbox:~#
root@shiephl-Virtualbox:~# cat >> 395deltest.txt
and then delete it.
█
```

(2) 使用 Ctrl+Alt+T 快捷键打开另外一个终端 2，在这个终端中执行以下命令。

先查看文件内容，语句如下。

```
root@shiephl-Virtualbox:~# ls -l 395del*
-rw-r--r-- 1 root root 74 12月 20 19:01 395deltest.txt
root@shiephl-Virtualbox:~# cat 395deltest.txt
this is delete file test.
 add some lines to the file
and then delete it.
```

再删除文件 rm -f 395deltest. txt，并查看这个目录，验证文件 395deltest. txt 是否还存在，语句如下。

```
root@shiephl-Virtualbox:~# rm -f 395deltest.txt
root@shiephl-Virtualbox:~# ls -l 395deltest.txt
ls: 无法访问'395deltest.txt': 没有那个文件或目录
```

最后用 lsof 命令查看被删除的文件是否有进程占用，语句如下。

```
root@shiephl-Virtualbox:~# lsof | grep 395deltest
lsof: WARNING: can't stat() fuse.gvfsd-fuse file system /run/user/1000/gvfs
      Output information may be incomplete.
cat       2089                    root    1w      REG               253,0
74        316 /root/395deltest.txt (deleted)
```

注意

> 如果 lsof 命令无法使用，说明没有安装，需要先安装再使用(如果没有安装，可自行用 yum install lsof 或者 apt-get install lsof 命令安装)。

如果 lsof 命令运行后，可以显示另一个终端 1 中正在运行的命令 cat，进程编号为 2089，同时提示/root/395deltest. txt(deleted)，则说明刚刚使用 rm 命令删除的文件还在进程 2089

中运行。这种情况可以到/proc 进程目录中恢复被删除的文件。如果查不到正在运行的进程编号，就无法使用/proc 恢复文件。

(3) 继续在终端 2 中操作，先进入/proc 虚拟文件目录，再使用 ll 命令查看被删除的文件 395deltest. txt 在进程中的文件描述符，本例中为 1，最后使用命令 cp /proc/pid/fd/1/恢复到指定目录/文件名，语句如下。

```
root@shiephl-Virtualbox:~# cd /proc/2089/fd/
root@shiephl-Virtualbox:/proc/2089/fd# ll
总用量 0
dr-x------ 2 root root  0 12月 20 19:03 ./
dr-xr-xr-x 9 root root  0 12月 20 19:03 ../
lrwx------ 1 root root 64 12月 20 19:03 0 -> /dev/pts/0
l-wx------ 1 root root 64 12月 20 19:03 1 -> '/root/395deltest.txt (deleted)'
lrwx------ 1 root root 64 12月 20 19:03 2 -> /dev/pts/0
root@shiephl-Virtualbox:/proc/2089/fd#
root@shiephl-Virtualbox:/proc/2089/fd# cp 1  ~/395backup
root@shiephl-Virtualbox:/proc/2089/fd# cat ~/395backup
this is delete file test.
 add some lines to the file
and then delete it.
root@shiephl-Virtualbox:/proc/2089/fd# _
```

操作说明：

① 通过重定向符>把 echo 命令的输出结果重定向到文件中，语句如下。

```
root@docking ~# echo "This is delete file test." >  395deltest.txt
```

② 通过 cat >>在运行的终端 1 上输入字符到文件 395deltest. txt 中，语句如下。

```
root@docking ~# cat >> 395deltest.txt
and then delete it.
```

最后一行字符是从键盘输入的字符串，命令 cat >>会把这个字符串写入文件。并且进程一直等待接收键盘输入的字符串，直到按 Ctrl+C 快捷键结束命令 cat >>的执行。也正是用这个方法让文件 395deltest. txt 一直处于打开状态，一个进程一直占有该文件，这样在后续的操作 lsof 中才可以看到文件 395deltest. txt 的进程号。如果在终端 1 上停止了这个命令 cat >>，在另一个终端 2 上使用 lsof 命令，就无法看到占用文件的进程编号，也就无法通过/proc/进程号找到被删除的文件。

```
root@shiephl-Virtualbox:/proc/2089/fd# lsof | grep 395deltest.txt
lsof: WARNING: can't stat() fuse.gvfsd-fuse file system /run/user/1000/gvfs
      Output information may be incomplete.
root@shiephl-Virtualbox:/proc/2089/fd# _
```

③ 保持终端 1 的输入状态，打开另一个终端 2，在终端 2 上执行删除、恢复的操作。在恢复操作中，需要查找文件的进程号，有了进程号，才可以进入/proc/pid/fd 目录中。在/fd 目录中，使用 ll 命令可以查看文件的描述符，后续的恢复操作就是通过这个文件描述符进行复制操作。

例 9.35 思考拓展题：使用 Python 编程监控 Linux 系统性能以及进程消耗的性能。

此例中要用到 collections、time 和 os 模块，分别获取进程信息、CPU 的信息，具体代码参见 https://www.cnblogs.com/yfceshi/p/7065525.html。

运行结果会把 CPU 的基本信息和内存信息显示出来。

上机实验：Linux 系统监控的实现

1. 实验目的

（1）掌握 Linux 系统中多种系统监控命令的使用。
（2）掌握 Linux 系统中多种系统监控工具的使用，如 iostat、dstat。
（3）掌握利用 Python 编写系统监控程序的技巧。

2. 实验任务

（1）使用 Linux 系统中的监控命令 top、free、ps。
（2）使用监控工具 iostat、vmstat 获取所需信息。
（3）使用 dstat、psutil 监控系统。
（4）利用/proc 目录实现误删除文件的恢复。
（5）使用 Python 编写对系统的监控程序。

3. 实验环境

装有 Windows 系统的计算机；虚拟机安装 VirtualBox+ Linux Ubuntu 操作系统。

4. 实验题目

任务 1：在 Linux 系统下使用监控命令 top、free、ps。

在运行 top 时，使用交互命令查看指定用户的进程信息，按照 CPU 的使用时间占比排序。

使用 free 命令详细查看 CPU 的使用情况；使用 ps 结合 pgrep 命令查看指定名称的进程的信息。

任务 2：使用监控工具 iostat、vmstat 获取所需信息。

使用监控工具 iostat 监督硬盘分区的运行状况，每 2s 刷新一次，共刷新 5 次；使用监控工具 vmstat 查看虚拟内存、缓存的使用情况。

任务 3：使用 dstat、psutil 监控系统。

查看全部内存都有谁在占用，显示一些关于 CPU 资源损耗的数据，查看当前占用 I/O、CPU、内存等最高的进程信息；将结果输出到 CSV 文件，并输出到桌面。

任务 4：利用/proc 目录恢复被误删除的文件。

任务 5：使用 Python 监控 Linux 系统性能以及进程消耗的性能。

5. 实验心得

总结上机中遇到的问题及解决问题过程中的收获、心得体会等。

第10章 Linux系统的磁盘管理

本章首先介绍磁盘管理的基本概念，包括磁盘的分类、磁盘的格式化与分区、Linux 系统中磁盘的命名规则等；然后介绍磁盘管理的常用命令；最后重点介绍常用的磁盘管理操作，包括磁盘的添加与挂载、磁盘配额的设置等。

10.1 基本概念

10.1.1 磁盘的类型

磁盘是块设备，进行数据传输和存储的基本单位是物理块。磁盘物理块的存取方式是随机存取，又称为直接存取，即存取磁盘上任一物理块的时间不依赖于该物理块所处的位置。

磁盘的每个盘片被划分为多个由同心圆组成的磁道，信息记录在磁道上，每个磁道沿半径方向划分为多个扇区，每个扇区即是一个物理块。对于多个盘片，正反两面都用来记录信息，每个盘面有一个磁头，磁头号用来标识盘面号；所有盘面中处于同一磁道号上的所有磁道组成一个柱面，所以用柱面号表示磁道号。因此，物理块的地址可以表示为如下格式。

磁头号(盘面号)、柱面号(磁道号)和扇区号

按照磁盘的接口类型，硬盘可以划分为以下 4 种类型。

(1) IDE(Integrated Device Electronics，集成设备电路)并口硬盘，也称为 ATA(Advanced Technology Attachment)硬盘，IDE 接口主要用于硬盘和 CD-ROM。

(2) SATA(Serial Advanced Technology Attachment，串行高级技术附件)串口硬盘。

(3) SCSI(Small Computer System Interface，小型计算机系统接口)硬盘，分为并行 SCSI 和最新的串行 SCSI 。SAS(Serial Attached SCSI)即串行连接 SCSI，是新一代的 SCSI 技术，与 SATA 硬盘兼容。

(4) FC-AL(Fibre Channel-Arbitrated Loop，光纤通道)光纤通道硬盘。

IDE 硬盘具有价格低廉、兼容性强的特点，曾经在计算机上广泛使用。SATA 硬盘相比 IDE 硬盘具有结构简单、支持热插拔的优点，所以 SATA 硬盘逐渐取代 IDE 硬盘的地位，成为 PC 市场的主流，个人计算机上使用的硬盘绝大多数为 SATA 接口硬盘。

SCSI 并不是专门为硬盘设计的接口，是一种广泛应用于小型机上的高速数据传输技术。SCSI 接口具有应用范围广、多任务、带宽大、CPU 占用率低以及支持热插拔等优点，但较高的价格使得它很难如 IDE 硬盘般普及，因此 SCSI 硬盘主要应用于中、高端服务器和高档工作站

中。现阶段 SAS 是云服务器服务商的主流接口。

光纤通道是为像服务器这样的多硬盘系统环境而设计的，能满足高端工作站、服务器、海量存储子网络、外设间通过集线器、交换机和点对点连接进行双向、串行数据通信等系统对高数据传输率的要求。

在虚拟机中可以查看磁盘的类型。如图 10.1 所示，系统中有两种存储控制器：IDE 和 SATA。IDE 连接光盘，系统中安装了两个 SATA 硬盘。

图 10.1 在虚拟机中查看磁盘类型

10.1.2 硬盘的分区与格式化

为了保证硬盘的访问速度和数据的安全性，需要对硬盘进行分区保存数据，分区的最小单位通常为柱面，硬盘的分区表中记录每个分区的起始柱面和终止柱面。

1. 硬盘分区

硬盘分区目前有 MBR(Master Boot Record，主引导记录)分区和 GPT(GUID Partition Table)分区两种格式。

1) MBR 分区

MBR 分区是早期的 Linux 系统为了兼容 Windows 系统的硬盘而使用的分区方式，使用 MBR 的方式来处理启动程序与分区表。硬盘的第 1 个扇区上存储系统引导程序和分区表，其中 64 字节用来记录分区表，最多可以记录 4 组分区信息，因此硬盘最多被划为 4 个分区。

4 个分区中最多有一个扩展(Extended)分区，其余分区为主(Primary)分区。扩展分区不能直接使用，要进一步划分为多个逻辑(Logical)分区。

例如，可以把一块硬盘分成 3 个主分区和 1 个扩展分区，其中扩展分区再分为 3 个逻辑分区，分区情况如图 10.2 所示。硬盘的第 1 个扇区中保存分区表和主引导记录，3 个主分区分别为 P1、P2、P3；扩展分区被划分为 3 个逻辑分区，分别为 L1、L2、L3。

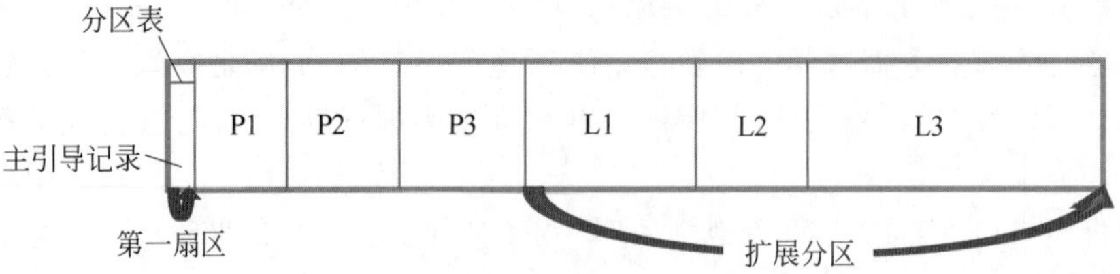

图 10.2 硬盘分区示意图

MBR 分区具有一定的局限性,主要表现为以下 3 个方面。

(1) 支持分区的最大容量为 2TB。

(2) 仅有一个分区表,若该分区表破坏,则很难恢复。

(3) 主引导记录为 446 字节,无法存储更大的引导程序。

2) GPT 分区

GPT 分区可以解决 MBR 分区方式存在的以上问题,新版的 Linux 系统大多支持 GPT 分区。不过,目前对 GPT 分区的支持并不普遍,并非所有操作系统和硬件都支持 GPT 分区方式。例如,硬盘分区软件 fdisk 就不支持 GPT,引导程序 grub 第一版也不支持 GPT。

注意

> 目录是逻辑上的区分,分区是物理上的区分,硬盘分区都必须挂载到目录树中某个具体的目录上才能进行读写操作。

微软的 DOS 和 Windows 系统也采用树形结构,但是在 DOS 和 Windows 系统中这样的树形结构的根是硬盘分区的盘符,有几个分区就有几个树形结构,它们之间的关系是并列的。但是在 Linux 系统中,无论操作系统管理几个硬盘分区,这样的目录树只有一个。从结构上讲,各个硬盘分区上的树形目录不一定是并列的。

10.1.3 Linux 系统硬盘命名规则

Linux 系统中"一切皆文件",对于硬盘分区,没有类似 Windows 系统中盘符(如 C:、D:、E:等)的概念,每个硬盘的分区都被当成一个文件,对应的文件保存在/dev/目录下,通过文件名访问设备。

硬盘设备及分区的命名格式如下。

```
/dev/xxyN
```

其中,xx 表示设备的类型,不同类型的硬盘对应的设备文件名不同,IDE 并口硬盘文件名为 hd; SATA、USB、SAS 等硬盘接口都是使用 SCSI 模块来驱动的。因此,这些接口的硬盘设备文件名都是 sd。

y 表示设备的编号,依字母编号。例如/dev/hda、/dev/hdb 分别表示第 1 块 IDE 硬盘和第 2 块 IDE 硬盘; /dev/sda、/dev/sdb 分别表示第 1 块 SCSI 硬盘和第 2 块 SCSI 硬盘,编号按照 Linux 系统内核检测到硬盘的顺序编号。

N 是数字,表示硬盘分区。前 4 个分区(主分区或扩展分区)是用数字从 1 排列到 4,逻辑分区从 5 开始编号。例如/dev/hda3 是指第 1 个 IDE 硬盘上的第 3 个主分区或扩展分区;

/dev/sdb6 是指在第 2 个 SCSI 硬盘上的第 2 个逻辑分区。

以图 10.2 所示的硬盘分区为例,假如该硬盘为系统中的第 1 块硬盘,为 SATA 硬盘,则其中的分区对应的设备文件名如表 10.1 所示。

表 10.1 硬盘分区设备文件名示例

分　　区	设备文件名
P1	/dev/sda1
P2	/dev/sda2
P3	/dev/sda3
扩展分区	/dev/sda4
L1	/dev/sda5
L2	/dev/sda6
L3	/dev/sda7

10.2 常用命令

10.2.1 df 命令

1. 命令功能

查看文件系统磁盘空间的使用情况。

2. 命令格式

```
df  [选项][挂载点]
```

命令常用的选项及其含义说明如下。

(1) -a:显示所有文件系统的硬盘使用情况,包括 0 块(Block)的文件系统,如/proc 文件系统。

(2) -h :使用习惯单位显示容量,如 KB、MB、GB。

(3) -k:以 1KB 为单位显示。

(4) -m:以 1MB 为单位显示。

(5) -i:显示 i 节点信息,而不是硬盘块。

(6) -T:显示文件系统类型。

例 10.1 查看分区信息。

```
xuman@xuman-VirtualBox:~$ df -Th
文件系统       类型      容量  已用  可用 已用% 挂载点
udev           devtmpfs  971M     0  971M    0% /dev
tmpfs          tmpfs     199M  1.9M  197M    1% /run
/dev/sda1      ext4       20G  7.7G   11G   42% /
tmpfs          tmpfs     994M     0  994M    0% /dev/shm
tmpfs          tmpfs     5.0M  4.0K  5.0M    1% /run/lock
tmpfs          tmpfs     994M     0  994M    0% /sys/fs/cgroup
/dev/loop0     squashfs   55M   55M     0  100% /snap/core18/1754
/dev/loop1     squashfs   94M   94M     0  100% /snap/core/9066
/dev/loop2     squashfs  243M  243M     0  100% /snap/gnome-3-34-1804/27
```

```
/dev/loop3      squashfs  1.0M  1.0M     0  100% /snap/gnome-logs/100
/dev/loop4      squashfs   55M   55M     0  100% /snap/gtk-common-themes/1502
/dev/loop5      squashfs  161M  161M     0  100% /snap/gnome-3-28-1804/116
/dev/loop6      squashfs  2.3M  2.3M     0  100% /snap/gnome-system-monitor/145
/dev/loop7      squashfs  1.0M  1.0M     0  100% /snap/gnome-logs/93
/dev/loop8      squashfs  2.5M  2.5M     0  100% /snap/gnome-calculator/730
/dev/loop10     squashfs   15M   15M     0  100% /snap/gnome-characters/495
/dev/loop11     squashfs  2.5M  2.5M     0  100% /snap/gnome-calculator/748
/dev/loop12     squashfs   55M   55M     0  100% /snap/core18/1705
/dev/loop13     squashfs  384K  384K     0  100% /snap/gnome-characters/539
/dev/loop15     squashfs   63M   63M     0  100% /snap/gtk-common-themes/1506
/dev/loop14     squashfs  256M  256M     0  100% /snap/gnome-3-34-1804/33
/dev/loop16     squashfs  3.8M  3.8M     0  100% /snap/gnome-system-monitor/135
tmpfs           tmpfs     199M   28K  199M    1% /run/user/121
tmpfs           tmpfs     199M   32K  199M    1% /run/user/0
tmpfs           tmpfs     199M   52K  199M    1% /run/user/1000
xuman@xuman-VirtualBox:~$
```

例 10.1 运行结果分析如下。

(1) 第 1 列表示文件系统,即硬盘上的分区。

(2) 第 2 列表示文件系统的类型。

(3) 第 3 列表示分区包含的数据块(1024 字节)的数目。

(4) 第 4、第 5 列分别表示已用的和可用的数据块数目。

(5) 第 6 列表示已用空间所占的百分比。

(6) 挂载点(mounted on)列表示文件系统的挂载点。

10.2.2 du 命令

1. 命令功能

查看目录或文件的磁盘空间使用情况。

2. 命令格式

```
du [选项] [目录或文件名]
```

du 命令常用的选项及其含义说明如下。

(1) -a：显示每个子文件的硬盘占用量。默认只统计子目录的硬盘占用量。

(2) -h：使用习惯单位显示硬盘占用量,如 KB、MB 或 GB 等。

(3) -s：统计总占用量,而不列出子目录和子文件的占用量。

例 10.2 查看 tmp 目录中子目录和文件的大小。

题目分析：要查看子目录和文件的大小,使用选项-a。考虑到存取权限,在命令前加 sudo。

```
xuman@xuman-VirtualBox:~$ sudo du -ha /tmp
4.0K    /tmp/VMwareDnD
0       /tmp/config-err-DGzQjW
4.0K    /tmp/systemd-private-2ade36c80f1e4d9496843c854789d6db-ModemManager.servic
e-PhtjoZ/tmp
8.0K    /tmp/systemd-private-2ade36c80f1e4d9496843c854789d6db-ModemManager.servic
e-PhtjoZ
4.0K    /tmp/.X1024-lock
0       /tmp/ssh-AhIL5FrisUXI/agent.4576
4.0K    /tmp/ssh-AhIL5FrisUXI
4.0K    /tmp/.XIM-unix
0       /tmp/.X11-unix/X0
0       /tmp/.X11-unix/X1
```

```
0       /tmp/.X11-unix/X1024
4.0K    /tmp/.X11-unix
4.0K    /tmp/.font-unix
4.0K    /tmp/systemd-private-2ade36c80f1e4d9496843c854789d6db-colord.service-dDZT
Gv/tmp
8.0K    /tmp/systemd-private-2ade36c80f1e4d9496843c854789d6db-colord.service-dDZT
Gv
4.0K    /tmp/systemd-private-2ade36c80f1e4d9496843c854789d6db-systemd-resolved.se
rvice-9FYTzv/tmp
8.0K    /tmp/systemd-private-2ade36c80f1e4d9496843c854789d6db-systemd-resolved.se
rvice-9FYTzv
0       /tmp/ssh-bnlQTh8MTCqo/agent.5409
4.0K    /tmp/ssh-bnlQTh8MTCqo
```

例 10.2 运行结果为截取的部分结果，显示了/tmp 目录中的子目录和所有文件所占的磁盘空间大小。

例 10.3 查看 tmp 目录中的子目录及其子目录的大小。

题目分析：查看子目录及其子目录的大小，不需要查看所有文件的信息，因此使用不需要使用选项-a 。

```
xuman@xuman-VirtualBox:~$ sudo du -h /tmp
4.0K    /tmp/VMwareDnD
4.0K    /tmp/systemd-private-2ade36c80f1e4d9496843c854789d6db-ModemManager.servic
e-PhtjoZ/tmp
8.0K    /tmp/systemd-private-2ade36c80f1e4d9496843c854789d6db-ModemManager.servic
e-PhtjoZ
4.0K    /tmp/ssh-AhIL5FrisUXI
4.0K    /tmp/.XIM-unix
4.0K    /tmp/.X11-unix
4.0K    /tmp/.font-unix
4.0K    /tmp/systemd-private-2ade36c80f1e4d9496843c854789d6db-colord.service-dDZT
Gv/tmp
8.0K    /tmp/systemd-private-2ade36c80f1e4d9496843c854789d6db-colord.service-dDZT
Gv
4.0K    /tmp/systemd-private-2ade36c80f1e4d9496843c854789d6db-systemd-resolved.se
rvice-9FYTzv/tmp
8.0K    /tmp/systemd-private-2ade36c80f1e4d9496843c854789d6db-systemd-resolved.se
rvice-9FYTzv
4.0K    /tmp/ssh-bnlQTh8MTCqo
4.0K    /tmp/systemd-private-2ade36c80f1e4d9496843c854789d6db-fwupd.service-RTadq
k/tmp
8.0K    /tmp/systemd-private-2ade36c80f1e4d9496843c854789d6db-fwupd.service-RTadq
k
4.0K    /tmp/.ICE-unix
4.0K    /tmp/systemd-private-2ade36c80f1e4d9496843c854789d6db-rtkit-daemon.servic
e-VfBSdJ/tmp
8.0K    /tmp/systemd-private-2ade36c80f1e4d9496843c854789d6db-rtkit-daemon.servic
e-VfBSdJ
4.0K    /tmp/systemd-private-2ade36c80f1e4d9496843c854789d6db-bolt.service-WyQRZH
/tmp
8.0K    /tmp/systemd-private-2ade36c80f1e4d9496843c854789d6db-bolt.service-WyQRZH
4.0K    /tmp/.Test-unix
88K     /tmp
xuman@xuman-VirtualBox:~$
```

例 10.3 运行结果为截取的全部结果，du -h /tmp，由于没有加选项-a，默认只显示/tmp 目录及其子目录所占的磁盘空间大小，没有显示子目录包含的文件的磁盘占有量信息。例如，显示了子目录/tmp/. X11-unix 的磁盘占用信息，而没有显示该子目录下的 X0、X1 等文件信息。

例 10.4 查看/tmp 目录的大小。

题目分析：查看目录的大小，使用选项-s。

```
xuman@xuman-VirtualBox:~$ sudo du -hs /tmp
88K     /tmp
xuman@xuman-VirtualBox:~$
```

例 10.5 运行结果只显示/tmp 目录所占的磁盘空间大小。

4. du 命令和 df 命令的区别

df 命令是从文件系统考虑的，不光要考虑文件占用的空间，还要统计被命令或程序占用的空间，最常见的是文件已经删除，但是程序并没有释放空间。

du 命令是面向文件的，只会计算文件或目录占用的空间。

10.2.3 fdisk 命令

1. 命令功能

修改或查看磁盘分区表。

2. 命令格式

命令格式有多种，不同的格式有不同的功能。

1）修改磁盘分区表

```
fdisk [选项] <磁盘>
```

2）查看磁盘分区表

```
fdisk [选项] -l <磁盘>
```

3）以块数显示分区的大小

```
fdisk -s <分区>
```

常用的选项及其含义说明如下。

（1）-b < size >：扇区大小（512B，1024B，2048B 或 4096B）。

（2）-c[=< mode >]：兼容模式：dos 或 nondos，默认为 nondos。

（3）-u[=< unit >]：显示单位 cylinders（表示以柱面为单位显示）或 sectors（表示以扇区为单位显示），默认值为 sectors。

（4）-C < number >：指定格式化的柱面数。

（5）-H < number >：指定格式化的磁头数。

（6）-S < number >：指定格式化每磁道的扇区数。

3. fdisk 交互指令

使用 fdisk [选项] <磁盘>格式命令可以实现对磁盘添加分区、删除分区等操作。使用 fdisk 修改分区表是基于命令操作模式的。执行命令 fdisk <磁盘>后打开命令操作模式，在最底行“命令(输入 m 获取帮助)：”后根据操作的需要，写入相应的操作命令。

其中常用的操作命令说明如下。

（1）d：删除一个分区。

（2）m：显示帮助菜单。

（3）n：添加一个分区。

（4）p：打印分区表。

（5）q：不保存退出。

（6）v：修改分区表。

(7) w:保存修改退出。

4. 实例

例 10.5 查看当前系统的分区的所有信息。

```
xuman@xuman-VirtualBox:~$ fdisk -l

Disk /dev/sda: 20 GiB, 21474836480 字节, 41943040 个扇区
单元: 扇区 / 1 * 512 = 512 字节
扇区大小(逻辑/物理): 512 字节 / 512 字节
I/O 大小(最小/最佳): 512 字节 / 512 字节
磁盘标签类型: dos
磁盘标识符: 0x77254fba

设备        启动  起点      末尾      扇区  大小 Id 类型
/dev/sda1   *     2048 41940991 41938944  20G 83 Linux

Disk /dev/sdb: 10 GiB, 10737418240 字节, 20971520 个扇区
单元: 扇区 / 1 * 512 = 512 字节
扇区大小(逻辑/物理): 512 字节 / 512 字节
I/O 大小(最小/最佳): 512 字节 / 512 字节
磁盘标签类型: dos
磁盘标识符: 0x0b4f5182

设备        启动      起点      末尾      扇区  大小 Id 类型
/dev/sdb1             2048 10487807 10485760   5G 83 Linux
/dev/sdb2         10487808 20971519 10483712   5G 83 Linux
```

例 10.5 运行结果显示系统中有两个磁盘,一个是/dev/sda,该磁盘的基本信息为 Disk /dev/sda:20 GiB,21474836480 字节,41943040 个扇区,其他相关信息说明如下。

单元:扇区 / 1 * 512 = 512 字节。

扇区大小(逻辑/物理):512 字节/512 字节。

I/O 大小(最小/最佳):512 字节/512 字节。

磁盘标签类型:dos。

磁盘标识符:0x77254fba。

另一个磁盘是/dev/sdb,磁盘的基本信息为 Disk/dev/sdb:10GB,10737418240 字节,20971520 个扇区,其他相关信息说明如下。

单元:扇区/1 * 512=512 字节。

扇区大小(逻辑/物理):512 字节/512 字节。

I/O 大小(最小/最佳):512 字节/512 字节。

磁盘标签类型:dos。

磁盘标识符:0x0b4f5182。

每个磁盘的基本信息之后是磁盘的分区信息,例如磁盘/dev/sda 的磁盘分区信息。

```
设备        启动  起点      末尾      扇区  大小 Id 类型
/dev/sda1   *     2048 41940991 41938944  20G 83 Linux
```

以上信息表明,磁盘/dev/sda 有一个分区 sda1,是引导分区。其中 ID 的值为 83 代表主分区和逻辑分区,如果 ID 值为 82 则代表交换分区,如果 ID 值为 5 则代表扩展分区。

注意

> 普通用户登录不显示分区,只有 root 用户登录才显示分区信息,如果是普通用户需要在命令前加上 sudo。

10.2.4 mkfs 命令

1. 命令功能

格式化磁盘，在给定的磁盘分区上创建文件系统。

2. 命令格式

```
mkfs [选项] [ -t 文件系统类型 文件系统选项] 设备 [size]
```

常用的选项及其含义说明如下。

(1) -V：详细输出。

(2) -t：指定文件系统的类型，默认为 ext2。

(3) size：文件系统包含的块数。

10.2.5 fsck 命令

1. 命令功能

修复文件系统。

2. 命令格式

```
fsck [选项]  分区设备文件名
```

常用的选项及其含义说明如下。

(1) -a：不用显示用户提示，自动修复文件系统。

(2) -y：自动修复，和-a 作用一致，不过有些文件系统只支持-y 选项。

10.2.6 dumpe2fs 命令

1. 命令功能

显示硬盘分区状态。

2. 命令格式

```
dumpe2fs  分区设备文件名
```

例 10.6 显示/dev/sdb1 的信息。

```
xuman@xuman-VirtualBox:~$ sudo dumpe2fs /dev/sdb1
[sudo] xuman 的密码:
dumpe2fs 1.44.1 (24-Mar-2018)
Filesystem volume name:   <none>
Last mounted on:          /web
Filesystem UUID:          3c40b069-1bbd-453e-b835-2c6b3967c76b
Filesystem magic number:  0xEF53
Filesystem revision #:    1 (dynamic)
```

```
Filesystem features:      has_journal ext_attr resize_inode dir_index filetype ex
tent 64bit flex_bg sparse_super large_file huge_file dir_nlink extra_isize metada
ta_csum
Filesystem flags:         signed_directory_hash
Default mount options:    user_xattr acl
Filesystem state:         clean
Errors behavior:          Continue
Filesystem OS type:       Linux
Inode count:              327680
Block count:              1310720
Reserved block count:     65536
Free blocks:              1268640
Free inodes:              327667
First block:              0
Block size:               4096
Fragment size:            4096
Group descriptor size:    64
Reserved GDT blocks:      639
Blocks per group:         32768
Fragments per group:      32768
Inodes per group:         8192
Inode blocks per group:   512
Flex block group size:    16
Filesystem created:       Thu Mar 26 20:12:12 2020
Last mount time:          Wed Jul 22 15:39:59 2020
Last write time:          Thu Jul 23 08:46:52 2020

Mount count:              27
Maximum mount count:      -1
Last checked:             Thu Mar 26 20:12:12 2020
Check interval:           0 (<none>)
Lifetime writes:          68 MB
Reserved blocks uid:      0 (user root)
Reserved blocks gid:      0 (group root)
First inode:              11
Inode size:               256
Required extra isize:     32
Desired extra isize:      32
Journal inode:            8
Default directory hash:   half_md4
Directory Hash Seed:      a368e333-1efc-4daf-8c04-cc15256eb491
Journal backup:           inode blocks
Checksum type:            crc32c
Checksum:                 0x1df5a4db
Journal features:         journal_64bit journal_checksum_v3
Journal size:             64M
Journal length:           16384
Journal sequence:         0x00000098
Journal start:            0
Journal checksum type:    crc32c
Journal checksum:         0xbfe57ae3


组 0: (块 0-32767) 校验值 0x92c5 [ITABLE_ZEROED]
  主 超级块位于 0, 组描述符位于 1-1
  保留的GDT块位于 2-640
  块位图位于 641 (+641), 校验值 0x2f9344da
  Inode 位图位于 657 (+657), 校验值 0x067bbec9
  Inode表位于 673-1184 (+673)
  23897 个可用 块, 8179 个可用inode, 2 个目录 , 8178个未使用的inodes
  可用块数: 8871-32767
  可用inode数: 12, 15-8192
```

结果分析：

在显示结果中，先显示了如下磁盘分区的信息，然后罗列出每组(group)的信息，包括每组的空闲块数、空闲索引节点(inode)数、可用块号、可用索引节点号等(这里只截取了组 0 的信息)。

(1) 分区的基本信息，例如卷标、加载点、UUID、文件系统类型等。

(2) 分区的使用情况,包括总索引节点数、块数(总数和空闲数)等。

(3) 分区格式信息,例如块的大小,每组块数等。

(4) 分区使用信息,例如分区创建时间、挂载时间、修改时间、日志等。

读者可以对照显示结果,深入理解 Linux 文件系统的结构。

10.3 硬盘管理操作

要在 Linux 系统中实施的磁盘管理操作包括如下 5 部分,其中括号里的是需要用到的命令或需要配置的文件。

(1) 添加硬盘。

(2) 划分分区(fdisk)。

(3) 格式化分区,创建文件系统(mkfs)。

(4) 挂载硬盘文件系统(mount)。

(5) 把挂载信息写入配置文件,实现开机自动挂载(/etc/fstab)。

本节以在虚拟机中添加虚拟硬盘为例,介绍在 Linux 系统中实施磁盘管理的具体操作。最后,为了保证多用户对硬盘空间使用的有效性,讲解了硬盘配额的设置方法。

10.3.1 添加硬盘

在虚拟机中添加一个 10GB 的虚拟硬盘,具体步骤如下所述。

(1) 在虚拟机中添加一个新的虚拟硬盘(需在 Ubuntu 关机的状态下操作),打开"ubuntu-18-设置"对话框,在"存储介质"列表框中选择"控制器: SATA"选项,单击右侧的绿色+号标志,如图 10.3 所示。

图 10.3 添加硬盘

弹出对话框如图 10.4 所示,选择是创建新的虚拟盘还是使用现有的虚拟盘,如果有之前创建过的虚拟盘的文件,则可以选择使用现有虚拟盘;否则创建新的虚拟盘。因为是首次创建,所以这里选择创建新的虚拟盘。

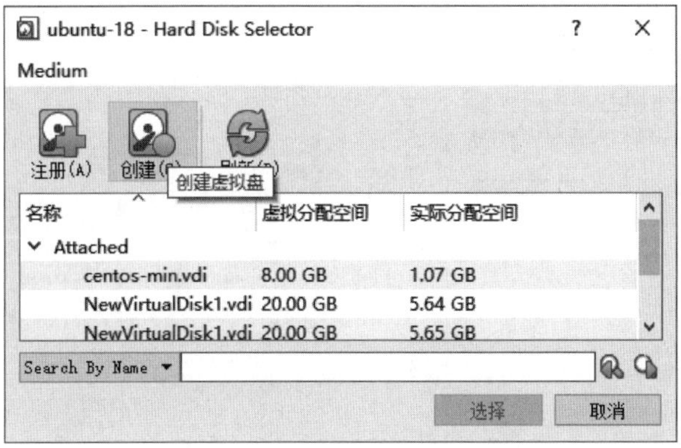

图 10.4 创建虚拟盘

(2) 选择虚拟硬盘文件类型,保持默认选项 VDI,如图 10.5 所示。

(3) 选择硬盘文件的分配方式,保持默认的动态分配,如图 10.6 所示。

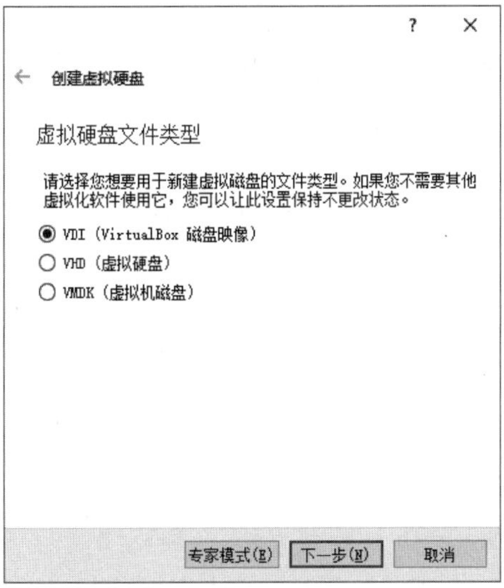

图 10.5 选择虚拟硬盘文件类型

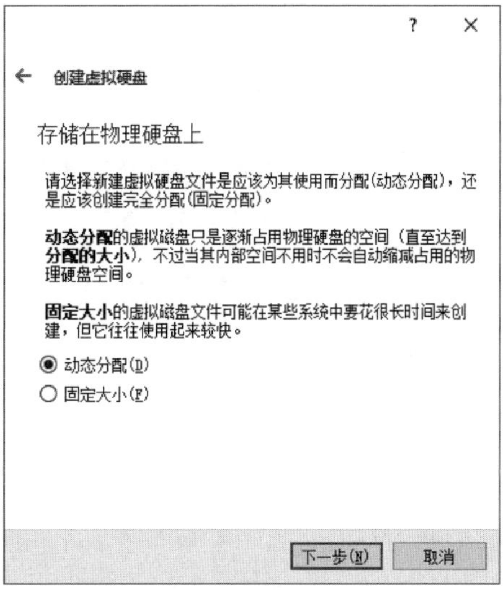

图 10.6 选择硬盘文件的分配方式

(4) 选择硬盘的文件位置和大小,位置指的是虚拟硬盘文件的路径和文件名,文件类型为 vdi,文件名可以自己定义;通过滑动滑块设置硬盘的大小,本例中设置为 10GB,如图 10.7 所示。

(5) 单击"创建"按钮,回到如图 10.4 所示的 ubuntu-18-Hard Disk Selector 界面,往下翻页,找到刚才添加的 ubuntu-18_2. vdi,选择该磁盘,如图 10.8 所示。

此时,在设置界面中可以看到"控制器: SATA"选项栏下多了一个虚拟硬盘 ubuntu-18_2. vdi, 即是刚添加成功的硬盘,如图 10.9 所示。

(6) 创建后启动 Ubuntu,用 fdisk 命令查看新磁盘是否被识别。

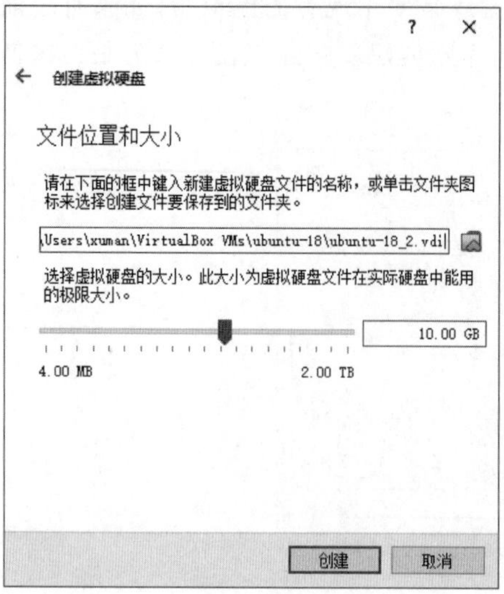

图 10.7　设置文件位置和大小

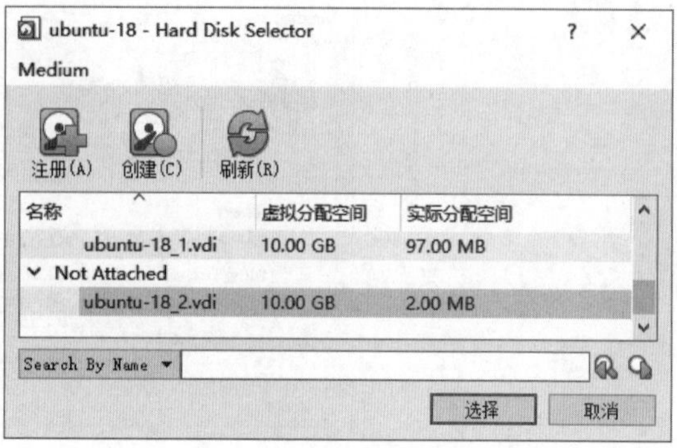

图 10.8　选择添加的 vdi

图 10.9　虚拟硬盘添加成功

用普通用户登录后，切换到 root 用户。

```
xuman@xuman-VirtualBox:~$ su root
密码:
root@xuman-VirtualBox:/home/xuman# fdisk -l
```

运行结果为：

```
Disk /dev/sda: 20 GiB, 21474836480 字节, 41943040 个扇区
单元: 扇区 / 1 * 512 = 512 字节
扇区大小(逻辑/物理): 512 字节 / 512 字节
I/O 大小(最小/最佳): 512 字节 / 512 字节
磁盘标签类型: dos
磁盘标识符: 0x77254fba

设备        启动  起点     末尾     扇区 大小 Id 类型
/dev/sda1   *     2048 41940991 41938944  20G 83 Linux

Disk /dev/sdb: 10 GiB, 10737418240 字节, 20971520 个扇区
单元: 扇区 / 1 * 512 = 512 字节
扇区大小(逻辑/物理): 512 字节 / 512 字节
I/O 大小(最小/最佳): 512 字节 / 512 字节
磁盘标签类型: dos
磁盘标识符: 0x0b4f5182

设备        启动     起点     末尾     扇区 大小 Id 类型
/dev/sdb1            2048 10487807 10485760   5G 83 Linux
/dev/sdb2        10487808 20971519 10483712   5G 83 Linux

Disk /dev/sdc: 10 GiB, 10737418240 字节, 20971520 个扇区
单元: 扇区 / 1 * 512 = 512 字节
扇区大小(逻辑/物理): 512 字节 / 512 字节
I/O 大小(最小/最佳): 512 字节 / 512 字节
磁盘标签类型: dos
磁盘标识符: 0xe81aabfb
```

结果显示系统中共有/dev/sda、/dev/sdb、/dev/sdc 3 块硬盘,其中/dev/sdc 即是刚刚添加的虚拟硬盘,/dev/sda、/dev/sdb 都已经分区,新添加的/dev/sdc 由于没有分区,所以没有分区信息。

10.3.2 磁盘的分区

对添加好的虚拟硬盘进行分区,具体操作如下所述。

(1) 用 fdisk 命令对虚拟硬盘/dev/sdc 分区,命令如下。

```
#fdisk /dev/sdc
```

根据 fdisk 命令操作模式的提示,依次输入 n(创建新的文件系统)、p(创建主分区)、起始扇区和结束扇区,过程如下,在此例中输入值为 1,使用默认值,也可以依据实际需要,根据提示选择输入值。

```
root@xuman-VirtualBox:/home/xuman# fdisk /dev/sdc

欢迎使用 fdisk (util-linux 2.31.1)。
更改将停留在内存中,直到您决定将更改写入磁盘。
使用写入命令前请三思。

命令(输入 m 获取帮助): n
分区类型
   p   主分区 (0个主分区, 0个扩展分区, 4空闲)
   e   扩展分区 (逻辑分区容器)
选择 (默认 p):

将使用默认回应 p。
分区号 (1-4, 默认 1):
第一个扇区 (2048-20971519, 默认 2048):
上个扇区, +sectors 或 +size{K,M,G,T,P} (2048-20971519, 默认 20971519):

创建了一个新分区 1, 类型为"Linux", 大小为 10 GiB。

命令(输入 m 获取帮助): 
```

输入命令 p 查看分区表,输入命令 w,保存分区表,过程如下。

```
命令(输入 m 获取帮助): p
Disk /dev/sdc: 10 GiB, 10737418240 字节, 20971520 个扇区
单元: 扇区 / 1 * 512 = 512 字节
扇区大小(逻辑/物理): 512 字节 / 512 字节
I/O 大小(最小/最佳): 512 字节 / 512 字节
磁盘标签类型: dos
磁盘标识符: 0xe81aabfb

设备        启动  起点     末尾     扇区 大小 Id 类型
/dev/sdc1         2048 20971519 20969472  10G 83 Linux

命令(输入 m 获取帮助): w
分区表已调整。
将调用 ioctl() 来重新读分区表。
正在同步磁盘。

root@xuman-VirtualBox:/home/xuman#
```

(2) 重新读取分区表信息,命令如下。

```
# partprobe    /dev/sdc
```

运行这个命令,不需要重启操作系统就使新的硬盘分区生效。若 partprobe 命令没有安装,则需要在有网络的环境下,在 Ubuntu 系统中执行如下命令。

```
apt - get install partprobe
```

10.3.3 磁盘的格式化

对分区后的硬盘进行格式化,创建文件系统,命令如下。

```
root@xuman-VirtualBox:/home/xuman# mkfs -t ext4 /dev/sdc1
mke2fs 1.44.1 (24-Mar-2018)
创建含有 2621184 个块 (每块 4k) 和 655360 个inode的文件系统
文件系统UUID: 78362e46-e50a-4d22-b224-25bdd5a22b6f
超级块的备份存储于下列块:
        32768, 98304, 163840, 229376, 294912, 819200, 884736, 1605632

正在分配组表: 完成
正在写入inode表: 完成
创建日志 (16384 个块) 完成
写入超级块和文件系统账户统计信息: 已完成

root@xuman-VirtualBox:/home/xuman#
```

10.3.4 磁盘的挂载

Linux 系统中添加磁盘后,需要把磁盘挂载到 Linux 文件系统中,以实现从文件系统的挂载点对磁盘进行访问。文件系统的挂载在本书第 3 章中已经介绍过,关于挂载命令 mount 和卸载命令 umount 的使用方法不再赘述,请读者阅读第 3 章,这里直接挂载刚刚添加的磁盘。

1. 挂载新的文件系统

例如,把硬盘/dev/sdc1 挂载到/mnt/disk2 上,步骤如下。

(1) 创建目录/mnt/disk2,命令如下。

```
root@xuman-VirtualBox:~# mkdir /mnt/disk2
```

(2) 挂载硬盘,命令如下。

```
root@xuman-VirtualBox:~# mount /dev/sdc1 /mnt/disk2
```

(3) 查看挂载结果,命令如下。

```
root@xuman-VirtualBox:~# mount |grep sdc1
/dev/sdc1 on /mnt/disk2 type ext4 (rw,relatime)
```

结果表明/dev/sdc1 挂载在/mnt/disk2 上,文件系统的类型是 ext4,rw 表示具有读写权限,relatime 表示访问文件时更新访问时间。挂载示意图如图 10.10 所示,挂载后通过对挂载目录/mnt/disk2/的访问,可以实现对设备文件/dev/sdc1 的访问。

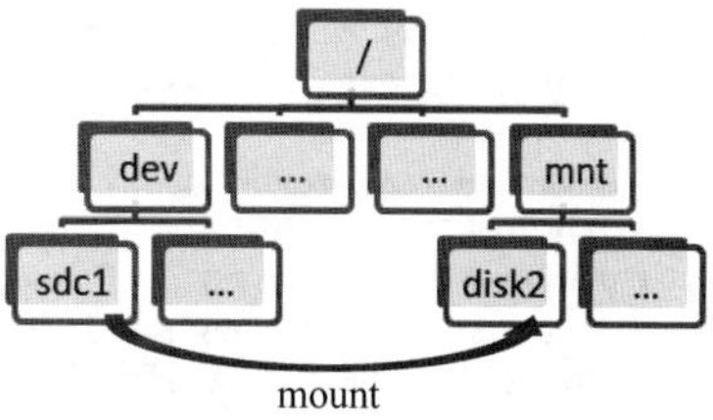

图 10.10 硬盘挂载示意图

2. 挂载已挂载的文件系统

修改特殊选项时,可重新挂载已挂载的文件系统。这里重新挂载刚挂载的/dev/sdc1,修改为不允许在该文件系统中执行可执行文件,命令如下。

```
# mount -o remount,noexec /mnt/disk2
```

此时,再在/mnt/disk2 下执行可执行文件会报错,显示"权限不够"。

注意

> mount 命令的默认选项为 exec,允许在挂载的文件系统中执行可执行文件;重新挂载并设置为 nonexec 后,则不允许在挂载的文件系统中执行可执行文件,该设置可以避免在挂载的文件系统中执行病毒程序。

10.3.5 设置开机时磁盘自动挂载

硬盘手动挂载成功后,若关机重启,原先的挂载会消失。硬盘挂载涉及的配置文件是/etc/fstab,系统启动时会根据该文件对硬盘进行自动挂载。所以,可以通过修改该配置文件,实现开机时自动挂载硬盘。

1. 配置文件/etc/fstab 的构成

/etc/fstab 文件的每一行都对应一个硬盘分区挂载的设置信息,共有 6 个字段,具体说明如下。

(1) 第 1 字段:<file system>,分区设备文件名或 UUID(硬盘通用唯一识别码)。

(2) 第 2 字段:<mount point>,挂载点。

(3) 第 3 字段:<type>,文件系统类型。

(4) 第 4 字段:<options>,挂载选项。

(5) 第 5 字段:<dump>,备份,指定分区是否备份,0 代表不备份,1 代表每天备份,2 代表不定期备份。

(6) 第 6 字段: <pass>,指定分区是否被 fsck 检测,0 代表不检测,其他数字代表检测的优先级,1 的优先级比 2 高。

例 10.7 显示/etc/fstab 文件的信息。

```
root@xuman-VirtualBox:~# cat /etc/fstab
# /etc/fstab: static file system information.
#
# Use 'blkid' to print the universally unique identifier for a
# device; this may be used with UUID= as a more robust way to name devices
# that works even if disks are added and removed. See fstab(5).
#
# <file system> <mount point>   <type>  <options>       <dump>  <pass>
# /dev/sdb2       /data       ext4   defaults,usrquota        1    2
# /dev/sdb1        /web        ext4   defaults,usrquota       1    2
# / was on /dev/sda1 during installation
UUID=a8664d4c-a69b-493b-8fbc-724bb77533fa /               ext4    errors=remount-ro 0       1
/swapfile                                 none            swap    sw              0       0
#share /mnt/share vboxsf rw,gid=1000,uid=1000,auto 0 0
```

例 10.7 中,文件/etc/fstab 中记录了 5 个分区,分别是/dev/sdb1 分区、/dev/sdb2 分区、/dev/sda1 分区、/swapfile 分区和一个共享文件挂载。其中,sda1 和 sda2 分区挂载由于暂时不用被注释掉;/dev/sda1 分区的 6 个字段的配置信息依次为 UUID=a8664d4c-a69b-493b-8fbc-724bb77533fa,是/dev/sda1 的 UUID;分区类型为 ext4;挂载点为根目录/;dump 值为 0,代表不备份;pass 值为 1,代表被 fsck 检测的优先级为 1。

2. 修改配置文件实现分区自动挂载

编辑/etc/fstab 文件: vi /etc/fstab,在文件末尾添加相应的挂载配置信息,实现硬盘分区/dev/sdc1 的开机自动挂载,挂载到/mnt/disk2 上,具体步骤如下所述。

(1) 编辑/etc/fstab 文件,命令如下。

```
root@xuman-VirtualBox:~# vi /etc/fstab
```

在/etc/fstab 中添加以下挂载配置信息:

```
# /etc/fstab: static file system information.
#
# Use 'blkid' to print the universally unique identifier for a
# device; this may be used with UUID= as a more robust way to name devices
# that works even if disks are added and removed. See fstab(5).
#
# <file system> <mount point>   <type>  <options>       <dump>  <pass>
 /dev/sdc1       /mnt/disk2     ext4    defaults           1       2
# /dev/sdb2       /data       ext4   defaults,usrquota        1    2
# /dev/sdb1        /web        ext4   defaults,usrquota       1    2
# / was on /dev/sda1 during installation
UUID=a8664d4c-a69b-493b-8fbc-724bb77533fa /               ext4    errors=remount-ro 0       1
/swapfile                                 none            swap    sw              0       0
#share /mnt/share vboxsf rw,gid=1000,uid=1000,auto 0 0

~
~
:wq
```

(2) 使用:wq 命令保存文件并退出。

(3) 重启系统,自动挂载分区。

3. /etc/fstab 文件修复

注意

> 在编辑配置文件之前，需先使用如下命令检测配置文件是否修改正确。

```
mount -a
```

依据配置文件/etc/fstab 的内容自动挂载，若没有任何出错提示，则表示文件修改正确；若未检测，配置文件修改出错，可以采用如下步骤进行修改。

（1）重新挂载，命令如下。

```
mount -o remount,rw /
```

出错后，系统会自动将根目录挂载为只读模式，所以需要使用如上命令重新挂载为读写模式。

（2）将/etc/fstab 文件修改正确。

10.3.6 设置硬盘配额

为了避免某些用户因为存储垃圾文件浪费硬盘空间，有时候需要管理员为用户或组设置使用磁盘空间的限制，该限制称为磁盘配额。

磁盘配额限制可以分为软限制和硬限制两种。软限制情况下，当用户或组所分配的空间占满以后，在一定的宽限期内可以超出容量，但是系统会给出警告，并在宽限期过后强制收回空间；硬限制情况下，当用户或组所分配的空间占满以后，就不能再存储数据。

磁盘配额包括硬盘空间的大小或创建文件的个数，是基于文件系统的，所以必须在文件系统上配置硬盘配额。

1. 设置用户磁盘配额

用户磁盘配额的设置步骤如下。

（1）开启分区配额功能。

（2）建立配额数据库文件。

（3）启动配额功能。

（4）编辑用户配额。

对 stu1 用户设置使用磁盘分区/dev/sdc1 的配额，限定为 50MB。假设该磁盘分区的文件系统格式为 ext4，已经被挂载到/mnt/disk2 目录上，具体步骤如下。

（1）确认磁盘分区挂载信息，命令如下。

```
#df -h
```

选项 h 表示以可读的方式显示磁盘分区大小，例如 1KB、234MB、2GB 等。

```
root@xuman-VirtualBox:~# df -h
文件系统        容量  已用  可用 已用% 挂载点
udev            971M     0  971M    0% /dev
```

```
tmpfs           199M  1.9M  197M    1% /run
/dev/sda1        20G  7.7G   11G   42% /
tmpfs           994M     0  994M    0% /dev/shm
tmpfs           5.0M  4.0K  5.0M    1% /run/lock
tmpfs           994M     0  994M    0% /sys/fs/cgroup
/dev/loop0       55M   55M     0  100% /snap/core18/1754
/dev/loop1       94M   94M     0  100% /snap/core/9066
/dev/loop2      243M  243M     0  100% /snap/gnome-3-34-1804/27
/dev/loop3      1.0M  1.0M     0  100% /snap/gnome-logs/100
/dev/loop4       55M   55M     0  100% /snap/gtk-common-themes/1502
/dev/loop5      161M  161M     0  100% /snap/gnome-3-28-1804/116
/dev/loop6      2.3M  2.3M     0  100% /snap/gnome-system-monitor/145
/dev/loop7      1.0M  1.0M     0  100% /snap/gnome-logs/93
/dev/loop8      2.5M  2.5M     0  100% /snap/gnome-calculator/730
/dev/loop10      15M   15M     0  100% /snap/gnome-characters/495
/dev/loop11     2.5M  2.5M     0  100% /snap/gnome-calculator/748
/dev/loop12      55M   55M     0  100% /snap/core18/1705
/dev/loop13     384K  384K     0  100% /snap/gnome-characters/539
/dev/loop15      63M   63M     0  100% /snap/gtk-common-themes/1506
/dev/loop14     256M  256M     0  100% /snap/gnome-3-34-1804/33
/dev/loop16     3.8M  3.8M     0  100% /snap/gnome-system-monitor/135
tmpfs           199M   28K  199M    1% /run/user/121
/dev/sr0         57M   57M     0  100% /media/stu2/VBox_GAs_6.1.4
tmpfs           199M   28K  199M    1% /run/user/0
tmpfs           199M   36K  199M    1% /run/user/1000
/dev/sdc1       9.8G   37M  9.3G    1% /mnt/disk2
```

结果中最后一行是/dev/sdc1的挂载信息，且信息内容如下。

```
文件系统        容量    已用   可用    已用%      挂载点
/dev/sdc1       9.8G    37M   9.3G     1%      /mnt/disk2
```

注意

> 如果没有挂载信息，需要先用 mount 命令挂载。

(2) 开启分区配额功能，编辑/etc/fstab 文件，在挂载属性上加上标志 usrquota 或 grpquota。

```
root@xuman-VirtualBox:~# vi /etc/fstab
```

找到/dev/sdc1 所在的行，在挂载属性上加上标志 usrquota(添加用户硬盘配额)。

```
/dev/sdc1   /mnt/ewdisk2   ext4   defaults,usrquota   1   2
```

:wq ，保存并退出。

```
# /etc/fstab: static file system information.
#
# Use 'blkid' to print the universally unique identifier for a
# device; this may be used with UUID= as a more robust way to name devices
# that works even if disks are added and removed. See fstab(5).
#
# <file system> <mount point>   <type>  <options>        <dump>  <pass>
 /dev/sdc1       /mnt/disk2      ext4    defaults,usrquota          1       2
# /dev/sdb2       /data       ext4    defaults,usrquota          1       2
# /dev/sdb1        /web        ext4    defaults,usrquota         1       2
# / was on /dev/sda1 during installation
UUID=a8664d4c-a69b-493b-8fbc-724bb77533fa /               ext4    errors=remount-ro 0       1
/swapfile                                 none            swap    sw              0       0
#share /mnt/share vboxsf rw,gid=1000,uid=1000,auto 0 0

~
:wq
```

注意

> 默认加载的文件系统都存放在 etc/fstab 下，/etc/fstab 文件中每一行对应一个分区的设置信息，如果查看不到/dev/sdc1 的自动挂载信息，可以按 10.3.5 节介绍的方法添加。

重新加载，命令如下。

```
root@xuman-VirtualBox:~# mount -o remount /mnt/disk2
```

(3) 检测配额并生成配额文件，即建立配额数据库文件，命令如下。

```
root@xuman-VirtualBox:~# quotacheck -cum /mnt/disk2
```

命令选项的含义说明如下。

- -u：检测用户配额信息。
- -g：检测组配额信息。
- -c：创建新的配额文件。
- -v：显示命令执行过程中的细节信息。
- -m：不将此文件系统挂载为只读模式。

若 quotacheck 命令未安装，可按提示安装命令，有网络的情况下执行安装命令如下。

```
#apt install quota
```

如果出现以下两种情况，则说明 seLinux 没关闭，需要使用 setenforce 0 关闭 seLinux，同时编辑/etc/seLinux/config 文件，将 SELINUX 的值设为 permissive 或 disabled。

① quotacheck：Cannot create new quotafile /data/aquota. user. new：Permission denied

② quotacheck：Cannot initialize IO on new quotafile：Permission denied

然后查看/mnt/disk2/下的文件，命令如下。

```
root@xuman-VirtualBox:~# ls /mnt/disk2
aquota.user  lost+found
```

由运行结果可见，/mnt/disk2 目录下自动生成了一个配额文件 aquota. user。

(4) 启动配额功能，命令格式如下。

```
quotaon 分区名称
```

启动磁盘分区/dev/sdc1 的配额功能，命令如下。

```
root@xuman-VirtualBox:~# quotaon /dev/sdc1
```

注意

> quotaoff /dev/sdc1 命令可以关闭配额。

(5) 编辑用户配额，命令格式如下。

```
edquota 用户名
```

编辑 stu1 的用户配额，命令如下。如果没有 stu1 用户，请添加 stu1 用户。

```
root@xuman-VirtualBox:~# edquota stu1
```

运行命令查看 stu1 用户的磁盘配额信息，具体如下。

```
  GNU nano 2.9.3                    /tmp//EdP.aNHc55A

Disk quotas for user stu1 (uid 1001):
  Filesystem                   blocks       soft       hard     inodes     soft     hard
  /dev/sdc1                         0          0          0          0        0        0







^G 求助      ^O 写入      ^W 搜索      ^K 剪切文字    ^J 对齐       ^C 游标位置
^X 离开      ^R 读档      ^\ 替换      ^U 还原剪切    ^T 拼写检查    ^_ 跳行
```

命令运行结果中各选项说明如下。

- Filesystem：表示设置配额的分区文件系统。
- blocks：表示用户当前已使用的硬盘空间容量，默认单位为 KB，该数值由 edquota 程序自动计算，无须修改。
- 第 3 列 soft：表示对应硬盘容量的软限制数值，超出后会给出警告，超出的部分默认会保存 7 天。
- 第 4 列 hard：表示对应硬盘容量的硬限制数值。
- inodes：表示已有文件数量多少，该数值由 edquota 程序自动计算，无须修改。
- 第 6 列 soft：表示对应文件数量的软限制数值，默认单位为个。
- 第 7 列 hard：表示对应文件数量的硬限制数值，默认单位为个。

根据题目要求，把第 3 列的 hard 设置为 50MB，即 51200KB，设置如下。

```
  GNU nano 2.9.3                    /tmp//EdP.agec1aC                        已更改

Disk quotas for user stu1 (uid 1001):
  Filesystem                   blocks       soft       hard     inodes     soft     hard
  /dev/sdc1                         0          0      51200          0        0        0







^G 求助      ^O 写入      ^W 搜索      ^K 剪切文字    ^J 对齐       ^C 游标位置
^X 离开      ^R 读档      ^\ 替换      ^U 还原剪切    ^T 拼写检查    ^_ 跳行
```

按 Ctrl+O 快捷键保存，按 Ctrl+X 快捷键退出。

(6) 测试设置结果。stu1 在/mnt/disk2 下创建 60MB 文件，首先在 root 用户下，修改/mnt/disk2 的权限为 777(即 rwxrwxrwx，所有用户可读、可写、可执行)，命令如下。

```
root@xuman-VirtualBox:~# chmod 777 /mnt/disk2
root@xuman-VirtualBox:~# cd /mnt/disk2
```

然后切换为 stu1 用户，命令如下。

```
root@xuman-VirtualBox:/mnt/disk2# su stu1
```

最后使用 dd 命令进行文件写入测试，命令如下。

```
stu1@xuman-VirtualBox:/mnt/disk2$ dd if=/dev/zero of=zerofile1 bs=1024k count=100
```

命令 dd 的功能是根据设置复制文件，其常用选项及含义说明如下。

- if=FILE，从文件 FILE 中读入数据。
- of= FILE，写入数据到文件 FILE。
- bs=BYTES，每次读写数据 BYTES 字节。
- count=N，复制 N 个块(blocks)。

if=/dev/zero 表示从/dev/zero 文件读数据，of=zerofile1 表示数据写入/disk1/zerofile1 文件中，也就是说，从/dev/zero 这个文件中读取数据写入 /disk1/zerofile1 这个文件中；bs=1024K 表示一次读取写入的大小是 1024KB，count=100 表示读取 100 次。

命令运行结果如下。

```
dd: 写入'zerofile1' 出错: 超出磁盘限额
记录了51+0 的读入
记录了50+0 的写出
52428800 bytes (52 MB, 50 MiB) copied, 0.157604 s, 333 MB/s
```

由运行结果分析可见，写入 50MB 之后，超出磁盘限额的部分会报错，表明磁盘限额设置成功。

此时，查看/mnt/disk2，可以看到多了一个 50MB 的 zerofile1 文件，此文件就是 stu1 用户写入的文件。读者可以尝试用 stu1 用户在/mnt/disk2 目录下创建文件，写入信息，系统都会报："写入错误：超出磁盘限额"。

2. 复制用户配额

命令格式如下：

```
#edquota -p 模板用户 复制用户1 复制用户2
```

例 10.8 复制 stu1 的/dev/sdc1 的磁盘配额到 stu2，并测试配置结果。

```
stu1@xuman-VirtualBox:/mnt/disk2$ su root
密码:
root@xuman-VirtualBox:/mnt/disk2# edquota -p stu1 stu2
root@xuman-VirtualBox:/mnt/disk2# su stu2
stu2@xuman-VirtualBox:/mnt/disk2$ dd if=/dev/zero of=zerofile2 bs=1024k count=100
dd: 写入'zerofile2' 出错: 超出磁盘限额
记录了51+0 的读入
记录了50+0 的写出
52428800 bytes (52 MB, 50 MiB) copied, 0.140177 s, 374 MB/s
stu2@xuman-VirtualBox:/mnt/disk2$
```

结果分析：由于把 stu1 在/dev/sdc1 的磁盘配额复制到了 stu2，stu2 在该磁盘上写文件的配额被设置为 50MB，超过 50MB 系统报错："超出磁盘配额"。

3. quota 命令查看用户的配额使用情况

命令如下。

```
$ quota
```

quota 命令运行结果如下。

```
stu2@xuman-VirtualBox:/mnt/disk2$ quota
Disk quotas for user stu2 (uid 1009):
   文件系统块数量  配额  规限宽限期文件节点  配额  规限宽限期
      /dev/sdc1   51200*      0   51200              1       0       0
```

4. 管理员查看所有用户的磁盘分区配额信息

命令如下。

```
#repquota -a
```

repquota -a 命令运行结果如下。

```
stu2@xuman-VirtualBox:/mnt/disk2$ su root
密码:
root@xuman-VirtualBox:/mnt/disk2# repquota -a
*** user 配额的报告清单 基于设备 /dev/sdc1

块超额时限: 7天; 节点超额时限: 7天
                        Block limits                File limits
用户       已用  软限额  硬限额  超额时限  已用  软限额  硬限额  超额时限

-----------------------------------------------------------------------
root      --      20       0       0              2     0     0
stu1      --   51200       0   51200              1     0     0
stu2      --   51200       0   51200              1     0     0


root@xuman-VirtualBox:/mnt/disk2# █
```

上机实验：磁盘管理

1. 实验目的

(1) 熟悉磁盘管理的基本概念，掌握 Linux 系统下磁盘的添加和挂载。

(2) 熟悉磁盘配额的基本概念，掌握 Linux 系统下磁盘配额设置。

(3) 理解用户管理涉及的系统配置文件，掌握 Linux 系统下的用户管理，掌握磁盘的添加和磁盘配额设置操作。

2. 实验任务

(1) 添加虚拟硬盘。

(2) 对磁盘进行配额操作。

(3) 配置小型服务器的用户组。

3. 实验环境

装有 Windows 系统的计算机；虚拟机安装 VirtualBox+ Linux Ubuntu 操作系统。

4. 实验题目

任务1：添加大小为10GB的虚拟硬盘，并划分为两个分区，大小各5GB，文件系统类型为ext4，挂载点分别为/web、/data。将两个分区的配置信息写入配置文件/etc/fstab，设置为开机自动挂载。

任务2：设置磁盘配额并测试。对20190001用户在/data目录中设置磁盘配额，大小为50MB。

任务3：为某一小型公司的服务器规划用户组、添加用户、设置sudo权限；然后添加磁盘并为用户设置磁盘配额。

(1) 该公司有服务器用户3个初级运维、1个高级运维、1个网络工程师、1个运维经理。添加用户、用户组有用命令和Shell程序两种方法。添加完成后要验证是否添加成功。

(2) 设置sudo权限。配置sudoers文件实现如表10.2所示的权限分配。

表10.2 职能-权限表

职　　能	权　　限
初级运维	/usr/bin/free/usr/bin/iostat/usr/bin/top/bin/hostname/sbin/ifconfig
高级运维	usr/bin/free/usr/bin/iostat/usr/bin/top/bin/hostname/sbin/ifconfig/bin/mount/usr/bin/yum/bin/umount
运维经理	ALL
网络工程师	sbin/service/sbin/chkconfig/usr/bin/tail/app/log * /bin/grep/app/log * /bin/cat/bin/ls

(3) 添加一个10GB的硬盘，设置每个用户的磁盘配额表10.3所示。

表10.3 职能-磁盘配额分配

职　　能	磁 盘 配 额
初级运维	50MB
高级运维	100MB
运维经理	1GB
开发	2GB

5. 实验心得

总结上机中遇到的问题及解决问题过程中的收获、心得体会等。

第11章 Linux系统内核

无论是 Linux 系统的搭建、运维，还是 Linux 应用编程，用户都是在应用层使用操作系统提供的功能和服务。本章将深入 Linux 内核，了解 Linux 内核的结构和技术特点，了解 Linux 内核源代码的结构及分析工具，在此基础上学习编译、安装 Linux 内核，根据对 Linux 系统使用的需要编写并加载内核模块。由于篇幅有限，本章只是 Linux 内核编程的入门级内容，更多 Linux 内核的相关文档读者可以参考 https://www.wiki.kernel.org/。

11.1 概述

11.1.1 宏内核与微内核

操作系统内核的设计有两种架构，一个是宏内核，另一个是微内核。

宏内核是指把所有内核代码都编译成一个二进制文件，所有内核代码都运行在一个大内核地址空间里，内核代码之间可以直接访问和调用。宏内核包括内存管理、设备管理、进程管理、中断管理、应用程序接口等操作系统管理模块，由于在同一个内核地址空间，这些模块之间可以直接调用相关函数，因此效率较高。Linux 系统采用的是宏内核结构。

微内核结构则把操作系统分成多个独立的功能模块，功能模块之间通过消息访问机制进行通信。通常采用微内核结构的操作系统，把更贴近硬件、使用频率最高的模块放在微内核中，例如基本的内存管理、同步原语、进程调度、进程间通信机制、I/O 操作和中断管理等模块，有利于提高操作系统的可扩展性和可移植性。但是微内核与进程管理、虚拟内存管理、设备驱动、文件管理等其他上层模块之间需要有较高的通信开销，效率较难保证。UNIX、Minix 和 Windows 等操作系统采用的是微内核结构。

这两种结构各有自己的优点，宏内核结构的优点是设计简洁、效率高、性能好，而微内核结构的优势是可扩展性、移植性好。

11.1.2 体系结构

1. Linux 内核结构的特色

微内核结构的最大问题是高度模块化带来的交互冗余和效率损耗。Linux 在长期的发展过程中，宏内核结构中不断融入微内核的精华，形成了自己的结构特色，如模块化设计、抢占式内核、动态加载内核模块(Loadable Kernel Module，LKM)等。

Linux 内核支持动态加载内核模块。借鉴微内核的优点，Linux 内核在很早就提出了模块化的设计，很多核心的实现和设备驱动的实现都可以编译成一个个单独的模块。这些模块被编译成目标文件，在运行时的内核中可以动态加载和卸载。

和微内核结构中的模块相比，Linux 的支持动态加载内核模块具有以下特点和优点。

(1) Linux 动态加载内核模块运行在内核态。

(2) 很多内核的功能和设备驱动程序都可以编译成动态加载和卸载模块。用户可以定制内核，选择加载、卸载模块，这样既保证了对新设备、新功能的支持，具有良好的扩展性。同时又不会无限制地扩大内核规模，保证了内核的紧凑。

(3) 驱动程序开发者在编写内核模块时必须遵守定义好的接口来访问内核核心，这使得开发一个内核模块变得更容易。

(4) 很多内核模块可以设计成和平台无关，如文件系统等。

(5) 继承了宏内核的性能优势。

2. Linux 内核的体系结构

Linux 内核的体系结构如图 11.1 所示。一个典型的 Linux 系统由用户进程、Linux 内核和硬件 3 部分组成。Linux 内核是用户进程与计算机软硬件之间的接口，内核管理模块管理好计算机系统的各种硬件和软件资源，并向上为用户进程提供统一的应用编程接口，即系统调用接口。

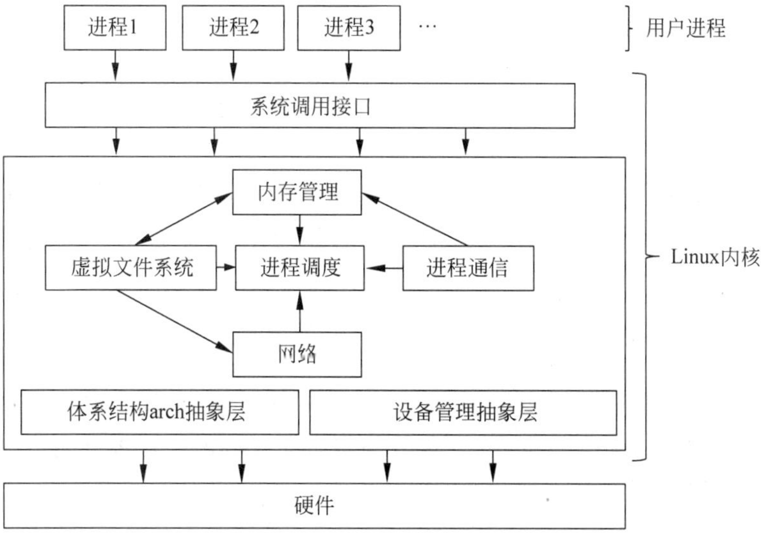

图 11.1 Linux 内核的体系结构

1) 用户进程

所有用户进程运行在位于 Linux 内核的用户空间上，通过系统调用接口使用 Linux 内核提供的服务。

2) Linux 内核

Linux 内核是用户进程和硬件之间的接口，由多个模块组成，包括进程调度模块、内存管理模块、虚拟文件系统模块、进程通信模块和网络模块等，这些模块对计算机的各种硬件和软件资源提供管理。其中，各模块之间的调用关系如图 11.1 所示，可以看出进程调度模块被每个模块调用。

Linux 内核支持多种体系结构，如 x86、ARM、MIPS 和 PowerPC 等。Linux 内核为不同体系结构的实现做了抽象，提供了统一的接口体系结构 arch 抽象层。

Linux 内核支持各种设备，在设备抽象层提供了对各种设备的支持，包括字符设备、块设备、网络设备等。

3）硬件

硬件包括系统的 CPU、内存、硬盘、网络设备以及其他各种外部设备。

11.1.3 技术特点

Linux 内核除了在体系结构上兼具宏内核和微内核结构的优势之外，还具有以下技术特点。

1. 抢占式线程调度

Linux 内核从 2.6 版本开始引入抢占技术，可以支持抢占式线程调度，提升了系统响应速度。

2. 虚拟内存技术

Linux 内核采用了虚拟内存技术。对于 32 位机来说，每个应用程序可以使用的内存空间为 4GB，其中 0～3GB 属于用户空间，称为用户端；3～4GB 属于内核空间，称为内核段。应用程序可以使用远大于实际物理内存的存储空间。

3. 虚拟文件系统

Linux 的文件系统实现了一种抽象文件模型——虚拟文件系统。通过虚拟文件系统，内核屏蔽了各种不同文件系统的内在差别，使得用户可以通过统一的界面访问各种不同格式的文件系统。

4. 延迟执行机制

Linux 提供了一套有效的延迟执行机制，包括下半部分、软中断、Tasklet 和工作队列（在 2.6 版本之后的版本中），这些技术保证了系统可以针对任务的轻重缓急，可以更细粒度地选择运行时机。

11.2 内核源代码分析

11.2.1 内核源代码的下载

在 Linux 内核官方网站 https://www.kernel.org/上，可以下载不同版本的 Linux 内核源代码。写作本书时，最新的稳定版本是 Linux 5.7.10，源代码下载界面如图 11.2 所示。

Linux 内核的版本号分成 3 部分，第 1 个数字表示主版本号，第 2 个数字表示次版本号，第 3 个数字表示修正版本号。Linux 内核具有两种不同的版本，即实验版本和产品化版本，当

图 11.2　Linux 5.7.10 下载界面

次版本号为偶数时，表示此版本是产品化版本；当次版本号为奇数时，表示版本是实验版本。

11.2.2　内核源代码的结构

Linux 内核源代码保存在/usr/src/Linux-headers-版本号（如/usr/src/Linux-headers-5.3.0-513）目录下，其包含的子目录主要有 include、init、arch、drivers、fs、net、mm、ipc 及 kernel 等。

```
xuman@xuman-VirtualBox:~$ cd /usr/src/
xuman@xuman-VirtualBox:/usr/src$ ls
linux-headers-5.3.0-51           linux-headers-5.3.0-53
linux-headers-5.3.0-51-generic   linux-headers-5.3.0-53-generic
xuman@xuman-VirtualBox:/usr/src$ cd linux-headers-5.3.0-53
xuman@xuman-VirtualBox:/usr/src/linux-headers-5.3.0-53$ ls
arch    Documentation  init     kernel    net       sound   virt
block   drivers        ipc      lib       samples   tools
certs   fs             Kbuild   Makefile  scripts   ubuntu
crypto  include        Kconfig  mm        security  usr
```

各个子目录包含的主要文件如下。

（1）arch：包含 Linux 支持的所有硬件结构的内核代码，如 x86、arm、arm64、powepc 等。

（2）init：包含内核的初始化代码。

（3）kernel：包含主内核代码。

（4）net：包含内核中关于网络代码。

（5）drivers：包含内核中的所有设备驱动程序。

（6）ipc：包含进程通信的代码。

（7）fs：包含各种文件系统的代码。

（8）include：包含建立内核代码时所需的大部分头文件。

（9）mm：包含所有内存管理代码。

11.2.3　内核源代码分析工具

对 Linux 内核源代码进行分析，常用的分析工具是 Source Insight。Source Insight 是 Windows 平台下的面向工程的代码编辑和浏览器，内置了对 C、C++、C＃、Java、Objective-C 等语言编制程序的分析功能，在网站 https://www.sourceinsight.com/上可以下载 Source Insight 试用版，试用期为 30 天，最新版本为 Source Insight 4。

11.3 内核管理

Linux 内核管理包括两方面的内容，一方面是如何给 Linux 系统更换更新的内核；另一方面是如何编写并加载内核模块。

11.3.1 给 Linux 系统更换内核

编译和安装 Linux 内核的步骤如下所述。

(1) 在编译 Linux 内核之前，需要安装如下软件包。

```
xuman@xuman-VirtualBox:~$ sudo apt-get install libncurses5-dev libssl-dev build-
essential openssl
```

(2) 到网站 https://www.kernel.org/下载最新的 Linux 内核源代码版本，对压缩包进行解压缩，命令如下。

```
root@xuman-VirtualBox:~# xz -d Linux-5.7.10.tar.xz
root@xuman-VirtualBox:~# tar -xf Linux-5.7.10.tar.xz
```

内核源代码一般保存在/usr/src/下，这里把解压后的源代码保存在/usr/src/kernels/下。

(3) 进行内核配置，可以通过 make menuconfig 手工进行内核配置，也可以直接复制 Linux 系统中自带的配置文件再修改，其配置界面如图 11.3 所示。

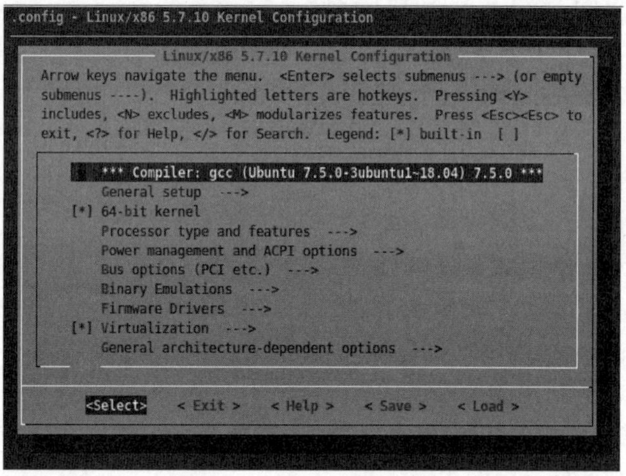

图 11.3 make menuconfig

在运行 make menuconfig 时，常见的报错信息如下：

```
root@xuman-VirtualBox:/usr/src/kernels/linux-5.7.10# make menuconifg
Makefile:630: include/config/auto.conf: 没有那个文件或目录
Makefile:676: include/config/auto.conf.cmd: 没有那个文件或目录
  LEX     scripts/kconfig/lexer.lex.c
/bin/sh: 1: flex: not found
scripts/Makefile.host:9: recipe for target 'scripts/kconfig/lexer.lex.c' failed
make[2]: *** [scripts/kconfig/lexer.lex.c] Error 127
Makefile:588: recipe for target 'syncconfig' failed
make[1]: *** [syncconfig] Error 2
Makefile:695: recipe for target 'include/config/auto.conf.cmd' failed
make: *** [include/config/auto.conf.cmd] Error 2
```

解决这个错误的方法是安装 flex,命令如下:

```
root@xuman-VirtualBox:/usr/src/kernels/linux-5.7.10# apt-get install flex
```

继续运行 make menuconfig 进行内核配置,报错信息如下:

```
root@xuman-VirtualBox:/usr/src/kernels/linux-5.7.10# make menuconfig
  LEX     scripts/kconfig/lexer.lex.c
  YACC    scripts/kconfig/parser.tab.[ch]
/bin/sh: 1: bison: not found
scripts/Makefile.host:17: recipe for target 'scripts/kconfig/parser.tab.h' faile
d
make[1]: *** [scripts/kconfig/parser.tab.h] Error 127
Makefile:588: recipe for target 'menuconfig' failed
make: *** [menuconfig] Error 2
```

(4) 编译内核,命令如下。

```
$ make -jn
```

命令中,-jn 中的 n 表示使用多少个 CPU 核心编译内核,可以通过如下命令查看系统中的 CPU 核心数。

```
root@xuman-VirtualBox:~# cat /proc/cpuinfo |grep cores
cpu cores       : 1
```

由命令执行结果可知,系统中有一个 CPU 核心,所以编译内核的命令编写如下。

```
root@xuman-VirtualBox:/usr/src/kernels/linux-5.7.10# make -j1
```

基于编译内核的过程较长,所以具体时间取决于计算机的运算速度和配置的内核选项。

(5) 编译和安装内核模块,命令如下。

```
$ sudo make modules_install
$ sudo make install
```

(6) 重启系统使设置生效。

11.3.2 内核模块的管理

内核模块是 Linux 内核同外部提供的一个插口,其全称为动态可加载内核模块。模块通常由一组函数和数据结构组成,用来实现一种文件系统、一个驱动程序或其他内核上层的功能。

模块是具有独立功能的程序,它可以被单独编译,但不能独立运行,需要加载到内核中,作为内核的一部分在内核空间运行。

本节首先比较内核模块编程与普通应用程序编程的不同,然后介绍内核模块管理命令,最后通过完成一个简单的“Hello World!”模块程序简述模块的编写、编译和加载的基本过程。

1. 内核模块程序与应用程序的不同

内核模块运行在内核空间,而普通应用程序运行在用户空间,内核模块的编写和应用程序的编写有很大的不同,表 11.1 以 Linux 系统下的 C 语言编程为例,将应用程序与内核模块程序进行了各方面比较。

表 11.1 应用程序与内核模块程序的比较

比较项目	C 语言程序	内核模块程序
使用函数	libc 库	内核函数
运行空间	用户空间	内核空间
运行权限	普通用户	超级用户
入口函数	main()	module_init()
出口函数	exit()	module_exit()
编译	gcc	make
连接	gcc	insmod
运行	直接运行	insmod
调试	gdb	kdbug,kdb,kgdb 等

2. 内核模块操作命令

通过内核模块操作命令,可以对编译好的内核模块进行增、删、查的操作。内核模块操作命令包括如下 5 个。

(1) insmod:将内核模块插入内核。

(2) rmmod:从内核删除内核模块。

(3) lsmod:显示所有内核模块,可以和 grep 指令结合使用。

(4) modprobe:可载入指定的个别模块,或载入一组相依赖的模块。

(5) modinfo:查看模块信息。

3. 编写内核模块程序用到的基本函数和宏

编写内核模块程序时,用到的基本函数和宏如下所述。

(1) module_init():内核模块入口,模块初始化,头文件为/linux/init.h,参数为初始化函数的名称。

(2) module_exit():内核模块退出,头文件为/linux/init.h,参数为退出函数的名称。

(3) MODULE_LICENSE():表示这个模块代码接受的软件许可协议,头文件为 linux/module.h。

(4) MODULE_AUTHOR():描述模块的作者信息,头文件为 linux/module.h。

(5) MODULE_DESCRIPTION():简单描述模块的用途或功能,头文件为 linux/module.h。

(6) MODULE_ALIAS():描述别名,头文件为 linux/module.h。

4. 内核模块的编写、编译和加载实例

模块和内核都在内核空间运行,模块编程在一定意义上就是内核编程。内核模块编程与内核版本密切相关,应用到的函数名称会随版本的不同而有所变化。

Linux 内核模块编写、编译和加载的基本过程包含以下 5 个步骤。

(1) 编辑内核模块程序。

(2) 编写 makefile 文件。

(3) 编译 make,生成相应的.ko 文件。

(4) 用 insmod 命令把模块加载到内核中。

(5) 在不需要时,用 rmmod 命令卸载模块。

例 11.1 编写一个“Hello World!”内核模块程序,编译模块,并把模块加载到内核中。

(1) 编写内核模块程序代码如下。

```
/* 11_1.c Hello World! */
#include <linux/init.h>
#include <linux/kernel.h>
#include <linux/module.h>
static int __init my_init(void)     /*定义初始化函数*/
{
    printk("Hello world from the kernel space\n");
    return 0;
}
static void __exit my_exit(void) /*定义退出函数*/
{
    printk("Goodbye!\n");
}
module_init(my_init);       /*模块入口*/
module_exit(my_exit);      /*模块出口*/
MODULE_LICENSE("GPL");     /*声明模块程序接受GPL许可协议*/
```

注意

pintf()是 C 库中的函数,在模块编程中不能使用,在模块编程中要使用 printk()。printk()表示把打印的信息输出到终端或系统日志,增加了输出级别的支持,可以用<1>表示输出到终端。

(2) 编写 makefile 文件,代码如下。

```
#Makefile
LINUX_KERNEL_PATH:=/usr/src/linux-headers-`uname -r`
helloworld-objs:=11-1.o
obj-m:=helloworld.o
all:
        make -C $(LINUX_KERNEL_PATH)  M=$(PWD) modules;
clean:
        make -C $(LINUX_KERNEL_PATH)  M=$(PWD) clean;
        rm -f *.ko
```

下面对上述 makefile 文件中的语句做如下解释:

```
LINUX_KERNEL_PATH: = /usr/src/Linux - headers - 'uname  - r'
```

表示 Linux 内核源代码的绝对路径。

语句 helloworld-objs:=11_1.o 中的 helloworld 是模块名,11_1 是目标文件,此句的一般格式如下。

```
模块名 - objs: = 目标文件.o
```

语句 obj-m=helloworld.o 中的 helloworld 是模块名,此句的一般格式如下。

```
obj - m = 模块名.o
```

(3) 编译程序。

```
root@xuman-VirtualBox:/home/xuman/code# make
make -C /usr/src/linux-headers-`uname -r`  M=/home/xuman/code modules;
make[1]: 进入目录"/usr/src/linux-headers-5.4.0-42-generic"
  CC [M]  /home/xuman/code/11-1.o
  LD [M]  /home/xuman/code/helloworld.o
  Building modules, stage 2.
  MODPOST 1 modules
  CC [M]  /home/xuman/code/helloworld.mod.o
  LD [M]  /home/xuman/code/helloworld.ko
make[1]: 离开目录"/usr/src/linux-headers-5.4.0-42-generic"
```

在编译完成后会生成 helloworld. ko。

(4) 验证是否编译成功。

在编译完成之后,可以通过另外两种方式检验是否编译成功。

① 通过 file 命令检查编译的模块是否正确,命令如下。

```
root@xuman-VirtualBox:/home/xuman/code# file helloworld.ko
helloworld.ko: ELF 64-bit LSB relocatable, x86-64, version 1 (SYSV), BuildID[sha
1]=bb7a80d4756c131dcd3d918f1b007a72206976d3, not stripped
```

结果中可以看到 ELF 文件,说明已经编译成功了。

② 通过 modinfo 命令进一步检查,命令如下。

```
root@xuman-VirtualBox:/home/xuman/code# modinfo helloworld.ko
filename:       /home/xuman/code/helloworld.ko
license:        GPL
srcversion:     A4931503B8C12B94FE4012B
depends:
retpoline:      Y
name:           helloworld
vermagic:       5.4.0-42-generic SMP mod_unload
root@xuman-VirtualBox:/home/xuman/code# 
```

(5) 加载模块。

通过 insmod 命令加载模块,命令如下。

```
root@xuman-VirtualBox:/home/xuman/code# insmod helloworld.ko
```

由于 pintfk()的输出等级是默认输出等级,因此没有在终端输出,可以使用 dmesg 命令查看内核的打印输出。

```
root@xuman-VirtualBox:/home/xuman/code# dmesg |grep Hello
[ 5331.520800] Hello world from the kernel space
```

(6) 验证是否加载成功。

通过 lsmod 命令可以查看 helloworld. ko 模块是否已经被加载到系统中,命令如下。

```
root@xuman-VirtualBox:/home/xuman/code# lsmod |grep hello
helloworld             16384  0
```

运行结果中,helloworld 是模块名称,16384 是模块的大小,0 表示是否使用过,说明已加载。

加载模块之后,系统会在/sys/module 目录下为新加载的模块新建一个目录,这里添加了一个名为 helloworld 的目录。

```
root@xuman-VirtualBox:/home/xuman/code# ls /sys/module |grep hello
helloworld
```

(7) 卸载模块。

如果需要卸载模块,可以通过 rmmod 命令实现。

上机实验:Linux 的内核操作

1. 实验目的

(1) 理解 Linux 内核的基本概念,掌握内核更换方法。

(2) 理解 Linux 内核模块的基本概念,掌握内核模块的编写、编译和安装方法。

2. 实验任务

(1) 掌握更换内核的操作。

(2) 对内核模块进行编译操作。

3. 实验环境

装有 Windows 系统的计算机;虚拟机安装 VirtualBox+ Linux Ubuntu 操作系统。

4. 实验题目

任务 1:下载最新的稳定版 Linux 内核源代码,进行内核配置,编译和安装新内核。

任务 2:编写一个“Hello World!”内核模块程序,编译模块,并把模块加载到内核中。

5. 实验心得

总结上机中遇到的问题及解决问题过程中的收获、心得体会等。

第12章 SDL图形编程

SDL(Simple DirectMedia Layer,简易直控媒体层)是一个开放源代码的跨平台多媒体开发库,可以通过 OpenGL 和 Direct3D 对音频、键盘、鼠标、游戏操作杆和其他图形硬件进行底层访问,广泛应用于媒体播放器、模拟器和游戏的开发,有许多知名的游戏都是用 SDL 库开发的。

SDL 用 C 语言写成,可以在 C++、C#、Python 等多种编程语言中使用,支持 Windows、Mac OS X、Linux、iOS 和 Android 等操作系统。

目前,在 Linux 系统下使用的 SDL 的主要版本是 SDL1.2 和 SDL2.0,其中 SDL1.2 遵循 GNU LGPL(GNU Lesser General Public License,GNU 宽通用公共许可证),SDL2.0 遵循 zlib 许可证。

本章主要介绍 Linux 下 SDL1.2 的图形编程,会部分涉及 SDL2.0。SDL 的主站点是 https://libsdl.org/。读者可以在网站 http://wiki.libsdl.org/FrontPage 中获取更多 SDL2.0 文档和资源。

12.1 SDL 编程简介

本节先简要描述 SDL 的功能,然后介绍 SDL 基本库和附加库,最后介绍 Linux 系统下 SDL 的安装和编程使用。

12.1.1 SDL 的功能

1. 视频

(1) 3D 图形,SDL 可以结合 OpenGL API 或 Direct3D API 实现 3D 图形。

(2) 加速的 2D 渲染 API,支持旋转、缩放、Alpha 融合。

(3) 多窗口管理。

2. 事件

(1) 提供对以下输入的事件及 API 函数,可以通过函数 SDL_EventState()对这些事件设置使用和禁用。

- 应用程序和窗口状态的改变。

- 鼠标输入。
- 键盘输入。
- 操作杆和游戏控制器输入。
- 多点触摸手势。

(2) 事件被传送到内部事件队列之前,可以通过一个用户指定的滤波函数处理线程安全事件队列。

3. 力反馈(Force Feedback)

Windows、Mac OS X 和 Linux 系统均支持力反馈。

4. 音频

(1) 设置 8 位和 16 位音频、单声道立体声或 5.1 声道的音频播放,如果硬件不支持,可以选择转换。

(2) 音频在一个单独的线程中独立运行,通过用户回调机制填充。

(3) 定制软件音频混合器,SDL_mixer 也提供了一个完整的音频/音乐输出库。

5. 文件 I/O 抽象

(1) 对数据进行打开、读、写等抽象。

(2) 内置的对于文件和内存的支持。

6. 共享对象支持

(1) 装载共享对象,包括 Windows 系统下的 DLL、Mac OS X 的.dylib 和 Linux 系统下的.so。

(2) 在共享对象中查找函数。

7. 线程

(1) 线程创建 API。

(2) 线程局部存储 API。

(3) 互斥量、信号量和条件变量。

(4) 原子操作。

8. 计时器

(1) 获取以 ms 计的运行时间。

(2) 等待指定的时间(以 ms 计)。

(3) 在一个单独的线程中创建与程序同时运行的计时器。

(4) 使用高分辨计数器进行分析。

9. CPU 特性检测

(1) 查询 CPU 的数量。

(2) 检测 CPU 的特性和支持的指令集。

10. 大小端独立

(1) 检测当前系统的存储方式。
(2) 提供数据值快速交换历程。
(3) 从指定的端读写数据。

11. 电源管理

查询电源管理状态。

12.1.2 SDL 基本库和附加库

SDL 包含的基本库和附加库的库名及其功能如表 12.1 所示。

表 12.1 SDL 的基本库与附加库的库名及功能

库　名	含　义
SDL	基本库
SDL_draw	基本绘图函数库,可以绘制点、直线、圆、矩形、椭圆等基本图形
SDL_image	图像支持库,SDL 默认只支持 BMP 格式图像,如果需要支持其他格式的图像,如 JPEG、GIF、PNG、TIFF 等,就需要这个扩展库
SDL_mixer	混音支持库,封装对各种音频、音乐文件的处理
SDL_ttf	TrueType 字体支持库,使用 MS 的 True Type Font 来显示各种字体,包括中文或其他非字母文字
SDL_net	网络支持库

12.1.3 SDL 库的安装和使用

1. SDL 库的安装

SDL 基本库的安装,在 Ubuntu 下可以用 apt-get 命令安装,命令如下。

```
xuman@xuman-VirtualBox:~$ sudo apt-get install libsdl1.2-dev
```

除了 SDL 基本库之外,SDL 的附加库也可以用 apt-get 命令安装,命令如下。

```
xuman@xuman-VirtualBox:~$ sudo apt-get install libsdl-image1.2-dev
xuman@xuman-VirtualBox:~$ sudo apt-get install libsdl-mixer1.2-dev
xuman@xuman-VirtualBox:~$ sudo apt-get install libsdl-ttf2.0-dev
xuman@xuman-VirtualBox:~$ sudo apt-get install libsdl-gfx1.2-dev
```

安装完成之后,在目录/usr/include 中,就会有个 SDL 文件夹,里面包含了所需要的头文件。

```
xuman@xuman-VirtualBox:/usr/include$ ls SDL
begin_code.h     SDL_framerate.h          SDL_loadso.h   SDL_stdinc.h
close_code.h     SDL_getenv.h             SDL_main.h     SDL_syswm.h
SDL_active.h     SDL_gfxBlitFunc.h        SDL_mixer.h    SDL_thread.h
SDL_audio.h      SDL_gfxPrimitives_font.h SDL_mouse.h    SDL_timer.h
SDL_byteorder.h  SDL_gfxPrimitives.h      SDL_mutex.h    SDL_ttf.h
SDL_cdrom.h      SDL.h                    SDL_name.h     SDL_types.h
```

```
SDL_config.h     SDL_imageFilter.h     SDL_opengl.h     SDL_version.h
SDL_cpuinfo.h    SDL_image.h           SDL_platform.h   SDL_video.h
SDL_endian.h     SDL_joystick.h        SDL_quit.h
SDL_error.h      SDL_keyboard.h        SDL_rotozoom.h
SDL_events.h     SDL_keysym.h          SDL_rwops.h
xuman@xuman-VirtualBox:/usr/include$
```

也可以到 SDL 库的网站 http://www.libsdl.org/下载 SDL 库及附加库的源代码压缩包，解压后编译安装。用管理员账户依次执行以下命令即可。

```
#./configure
# make
#make install
```

2. SDL 库的使用

1）头文件

使用 SDL 库需要包含头文件 SDL.h，命令如下。

```
#include "SDL.h"
```

如果使用 SDL 库的附加库，还需要包含相应的头文件，例如使用 SDL_draw 库，要包含头文件 SDL_draw.h，命令如下。

```
#include "SDL_draw.h"
```

如果要显示文字，需要使用 SDL_ttf 库，要包含头文件 SDL_ttf.h，命令如下。

```
#include <SDL_ttf.h>
```

2）编译命令

编译命令如下。

```
$ gcc  [-o 目标文件名] 源程序名 -I/usr/include/SDL -lSDL  -lpthread
```

如果程序中使用了图像库、混音库或字体库，在编译时还需要加上相应的编译参数，包括-lSDL_image、-lSDL_mixer、-lSDL_ttf，这 3 个参数分别表示图像库、混音库和字体库。

gcc 编译命令中的-I、-L、-l 各选项的含义说明如下。

(1) -I：表示添加头文件搜索的目录。

(2) -L：表示添加库文件搜索的目录。

(3) -l：表示在库文件目录中寻找指定的动态库文件。

例如，可以用以下命令编译 hello.c 文件。

```
$gcc -o hello hello.c -I /home/hello/include -L /home/hello/lib -lworld
```

命令说明如下。

(1) -I /home/hello/include，表明在编译 hello.c 时，指定/home/hello/include 作为第一个头文件的寻找目录。头文件的寻找顺序为/home/hello/include、/usr/include、usr/local/include。

(2) -L /home/hello/lib，表明在编译 hello.c 时，指定/home/hello/lib 作为第一个库文件

的寻找目录。库文件的寻找顺序为/home/hello/lib、/lib、/usr/lib、/usr/local/lib。

(3) -lworld,表示在库文件路径中寻找 libworld. so 的动态库文件。

3) makefile 文件

可以把上述编译命令写成 makefile 文件,然后运行 make 命令,makefile 文件如下。

```
CC = gcc
AR = $(CC)ar
CFLAGS = -I/usr/include/SDL -lSDL -lpthread
hello:hello.c
        $(CC) $^ -o $@ $(CFLAGS)
clean:
      -rm -f $(EXEC) *.elf *.gdb *.o
```

编写 makefile 文件可以使用这个模板,根据程序的名称和实际需要修改即可。这个 makefile 文件中相关变量的含义说明如下。

(1) CC: 编译器的名称,指定为 gcc。

(2) AR: 库文件维护程序的名称,默认值为 ar。

(3) CFLAGS: 编译器的选项,设置为-I/usr/include/SDL -lSDL -lpthread,如果需要应用其他库再根据需要添加。

(4) $^: 所有不重复的依赖条件,以空格分开。

(5) $@: 目标文件的完整名称。

12.2 SDL 图形编程基础

本节将从 SDL 编程的基本流程开始,从图形编程的基本要素画布、颜色、坐标等基本设置出发,探讨 SDL 绘图的基本方法,并给出基本绘图实例。

12.2.1 初始化和关闭 SDL 库

SDL 图形编程的第一步是加载和初始化 SDL 库,可以通过函数 SDL_Init 实现。SDL 库包含若干子系统,如视频子系统、音频子系统、光驱子系统、游戏杆子系统、计时器子系统等,可以根据编程的需要选择初始化相应的一个子系统、多个子系统或全部子系统。初始化完成后,就可以使用相应的 SDL 子系统进行绘图编程了。当完成绘图工作后需要退出程序时,必须调用 SDL_Quit 函数以安全的方式关闭所有 SDL 子系统。SDL 图形编程的基本流程如图 12.1 所示。

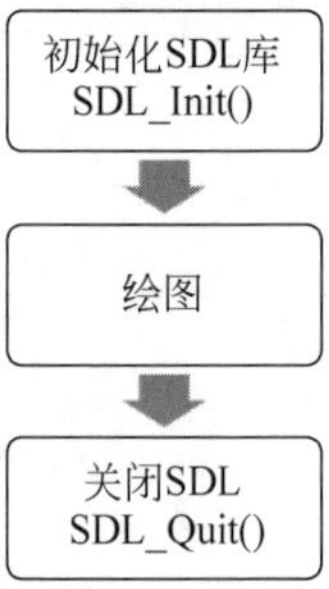

图 12.1 SDL 图形编程基本流程

SDL 图形编程基本流程中用到了两个基本函数,即 SDL_Init 函数和 SDL_Quit 函数。

1. SDL_Init 函数

SDL_Init 函数的功能是加载和初始化 SDL 库,函数说明如表 12.2 所示。

表 12.2 函数 SDL_Init

头文件	#include <SDL.h>
函数功能	加载和初始化 SDL 库
函数格式	int SDL_Init(Uint32 flags)
函数参数	flags 表示需要初始化的子系统对象,取值及含义说明如表 12.3 所示
函数返回值	返回值为 0 表示初始化成功,返回值为 -1 时表示初始化失败

表 12.3 参数 flags 的取值及含义

参数 flags 取值	含　　义
SDL_INIT_VIDEO	初始化视频子系统
SDL_INIT_AUDIO	初始化音频子系统
SDL_INIT_CDROM	初始化光驱子系统
SDL_INIT_EVERYTHING	初始化全部子系统
SDL_INIT_JOYSTICK	初始化游戏杆子系统
SDL_INIT_TIMER	初始化计时器子系统

根据应用的类型可以对应选择初始化的子系统对象,如果子系统对象有多个,可以单独初始化,也可以同时初始化。

例如要绘制图形,需要初始化视频子系统,可以使用 SDL_INIT_VIDEO 参数;播放音频,需要初始化音频子系统,传入 SDL_INIT_AUDIO 参数;如果要同时初始化视频子系统和音频子系统,参数的格式为 SDL_INIT_VIDEO|SDL_INIT_AUDIO,两个 flags 间用|分隔开。

2. SDL_Quit 函数

程序退出之前,需要调用 SDL_Quit 函数以关闭所有活动的 SDL 子系统。在调用 SDL_Quit 函数时不需要指定 SDL 子系统,该函数会自动关闭所有活动的 SDL 子系统。SDL_Quit 函数说明如表 12.4 所示。

表 12.4 函数 SDL_Quit

所需头文件	#include <SDL.h>
函数功能	关闭 SDL 库
函数格式	void SDL_Quit(void)
函数参数	无
函数返回值	无

为了确保程序退出前调用 SDL_Quit 函数关闭所有活动的 SDL 子系统,通常通过函数 atexit()来调用 SDL_Quit 函数,语法形式如下。

```
atexit(SDL_Quit)
```

atexit(void (__cdecl * func)(void))是 C 语言标准库里的函数,参数是一个函数的名字,其功能是向系统注册传进来的函数,以便程序结束时调用该函数。atexit(SDL_Quit)可以确保程序结束时调用 SDL_Quit 函数。

例 12.1 初始化所有的 SDL 子系统,程序退出时关闭所有的 SDL 子系统。

1) 编制程序

这个程序是 SDL 编程的基本框架,程序代码如下。

```
/*12-1.c  SDL编程的基本框架*/
#include "SDL.h"              /*使用SDL库，加载该库的头文件*/
#include <stdio.h>
#include <stdlib.h>
int main(int argc, char** argv)
{
    /*初始化SDL*/
    if (SDL_Init(SDL_INIT_EVERYTHING) != 0)  /*初始化SDL所有子系统，实际使用时，
                可以根据需要选择参数以初始化相应的子系统*/
    {
        fprintf(stderr, "Unable to initialize SDL:  %s\n", SDL_GetError()); /*初始化失败*/
        return 1;
    }
    atexit(SDL_Quit);             /*退出时，关闭SDL ，一般放在初始化之后*/
    /* ... */                     /*绘图程序*/
    return 0;
}
```

2）编译程序

• 方法 1：命令行编译，命令如下。

```
xuman@xuman-VirtualBox:~/code$ gcc -o 12-1 12-1.c -I/usr/include/SDL -lSDL -lpthread
```

• 方法 2：编写 makefile 文件 makefile-12-1，如下。

```
CC = gcc
AR = $(CC)ar
CFLAGS= -I/usr/include/SDL  -lSDL -lpthread
12-1:12-1.c
    $(CC) $^  -o $@  $(CFLAGS)
clean:
    -rm -f $(EXEC) *.elf *.gdb *.o
```

```
xuman@xuman-VirtualBox:~/code$ make -f makefile-12-1
make: "12-1"已是最新。
```

因为之前用命令行编译过，所以 make 命令的结果是："12-1"已是最新。

3）运行程序

命令如下。

```
xuman@xuman-VirtualBox:~/code$ ./12-1
xuman@xuman-VirtualBox:~/code$ ▌
```

因为本例只做了初始化 SDL 和关闭 SDL 的操作，所以没有输出任何结果。

12.2.2 绘图表面 SDL_Surface

1. SDL_Surface

绘图的第一个要素是画布，SDL 库把画布定义为数据类型 SDL_Surface。SDL_Surface 是一个结构体，其数据域如表 12.5 所示，包括像素集的宽度、高度、像素格式以及实际像素集等。后文把 SDL_Surface 类型的画布统称为 Surface，Surface 可以是显示在屏幕上的，即屏幕 Surface；也可以是用来加载图片或文字的临时 Surface，即图片 Surface 和文字 Surface。

表 12.5 SDL_Surface 的数据域

数据类型	名　称	含　义
SDL_PixelFormat	format	存储的像素格式
int	w,h	像素集的宽度和高度
int	pitch	一行像素的长度(以字节为单位)
void *	pixels	指向实际像素数据的指针

续表

数据类型	名　称	含　义
void *	userdata	可以设置的任意指针
int	locked	内部使用
void *	lock_data	内部使用
SDL_Rect	clip_rect	SDL_Rect 结构体，可以用 SDL_SetClipRect()函数进行设置
SDL_BlitMap *	map	用于快速位图传送到其他 Surface 的信息(内部使用)
int	refcount	引用计数

format 的数据类型是 SDL_ PixelFormat，SDL_ PixelFormat 也是一个结构体，定义了像素的格式，包括像素位数、调色板、颜色等信息，其含义相当于定义了可以在画布 Surface 上用什么颜料集、调色板作画以及每个像素占用多少比特等信息。SDL_ PixelFormat 的数据域如表 12.6 所示。除了表中列出的数据域外，还有一些数据域是内部使用的，在此不做罗列。

表 12.6　SDL_PixelFormat 的数据域

数据类型	名　称	含　义
Uint32	format	像素格式，其值为枚举类型 SDL_PixelFormatEnum 之一
SDL_Palette *	palette	此像素格式使用的调色板 SDL_Palette 值为 NULL 时，表示不使用调色板
Uint8	BitsPerPixel	每像素位数，例如 8、15、16、24、32
Uint8	BytesPerPixel	每像素字节数，例如 1、2、3、4
Uint32	Rmask	像素的红色分量蒙版
Uint32	Gmask	像素的绿色分量蒙版
Uint32	Bmask	像素的蓝色分量蒙版
Uint32	Amask	像素的透明分量蒙版，0 表示不包含透明蒙版

2. 调用函数 SDL_SetVideoMode 设置屏幕 Surface

调用函数 SDL_SetVideoMode 设置屏幕 Surface，相当于在画图之前先准备好画布。SDL_SetVideoMode 函数说明如表 12.7 所示。

表 12.7　SDL_SetVideoMode 函数

所需头文件	#include <SDL. h>
函数功能	设置屏幕 Surface 的宽度、高度和像素位数
函数格式	SDL_Surface * SDL_SetVideoMode(int width, int height,int bpp,Uint32 flags)
函数参数	(1) width：屏幕的宽度； (2) height：屏幕的高度； (3) bpp：屏幕的色深，即每像素的位数，例如 8 位、16 位、24 位、32 位等，为 0 时表示用当前屏幕的色深； (4) flags：屏幕选项标识，可以取值为： • SDL_SWSURFACE：Surface 在系统内存； • SDL_HWSURFACE：Surface 在显卡内存； • SDL_DOUBLEBUF：使用双缓冲区； • SDL_FULLSCREEN：全屏模式显示； • SDL_OPENGL：创建一个 OpenGLSurface； • SDL_RESIZEABLE：创建一个尺寸可变的 Surface
函数返回值	返回设置的屏幕 SDL_Surface

12.2.3 颜色设置函数 SDL_MapRGB

RGB(Red,Green,Blue)色彩模式是工业界的一种颜色标准,是通过对红(R)、绿(G)、蓝(B)3个颜色通道的变化以及它们相互之间的叠加来得到各式各样的颜色的,如图12.2所示,RGB即是代表红、绿、蓝3个通道的颜色,这个标准几乎包括了人类视力所能感知的所有颜色,是目前运用最广的颜色系统之一。RGB 3个通道的值分别用8位无符号数表示,每个通道的值的变化范围为0~255,总共可以表示256×256×256=16777216种颜色。

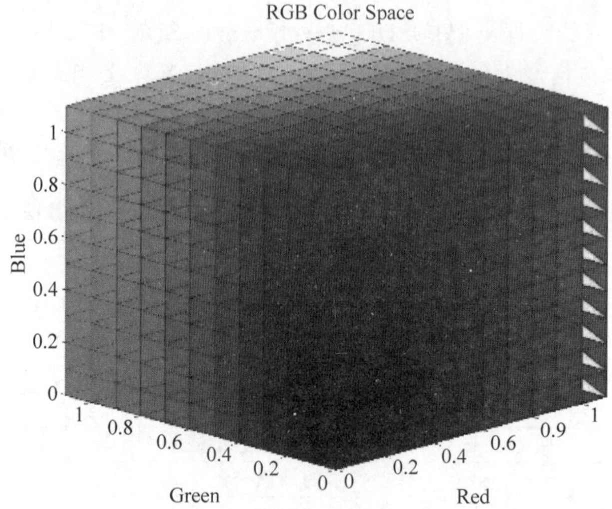

彩图12.2

图12.2 RGB颜色空间

常见的基本颜色的组成如图12.3所示,其对应的RGB各通道的值如表12.8所示。

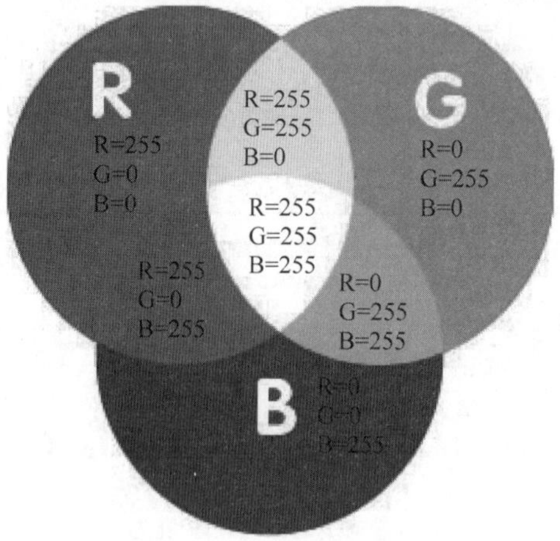

彩图12.3

图12.3 常见的基本颜色

在进行具体的绘图之前,要调用函数SDL_SetVideoMode设置屏幕Surface,并设置Surface上的像素格式SDL_PixelFormat,即Surface上绘图的像素位数(bbp为每个像素占用的位数,可以理解为画布上可以使用的颜色集的数量)设置为8位、16位、24位或32位。

表 12.8 常见的基本颜色的 RGB 各通道值

颜色名称	红色值(Red)	绿色值(Green)	蓝色值(Blue)
黑色	0	0	0
红色	255	0	0
绿色	0	255	0
蓝色	0	0	255
青色	0	255	255
紫色	255	0	255
黄色	255	255	0
白色	255	255	255

绘图时,需要把人类视觉能够感知到的 24 位的 RGB 颜色转换为特定 Surface 上的绘图颜色,该功能可以通过 SDL_MapRGB 函数实现。

函数 SDL_MapRGB 把用 RGB 表示的 24 位颜色值(r,g,b)转换为相应像素格式的像素值,函数说明如表 12.9 所示。

表 12.9 函数 SDL_ MapRGB

头文件	#include < SDL.h >
函数功能	把颜色值转换为像素值
函数格式	Uint32 SDL_MapRGB (const SDL_PixelFormat * format, Uint8 r, Uint8 g, Uint8 b)
函数参数	format 是指向一个 SDL_PixelFormat 结构的指针,描述像素的格式: • r:像素的红色通道值 0～255; • g:像素的蓝色通道值 0～255; • b:像素的绿色通道值 0～255
返回值	(r,g,b)对应的像素值

颜色值具体如何转换,即函数返回值的取值如何,由给定的像素格式 format 的值决定,有以下 3 种情况。

(1) 如果给定的像素格式有一个 8 位的调色板,则函数 SDL_MapRGB 会返回和 RGB 颜色值最匹配的调色板值。

(2) 如果给定的像素格式包含透明通道(即 Alpha 通道,此通道用来描述透明度),则其透明通道会被置为全 1,即不透明。

(3) 如果给定的像素格式的颜色深度小于 32bpp,则会根据像素格式的颜色深度映射为相应的颜色值。例如,对于 16bpp 的格式把 RGB 值映射为 16 位无符号整数,对于 8bpp 的格式把 RGB 值映射为 8 位无符号整数。

调用 SDL_MapRGB 函数设置常见颜色,包括黑色、红色、绿色、蓝色、青色、紫色、黄色和白色,实现语句如下。

```
/* 设置常见颜色,包括黑色、红色、绿色、蓝色、青色、紫色、黄色和白色 */
Uint32 c_black = SDL_MapRGB(screen->format, 0,0,0);
Uint32 c_red = SDL_MapRGB(screen->format, 255,0,0);
Uint32 c_green = SDL_MapRGB(screen->format, 0,255,0);
Uint32 c_blue = SDL_MapRGB(screen->format, 0,0,255);
Uint32 c_cyan = SDL_MapRGB(screen->format, 0,255,255);
```

```
Uint32 c_purple = SDL_MapRGB(screen->format, 255,0,255);
Uint32 c_yellow = SDL_MapRGB(screen->format, 255,255,0);
Uint32 c_white = SDL_MapRGB(screen->format, 255,255,255);
```

其中,screen 参数是事先调用 SDL_SetVideoMode 设置好的 SDL_Surface。

12.2.4 屏幕坐标

以上两节解决了设置画布、设置画笔颜色的问题,接下来解决在哪里画的问题,即屏幕坐标。

不同于常用的直角坐标系,屏幕坐标系的布局如图 12.4 所示,黑色是屏幕,屏幕左上角为原点,从原点出发往右是 x 轴的正向,从原点出发往下是 y 轴的正向。

用屏幕坐标标记的 Surface 中的矩形区域用数据类型 SDL_Rect 表示,SDL_Rect 是一个结构体类型的数据类型,其包含的数据域如表 12.10 所示。

表 12.10 SDL_Rect 的数据域

数据类型	名称	含义
int	x	矩形左上角的 x 坐标
int	y	矩形左上角的 y 坐标
int	w	矩形的宽度
int	h	矩形的高度

SDL_Rect 表示的矩形区域(x, y, w, h)可以表示为蓝色,其中坐标(x,y)为区域的左上顶点, w 是区域的宽度,h 是区域的高度,如图 12.5 所示。

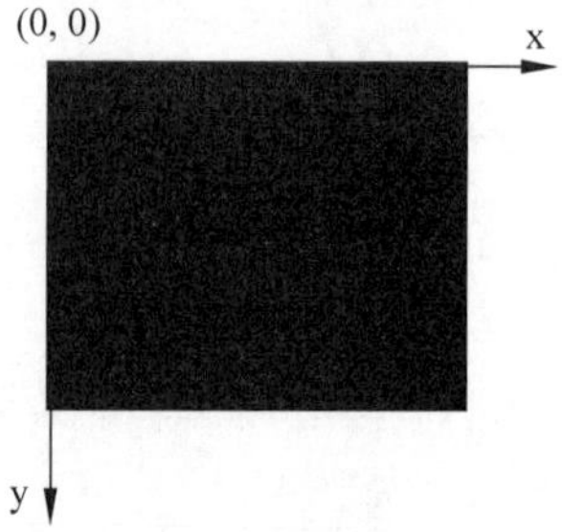

图 12.4　屏幕坐标布局

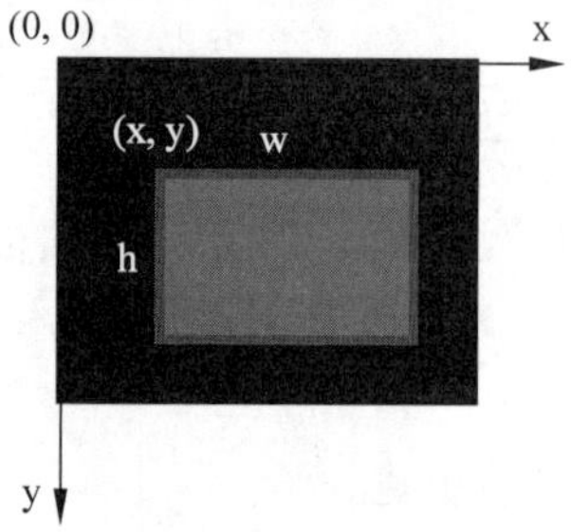

图 12.5　SDL_Rec 矩形区域

SDL_Rect 定义举例,实现语句如下。

```
/* SDL_Rect 定义举例 */
SDL_Rect srcrect;         /* 源 Surface 中的区域 */
SDL_Rect dstrect;         /* 目标 Surface 中的区域 */
srcrect.x = 0;
srcrect.y = 0;
srcrect.w = 32;
srcrect.h = 32;
dstrect.x = 640/2;
dstrect.y = 480/2;
dstrect.w = 32;
dstrect.h = 32;
```

12.2.5 常用绘图函数

12.2.1～12.2.4 节介绍了基本绘图函数，包括 SDL_Init、SDL_Quit、SDL_SetVideoMode 和 SDL_MapRGB 函数。除了以上函数之外，进行绘图时还会用到一些其他的绘图函数，其他常用函数及功能如表 12.11 所示。

表 12.11 其他绘图常用函数及功能

序号	函数名	功能
1	SDL_FillRect	用指定的颜色迅速填充一个矩形区域
2	SDL_UpdateRect	更新指定区域
3	SDL_Delay	指定延迟的时间(单位为 ms)

1. 函数 SDL_FillRect

函数 SDL_FillRect 用一种颜色快速填充一个 Surface 中的矩形区域，函数说明如表 12.12 所示。

表 12.12 函数 SDL_FillRect

所需头文件	#include <SDL.h>
函数功能	用颜色填充 Surface 中的矩形区域
函数格式	int SDL_FillRect(SDL_Surface * dst, const SDL_Rect * rect, Uint32 color)
函数参数	dst：指向 SDL_Surface 的指针，表示要填充的区域所在的 Surface； rect：指向 SDL_Rect 的指针，表示要填充的区域，值为 NULL 时填充整个 Surface； color：填充的颜色
函数返回值	成功时返回 0；失败时返回负的错误码，可以调用 SDL_GetError()获取详细错误信息

参数 color 是 Surface dst 的像素格式，可以由函数 SDL_MapRGB 从 RGB 颜色生成。

2. 函数 SDL_UpdateRect

函数 SDL_UpdateRect 是 SDL1.2 中的函数，用于更新指定的 Surface 区域，函数说明如表 12.13 所示。注意：该函数在 SDL2.0 中已不再使用。

表 12.13 函数 SDL_UpdateRect

所需头文件	#include <SDL.h>
函数功能	更新 Surface 区域
函数格式	void SDL_UpdateRect(SDL_Surface * screen, Sint32x, Sint32y, Sint32w,Sint32h);
函数参数	screen：指向 SDL_Surface 的指针，表示要更新的区域所在的 Surface； x,y：表示要更新的区域的起点坐标； w,h：表示要更新的区域的宽和高； x,y,w,h：均为 0 时，表示更新整个 Surface
函数返回值	无

3. 函数 SDL_Delay

函数 SDL_Delay 可以实现延迟一个指定的时间后返回，说明如表 12.14 所示。

表 12.14　函数 SDL_Delay

所需头文件	#include < SDL.h >
函数功能	延迟一个指定的时间后返回
函数格式	void SDL_Delay(Uint32 ms)
函数参数	ms：延迟的时间(以 ms 为单位)
函数返回值	无
备注	会至少延迟 ms，考虑到操作系统的调度，延迟时间可能会更长

12.2.6　绘图的基本流程

综合以上内容，在 12.2.1 节所述 SDL 编程基本流程的基础上，对图 12.1 中的绘图部分进行具体化，得到 SDL 图形编程的绘图基本流程，如图 12.6 所示，左边是 SDL 编程的基本框架，右边是绘图部分的基本流程。

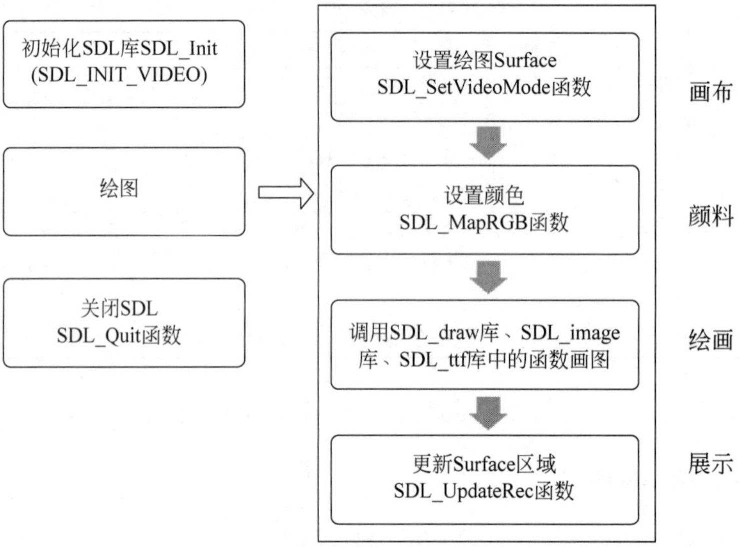

图 12.6　绘图基本流程

SDL 编程基本框架中，首先调用 SDL_Init 函数加载和初始化 SDL 库的视频子系统，参数 SDL_INIT_VIDEO 表明初始化的是视频子系统；然后是绘图，绘图结束后调用 SDL_Quit 函数关闭所有活动的 SDL 子系统。

绘图基本流程可以理解为分别是对应准备画布、颜料、绘画和展示。

(1) 调用 SDL_SetVideoMode 函数设置屏幕 Surface 的视频模式，即设置好画布。

(2) 调用 SDL_MapRGB 函数准备好绘图的颜色。

(3) 在屏幕上绘图，可以调用 SDL_draw 库中的各种基本绘图函数画图形，也可以调用 SDL 库的函数显示位图，调用 SDL_image 库的函数显示除位图之外其他格式的图片，调用 SDL_ttf 库中的函数显示文字。

(4) 调用 SDL_UpdateRect 函数更新屏幕 Surface,展示绘图成果。

绘图中用 SDL_draw 库绘制基本图形,用 SDL 库显示图片,用 SDL_ttf 库显示文字,相关内容会在 12.3 节、12.4 节和 12.5 节中分别介绍。

例 12.2 基本绘图,并设置背景色。设置 640×480、16 位、SDL_SWSURFACE 的显示模式,把绘图屏幕设置为红色。

1) 分析

此程序完成基本的绘图任务,其绘图部分的流程以及相应环节用到的函数如图 12.7 所示。首先设置屏幕 Surface 的视频显示模式,然后设置背景色,并用背景色画图,最后更新展示。

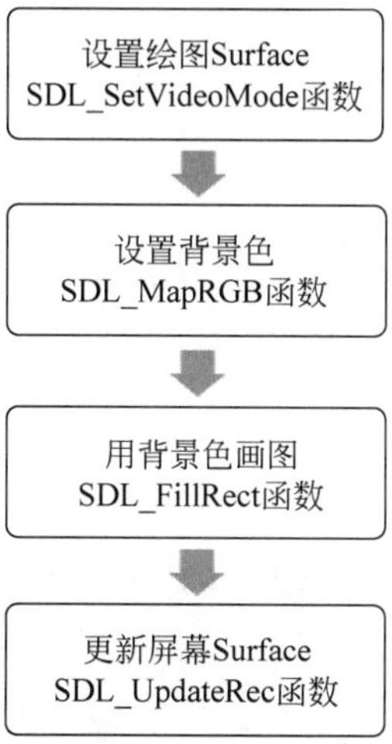

图 12.7 例 12.2 的绘图流程

2) 程序代码

```
/*12-2.c 基本绘图, 设置背景色*/
#include<SDL.h>                    /*使用SDL库, 加载该库的头文件*/
#include<stdlib.h>

int main()
{
    SDL_Surface *screen;                               /*屏幕指针*/
    Uint32 color;                                      /*定义一个颜色值*/
    int x;
    if(SDL_Init(SDL_INIT_VIDEO)<0)  /*初始化视频子系统失败*/
    {
        fprintf(stderr,"无法初始化SDL: %s\n",SDL_GetError());
        exit(1);
    }
    screen=SDL_SetVideoMode(640,480,16,SDL_SWSURFACE); /*设置视频模式*/
    if(screen==NULL)
    {
        fprintf(stderr,"无法设置640x480x16位色的视频模式: %s",SDL_GetError());
        exit(1);
     }
    atexit(SDL_Quit);                                  /*退出*/
    color=SDL_MapRGB(screen->format,255,0,0);
                            /*SDL_MapRGB函数用来设置颜色*/
    SDL_FillRect(screen,NULL,color);                   /*填充整个屏幕*/
    SDL_UpdateRect(screen,0,0,0,0);                    /*更新整个屏幕*/
    SDL_Delay(3000);               /*停留3秒*/
    return 0;
}
```

程序代码中,方框着重标出的是在这个实例中新出现的代码。

3) 编译程序

• 方法一:命令行编译,命令如下。

```
xuman@xuman-VirtualBox:~/code$ gcc -o 12-2 12-2.c -I/usr/include/SDL -lSDL -lpthread
```

• 方法二:编写 makefile 文件 makefile-12-2,代码如下。

```
CC = gcc
AR = $(CC)ar
CFLAGS= -I/usr/include/SDL  -lSDL -lpthread
12-2:12-2.c
    $(CC) $^  -o $@  $(CFLAGS)
clean:
    -rm -f $(EXEC) *.elf *.gdb *.o
```

4) 运行程序

```
xuman@xuman-VirtualBox:~/code$ make -f makefile-12-2
gcc 12-2.c  -o 12-2  -I/usr/include/SDL  -lSDL -lpthread
xuman@xuman-VirtualBox:~/code$ 
xuman@xuman-VirtualBox:~/code$ ./12-2
xuman@xuman-VirtualBox:~/code$ 
```

程序运行结果截图如图 12.8 所示,整个屏幕画成了红色。

彩图 12.8

图 12.8　例 12.2 运行结果

12.3　使用 SDL_draw 绘制基本图形

了解了基本的绘图流程和常用绘图函数的用法后,就可以绘制图形了,SDL_draw 库提供了绘制基本图形的函数,可以绘制点、线、圆、矩形、椭圆及圆角矩形等。

12.3.1　SDL_draw 库的安装

SDL_draw 库是 SDL 库的二次开发库,需要单独安装,具体步骤如下所述。

(1) 到 SDL_draw 网站 https://sourceforge.net/projects/sdl-draw/下载 SDL_draw 库安装文件 SDL_draw-1.2.13.tar.gz。

(2) 解压安装文件,命令如下。

切换到压缩文件所在目录下,使用 tar 命令进行解压。

```
root@xuman-VirtualBox:/home/xuman# tar -vxzf SDL_draw-1.2.13.tar.gz
```

解压后的目录 SDL_draw-1.2.13 内容如下：

```
root@xuman-VirtualBox:/home/xuman/SDL_draw-1.2.13# ls
acinclude.m4  config.guess  debian   install-sh     Makefile.in    sdldrawtest.c
aclocal.m4    config.sub    DevCpp   ltconfig       missing        src
AUTHORS       configure     doc      ltmain.sh      mkinstalldirs  TODO
ChangeLog     configure.in  include  Makefile.am    NEWS           VC2008EE
CodeBlocks    COPYING       INSTALL  Makefile.func  README         VisualC6
```

(3) 编译程序，安装开源包，注意要用管理员账户安装，命令如下。

执行 configure 文件，命令如下：

```
root@xuman-VirtualBox:/home/xuman/SDL_draw-1.2.13# ./configure
```

生成了 makefile 文件，如下：

```
root@xuman-VirtualBox:/home/xuman/SDL_draw-1.2.13# ls
acinclude.m4  config.guess   COPYING  install-sh   Makefile.func  sdldrawtest.c
aclocal.m4    config.log     debian   libtool      Makefile.in    src
AUTHORS       config.status  DevCpp   ltconfig     missing        TODO
ChangeLog     config.sub     doc      ltmain.sh    mkinstalldirs  VC2008EE
CodeBlocks    configure      include  Makefile     NEWS           VisualC6
config.cache  configure.in   INSTALL  Makefile.am  README
```

接着运行 make 和 makeinstall：

```
root@xuman-VirtualBox:/home/xuman/SDL_draw-1.2.13# make
root@xuman-VirtualBox:/home/xuman/SDL_draw-1.2.13# make install
```

安装结果如下时，说明安装成功，库文件被安装在/usr/local/lib 下。

```
Libraries have been installed in:
   /usr/local/lib

If you ever happen to want to link against installed libraries
in a given directory, LIBDIR, you must either use libtool, and
specify the full pathname of the library, or use `-LLIBDIR'
flag during linking and do at least one of the following:
   - add LIBDIR to the `LD_LIBRARY_PATH' environment variable
     during execution
   - add LIBDIR to the `LD_RUN_PATH' environment variable
     during linking
   - use the `-Wl,--rpath -Wl,LIBDIR' linker flag
   - have your system administrator add LIBDIR to `/etc/ld.so.conf'
```

(4) 环境配置：将安装在 usr/local/lib 目录下的 5 个文件 libSDL_draw * 复制到/usr/lib 目录下。

```
root@xuman-VirtualBox:/home/xuman/SDL_draw-1.2.13# cd /usr/local/lib
root@xuman-VirtualBox:/usr/local/lib# ls
libSDL_draw-1.2.so.0      libSDL_draw.a   libSDL_draw.so
libSDL_draw-1.2.so.0.0.1  libSDL_draw.la  python3.6
root@xuman-VirtualBox:/usr/local/lib# cp libSDL_draw* /usr/lib
```

(5) 将 SDL_draw-1.2.13/include/SDL_draw.h 复制到/usr/include/SDL 目录下。

```
root@xuman-VirtualBox:/home/xuman/SDL_draw-1.2.13# cp include/SDL_draw.h /usr/include/SDL
```

12.3.2 基本绘图

基本绘图函数如表 12.15 所示。

表 12.15 基本绘图函数

序号	函数名	功能
1	Draw_Pixel	画一个点
2	Draw_Line	画直线
3	Draw_HLine	画水平直线
4	Draw_VLine	画垂直直线
5	Draw_Circle	画圆
6	Draw_FillCircle	画实心圆
7	Draw_Rect	画矩形
8	Draw_FillRect	画实心矩阵
9	Draw_Round	画圆角矩形
10	Draw_FillRound	画实心圆角矩形
11	Draw_Ellipse	画椭圆
12	Draw_FillEllipse	画实心椭圆

基本绘图函数需要用到的参数有指向设置好的屏幕 Surface 的指针(即解决在哪儿画的问题)、为所画的图形提供相应的坐标(例如画直线需要起点和终点的坐标,画圆则需要圆心坐标和半径,解决怎么画的问题)、画笔的颜色(解决用什么画的问题)。

基本绘图函数格式大致相同,每个函数中的第一个参数 super 是指向 SDL_Surface 的指针,即指向设置好视频模式的屏幕,SDL_Surface 由 SDL_SetVideoMode 函数生成;最后一个参数为 color,是画笔的颜色,用 SDL_MapRGB 函数设置。根据所画基本图形不同,其他参数会有区别。坐标点的计算可以参看 12.2.4 节中关于屏幕坐标的描述。

基本绘图函数的格式如下。

1. Draw_Pixel 画一个点

实现在坐标(x,y)用颜色 color 画一个像素,程序段如下。

```
void Draw_Pixel(SDL_Surface * super,Sint16 x, Sint16 y, Uint32 color);
```

2. Draw_Line 画直线

实现用颜色 color 画一条直线,起点坐标为(x1,y1),终点坐标为(x2,y2),程序段如下。

```
void Draw_Line(SDL_Surface * super,Sint16 x1, Sint16 y1, Sint16 x2, Sint16 y2,Uint32 color);
```

3. Draw_HLine 画水平直线

实现用颜色 color 画一条水平直线,起点坐标为(x0,y0),终点坐标为(x1,y0),程序段如下。

```
void Draw_HLine(SDL_Surface * super,Sint16 x0,Sint16 y0, Sint16 x1,Uint32 color);
```

4. Draw_HLine 画垂直直线

实现用颜色 color 画一条垂直直线，起点坐标为(x0，y0)，终点坐标为(x0，y1)，程序段如下。

```
void Draw_VLine(SDL_Surface * super,Sint16 x0,Sint16 y0, Sint16 y1,Uint32 color);
```

5. Draw_Circle 画圆

实现用颜色 color 画一个圆，圆心坐标为(x0，y0)，半径为 r，程序段如下。

```
void Draw_Circle(SDL_Surface * super,Sint16 x0, Sint16 y0, Uint16 r,Uint32 color);
```

6. Draw_FillCircle 画实心圆

实现用颜色 color 画一个实心圆，圆心坐标为(x0，y0)，半径为 r。

```
void Draw_FillCircle(SDL_Surface * super,Sint16 x0, Sint16 y0, Uint16 r,Uint32 color);
```

此函数的参数和 Draw_ Circle 函数相同，不同之处在于该函数绘制的是实心圆。

7. Draw_Rect 画矩形

实现用颜色 color 画一个矩形，矩形的左上顶点的坐标为(x，y)，矩形的宽度为 w，矩形的高度为 h，程序段如下。

```
void Draw_Rect(SDL_Surface * super,Sint16 x,Sint16 y, Uint16 w,Uint16 h,Uint32 color);
```

8. Draw_ FillRect 画实心矩形

实现用颜色 color 画一个实心矩形，矩形的左上顶点的坐标为(x，y)，矩形的宽度为 w，矩形的高度为 h。

```
void Draw_FillRect(SDL_Surface * super,Sint16 x,Sint16 y, Uint16 w,Uint16 h,Uint32 color);
```

此函数的参数和 Draw_ Rect 相同，不同之处在于该函数绘制的是实心矩形。

9. Draw_ Ellipse 画椭圆

实现用颜色 color 画一个椭圆，椭圆的中心坐标为(x0，y0)，椭圆的 x 方向半径为 Xradius，椭圆的 y 方向半径为 Yradius。

```
void Draw_Ellipse(SDL_Surface * super, Sint16 x0, Sint16 y0, Ellipse Uint16 Xradius, Uint16
Yradius,Uint32 color);
```

10. Draw_ FillEllipse 画实心椭圆

实现用颜色 color 画一个实心椭圆，椭圆的中心坐标为(x0，y0)，椭圆的 x 方向半径为 Xradius，椭圆的 y 方向半径为 Yradius。

```
void Draw_FillEllipse(SDL_Surface * super,Sint16 x0, Sint16 y0,Uint16 Xradius, Uint16 Yradius,
```

Uint32 color);

此函数的参数和 Draw_ Ellipse 相同,不同之处在于该函数绘制的是实心椭圆。

11. Draw_ Round 画圆角矩形

实现用颜色 color 画一个圆角矩形,圆角矩形的左上顶点的坐标为(x0,y0),矩形的宽度为 w,矩形的高度为 h,圆角的半径为 corner。

```
void Draw_Round(SDL_Surface * super, Sint16 x0, Sint16 y0, Uint16 w, Uint16 h, Uint16 corner,
Uint32 color);
```

12. Draw_ FillRound 画实心圆角矩形

实现用颜色 color 画一个圆角矩形,圆角矩形的左上顶点的坐标为(x0,y0),矩形的宽度为 w,矩形的高度为 h,圆角的半径为 corner。

```
void Draw_FillRound(SDL_Surface * super, Sint16 x0, Sint16 y0,
Uint16 w,Uint16 h,Uint16 corner, Uint32 color);
```

此函数的参数和 Draw_ Round 相同,不同之处在于该函数绘制的是实心圆角矩形。

12.3.3 基本图形的绘制

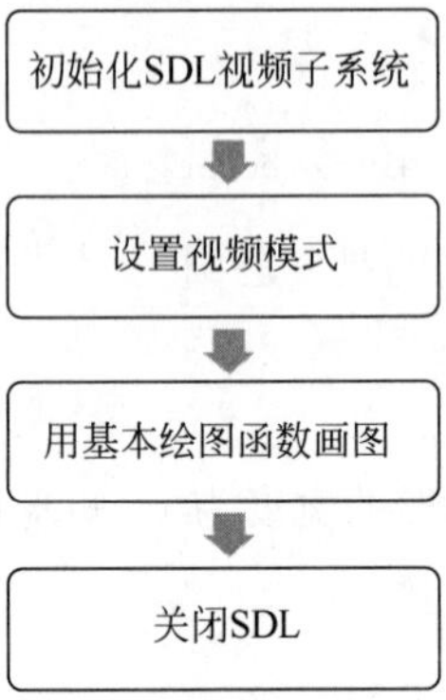

图 12.9 基本图形绘制流程

基本图形的绘制流程如图 12.9 所示。首先初始化 SDL 视频子系统,设置视频模式,然后依次用基本绘图函数画图,最后关闭 SDL。

例 12.3 使用 SDL_draw 库设计一个程序,初始化视频子系统,设置显示模式为 640×480,分别用表 12.15 中的 12 个函数画图。

1) 程序代码

```
/*12-3.c* 使用SDL_draw绘图函数画图/
#include <stdlib.h>
#include "SDL.h"
#include "SDL_draw.h"                    /* SDL_draw库的头文件*/
int main(int argc, char *argv[])
{
    SDL_Surface *screen;                  /*定义屏幕指针变量*/

    /*定义SDL_SetVideoMode中的参数变量,并赋值*/
    int width=640;
    int height=480;
    Uint8  video_bpp=0;
    Uint32 videoflags;

    /*初始化视频子系统*/
    if ( SDL_Init(SDL_INIT_VIDEO) < 0 )
    {
        fprintf(stderr, "SDL_Init problem: %s", SDL_GetError());
        exit(1);
    }
    atexit(SDL_Quit);                   /*退出时, 关闭SDL*/

    /*设置视频模式*/
```

```
videoflags = SDL_SWSURFACE | SDL_ANYFORMAT;
screen = SDL_SetVideoMode(width, height, video_bpp, videoflags);
if (!screen)
{
    fprintf(stderr, "I can not activate video mode: %dx%d: %s\n",
        width, height, SDL_GetError());
    exit(2);
}

    /*设置颜色*/
    Uint32 c_white = SDL_MapRGB(screen->format, 255,255,255);
    Uint32 c_red = SDL_MapRGB(screen->format, 255,0,0);
    Uint32 c_green = SDL_MapRGB(screen->format, 0,255,0);
    Uint32 c_blue = SDL_MapRGB(screen->format, 0,0,255);
    Uint32 c_cyan = SDL_MapRGB(screen->format, 0,255,255);

    /*画图*/
    Draw_Pixel(screen, 400,270,c_white);          /*画像素*/
    Draw_Line(screen, 400,270,450,200, c_white);  /*画直线*/
    Draw_HLine(screen, 400,270,450, c_white);     /*画水平直线*/
    Draw_VLine(screen, 400,270,200, c_white);    /*画垂直直线*/
    Draw_Circle(screen, 80,150, 50, c_red);        /*画圆*/
    Draw_FillCircle(screen, 310,150, 50, c_red);    /*画实心圆*/
    Draw_Ellipse(screen, 80,270, 60,30, c_green);  /*画椭圆*/
    Draw_Ellipse(screen, 200,270,30,60, c_green);  /*画椭圆*/
    Draw_FillEllipse(screen, 320,270, 60,30, c_green); /*画实心椭圆*/
    Draw_Rect(screen, 50,350, 50,35, c_blue);        /*画矩形*/
    Draw_FillRect(screen, 170,350, 50,35, c_blue);     /*画实心矩形*/
    Draw_Round(screen, 50,400, 50,35, 10, c_cyan);   /*画圆角矩形*/
    Draw_FillRound(screen, 170,400, 50,35, 10, c_cyan); /*画实心圆角矩形*/
    Draw_FillRound(screen, 290,400,50,35, 5, c_cyan);  /*用不同的圆角半径画实心圆角矩形*/
    SDL_UpdateRect(screen, 0, 0, 0, 0);  /*更新整个屏幕*/
    SDL_Delay(10000);      /*停留10秒*/
}
```

程序中方框标记的部分是这个例子中新加的代码，包括颜色的定义和基本图形的绘制。

2）编译程序

（1）方法1：命令行编译，命令如下。

```
xuman@xuman-VirtualBox:~/code$ gcc -o 12-3 12-3.c -I/usr/include/SDL -lSDL -lpthread
 -lSDL_draw
```

（2）方法2：编写makefile文件makefile-12-3，文件内容及命令如下。

```
CC = gcc
AR = $(CC)ar
CFLAGS=-I /usr/include/SDL -lSDL -lpthread -lSDL_draw
12-3:12-3.c
        $(CC) $^  -o $@  $(CFLAGS)
clean:
        -rm -f $(EXEC) *.elf *.gdb *.o
xuman@xuman-VirtualBox:~/code$ make -f makefile-12-3
gcc 12-3.c  -o 12-3  -I /usr/include/SDL -lSDL -lpthread -lSDL_draw
xuman@xuman-VirtualBox:~/code$
```

运行结果如下。

```
xuman@xuman-VirtualBox:~/code$ ./12-3
```

3）结果分析

运行结果截图如图12.10所示。

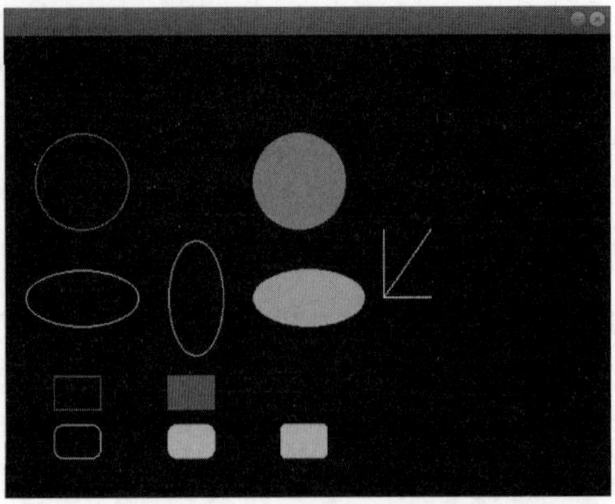

彩图 12.10

图 12.10　例 12.3 执行结果

读者可以参照例 12.3 中的语句计算好绘图的屏幕坐标，调用相关的基本绘图函数绘制基本图形、复杂图形和组合图形。

例 12.4　使用 SDL_draw 库设计一个程序，初始化视频子系统，设置显示模式为 640×480，绘制一条正弦曲线。

1）分析

用画点的方法绘制正弦曲线。在直角坐标系中，正弦曲线上像素点的 y 值是随 x 值变化的，满足正弦函数关系，即 $y=\sin(x)$。把直角坐标中的坐标值转换为屏幕坐标系中的坐标值，用 SDL_DrawPixel 函数把每个点画出来，即得到一条正弦曲线。

假设把正弦曲线的起点定在屏幕坐标(0,240)上，把正弦曲线的高度放大为 120，则

$$y=240-120\times\sin(3.14\times x/180)$$

此程序的基本流程和例 12.1、例 12.2 的基本流程类似，不再赘述。

2）程序代码

```
/*12-4.c 绘制正弦曲线*/
#include <stdlib.h>
#include "SDL.h"
#include "SDL_draw.h"                    /* SDL_draw库的头文件*/
#include <math.h>
int main()
{
    int i ;
    double y;
    SDL_Surface *screen;                    /*定义屏幕指针变量*/

    /*定义SDL_SetVideoMode中的参数变量，并赋值*/
    int width= 640;
    int height = 480;
    Uint8  video_bpp=0;
    Uint32 videoflags;

    /*初始化视频子系统*/
    if ( SDL_Init(SDL_INIT_VIDEO) < 0 )
    {
        fprintf(stderr, "SDL_Init problem: %s", SDL_GetError());
        exit(1);
    }
    atexit(SDL_Quit);                   /*退出时，关闭SDL*/

    /*设置视频模式*/
    videoflags = SDL_SWSURFACE | SDL_ANYFORMAT;
    screen = SDL_SetVideoMode(width, height, video_bpp, videoflags);
```

```
    if (!screen)
    {
        fprintf(stderr, "I can not activate video mode: %dx%d: %s\n",
            width, height, SDL_GetError());
        exit(2);
    }

        Uint32 c_white = SDL_MapRGB(screen->format, 255,255,255);/*设置颜色: 白色*/

        /*画SIN曲线*/
        for(i=0;i<=640;i+=2)
        {
            y=240-120*sin(3.14*i/180);
            Draw_Pixel(screen,i,y,c_white);
        }

        SDL_UpdateRect(screen, 0, 0, 0, 0);  /*更新整个屏幕*/
        SDL_Delay(10000);       /*停留10秒钟*/
    }
```

程序中方框标记的代码是该例子中新添加的核心代码，包括颜色的定义和画正弦曲线的代码。

3）编译程序

（1）方法1：命令行编译，命令如下。

```
xuman@xuman-VirtualBox:~/code$ gcc -o 12-4 12-4.c -I/usr/include/SDL -lSDL
-lpthread -lSDL_draw -lm
```

（2）方法2：编写makefile文件makefile-12-4，代码和命令如下。

```
CC = gcc
AR = $(CC)ar
CFLAGS= -I /usr/include/SDL -lSDL -lpthread -lSDL_draw -lm
12-4:12-4.c
        $(CC) $^  -o $@  $(CFLAGS)
clean:
        -rm -f $(EXEC) *.elf *.gdb *.o
xuman@xuman-VirtualBox:~/code$ make -f makefile-12-4
gcc 12-4.c  -o 12-4  -I /usr/include/SDL -lSDL -lpthread -lSDL_draw -lm
xuman@xuman-VirtualBox:~/code$ 
```

注意

程序中用到了正弦sin函数，需要链接数学函数库，因此要在编译时加上-lm。

4）运行程序

命令如下，运行结果截图如图12.11所示。

```
xuman@xuman-VirtualBox:~/code$ ./12-4
```

【练习】

在例12.4的基础上画一个圆，此圆沿着正弦曲线运动，效果如图12.12所示。

思路：以例12.4中的正弦曲线上的每个像素点的坐标(i,y)为圆心画圆，每画一个圆屏幕更新一次，并设置一定的延时，则可以呈现圆沿着正弦曲线运动的效果。

SDL_draw库下载网站http://sdl-draw.sourceforge.net/提供了3个SDL_draw开发的项目：游戏Asteroids、工具包SDL_VKPToolkit、游戏Board Warfare.读者可以作为扩展阅读。

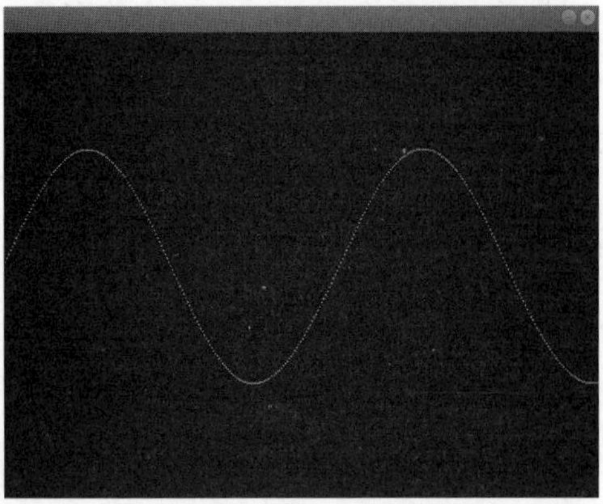

图 12.11　例 12.4 运行结果

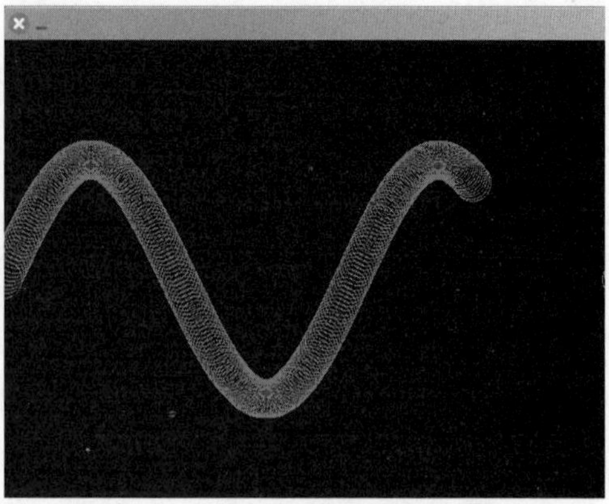

图 12.12　圆沿着正弦曲线运动

12.4 显示图片

SDL 库提供了显示图片的功能。本节通过一个显示位图的实例，讲述加载和显示图片的基本方法。

12.4.1 主要的数据类型和函数

图片的加载和显示涉及两个屏幕 Surface，即加载位图的屏幕和画图的主屏幕。

显示图片用到的两个主要函数是用于加载位图的函数 SDL_LoadBMP 和用于把位图屏幕像素写入主屏幕的函数 SDL_BlitSurface。表 12.16 和表 12.17 分别解释说明了这两个函数。

表 12.16　函数 SDL_LoadBMP

所需头文件	#include <SDL.h>
函数功能	加载一个.bmp 文件到屏幕(Surface)
函数格式	SDL_Surface * SDL_LoadBMP(const char * file)
函数参数	.bmp 文件的文件名
函数返回值	加载成功时，返回指向位图屏幕 SDL_Surface 的指针；加载失败时，返回 NULL
备注	只能加载.bmp 文件

表 12.17　函数 SDL_BlitSurface

所需头文件	#include <SDL.h>
函数功能	快速复制屏幕到目标 Surface
函数格式	int SDL_BlitSurface(SDL_Surface * src, const SDL_Rect * srcrect, SDL_Surface * dst, SDL_Rect * dstrect)

续表

函数参数	src：源屏幕； srcrect：源屏幕中要复制的区域，值为 NULL 时表示要复制整个屏幕； dst：目标屏幕； dstrect：目标屏幕中要粘贴的区域
函数返回值	传送成功返回 0；传送失败返回一个负值的错误码，可以调用 SDL_GetError 获取错误信息

12.4.2　显示图片的基本流程

显示图片的基本流程如图 12.13 所示。其中大的矩形框标记部分可以实现显示图片的功能。要显示图片，需要先调用函数 SDL_LoadBMP 把图片加载到位图屏幕，然后再调用函数 SDL_BlitSurface 把屏幕的相应区域写到画图的主屏幕，并调用 SDL_UpdateRect 函数更新画图的主屏幕。

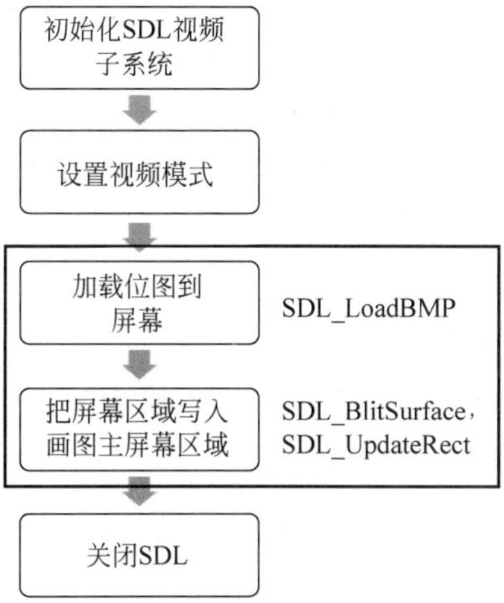

图 12.13　显示图片的基本流程

例 12.5　显示位图。设计程序，初始化视频子系统，设置显示模式为 640×480，加载位图 Linux.bmp 并显示该图片（位图 Linux.bmp 和程序 12-5.c 保存在同一个目录下）。

1）程序代码

```
/*12-5.c 加载位图*/
#include<SDL.h>
#include<stdlib.h>

int main()
{
	SDL_Surface *screen;                              /*屏幕指针*/
	SDL_Surface *image;                          /*装载位图的屏幕指针*/

	/*初始化视频子系统*/
	if(SDL_Init(SDL_INIT_VIDEO)<0)
	{
		fprintf(stderr,"无法初始化SDL: %s\n",SDL_GetError());
		exit(1);
	}
```

```
        /*设置视频模式*/
        screen=SDL_SetVideoMode(640,480,0,SDL_SWSURFACE);
        if(screen==NULL)
        {
                fprintf(stderr,"无法设置640×480×16位色的视频模式 %s\n",SDL_GetError());
        }
        atexit(SDL_Quit);           /*在任何需要退出的时候退出，一般放在初始化之后*/
        /*加载位图*/
        image=SDL_LoadBMP("Linux.bmp");
        if(image==NULL)                                      /*加载位图失败*/
        {
                fprintf(stderr,"无法加载 %s:%s\n","Linux.bmp",SDL_GetError());
                exit(2);
        }
        SDL_BlitSurface(image,NULL,screen,NULL);  /*显示位图*/
        SDL_UpdateRect(screen,0,0,0,0);    /*更新全部屏幕*/
        SDL_Delay(10000);                         /*让屏幕停留10秒*/
        return 0;
}
```

程序方框标记的代码是该例子中新添加的核心代码，其中第一个方框中的语句作用是定义加载位图的屏幕指针；第二个方框中的语句是调用 SDL_LoadBMP 函数加载位图，最后一句 SDL_BlitSurface(image,NULL,screen,NULL)把加载位图的 image 屏幕像素写到主屏幕(即 screen 屏幕)，另外两个参数都是 NULL，表示源区域是所有区域，目标区域是从坐标(0,0)开始的所有区域。

2）编译程序

• 方法一　命令行编译，命令如下。

```
xuman@xuman-VirtualBox:~/code$ gcc -o 12-5 12-5.c -I/usr/include/SDL -lSDL
-lpthread
xuman@xuman-VirtualBox:~/code$ ▌
```

• 方法二　编写 makefile 文件 makefile-12-5，代码和命令如下。

```
CC = gcc
AR = $(CC)ar
CFLAGS= -I/usr/include/SDL  -lSDL -lpthread
12-5:12-5.c
        $(CC) $^  -o $@  $(CFLAGS)
clean:
        -rm -f $(EXEC) *.elf *.gdb *.o

xuman@xuman-VirtualBox:~/code$ make -f makefile-12-5
gcc 12-5.c  -o 12-5  -I/usr/include/SDL  -lSDL -lpthread
xuman@xuman-VirtualBox:~/code$ ▌
```

3）运行程序

命令如下，运行结果截图如图 12.14 所示，实现了在屏幕上显示位图。读者可以修改 image=SDL_LoadBMP("Linux.bmp")，以加载其他名称的位图；也可以修改 SDL_BlitSurface 函数的源区域和目标区域的参数，以实现把位图的部分区域显示在屏幕的部分区域。

```
xuman@xuman-VirtualBox:~/code$ ./12-5
```

注意

> 使用 SDL_LoadBMP 函数只能加载并显示.bmp 格式的图片文件。

图 12.14 例 12.5 运行结果

12.5 显示文字

SDL 库提供了显示文字的功能，可以设置文字的字体、大小、样式、颜色等。

12.5.1 SDL_ttf 库的安装

显示文字，需要用到 SDL 的附加库 SDL_ttf。SDL_ttf 库需要另外安装，安装命令如下。

```
$ sudo apt - get install libsdl - ttf2.0 - dev
```

另外，要显示文字，还需要用到相应的字库文件。

12.5.2 基本数据类型和主要函数

1. 基本数据类型

编程显示文字用到的基本数据类型是 TTF_Font，用来保存字体数据，其定义格式如下。

```
typedef struct _TTF_Font TTF_Font;;
```

编程时不会直接访问数据类型，一般由与字体相关的 API 访问，变量定义形式如下。

```
TTF_Font * Nfont;
```

SDL_ttf 库的常用函数及其功能如表 12.18 所示。对于其他更多函数及用法，请读者参考网站 http://sdl.beuc.net/sdl.wiki/SDL_ttf。

表 12.18 SDL_ttf 库的常用函数

序号	函 数 名	功 能
1	TTF_Init	初始化 TrueType 字体库
2	TTF_Quit	关闭 TrueType 字体库
3	TTF_OpenFont	打开字体库，设置字体大小
4	TTF_SetFontStyle	设置字体样式
5	TTF_RenderUTF8_Blended	渲染文字生成文字 Surface
6	TTF_CloseFont	释放字体所占用的内存空间

2. 函数 TTF_Init

函数 TTF_Init 用于初始化 TrueType 字库，在调用其他字体库函数之前，必须先调用此函数进行初始化，其函数说明如表 12.19 所示。

表 12.19 函数 TTF_Init

所需头文件	#include < SDL_ttf. h >
函数功能	初始化 TrueType 字体库
函数格式	int TTF_Init())
函数参数	无
函数返回值	返回 0 表示成功，-1 表示失败

函数 TTF. Init 应用示例如下。

```
if(TTF_Init() == - 1){
    printf("TTF_Init: % s\n", TTF_GetError());
    exit(2);
}
```

3. 函数 TTF_Quit

在使用完字体库函数之后，需调用函数 TTF_Quit 关闭和清除 TrueType 字库。调用此函数之后，就不能再调用其他字体库函数，除非重新调用 TTF_Init 函数重新初始化。函数 TTF_Quit 说明如表 12.20 所示。

表 12.20 函数 TTF_Quit

所需头文件	#include < SDL_ttf. h >
函数功能	关闭和清除字体库
函数格式	void TTF_Quit()
函数参数	无
函数返回值	无

4. 函数 TTF_OpenFont

函数 TTF_ OpenFont 用于打开字体文件，并指定字体的大小，说明如表 12.21 所示。

表 12.21 函数 TTF_OpenFont

所需头文件	#include < SDL_ttf. h >
函数功能	打开字体文件，设置字体大小
函数格式	TTF_Font * TTF_OpenFont(const char * file, int ptsize)
函数参数	file：字体文件； ptsize：加载字体的点大小(基于 72dpi)，会被换成像素高度
函数返回值	成功时，返回指向 TTF_Font 的指针；有错误时，返回 NULL

函数 TTF_OpenFont 应用示例如下。

```
/* 为 font 打开字体文件,字体大小为 16 */
```

```
TTF_Font * font;
font = TTF_OpenFont("font.ttf", 16);
if(!font){
    printf("TTF_OpenFont: %s\n", TTF_GetError());
    // handle error
}
```

5. 函数 TTF_SetFontStyle

函数 TTF_ SetFontStyle 的功能是为指定的 TTF_Font 对象设置文字样式，其函数说明如表 12.22 所示。

表 12.22 函数 TTF_SetFontStyle

所需头文件	#include <SDL_ttf.h>
函数功能	为加载的字体设置字体样式
函数格式	void TTF_SetFontStyle(TTF_Font * font, int style)
函数参数	(1) font：要设置样式的字体； (2) style：文字样式，有 4 个选项： • TTF_STYLE_BOLD：加粗； • TTF_STYLE_ITALIC：斜体； • TTF_STYLE_UNDERLINE：带下画线； • TTF_STYLE_NORMAL 正常
函数返回值	无

函数 TTF_SetFontStyle 应用示例如下。

```
/* 为加载的字体设置加粗、斜体样式 */
/* TTF_Font * font;定义 font */
TTF_SetFontStyle(font, TTF_STYLE_BOLD|TTF_STYLE_ITALIC);
/* 渲染文本 */
/* 把样式重新设置为正常 */
TTF_SetFontStyle(font, TTF_STYLE_NORMAL);
```

6. 函数 TTF_RenderUTF8_Blended

函数 TTF_ RenderUTF8_Blended 的功能是用给定的字体和颜色混合渲染文字生成文字 Surface，其函数说明如表 12.23 所示。

表 12.23 函数 TTF_ RenderUTF8_Blended

所需头文件	#include <SDL_ttf.h>
函数功能	渲染文本生成文字 Surface
函数格式	SDL_Surface * TTF_RenderUTF8_Blended (TTF_Font * font, const char * text, SDL_Color fg)
函数参数	font：字体，不能为 NULL； text：渲染文本； fg：渲染颜色
函数返回值	成功时，返回指向新的 SDL_Surface 的指针；出错时，返回 NULL

函数 TTF_RenderUTF8_Blended 应用示例如下。

```
/*在屏幕左上角显示文本*/
int DrawText(SDL_Surface* screen, TTF_Font* font, const char* text)
{
    SDL_Color black = {0,0,0};
    SDL_Surface *text_surface;

    text_surface = TTF_RenderText_Blended(font, text, black);
    if (text_surface != NULL)
    {
        SDL_BlitSurface(text_surface, NULL, screen, NULL);
        SDL_FreeSurface(text_surface);
        return 1;
    }
    else
    {
        // report error
        return 0;
    }
}
```

7. 函数 TTF_CloseFont

函数 TTF_ CloseFont 用于释放给定的字体占用的内存,用在打开一个字体之后,不能关闭未打开的字体。函数 TTF_ CloseFont 函数说明如表 12.24 所示。

表 12.24 函数 TTF_ CloseFont

所需头文件	#include <SDL_ttf.h>
函数功能	释放字体所占用的内存空间
函数格式	void TTF_CloseFont(TTF_Font *font)
函数参数	font:指向要释放的 TTF_Font 的指针
函数返回值	无

函数 TTF_CloseFont 应用示例。

```
/*释放 font */
/* TTF_Font *font; font 是定义好的指向 TTF_Font 的指针 */
TTF_CloseFont(font);
font = NULL; /*置为 NULL,确保安全*/
```

12.5.3 显示文字的基本流程

文字显示,类似于图片的显示,涉及加载文字的 Surface 和屏幕 Surface 两个 Surface。首先把文字加载到文字 Surface,再通过调用函数 SDL_BlitSurface 把文字 Surface 的内容传送到屏幕 Surface,显示在屏幕上。显示文字的基本流程如图 12.15 所示。

其中,把文字写入文字 Surface 的流程中,先调用函数 TTF_Init 进行初始化,然后调用 TTF_OpenFont 函数打开字体库,接着调用 TTF_SetFontStyle 函数设置字体样式,再调用 TTF_RenderUTF8_Blended 函数用设置好的字体样式渲染文字生成文字 Surface,最后调用 CloseFont 函数关闭字体库,并调用 TTF_Quit 函数退出。

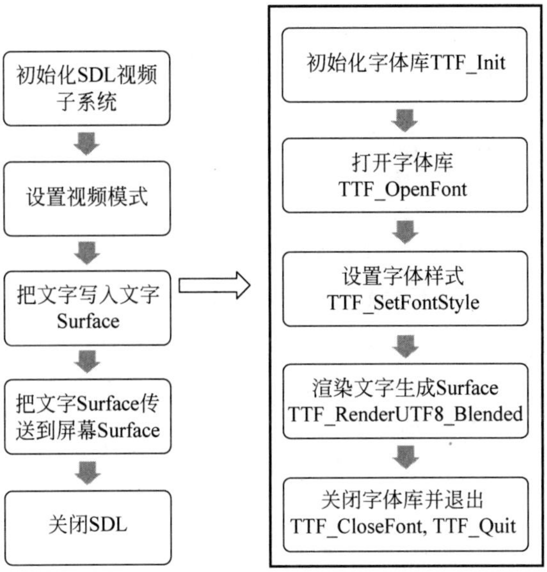

图 12.15　显示文字的基本流程

例 12.6　编程显示文字。设计程序，初始化视频子系统，设置显示模式为 640×480，使用 SDL_ttf 库在屏幕上显示文本“Hello Linux！ 你好，Linux！”，字体大小为 40，颜色为红色。

1）程序代码

```
/* 12-6.c 显示文字*/
#include <SDL.h>
#include <SDL_ttf.h>                /*添加用于显示中文字体的库的头文件*/

int main()
{
SDL_Surface *text,*screen;    /*除了屏幕指针外，把文字也看做是一个surface,
                    指针text指向文字屏幕*/
SDL_Rect drect;                /*目标矩形*/

    TTF_Font *Nfont;                /*文字样式对象*/
|
    /*初始化视频子系统*/
    if ( SDL_Init( SDL_INIT_VIDEO) < 0 )
    {
        fprintf(stderr, "无法初始化SDL: %s\n", SDL_GetError());
        exit(1);
    }

    /*设置视频模式*/
    screen = SDL_SetVideoMode(640, 480, 16, SDL_SWSURFACE);
    if ( screen == NULL )
    {
        fprintf(stderr, "无法设置640×480×16位色的视频模式: %s\n", SDL_GetError());
        exit(1);
    }
    atexit(SDL_Quit);    /*退出*/

    /*设置并初始化字体*/
    SDL_Color red={ 255, 0, 0, 0 }; /* 设置字体颜色 */
    int fontsize=40;                /* 设置字体大小为40 */
    if(TTF_Init()!=0)      /* 初始化字体*/
    {
        fprintf(stderr, "Can't init ttf font!\n");
        exit(1);
    }
```

```
    // Nfont=TTF_OpenFont("/usr/share/fonts/simsun.ttc",fontsize);
    Nfont=TTF_OpenFont("simsun.ttc",fontsize);  /* 打开字体库*/
    //Nfont=TTF_OpenFont("Garuda.ttf",fontsize);
    TTF_SetFontStyle(Nfont,TTF_STYLE_NORMAL);    /* 设置字体样式 */
    text=TTF_RenderUTF8_Blended(Nfont,"Hello Linux! 你好, Linux!", red);
    TTF_CloseFont(Nfont);   /*关闭字体库*/
    TTF_Quit();                  /* 退出 */

    /*书写*/
    drect.x=100;            /* 在点 (240, 160) 处开始写*/
    drect.y=160;
    drect.w=text->w;            /*目标矩形的宽和高分别是所写字的宽和高*/
    drect.h=text->h;
    SDL_BlitSurface(text, NULL, screen, &drect); /*把目标对象快速转化*/
    SDL_UpdateRect(screen,0,0,0,0);               /* 更新整个屏幕 */
    SDL_FreeSurface(text);                  /*释放写有文字的surface*/
    SDL_Delay(15000);        /*让屏幕停留15秒*/
    return 0;
}
```

2）编译程序

• 方法 1：命令行编译，命令如下。

```
xuman@xuman-VirtualBox:~/code$ gcc -o 12-6 12-6.c -I/usr/include/SDL -lSDL
-lpthread -lSDL_ttf
xuman@xuman-VirtualBox:~/code$
```

• 方法 2：编写 makefile 文件 makefile-12-6，代码如下。

```
CC = gcc
AR = $(CC)ar
CFLAGS= -I /usr/include/SDL -lSDL -lpthread -lSDL_ttf
12-6:12-6.c
       $(CC) $^  -o $@  $(CFLAGS)
clean:
       -rm -f $(EXEC) *.elf *.gdb *.o
xuman@xuman-VirtualBox:~/code$ make -f makefile-12-6
gcc 12-6.c  -o 12-6  -I /usr/include/SDL -lSDL -lpthread -lSDL_ttf
xuman@xuman-VirtualBox:~/code$ 
```

3）运行程序

命令如下：

```
xuman@xuman-VirtualBox:~/code$ ./12-6
```

运行结果截图如图 12.16 所示。

图 12.16　例 12.6 运行结果

12.6 人机交互

人机交互广泛应用于游戏和多媒体应用中，本节将介绍如何处理各种事件，进行人机交互。

1. 数据类型

人机交互时，事件处理的核心数据类型是 SDL_Event。SDL_Event 是包含 SDL 中所有事件结构体的联合体，具体如表 12.25 所示。不同的事件类型，对应的事件处理函数不同，相关函数的格式及功能可查阅 http://wiki.libsdl.org/SDL_Event 文档。

表 12.25 SDL_Event

Uint32	type	事件类型
SDL_CommonEvent	common	通用事件
SDL_WindowEvent	window	窗口事件
SDL_KeyboardEvent	key	键盘事件
SDL_TextEditingEvent	edit	文本编辑事件
SDL_TextInputEvent	text	文本输入事件
SDL_MouseMotionEvent	motion	鼠标移动事件
SDL_MouseButtonEvent	button	鼠标按键事件
SDL_MouseWheelEvent	wheel	鼠标滚轮事件
SDL_JoyAxisEvent	jaxis	操作杆轴事件
SDL_JoyBallEvent	jball	操纵杆球事件
SDL_JoyHatEvent	jhat	操纵杆帽事件
SDL_JoyButtonEvent	jbutton	操纵杆按键事件
SDL_JoyDeviceEvent	jdevice	操纵杆设备事件
SDL_ControllerAxisEvent	caxis	游戏控制器轴事件
SDL_ControllerButtonEvent	cbutton	游戏控制器按键事件
SDL_ControllerDeviceEvent	cdevice	游戏控制器设备事件
SDL_AudioDeviceEvent	adevice	音频设备事件>=SDL 2.0.4device event data(>=SDL 2.0.4)
SDL_QuitEvent	quit	退出请求事件
SDL_UserEvent	user	自定义事件
SDL_SysWMEvent	syswm	系统相关的窗口事件
SDL_TouchFingerEvent	tfinger	触摸手指事件
SDL_MultiGestureEvent	mgesture	多手指手势
SDL_DollarGestureEvent	dgesture	复杂手势
SDL_DropEvent	drop	拖曳事件

2. 主要函数

事件被放在事件队列中，通过 SDL_PollEvent 函数从事件队列中读取。SDL_PollEvent 函数说明如表 12.26 所示。

表 12.26 SDL_PollEvent 函数

所需头文件	#include < SDL.h >
函数功能	从事件队列中读取事件
函数格式	int SDL_PollEvent(SDL_Event * event)
函数参数	无
函数返回值	有事件时,返回值为 1;没有事件时,返回值为 0

SDL_PollEvent 函数应用示例如下。

```
while (1){
    SDL_Event event;
    while (SDL_PollEvent(&event)){
        /* 处理事件代码 */
    }
  }
```

从表 12.25 中可以看到,SDL 支持的事件类型非常多,每种事件的具体类型、参数都不同。鼠标事件是最常见的事件。接下来以鼠标事件为例,介绍通过事件处理进行人机交互的基本过程。

例 12.7 画图程序。用 SDL 库编程实现一个画图程序,设置画布背景,通过捕获鼠标按键位置,把鼠标按键的位置连接成图。

1) 程序代码

```
/*12-7.c 画图程序*/
#include "SDL.h"
#include <stdlib.h>
#include "SDL_draw.h"
int main()
{
    SDL_Surface *screen;
    SDL_Event test_event;        /*事件对象*/
    int x0,y0,x1,y1;   /*鼠标按键位置坐标*/


    int first=1;

    /*初始化视频子系统*/
    if(SDL_Init(SDL_INIT_VIDEO)<0)
    {
        fprintf(stderr,"无法初始化SDL: %s\n",SDL_GetError());
        exit(1);
    }

    /*设置视频模式*/
    screen=SDL_SetVideoMode(640,480,0,SDL_SWSURFACE);
    if(screen==NULL)
    {
        fprintf(stderr,"无法设置640X480X16位色的视频模式 %s\n",SDL_GetError());
    }
    atexit(SDL_Quit);        /*在任何需要退出的时候退出，一般放在初始化之后*/

    SDL_FillRect(screen,NULL,SDL_MapRGB(screen->format, 255,255,255));
                                                        /*画背景色为白色*/
    SDL_UpdateRect(screen,0,0,0,0);    /*更新全部屏幕*/
```

2) 编译运行

```
xuman@xuman-VirtualBox:~/code$ gcc -o 12-7 12-7.c -I/usr/include/SDL -lSDL
-lpthread -lSDL_draw
xuman@xuman-VirtualBox:~/code$ ./12-7
```

3）运行结果

例 12.7 运行结果载屏如图 12.17 所示，实现了基本的画笔画图的功能，即捕获鼠标按键位置，把鼠标按键的位置连接成图。进一步还可以捕获更多鼠标事件，例如鼠标双击、鼠标右击、鼠标移动等事件，实现更多画笔画图功能。

在程序中用到了获取鼠标位置坐标函数 SDL_GetMouseState，这是 SDL_MouseButtonEvent 事件的事件处理函数。

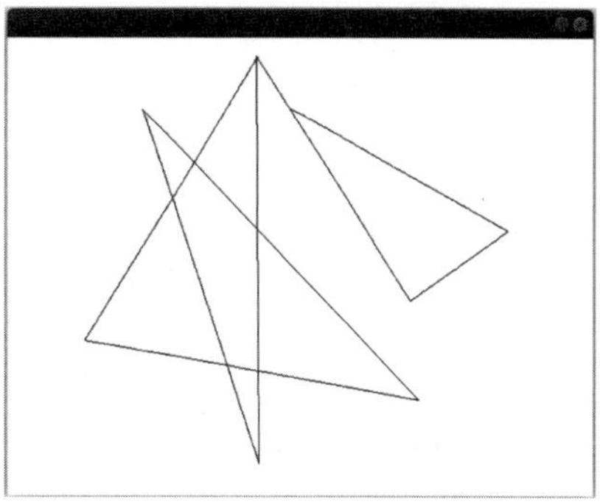

图 12.17 例 12.7 运行结果

上机实验：Linux 的图形编程

1. 实验目的

（1）熟悉 Linux 系统下图形编程的基本流程，掌握 Linux 系统下基本图形的绘制方法。

（2）掌握 Linux 系统下显示图片和显示文字的基本方法。

（3）掌握 Linux 系统下显示文字的方法。

2. 实验任务

（1）掌握图形化显示模式的设置操作。

（2）掌握动画显示的操作。

3. 实验环境

装有 Windows 系统的计算机；虚拟机安装 VirtualBox＋ Linux Ubuntu 操作系统。

4. 实验题目

任务 1：设计程序，初始化视频子系统，设置显示模式为 640×480，用红色画一条余弦曲线，一个白色的圆沿着余弦曲线运动。

任务 2：设计程序，初始化视频子系统，设置显示模式为 640×480，加载位图“Linux.bmp”并显示该图片，使用 SDL_ttf 库在图片下方显示文本“Hello Linux！ 你好，Linux!”，字体大小为 40，颜色为红色。

任务 3：编写一个程序，每两小时弹出窗口提示用户已连续使用计算机两小时，提醒用户注意休息。提醒功能可通过在程序中创建守护进程实现。

5. 实验心得

总结上机中遇到的问题及解决过程中的收获、心得体会等。

参考文献

[1] 金国庆,刘加海,季江民,等. Linux 程序设计 [M]. 2 版. 杭州：浙江大学出版社,2015.

[2] 何明. Linux 从入门到精通[M]. 北京：中国水利水电出版社,2018.

[3] 赖明星. Python Linux 系统管理与自动化运维[M]. 北京：机械工业出版社,2017.

[4] Armando Fandango. Python 数据分析[M]. 韩波,译. 北京：人民邮电出版社,2018.

[5] 心目. GB2312、GBK、GB18030 这几种字符集的主要区别[OL]. (2019-4-16)[2020-1-20]. https://www.cnblogs.com/programer-xinmu78/p/10661278.html.

[6] 帅哥不吃菜. Linux 命令学习：fdisk -l 查看硬盘及分区信息[OL]. (2018-12-14)[2020-1-20]. https://www.cnblogs.com/yizhipanghu/p/10118983.html.

[7] auang1986. Ubuntu 网络配置文件[OL]. (2018-3-28)[2020-1-20]. https://blog.csdn.net/ayang1986/article/details/79731804.

[8] 阿基米东. Linux 网络命令：ifconfig、ifup、ifdown[OL]. (2016-11-18)[2020-1-20]. https://blog.csdn.net/lu_embedded/article/details/53215324.

[9] wade3015. Linux 用 netstat 查看服务及监听端口详解[OL]. (2019-6-4)[2020-1-20]. https://blog.csdn.net/wade3015/article/details/90779669.

[10] xietansheng. Linux：FTP 服务器 vsftpd 的搭建和配置[OL]. (2018-11-18)[2020-1-20]. https://blog.csdn.net/xietansheng/article/details/84145618.

[11] 居思涵. Linux 下搭建 FTP 服务器[OL]. (2018-11-18)[2020-1-20]. https://blog.51cto.com/13871362/2318530? source=dra.

[12] 李晨光. Linux 系统安全加固[OL]. (2014-5-19)[2020-1-20]. https://www.cnblogs.com/chenguang/p/3742250.html.

[13] xiaoxinyu316. Windows 挂载 Linux 网络文件系统 NFS[OL]. (2014-10-14)[2020-1-20]. https://blog.csdn.net/xiaoxinyu316/article/details/40075637.

[14] 雄二说. win10 挂载 NFS(网络文件夹)[OL]. (2018-8-23)[2020-1-20]. https://blog.csdn.net/qq_34158598/article/details/81976063.